21 世纪机电类专业系列教材

AutoCAD 机械绘图

主　编　陈　静　吴素珍
副主编　刘　军　张占哲
参　编　李文敏　赵小静　冯　岩　牛瑞利
主　审　胡志刚

机械工业出版社

AutoCAD是当今最优秀的绘图与设计软件之一。本书详细介绍了AutoCAD 2008的功能和使用方法，并结合国家标准关于《CAD工程制图规则》的相关规定，介绍了绘制符合我国国家标准的工程图样的常用方法和技巧。

本书共分8章，包括AutoCAD 2008操作基础、平面图形的绘制与编辑、尺寸及技术参数的标注、符合国家标准的样板图的制作、综合编辑与图形管理工具、绘制工程图综合实例、三维绘图、图形的输入与输出等内容。各章均配有精心选择的应用实例和较多的练习题，以帮助读者巩固相关的知识。

本书由长期从事AutoCAD教学及设计的教师编写，语言通俗易懂，结构内容合理，可作为本科及大中专院校的教材、相关领域培训班的教材，也可作为从事计算机绘图技术研究与应用人员的自学用书和参考书。

图书在版编目（CIP）数据

AutoCAD机械绘图/陈静，吴素珍主编. —北京：机械工业出版社，2011.6（2021.8重印）

21世纪机电类专业系列教材

ISBN 978-7-111-34249-6

Ⅰ.①A… Ⅱ.①陈… ②吴… Ⅲ.①机械制图－AutoCAD软件－高等学校－教材 Ⅳ.①TH126

中国版本图书馆CIP数据核字（2011）第073289号

机械工业出版社（北京市百万庄大街22号 邮政编码100037）
策划编辑：马 晋 责任编辑：马 晋 版式设计：霍永明
责任校对：姜 婷 封面设计：赵颖喆 责任印制：常天培
北京捷迅佳彩印刷有限公司印刷
2021年8月第1版第7次印刷
184mm×260mm · 16.25印张 · 401千字
10001—11000册
标准书号：ISBN 978-7-111-34249-6
定价：39.80元

电话服务
客服电话：010-88361066
010-88379833
010-68326294

网络服务
机 工 官 网：www.cmpbook.com
机 工 官 博：weibo.com/cmp1952
金 书 网：www.golden-book.com
机工教育服务网：www.cmpedu.com

前　言

AutoCAD是由美国Autodesk公司开发的计算机辅助设计软件，具有强大的二维绘图、三维造型以及二次开发功能。由于AutoCAD具有容易掌握、使用方便、体系结构开放等特点，在机械、建筑、电子等多个领域得到了广泛应用。自1982年问世以来，经过不断的升级开发，功能也越趋完善，现已成为我国企业常用的设计软件之一。

AutoCAD 2008具有界面友好、操作方便等特点。本书结合编者多年从事AutoCAD教学与设计的经验编写而成，具有以下主要特点：

（1）专业针对性强。本书针对机械设计人员而编写，内容紧密结合机械类专业的教学与生产实际，通过各章精心选择的工程应用实例，将机械制图的视图与绘图知识融入到AutoCAD的操作技巧中。同时，将国家标准关于《CAD工程制图规则》的相关规定融入了教程，介绍了绘制符合我国国家标准的工程图样的方法和技巧。使读者在学习计算机绘图技能的同时，掌握国家标准对计算机工程图样的绘制要求。

（2）思路清晰，结构合理。本书按照设计人员进行工程制图的方法和顺序，循序渐进地介绍了利用AutoCAD 2008进行工程制图的操作步骤，逐步引导读者去了解、掌握AutoCAD。书中每一章的开始均有本章提要，使读者在学习之前先对本章要介绍的内容和要点有一定的了解。

（3）内容系统而翔实。在介绍每一个命令时，分别介绍此命令的作用、命令的执行方式、命令的执行过程以及命令执行过程中出现的各选项功能，同时配有插图给予说明，讲解系统而清晰。

（4）有较多具有代表性和实用性的例子，以综合应用对应章节介绍的知识。

（5）各章节配备较多练习题，使读者通过练习更好地掌握本章介绍的基本概念及绘图技能。

本书由河南工程学院陈静、吴素珍担任主编，河南工程学院刘军、华北水利水电学院张占哲担任副主编。编写分工如下：张占哲编写第1章、第7章的7.1；陈静编写第2章；吴素珍编写第3章；河南科技学院冯岩编写第4章；新乡职业技术学院李文敏编写第5章；河南科技学院赵小静编写第6章；刘军编写第7章的7.2和7.3；郑州华信学院牛瑞利编写第8章。全书由河南科技学院胡志刚担任主审。

由于编者水平有限，书中不足之处在所难免，敬请使用本书的师生与读者批评指正，以便修订时改进。

编　者

目录

第1章 AutoCAD 2008操作基础

本章提要：要使用中文版AutoCAD 2008进行机械制图，首先需要了解AutoCAD 2008这款软件的基本特点和操作的基本知识。作为一种功能强大的应用软件，AutoCAD有其特有的操作界面和操作方法。通过本章的学习，将了解AutoCAD 2008的主要功能、工作界面、图形的建立、图形的保存、命令的输入等基本操作知识。

1.1 初识AutoCAD 2008

1.1.1 AutoCAD 2008的主要特点和功能

随着计算机技术的快速发展，计算机辅助绘图与辅助设计已在我国设计单位、工厂、学校普遍使用。在当前的二维CAD系统中，应用最广泛的当属AutoCAD软件。AutoCAD是美国Autodesk软件公司的主导产品，它具有强大的二维绘图功能，如绘图、编辑、剖面线和图案绘制、尺寸标注等，同时具有一定的三维绘图功能。自1982年推出至今，该软件随着版本的不断升级改进，功能也日渐完善，目前已广泛地应用于机械、建筑、电子等工程设计领域，已成为工程设计领域应用最为广泛的计算机辅助绘图与设计软件之一。

1. AutoCAD 2008的主要特点

（1）使用方便　AutoCAD软件采用交互式绘图，操作者每输入一个指令，系统会在命令行中提示下一步的操作，易于初学者学习掌握。

（2）功能强大　AutoCAD是目前功能最强大的二维绘图软件，可以绘制各种复杂形状机件的工程图形，并且具有强大的编辑修改和尺寸标注等功能，可以通过各种点的捕捉来实现精确绘图，同时还具有一定的三维造型功能。

（3）系统开放　操作者可以根据自己的需要对菜单、工具栏和可固定窗口进行调整，同时可以自定义绘图的线型、填充图案等内容，使其在一个自定义的、面向任务的绘图环境中工作。

系统可以通过AutoLISP等程序语言进行二次开发，以满足用户的不同需求。

此外，该软件还可以通过DXF等标准存储格式实现与其他软件之间的数据交换。

2. AutoCAD 2008的主要功能

（1）绘制各种不同颜色、线型及线宽的图形和图案　可以通过绘图工具栏中的线、圆、多边形等绘图命令绘制各种形状的平面图形，并可用图层的设置命令为各种线型设置不同的颜色和线宽。

通过图案填充命令可以为封闭的图形填充各种图案，包括金属剖切面的剖切符号等。

（2）图形的编辑和修改　可以通过修改工具栏中的删除、复制、镜像、移动、修剪、拉伸等命令实现图形的编辑和修改。

（3）文字及尺寸标注　AutoCAD具有较为完善的尺寸及文字标注功能，在标注时不仅能够自动测量图形的尺寸，而且可以方便地编辑尺寸或修改尺寸标注样式，以符合行业或项目标准的要求。标注的对象可以是二维图形或三维图形。

AutoCAD 可以插入各种数学符号，实现多种中文字体的书写。AutoCAD 2006 版以后还新增加了表格的绘制功能，方便了操作者的使用。

（4）通过辅助工具实现精确绘图　AutoCAD 提供了丰富的辅助绘图工具，通过对象捕捉、对象追踪、栅格显示等功能使绘图过程变得更加方便和精确。

（5）图形的窗口显示　可以通过窗口缩放、实时平移、视口的设置等功能来改变图形在窗口的显示情况。

（6）一定的三维绘图功能　AutoCAD 除了具有强大的二维绘图功能（见图 1-1）外，同时它也具有一定的三维造型功能，其布尔运算等三维编辑功能使得三维复杂实体的生成变得简单易用，同时还可运用雾化、光源和材质等，将模型渲染为具有真实感的图像（见图 1-2）。

AutoCAD 的绘图功能中还有一种轴测图的绘制，这和机械制图中轴测图的绘制相似，是在一个平面上绘制具有立体效果的图形，但它不是真正的三维实体，因而不具备实体的投影特点（见图 1-3）。

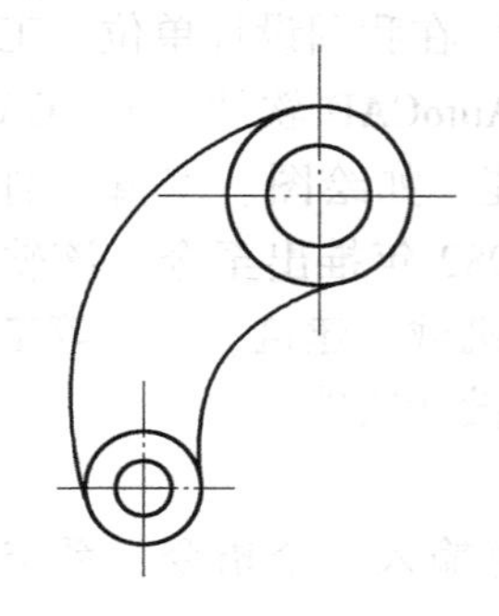

图 1-1　绘制二维图形

图 1-2　绘制三维实体

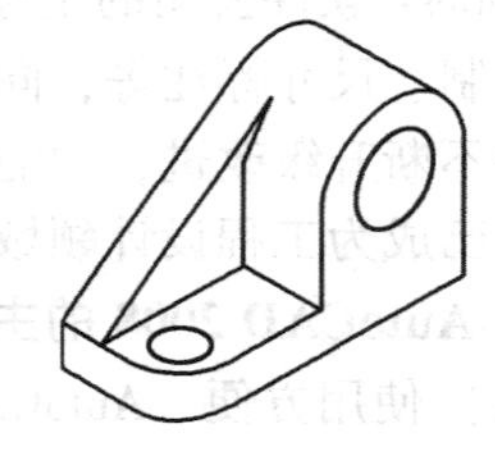

图1-3　绘制轴测图

（7）输出与打印图形　AutoCAD 不仅允许将所绘图形以不同样式通过绘图仪或打印机输出，还能够将不同格式的图形导入到 AutoCAD 或将 AutoCAD 图形以其他格式输出。因此，当图形绘制完成之后，可以使用多种方法将其输出。例如，可以将图形打印在图纸上，或创建成文件以供其他应用程序使用。

1.1.2　AutoCAD 2008 运行的硬件和软件需求

AutoCAD 2008 对计算机硬件的要求是：使用 Pentium Ⅳ 800MHz 及以上的 CPU，内存 512MB，硬盘安装空间 750MB，最低为 1024×768 VGA 真彩色显示器，安装支持硬件加速的 Direct×9.0c 或更高版本的图形卡，配置鼠标等定点设备。对于经常进行三维设计的人员，最好使用 3.0GHz 以上的处理器，2GB 以上的内存，128MB 以上的图形卡。

AutoCAD 2008 对计算机软件的要求是：操作系统使用 Windows XP、Windows 2000 Service 或 Windows Vista，Web 浏览器使用 Microsoft Internet Explorer 6.0。

1.1.3　系统的用户界面

双击桌面上的 AutoCAD 2008 图标，或者在“开始”→“程序”→“Autodesk”中找到并运行 AutoCAD 2008 程序，即可进入如图 1-4 所示的 AutoCAD 2008 的打开界面。在新功能专题研习中，包括一系列交互式动画、教程和简短说明，可以帮助用户了解 AutoCAD 2008 的新增功能。

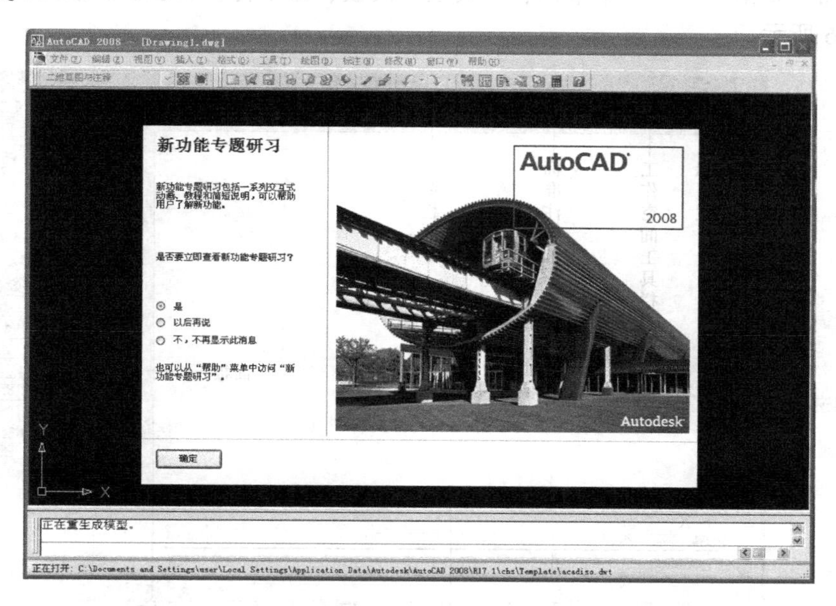

图 1-4　AutoCAD 2008 的打开界面

选择新功能专题研习窗口中的“以后再说”，单击“确定”，进入 AutoCAD 2008 的绘图界面，如图 1-5 所示。

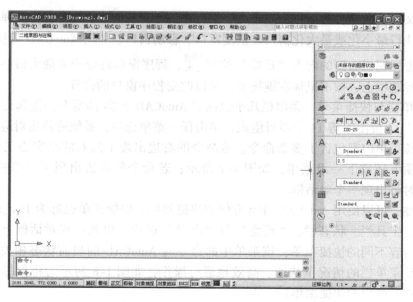

图 1-5　AutoCAD 2008 的绘图界面

AutoCAD 2008 设置了三种工作界面。

1.“二维草图与注释”工作界面

AutoCAD 2008 默认进入的是“二维草图与注释”工作界面，这是2008 版本新增的工作界面，该界面主要由标题栏、菜单栏、工具栏、面板、命令行、状态栏、绘图窗口等元素组成，如图 1-6 所示。

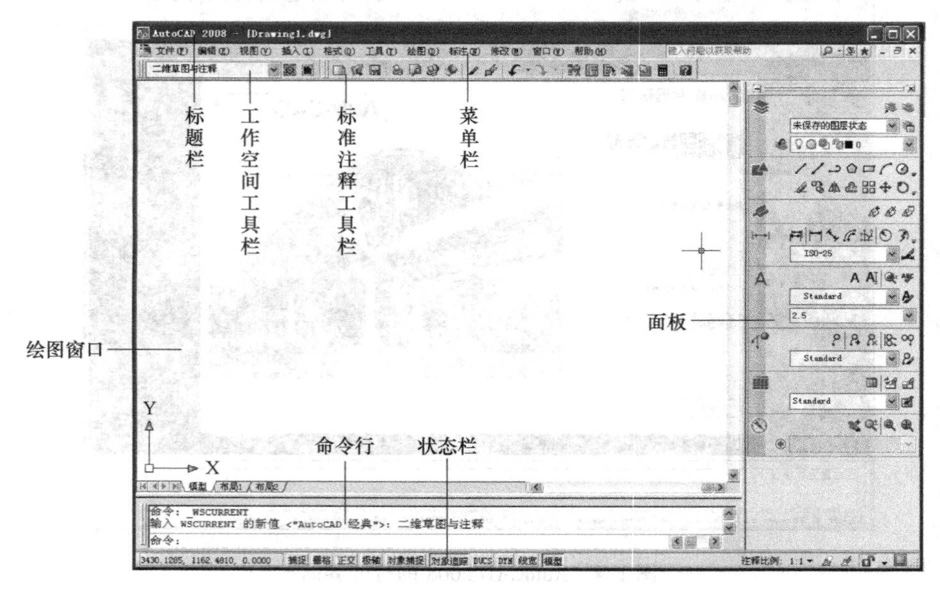

图 1-6　“二维草图与注释”工作界面

（1）标题栏　标题栏位于程序窗口的上方，显示程序的名称“AutoCAD 2008”及当前正在绘制的文件的名称。标题栏最左边是应用程序的小图标，单击它将会弹出一个下拉菜单，可以执行最小化或最大化窗口、恢复窗口、移动窗口、关闭 AutoCAD 等操作。

如果单击标题栏右侧的向下“还原”按钮，程序窗口将处于非最大最小状态，此时将光标放在标题栏上，按下鼠标左键拖动，可以改变程序窗口的位置。

（2）菜单栏与快捷菜单　菜单栏几乎包括了 AutoCAD 2008 的所有功能和命令，由“文件”、“编辑”、“视图”等 11 个项目组成。单击任一菜单选项，系统将弹出对应的下拉式菜单，每一下拉菜单内都包含了多条命令。若命令的右边出现了向右的小实心三角形“▶”，说明该菜单项下还有下一级菜单，如图 1-7 所示；若命令的右边出现了省略符号“...”，单击该命令时将出现一个对话框。

单击右键，可以使用 AutoCAD 非常方便的快捷菜单。快捷菜单也称为上下文相关菜单。在绘图区域、工具栏、状态栏、“模型”与“布局”选项卡以及一些对话框上单击鼠标右键，将弹出内容不同的快捷菜单，该菜单中的命令与 AutoCAD 的当前状态相关。使用它们可以在不启动菜单栏的情况下快速、高效地进行操作，如图 1-8 所示为将鼠标置于绘图区域，单击右键时弹出的快捷菜单。

（3）工具栏　AutoCAD 2008 中，系统共提供了 37 个工具栏。在“二维草图与注释”工作界面中，“工作空间”、“标准注释”工具栏处于默认打开状态（见图 1-6）。此外，在屏幕右侧的面板上也集成了多个常用的工具栏。

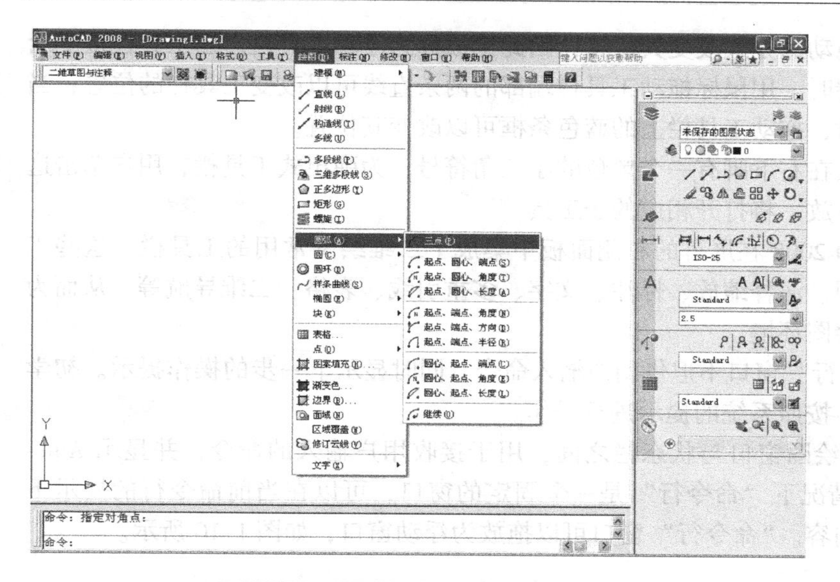

图 1-7　下拉式菜单

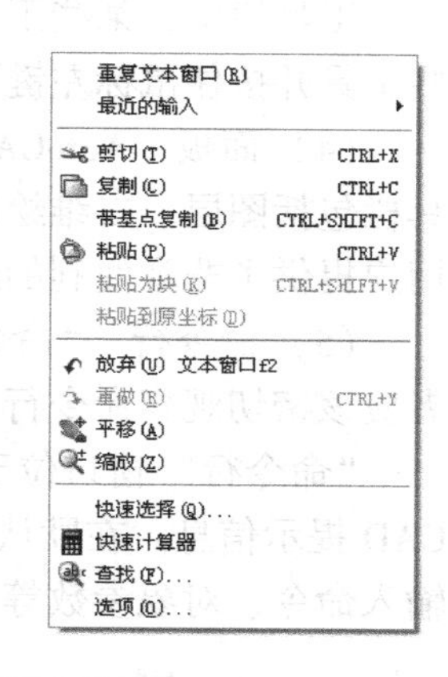

图 1-8　快捷菜单

工具栏由许多用命令图标表示的工具组成。如果把光标放在某个图标上停留一会儿，在图标的下方将会显示该工具的命令名称，同时，在状态栏中会显示对该命令的简单描述。

工具栏是调用命令的另一种方式，单击其上的命令按钮，即可执行相应的命令。比如，单击右侧面板上的“直线”按钮，即开始执行绘制直线的命令。使用工具栏是输入命令最方便的方法，也是初学者常用的方法。

绘图时，用户可以根据自己的需要打开或关闭任意工具栏，将鼠标放在任意一个工具栏的某个位置单击鼠标右键，将打开工具栏的选项框（见图 1-9），此时单击其中的任意选项将打开或关闭相应的工具栏。其中，工具栏名称前打上对号的将在屏幕中显示。

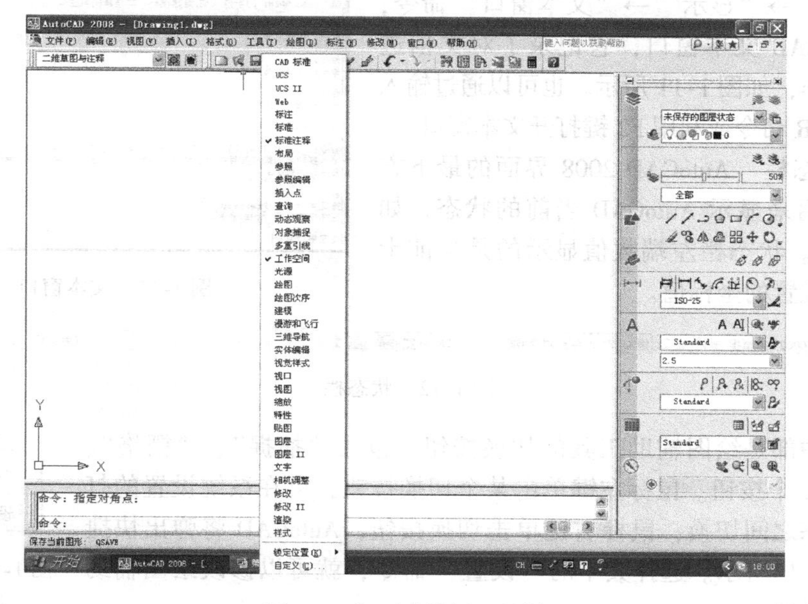

图 1-9　打开或关闭工具栏

工具栏可以用鼠标拖动的方式改变其位置，因此也被称为浮动工具栏。当工具栏位于绘图区域的上端或左、右端时，用鼠标拖动工具栏端部的两条直线可以改变工具栏的位置；当工具栏位于绘图区域内时，拖动工具栏上的蓝色条框可以改变其位置。

工具栏中，某些工具在右下脚有一个黑色的小三角符号，为弹出式工具栏，用户单击这些工具并按住鼠标左键不放，将打开相应的子工具。

（4）面板　AutoCAD 2008 在屏幕的右侧面板中集成了二维绘图常用的工具栏，这些工具栏包括图层、二维绘图、注释缩放、标注、文字、多重引线、表格、二维导航等，从而为用户提供了非常便利的绘图环境。

（5）命令行　“命令行”窗口不但供用户输入命令，同时显示下一步的操作提示。初学者应该密切观察命令行，按照系统的提示进行操作。

“命令行”窗口位于绘图窗口与状态栏之间，用于接收用户输入的命令，并显示 AutoCAD 提示信息。在默认情况下“命令行”是一个固定的窗口，可以在当前命令行的提示下输入命令、对象参数等内容。“命令行”窗口可以拖放为浮动窗口，如图 1-10 所示。

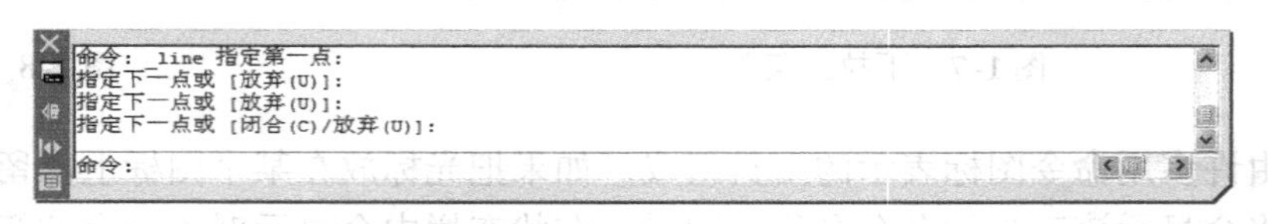

图 1-10　“命令行”窗口

在“命令行”窗口中单击鼠标右键，将出现一个快捷菜单。通过它可以选择近期使用过的 6 个命令、复制选定的文字或全部命令历史记录、粘贴文字，以及打开“选项”对话框。

如果要查询系统近期执行命令的情况，可打开文本窗口。文本窗口是记录 AutoCAD 命令的窗口，是放大的“命令行”窗口，它记录了已执行的命令，也可以用来输入新命令。可以通过“视图”→“显示”→“文本窗口”命令，来打开 AutoCAD 文本窗口，它记录了对文档进行的所有操作，如图 1-11 所示。也可以通过输入执行 TEXTSCR 命令或利用 F2 键打开文本窗口。

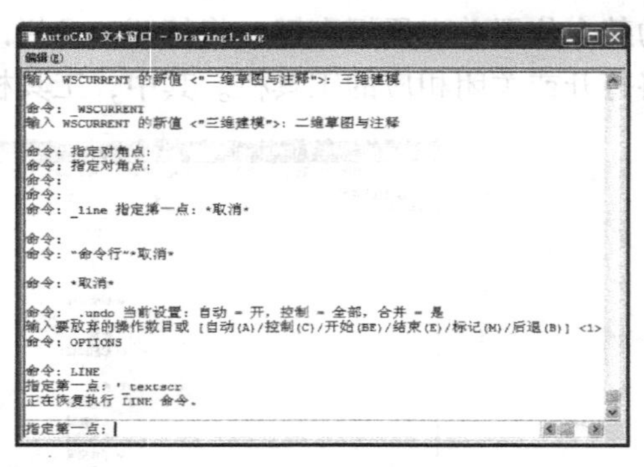

图 1-11　文本窗口

（6）状态栏　AutoCAD 2008 界面的最下方是状态栏，用来显示 AutoCAD 当前的状态，如图 1-12 所示。状态栏左端数值显示的是当前十字光标所处位置的坐标值。

1030.0000, -100.0000, 0.0000　捕捉　栅格　正交　极轴　对象捕捉　对象追踪　DUCS　DYN　线宽　注释比例：1:1

图 1-12　状态栏

状态栏中部是绘图辅助工具的切换按钮，包括“捕捉”、“栅格”、“正交”等 11 个按钮。鼠标左键单击某个切换按钮，可在系统设置的打开和关闭状态之间切换；鼠标右键单击切换按钮，AutoCAD 将弹出快捷菜单，如图1-13所示。选择其中的“设置”命令，就可以修改绘图辅助工具的相关设置。

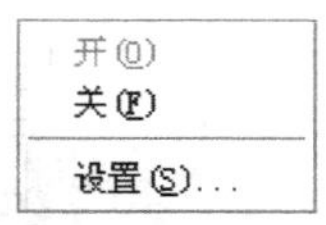

图 1-13　状态栏快捷菜单

状态栏右端包括注释比例选择按钮、工具栏/窗口位置锁定按钮、全屏显示按钮等。

（7）绘图窗口　绘图窗口是绘制、编辑图形的区域。一般情况下，在模型空间进行设计，在布局（图纸）空间创建布局输出图形。进入模型空间或布局空间可以通过单击状态栏中的“模型”按钮或“布局”按钮来实现。

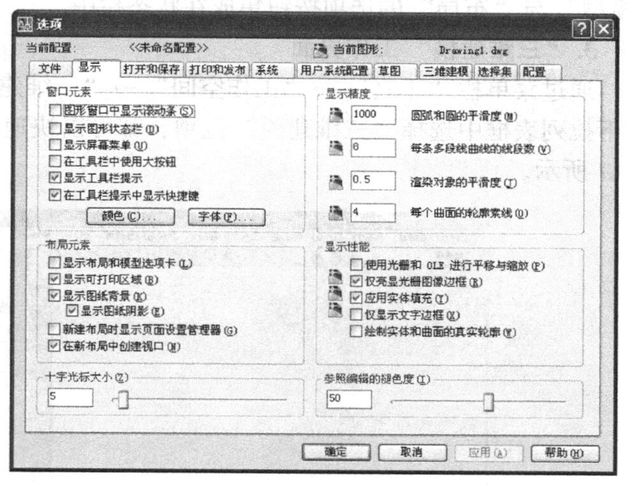

图1-14 “选项”对话框

绘图窗口内有一个十字光标随鼠标的移动而移动，它的功能是选择操作对象。光标十字线的长度可以通过菜单栏“工具”→“选项”→“显示”命令，在弹出的如图1-14所示的“选项”对话框中进行调整。

绘图窗口的左下角是坐标系图标，它主要用来显示当前使用的坐标系及坐标方向。用户可以根据需要关闭某些工具栏，以增大绘图空间。

2. “AutoCAD 经典”工作界面

通过菜单栏“工具”→“工作空间”→“三维建模”命令，或在“工作空间”工具栏中单击“AutoCAD 经典”(见图1-15)，即进入“AutoCAD 经典”工作界面。

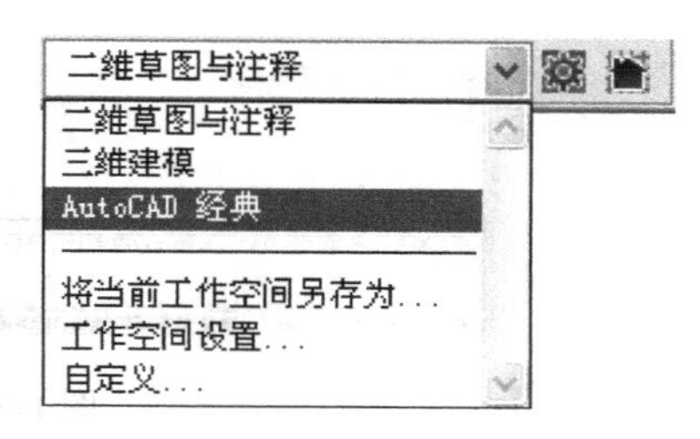

图1-15 进入“AutoCAD 经典”工作界面

对于熟悉 AutoCAD 2006 之前版本的用户来说，可能习惯于采用“AutoCAD 经典”工作空间，该工作空间的界面如图1-16所示。

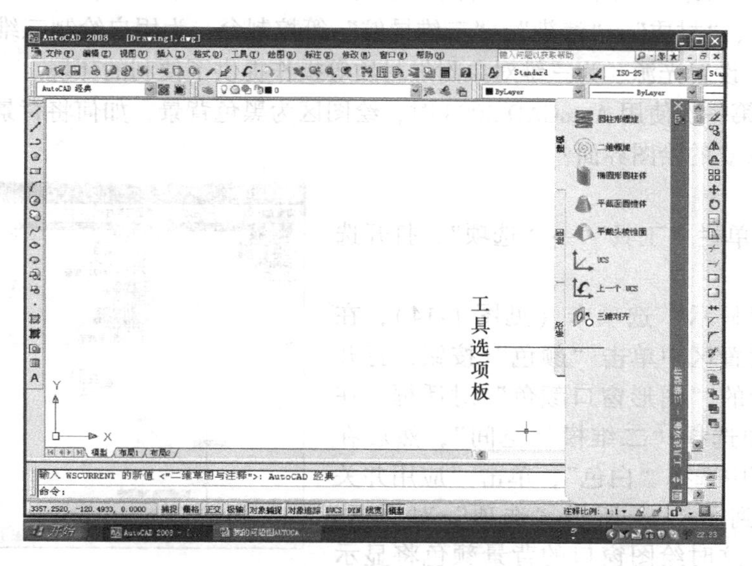

图1-16 “AutoCAD 经典”工作界面

在“AutoCAD 经典”工作界面中，绘图窗口的左下角有“模型”、“布局 1”、“布局 2”的选项，用户可以在模型空间和图纸空间进行切换。而在“二维草图与注释”工作界面中，“模型”与“布局”的选项按钮集成在状态栏中。

3. “三维建模”工作界面

通过菜单栏“工具”→“工作空间”→“三维建模”命令，或在“工作空间”工具栏的下拉列表框中选择“三维建模”选项，都可以快速切换到“三维建模”工作界面，如图 1-17 所示。

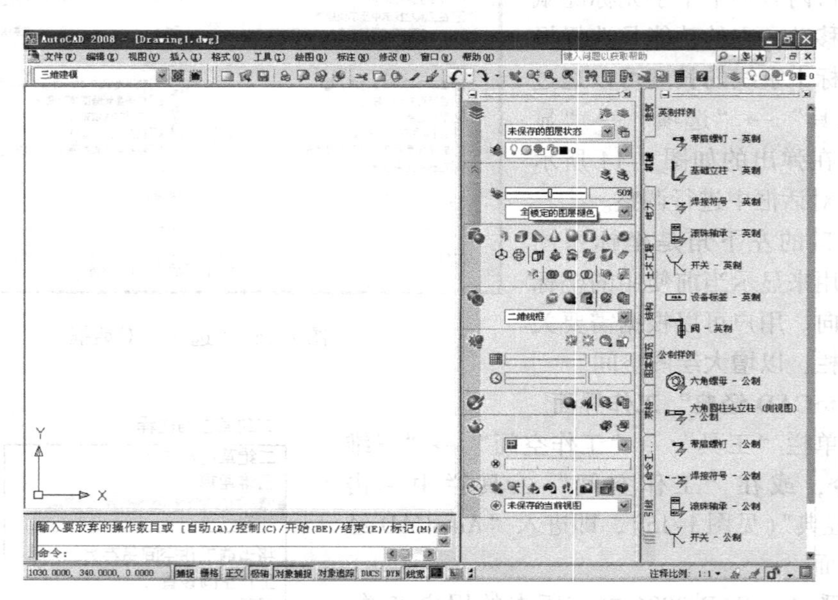

图 1-17 “三维建模”工作界面

“三维建模”工作界面中，在“面板”选项板中集成了“图层”、“三维制作”、“视觉样式”、“光源”、“材质”、“渲染”、“三维导航”等控制台，为用户绘制三维图形、观察图形、创建动画、设置光源、为三维对象附加材质等操作提供了便利的环境。

【例 1-1】第一次使用 AutoCAD 2008 时，绘图区为黑色背景，如何将背景颜色改变为白色，设置自己喜欢的绘图界面？

操作步骤：

1）通过菜单栏“工具”→“选项”，打开选项对话框。

2）选择“显示”选项卡（见图 1-14），在“窗口元素”设置区中单击“颜色”按钮，打开如图 1-18 所示的“图形窗口颜色”对话框，在“背景”选项中选择“二维模型空间”，然后在“颜色”下拉框中选择“白色”，单击“应用并关闭”按钮，回到图 1-14 所示“选项”对话框，单击“确定”，这时绘图窗口的背景颜色将显示为白色。

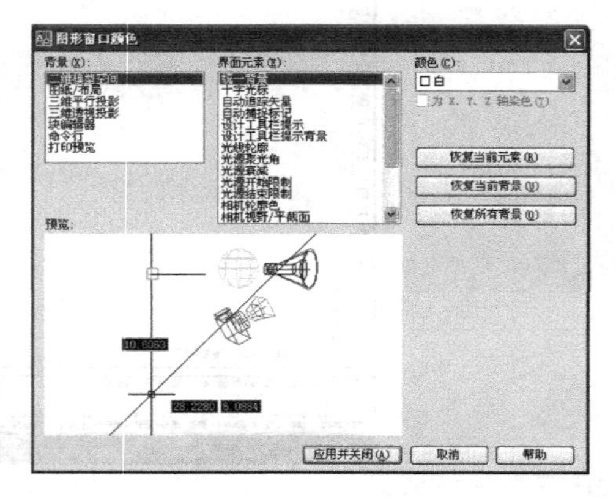

图 1-18 “图形窗口颜色”对话框

【例1-2】 自定义工具栏：一般工具栏中只有部分常用命令，如何在其中添加其他命令？比如，单行文字是一个常用的绘图命令，但绘图工具栏中没有，如何才能让其出现在绘图工具栏中？

操作步骤：

1）将鼠标置于工具栏任意位置处，单击鼠标右键，打开工具栏选项，选中“绘图”工具栏，将“绘图”工具栏打开（在“AutoCAD 经典”工作界面中，“绘图”工具栏默认是打开的）。

2）通过菜单栏“视图”→“工具栏”，或将鼠标置于工具栏任意位置单击鼠标右键，选择“自定义”，打开“自定义用户界面”对话框。

3）在对话框的“命令列表”下方的下拉选项框中选中“绘图”，此时系统中所有的绘图命令都出现在对话框下方，找到“单行文字”的图标 AI，并将其拖放在“绘图”工具栏中“多行文字”的右方，结果如图1-19所示。

图1-19 “绘图”工具栏

1.2 AutoCAD 文件管理的操作

在 AutoCAD 中，图形文件管理的内容主要包括新建和打开图形文件，保存图形文件及关闭图形文件等。用户可以通过菜单、命令行命令或工具栏来完成相关操作。

1.2.1 建立新图形文件

1. 命令激活方式

命令行：NEW↙

菜单栏：文件→新建

工具栏：文件→“新建”按钮

激活命令后，在屏幕上弹出“选择样板”对话框，如图1-20所示。

2. 操作步骤

在“选择样板”对话框中，用户可以在样板列表框中选中某一个样板文件，这时在右侧的“预览”框中将显示出该样板的预览图像，单击“打开”按钮，可以将选中的样板文件作为样板来创建新图形。

单击对话框右下角“打开”按钮右侧的小三角形符号，将弹出一个选项卡，如图1-21所示。各选项的功能如下：

1）打开：新建一个由样板打开的绘图文件。

2）无样板打开-英制（I）：新建一个英制的无样板打开的绘图文件。

3）无样板打开-公制（M）：新建一个公制的无样板打开的绘图文件。

图 1-20 “选择样板”对话框

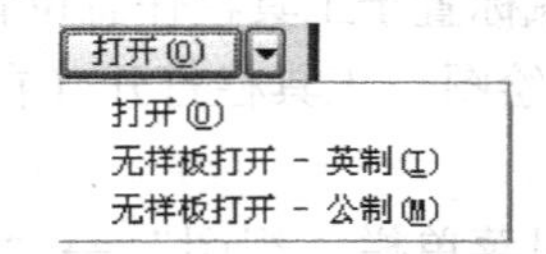

图 1-21 “打开”选项卡

1.2.2 使用向导等建立新图形文件

对于熟悉 AutoCAD 旧版本的用户，可能习惯于利用向导建立绘图环境，此时需要将系统变量“STARTUP”设置为“1”。

操作步骤：

1. 改变系统变量“STARTUP”设置

命令行：STARTUP

输入 STARTUP 的新值 <0>：1↙

2. 建立新图形

命令行：NEW↙

菜单栏：文件→新建

工具栏：文件→“新建”按钮

此时将弹出如图 1-22 所示的“创建新图形”对话框，该对话框中新建图形有 3 种方法，分别为“从草图开始”、“使用样板”和“使用向导”，下面分别介绍。

（1）“从草图开始”创建新图形 按照系统原有的默认设置绘图，仅仅改变绘图单位。

单击如图 1-22 所示的“创建新图形”对话框中的“默认设置”按钮，打开如图 1-22 所示选项卡，选择适当的单位后，单击“确定”按钮，完成新图形的创建。

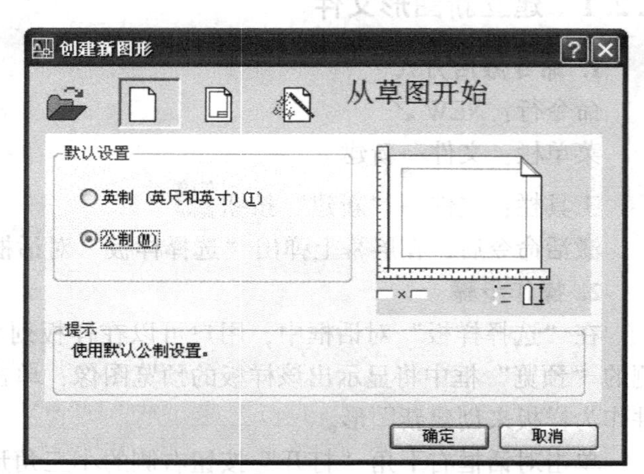

图 1-22 “创建新图形”对话框

（2）“使用样板”创建新图形 利用系统中已有的样板图来创建新图形。

单击如图 1-22 所示的“创建新图形”对话框中的“使用样板”按钮，打开如图1-23所示选项卡，在样板列表框中选中某一个样板文件，单击“确定”按钮，可以将选中的样板文件作为样板来创建新图形。如果样板不在列表框中，可以单击“浏览”按钮进行选择。

（3）“使用向导”创建新图形　通过“使用向导”这种方式来创建新图形，可以对图形的单位、绘图区域等参数进行设置。

单击如图1-22所示的“创建新图形”对话框中的“使用向导”按钮，打开如图1-24所示选项卡，选取“快速设置”或“高级设置”，按向导提示完成绘图环境的设置。

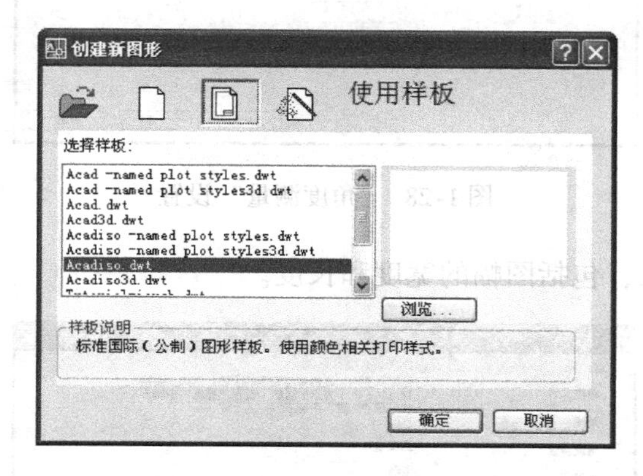

图1-23　“使用样板”建立新图形

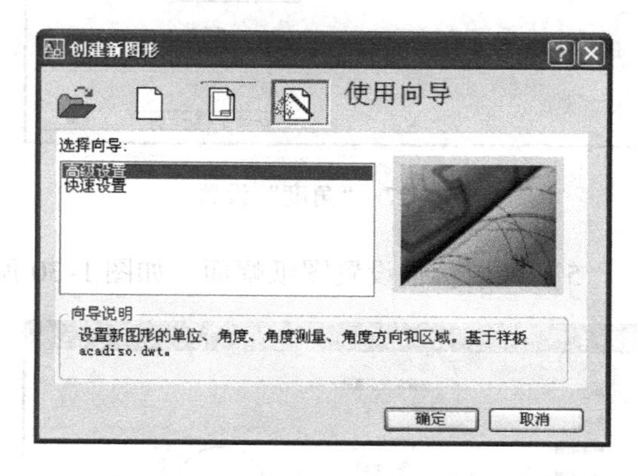

图1-24　“使用向导”建立新图形

“快速设置”和“高级设置”向导均可完成绘图环境的设置，但“高级设置”比“快速设置”更详细（参见图1-25及图1-26），下面以“高级设置”为例介绍绘图环境的设置。

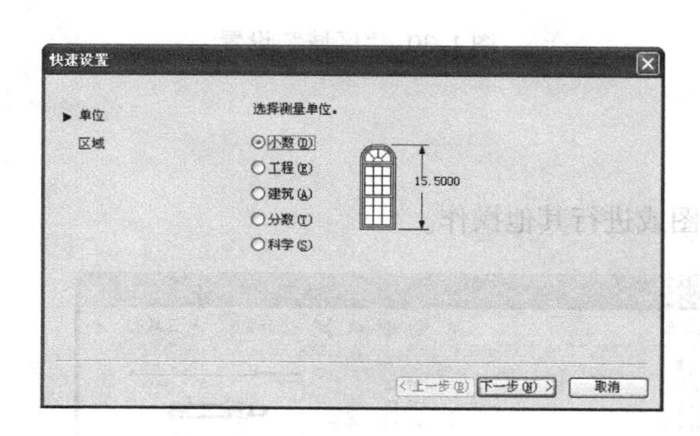

图1-25　快速设置

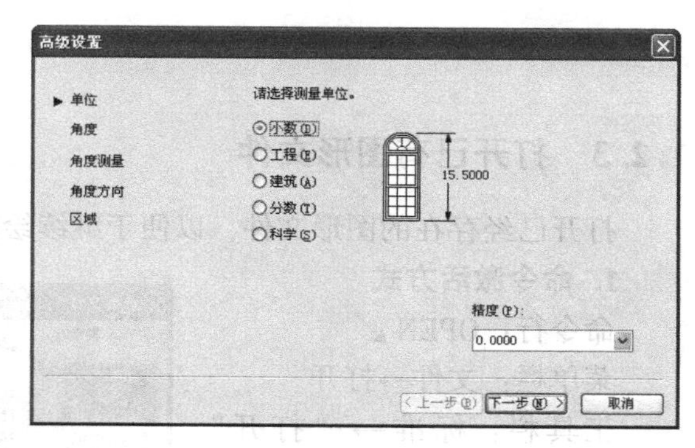

图1-26　高级设置

1）单位：指设置绘图单位。机械制图常选用小数单位，并可在“精度”下拉选框中选择保留小数的位数。

2）角度：指设置角度单位。在图1-26中，单击“下一步”，进入图1-27所示的“角度”设置选项框，机械制图常选用“十进制度数”作为角度单位。

3）角度测量：指设置测量角度的起始方向。如图1-28所示，通常设置东为0度方向。

4）角度方向：指设置测量角度的正方向。如图1-29所示，通常设置逆时针方向旋转为正方向。

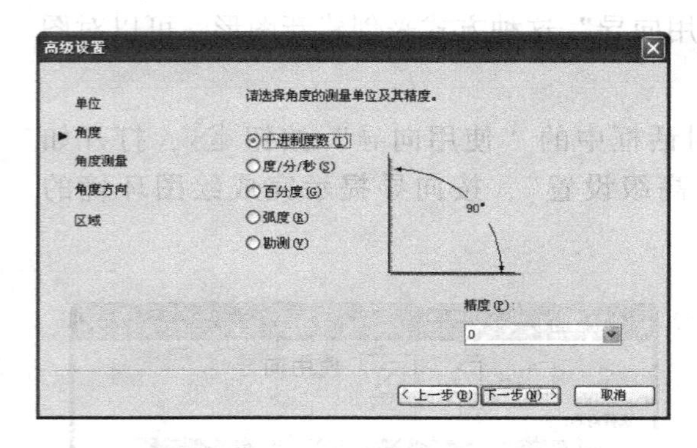

图 1-27　“角度”设置

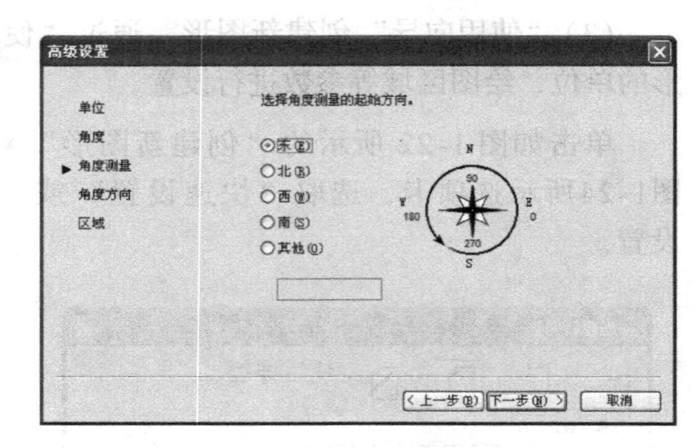

图 1-28　“角度测量”设置

5）区域：指设置图纸幅面。如图 1-30 所示，包括图幅的宽度和长度。

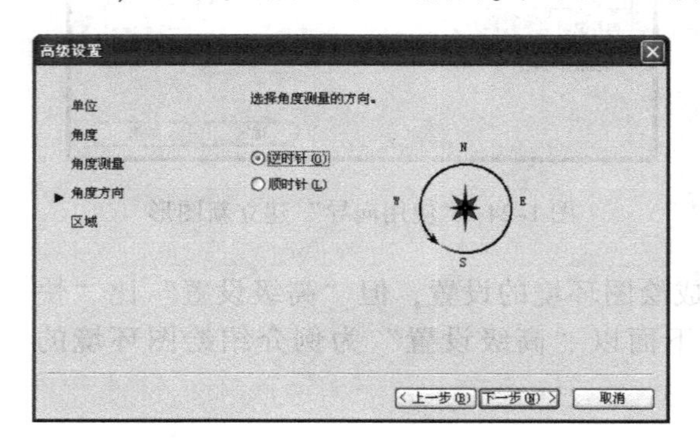

图 1-29　“角度方向”设置

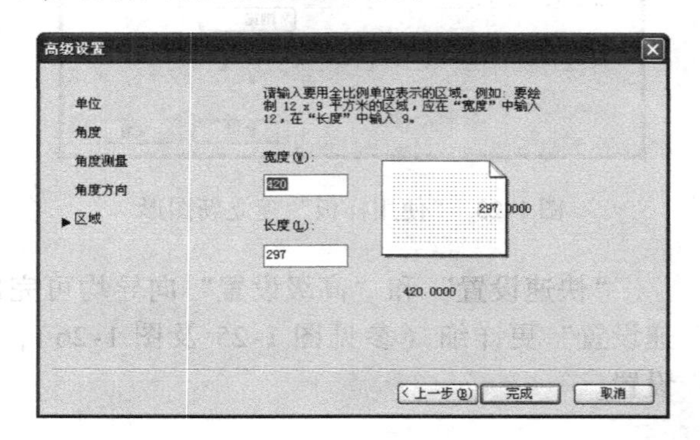

图 1-30　“区域”设置

1.2.3　打开已有图形文件

打开已经存在的图形文件，以便于继续绘图或进行其他操作。

1. 命令激活方式

命令行：OPEN↙

菜单栏：文件→打开

工具栏：标准→“打开”按钮

2. 操作步骤

激活命令后，屏幕上弹出如图 1-31 所示的“选择文件”对话框，选择需要打开的图形文件，在右侧的“预览”框中将显示出对应的图形，单击“打开”即可。

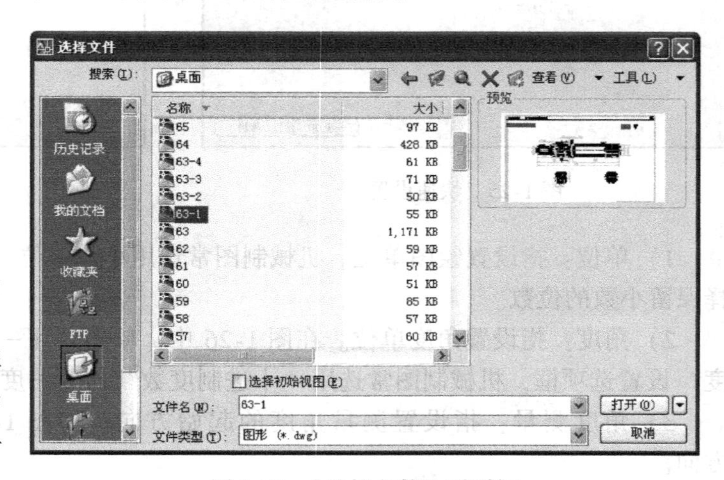

图 1-31　“选择文件”对话框

1.2.4　保存和加密图形文件

1. 保存图形文件

(1) 命令激活方式

命令行：SAVE↙

菜单栏：文件 →保存

工具栏：标准→“保存”按钮

(2) 操作步骤　命令激活后，对于未保存过的图形文件，会在屏幕上弹出如图 1-32 所示的“图形另存为”对话框。在该对话框中，可以选择保存路径、为图形文件命名。在默认情况下，文件以“AutoCAD 2008 图形（*.dwg)”格式保存，也可以在“文件类型”的下拉列表框中选择其他格式。

如果用户想为一个已经命名保存的图形创建新的文件名，可以选择“文件”→“另存为”命令（或在命令行输入 SAVEAS)，将图形以新的名称另存。此时不影响原命名图形，系统将以新命名的文件作为当前图形文件。

注意：

使用“保存”命令可将文件保存成多种格式，其中常用的有两种，即图形文件格式（其扩展名为.dwg）和图形样板格式（其格式为.dwt)。具体保存成何种格式需要在对话框的“文件类型”下拉列表框中进行设置。

2. 添加密码保护图形文件

向图形添加密码并保存该图形，图形将被加密，除非输入密码，否则图形将无法重新打开。用户可以在修改文件和保存文件时向文件附加密码。

操作步骤：通过菜单栏“文件”→“保存”(或“另存为”)，打开如图 1-32 所示“图形另存为”对话框，单击“工具”按钮，选择“安全选项”，进入如图 1-33 所示的“安全选项”对话框，输入密码。

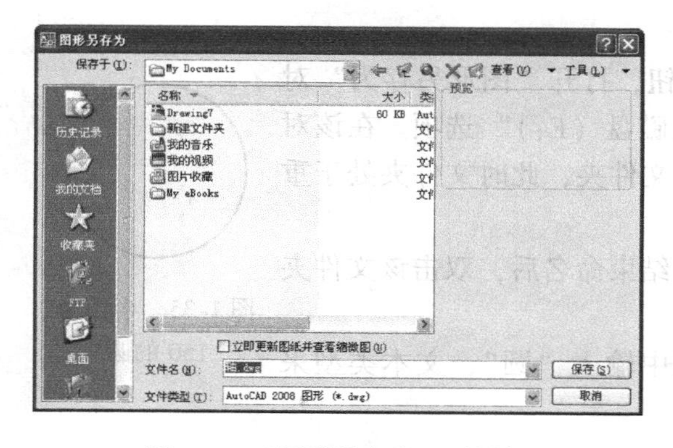

图 1-32　“图形另存为”对话框

图 1-33　“安全选项”对话框

密码可以是单词、数字或字符等，还可以通过“高级选项”选择高级加密级别保护图形。清除密码设置方法与添加密码相同，只是把设置的原密码删除即可。

3. 数字签名保护图形文件

数字签名与密码保护的启动方式相同，进入如图 1-33 所示的“安全选项”对话框后，选择“数字签名”选项，如果用户未获取过数字签名，则弹出如图 1-34 所示的对话框。

用户可以通过自动链接到为 AutoCAD 提供数字签名的网址上获取数字 ID。

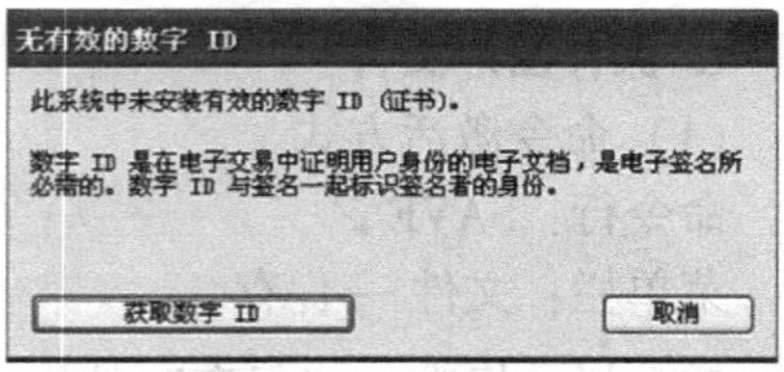

无有效的数字 ID

此系统中未安装有效的数字 ID（证书）。

数字 ID 是在电子交易中证明用户身份的电子文档，是电子签名所必需的。数字 ID 与签名一起标识签名者的身份。

获取数字 ID　　取消

图 1-34　数字签名保护文件

1.2.5　退出 AutoCAD

1. 命令激活方式

命令行：QUIT↙

菜单栏：文件 →退出

单击标题栏右边的“关闭窗口”按钮☒

2. 操作步骤

不论采用哪种方式，在退出系统之前如果最后一次操作没有存盘，系统将会弹出一个对话框，询问是否将改动进行保存，用户可以选择“是”进行存盘或者选择“否”以不存盘的方式退出 AutoCAD。

【例 1-3】 新建一个图形文件，在该文件中绘制一个半径为 150 的圆。将该文件保存到 E 盘下一个名为“二维图形”的文件夹下，并将其命名为“圆”。

操作步骤：

1）单击“标准”工具栏中的“新建”按钮。在打开的“选择样板”对话框中，单击“打开”按钮右侧的倒三角按钮，在弹出的下拉菜单中选择“无样板打开-公制”选项，单击“打开”按钮。

2）在命令行输入“CIRCLE”并按“Enter”键。系统提示及操作如下：

指定圆的圆心或［三点（3P）/两点（2P）/相切、相切、半径（T）］：（指定任一点作为圆心）

指定圆的半径或［直径（D）］ <50.0000>：150↙（输入 150 后按“Enter”键，绘制如图1-35所示的圆）

3）单击“标准”工具栏中的“保存”按钮，打开“图形另存为”对话框。在“保存于”下拉列表框中指定“本地磁盘（E:）”选项。在该对话框中单击“创建新文件夹”按钮，新建一个文件夹，此时文件夹处于重命名状态。

4）将新建的文件夹命名为“二维图形”。结束命名后，双击该文件夹将其打开。

5）在该对话框的“文件名”下拉列表框中输入“圆”，文本类型采用默认设置，单击“保存”按钮。

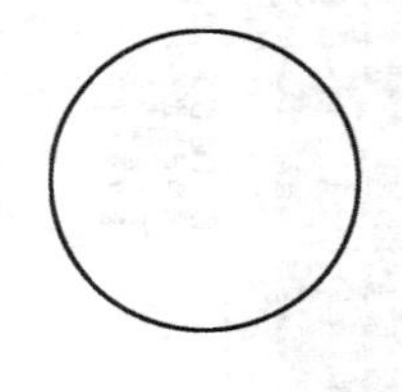

图 1-35　半径为 150 的圆

1.3　AutoCAD 的输入方法及命令执行的操作过程

在 AutoCAD 中，要实现任何操作都必须发出命令，因此需要用户掌握命令的输入方式、坐标的输入及重复、中断、撤消、恢复等基本操作。

1.3.1　命令输入方式

常用的命令输入方式有三种。

1. 命令行输入

在命令行输入命令的全名或别名，按“Enter”键即可激活命令。这时命令行将出现提示信息或指令，可以根据提示进行相应的操作。比如绘制一条直线：

```
命令：LINE（或 L）↙
指定第一点：6，6↙
指定下一点或 [放弃（U）]：200，200↙
指定下一点或 [放弃（U）]：↙
```

绘出的是左角点坐标为（6，6）、右角点坐标为（200，200）的直线。

AutoCAD 2006 版以后增强了动态输入的功能，即用户可以不在命令行中输入坐标值，而直接在光标所显示的矩形框内填写坐标值，如图 1-36 所示。

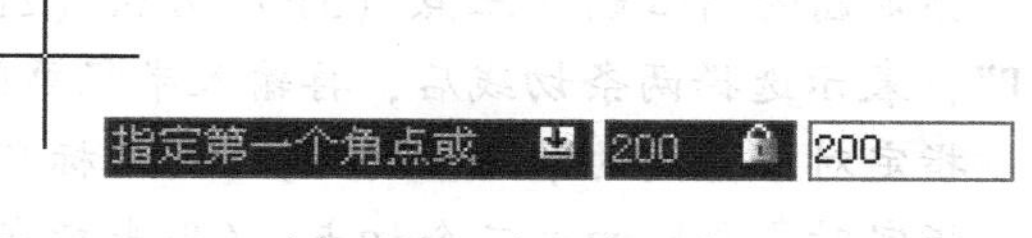

图 1-36　动态输入

在命令行输入命令是 AutoCAD 最基本的命令激活方式，所有的绘图都可以通过命令行输入来完成。

注意：

1）在 AutoCAD 中，每当通过键盘输入命令后，都应按“Enter”键或空格键系统才会接受此命令，给出下一步的操作提示。由于按“Enter”键或“空格”键的效果一样，因此以“↙”符号表示“Enter”键或空格键。

2）在输入第一个坐标值 X 之后，一定要有逗号分隔，才能接着输入坐标值 Y。

3）当出现无法正常输入坐标值时，将输入法由中文换成英文即可。

2. 工具栏输入

可以通过单击工具栏上的按钮来激活命令，比较而言，工具栏输入更加方便快捷。比如绘制直线时，可单击绘图工具栏中的“直线”图标 ⟋，其作用和输入命令“LINE”完全一样。

3. 菜单输入

可以通过单击菜单栏或快捷菜单来激活命令，比如绘制直线时，单击下拉菜单“绘图”，选择“直线”，其作用和前两种输入方式完全一样。

1.3.2　关于命令选项

AutoCAD 中的许多命令（无论采用哪种方式执行）都包含多个命令选项（也称子命令），输入其中的英文字母或数值就可得到相应的选项，如果直接按“Enter”键则表示选择的是默认选项。

比如，使用画圆的“CIRCLE”命令后，键盘命令区将提示：

```
指定圆的圆心或 [三点（3P）/两点（2P）/相切、相切、半径（T）]：
```

1）紧接在“命令”后面未加括号的提示为正在执行的命令，比如“指定圆的圆心”。如果直接按“Enter”键，表示执行此命令，将通过圆心和半径画圆。

2）“［ ］”中的内容为选项，当有多个选项时，各选项用“/”隔开。输入“3P”，表示通过三点画圆；输入“2P”，表示通过两点画圆；输入字母“T”，表示选择两条切线后，再输入半径画圆。

3）在“< >”中的选项为默认值。如果同意默认数值，只需按“Enter”键或空格键即可；如果不同意默认数值，直接输入正确数值，然后按“Enter”键或回车键。

一般地，初学者应该密切观察命令行，按照系统对下一步操作的提示进行操作。

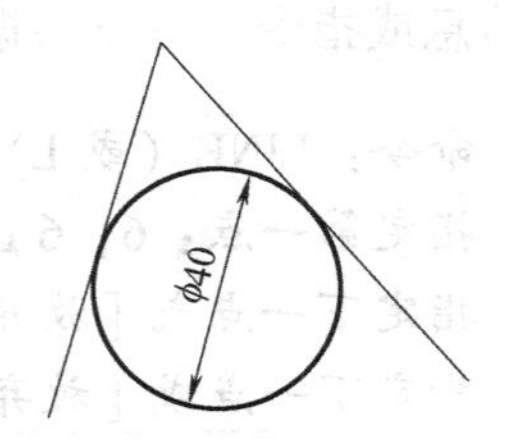

图 1-37 “相切、相切、半径”绘制圆

【例 1-4】 绘制与两相交直线相切的圆（见图 1-37）。

在命令行输入圆命令“CIRCLE（C）”后回车，系统提示及操作如下：

指定圆的圆心或［三点（3P）/两点（2P）/相切、相切、半径（T）］：T↙（输入字母“T”，表示选择两条切线后，再输入半径画圆）

指定对象与圆的第一个切点：（用光标在一直线上指定一点）

指定对象与圆的第二个切点：（用光标在另一直线上指定一点）

指定圆的半径 <30>：20↙（输入圆的半径“20”，按“Enter”键，结束命令）

1.3.3 重复、中断、撤消、恢复、透明命令

1. 重复命令

要重复执行上一个命令，可以按“Enter”键、空格键，也可在绘图区域中单击鼠标右键，从弹出的快捷菜单中选择“重复”命令。

2. 中断命令

如果输入的命令不正确，可以按“Esc”键中断该命令，使命令行回到未输入命令前的“命令：”状态。

初学者有时会遇到命令无法输入的困惑，这往往是因为上一个命令还在执行，这时应先按“Esc”键终止该命令，使命令行回到“命令：”状态，才可以输入新的命令。

从菜单或工具栏调用另一个命令，将自动终止当前正在执行的命令。

3. 撤消命令

如果发现上一步进行的操作有误，可采取以下方式进行撤销：

1）命令行：UNDO（或 U）↙

2）单击“标准”工具栏中的“放弃”按钮（见图 1-38），单击“放弃”按钮右边的黑色小三角符号，弹出近期的操作，可选择放弃的命令数目。

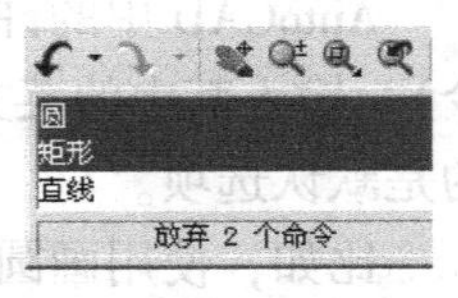

图 1-38 撤消命令

3）有些命令在其命令提示中提供了“放弃”选项，可选择“放弃”选项进行撤消。

4. 恢复命令

恢复已撤销的命令可采取以下方式：

1）命令行：MREDO↙

2）单击“标准”工具栏中的“恢复”按钮。同样的，单击“恢复”按钮右边的黑色小三角符号，可选择恢复的命令数目。

5. 透明命令

有些命令可以在绘图或编辑命令执行过程中插入，而不影响原来命令的执行，这些命令叫做透明命令。常使用的透明命令多为修改图形设置的命令和绘图辅助工具命令，例如“平移”、“缩放”、“捕捉”和“正交”等命令。透明命令完成后，将继续执行原命令。

1.3.4　坐标系与坐标输入

绘制图形过程中，需要输入必要的数据，可使用直角坐标系或极坐标系输入坐标值。对于这两种坐标系，都可以输入绝对坐标或相对坐标。

1. 直角坐标系

直角坐标系也称笛卡儿坐标系，它有 X、Y 和 Z 轴，且任意两轴之间都是互相垂直相交的。在默认情况下，坐标原点位于绘图窗口的左下角。

二维图形输入数据时，需要给出 x、y 坐标值。绝对坐标是点相对于坐标系原点的坐标值，以“x，y”的形式给出；相对坐标是点相对某一点的坐标值，以“@x，y”的形式给出，如图 1-39 所示。

2. 极坐标系

极坐标系使用距离和角度来定位点。在默认情况下，角度以逆时针方向旋转为正，顺时针方向旋转为负。以“距离 < 角度”或“@距离 < 角度”的形式给出点的绝对极坐标或相对极坐标，如图 1-40 所示。

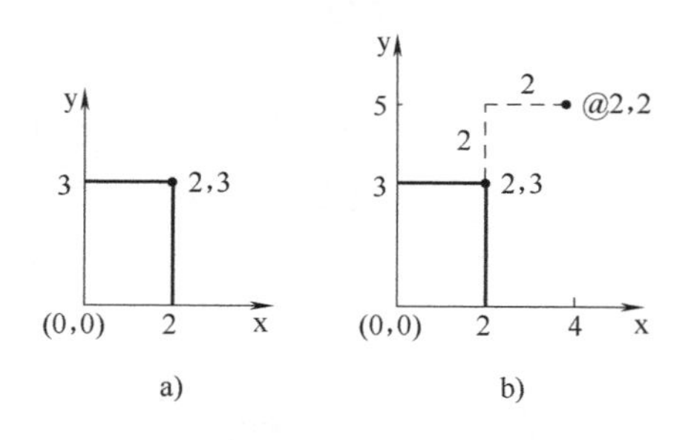

图 1-39　直角坐标系

a）绝对直角坐标　b）相对直角坐标

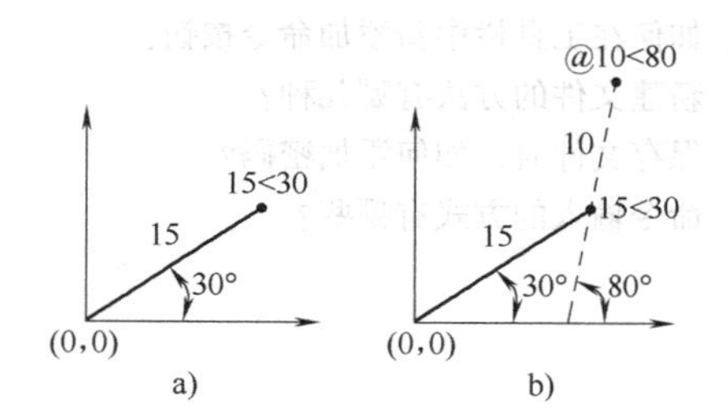

图 1-40　极坐标系

a）绝对极坐标　b）相对极坐标

【**例 1-5**】用极坐标绘制如图 1-41 所示的正三角形。

在命令行输入直线命令“LINE（L）”后回车，系统提示及操作如下：

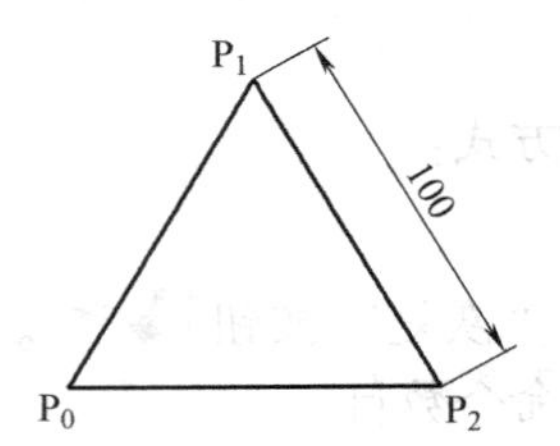

图 1-41　极坐标绘图

指定第一点：(用光标给定点 P_0)

指定下一点或 [放弃 (U)]：@100 <60↙(输入 P_1 相对 P_0 的坐标值后回车)

指定下一点或 [放弃 (U)]：@100 < -60↙(输入 P_2 相对 P_1 的坐标值后回车)

指定下一点或 [闭合 (C) 放弃 (U)]：C↙(输入“C”后回车则将最后一点与第一点间连线并结束命令)

练　习　题

一、填空题

1. 调用命令的方式有（　　　）、（　　　）、（　　　）。
2. 通过键盘输入命令后，都应按（　　　）键或（　　　）键，这样系统才会接受此命令。
3. 坐标系有两种，一种是（　　　），另一种是（　　　）。
4. AutoCAD 为用户提供了（　　　）、（　　　）和（　　　）3 种工作界面。
5. （　　　）命令用于取消绘图中的错误操作。
6. 随时终止命令时，应单击（　　　）键。
7. 可以利用（　　　）、（　　　）等方式来重复执行上一个命令。
8. 可以使用（　　　）、（　　　）、（　　　）方式退出 AutoCAD 2008 系统。

二、思考题

1. 如何在窗口中新添加工具栏？
2. 如何在工具栏中新添加命令按钮？
3. 新建文件的方法有哪几种？
4. 保存文件时，如何添加密码？
5. 命令输入的方式有哪些？

第 2 章　平面图形的绘制

本章提要：从如图 2-1 所示的泵盖可以看出，机械类的零件图通常包括以下内容：①一组视图：表达零件的结构形状和位置；②尺寸：确定各部分的大小和相对位置；③技术要求：加工、检验应达到的技术指标；④标题栏：对零件名称、材料等进行说明。

要绘制如图 2-1 所示泵盖的零件图，需要用到 AutoCAD 的许多绘图功能。AutoCAD 的二维绘图功能强大，本章将按照我们通常的绘图习惯，按顺序分别介绍图幅的设定、各种图线的设定与管理、常用的绘图及编辑命令、辅助绘图方法、图形显示控制等常用命令，并通过大量图形实例的绘制来巩固和复习所学内容。

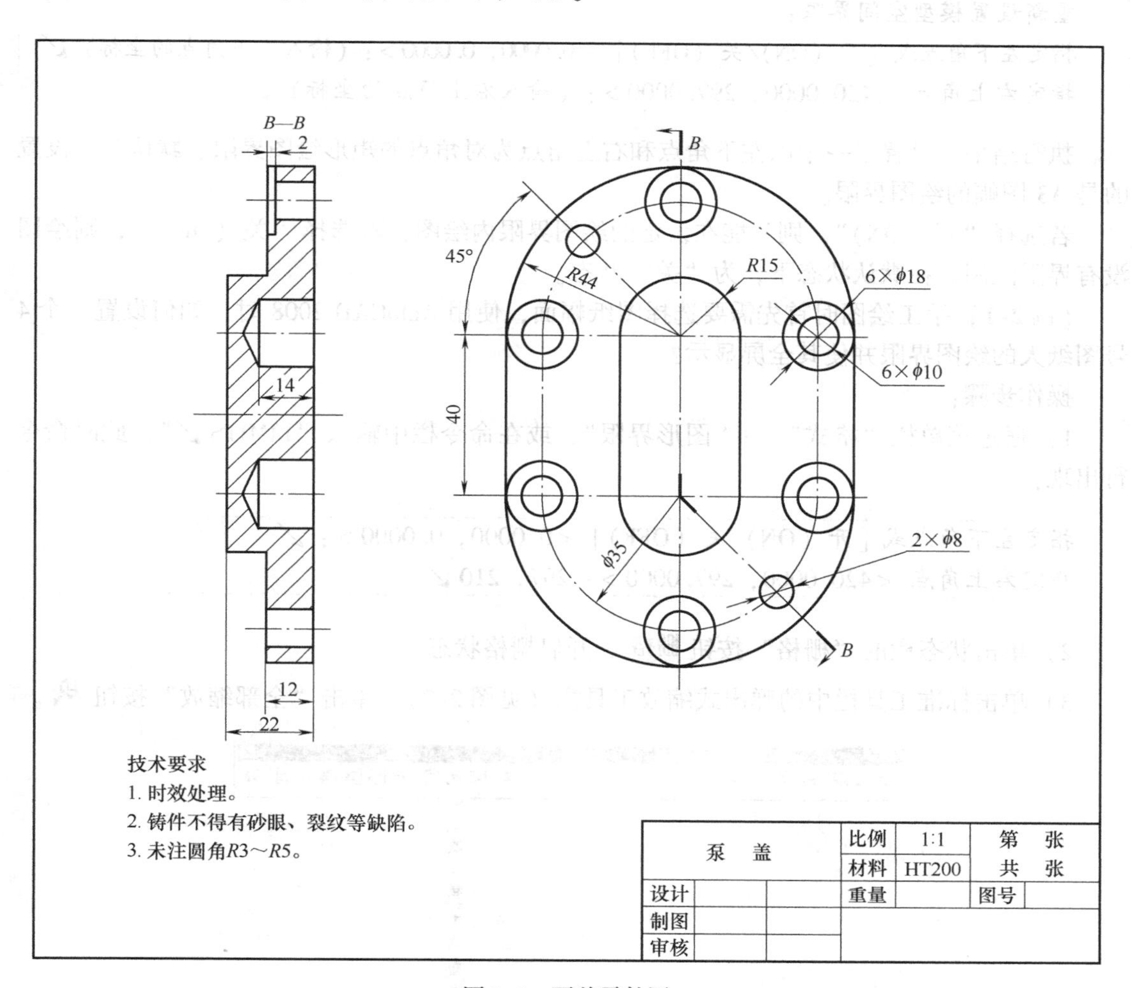

图 2-1　泵盖零件图

2.1　设置绘图区及绘图单位

2.1.1　用图形界限设置绘图区

利用图形界限的命令设置一个矩形的绘图界限。使用该功能，可以控制绘图是否在界限内进行。

1. 命令激活方式

命令行：LIMITS ↙

菜单栏：格式→图形界限

2. 操作步骤

激活命令后，在命令提示行将显示：

```
重新设置模型空间界限：
指定左下角点或［开（ON）/关（OFF）］<0.0000，0.0000>：（输入左下角点的坐标）↙
指定右上角点 <420.0000，297.0000>：（输入右上角点的坐标）↙
```

执行结果：设置了一个以左下角点和右上角点为对角点的矩形绘图界限。默认时，设置的是 A3 图幅的绘图界限。

若选择“开（ON）”，则只能在设定的绘图界限内绘图；若选择“关（OFF）”，则绘图没有界限限制。在默认状态下，为“关”状态。

【例 2-1】 手工绘图时首先需要选择图纸幅面，使用 AutoCAD 2008 时，如何设置一个 4 号图纸大的绘图界限并使其全屏显示？

操作步骤：

1）通过菜单栏“格式”→“图形界限”，或在命令栏中输入“LIMITS ↙”，此时命令行出现：

```
指定左下角点或［开（ON）/关（OFF）］<0.0000，0.0000>：↙
指定右上角点 <420.0000，297.0000>：297，210 ↙
```

2）单击状态栏的“栅格”按钮 栅格 ，开启栅格状态。

3）单击标准工具栏中的弹出式缩放工具栏（见图 2-2），单击“全部缩放”按钮 。

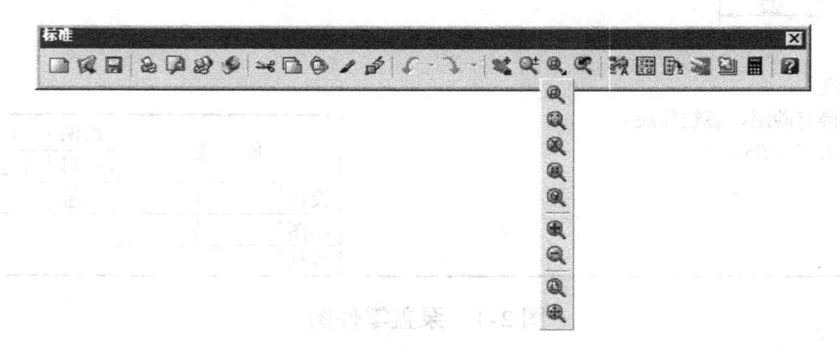

图 2-2　弹出式缩放工具栏

此时栅格显示的区域便为横放的4号图纸大小的范围，并最大范围地全屏显示。

或输入命令：ZOOM↙

此时命令行出现：

指定窗口的角点，输入比例因子（nX或nXP），或者
[全部（A）/中心（C）/动态（D）/范围（E）/上一个（P）/比例（S）/窗口（W）/对象（O）] <实时>：A↙

同样实现栅格的全屏显示。

2.1.2 绘图单位

设置绘图时所使用的长度单位、角度单位以及显示单位的格式和精度。

1. 命令激活方式

命令行：UNITS（或UN）↙

菜单栏：格式→单位

2. 操作步骤

激活命令后，屏幕弹出如图2-3所示的“图形单位”对话框。可对该对话框中相应的内容进行设置。

1）“长度”选项区：可以设置绘图的长度单位和精度。在“类型”列表框中提供了小数、分数、工程、建筑及科学五种长度单位类型。其中“工程”和“建筑”的单位为英制单位，常用的为小数单位。在“精度”列表框中可以设置长度值所采用的小数位数或分数大小。

2）“角度”选项区：可以设置绘图的角度格式和精度。在“类型”列表框中提供了“十进制度数”、“弧度”、“度/分/秒”、“百分度”及“勘测单位”等五种格式。在“精度”列表框中可以设置当前角度显示的精度。

3）“插入比例”选项区：可以设置插入到当前图形中的块和图形的测量单位，常用毫米单位。

4）“输出样例”选项区：显示了当前长度单位和角度单位的样例。

5）“顺时针”复选框：可以设置角度增加的正方向。在默认情况下，逆时针方向为角度增加的正方向。单击“方向”按钮，可以打开如图2-4所示的“方向控制”对话框，设置起始角度（0°角）的方向。

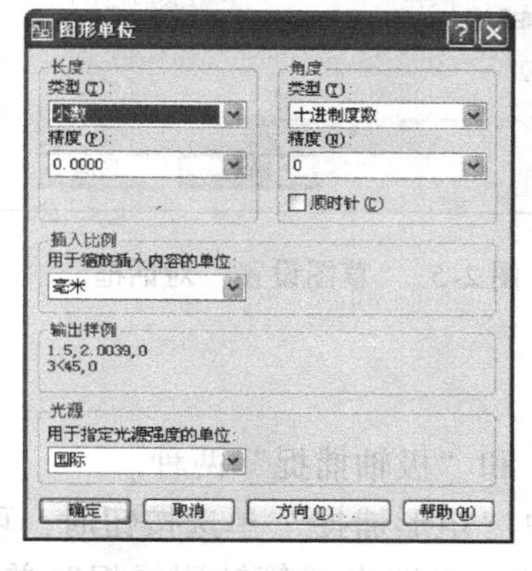

图2-3 “图形单位”对话框

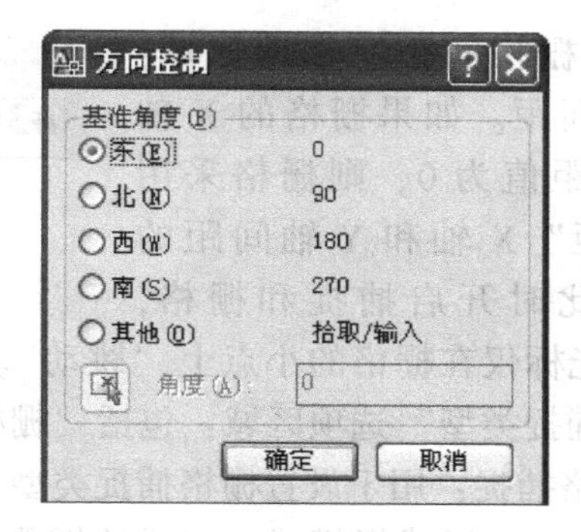

图2-4 “方向控制”对话框

2.2 辅助绘图方法

位于 AutoCAD 2008 状态栏处的相关按钮为用户提供了常用的辅助绘图工具，熟练地使用它们，可以帮助我们快速精确地绘图。这些按钮大多属于透明命令，在绘制和编辑图形的过程中可随时开启或关闭。

2.2.1 捕捉和栅格

“栅格”是由许多点组成的矩形，类似于坐标纸，可以提供直观的距离和位置参照。栅格点仅仅是一种视觉工具，在图形输出时并不输出栅格点。

“捕捉”用于控制光标按照用户定义的间距移动，有助于使用鼠标来精确地定位点。

1. 设置捕捉和栅格参数

(1) 命令激活方式

状态栏：右键点击“捕捉”按钮 捕捉 或“栅格”按钮 栅格 →设置

菜单栏：工具→草图设置

(2) 操作步骤　激活命令后，打开“草图设置”对话框（见图 2-5），在“捕捉和栅格”选项卡中可以设置“捕捉”和“栅格”的相关参数，各选项功能如下。

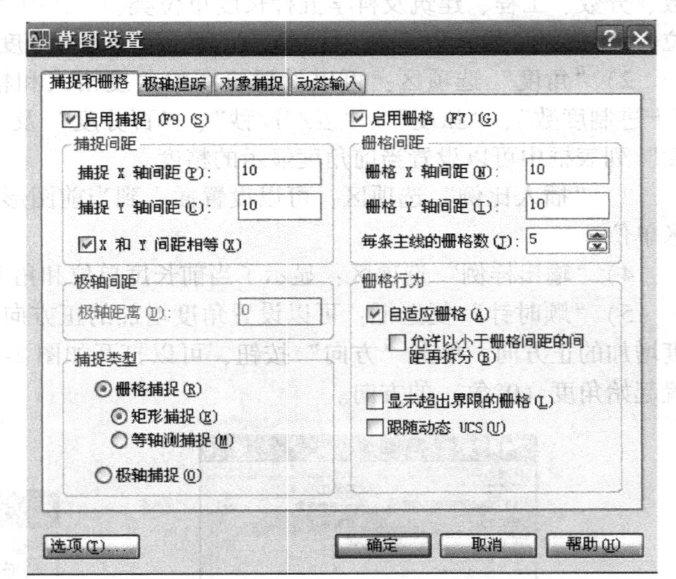

图 2-5　“草图设置”对话框

1)“启用捕捉”复选框：打开或关闭捕捉方式。选中该复选框，可以启用捕捉。

2)“捕捉间距”选项区域：可设置 X、Y 方向的捕捉间距，间距值必须为正数。

3)“启用栅格”复选框：打开或关闭栅格的显示。选中该复选框，可以启用栅格。

4)“栅格间距”选项区域：设置栅格间距。如果栅格的 X 轴和 Y 轴间距值为 0，则栅格采用“捕捉间距”X 轴和 Y 轴间距的值。如果此时开启捕捉和栅格，可以看到光标仅在栅格的小点上“跳动”。

5)“捕捉类型”选项区域：包括“栅格捕捉”和“极轴捕捉”两种。

① 栅格捕捉：用于设置栅格捕捉类型。当选中“矩形捕捉”单选按钮时，可将捕捉样式设置为标准矩形捕捉模式，二维绘图常用此模式；当选中“等轴测捕捉”单选按钮时，

可将捕捉样式设置为等轴测捕捉模式，一般用于绘制等轴测图形。根据选用的模式，可在“捕捉间距”和“栅格间距”选项区域中设置相关的参数。

② 极轴捕捉：选中该单选按钮，可以设置捕捉样式为极轴捕捉，光标将沿极轴角或对象捕捉追踪角度进行捕捉。在“极轴间距”选项区域中的“极轴距离”文本框中可设置极轴捕捉间距，如果该值为“0”，则极轴捕捉距离采用“捕捉 X 轴间距”的值。

注意：在未启用极轴追踪的情况下，“极轴距离”设置无效。

6）“栅格行为”选项区域：设置栅格线的显示样式（三维线框除外）。

① 自适应栅格：缩小时，限制栅格密度；放大时，生成更多间距更小的栅格线。

② 允许以小于栅格间距的间距再拆分：确定是否允许以小于栅格间距的间距来拆分栅格。

③ 显示超出界限的栅格：确定是否显示超出图形界限区域的栅格。

④ 跟随动态 UCS：更改栅格平面以跟随动态 UCS 的 XY 平面。

2. 打开或关闭捕捉和栅格

打开或关闭捕捉和栅格功能有以下几种方法：

1）在程序窗口的状态栏中，单击“捕捉”按钮 捕捉 或“栅格”按钮 栅格 。

2）按“F9”快捷键来启用或关闭捕捉，按“F7”快捷键来启用或关闭栅格。

3）在如图 2-5 所示“草图设置”对话框中，在“捕捉和栅格”选项卡中选中或取消“启用捕捉”和“启用栅格”复选框。

2.2.2　正交模式

单击状态栏上的“正交”按钮 正交 或按“F8”快捷键可控制正交模式的开启或关闭，正交模式打开时，使用光标绘制直线时只能绘制平行于 X 轴或平行于 Y 轴的直线。

在启用正交模式后，当光标在线段的终点方向时，只需键入线段的长度即可精确绘制水平线或垂直线。

2.2.3　对象捕捉

AutoCAD 提供的对象捕捉功能可以准确地捕捉一些特殊位置点（如端点、交点等），不但提高了绘图的速度，也使得图形绘制变得非常精确。

1. 临时对象捕捉

临时对象捕捉仅对本次捕捉点有效。

1）在任意一个工具栏处单击右键，在打开的工具栏快捷菜单中单击“对象捕捉”，将打开如图 2-6 所示的“对象捕捉”工具栏。

将鼠标放在工具栏任意按钮的下方停留片刻，将显现出该按钮的捕捉名称。临时对象捕捉属于透明命令，可以在绘图或编辑命令执行过程中插入，在绘图过程中提示确定一点时，选择对象捕捉的某一项（如端点、中点等），光标会捕捉定位到相关的点上。

2）在执行绘图命令要求指定点时，可以按下“Shift”键或“Ctrl”键，右键单击打开“对象捕捉”快捷菜单（见图 2-7），选择需要的捕捉点进行捕捉。

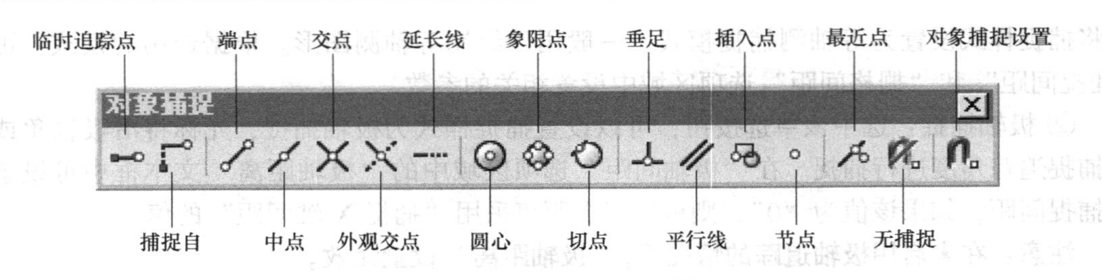

图 2-6 “对象捕捉”工具栏

3）在命令行提示输入点时，直接输入关键词，如 MID（中点）、TAN（切点）等，按“Enter”键临时打开捕捉模式。

被输入的临时捕捉命令将暂时覆盖其他的捕捉命令，在命令行中显示一个“于”标记。

2. 自动对象捕捉

在绘图过程中，使用对象捕捉的频率非常高。若每次都使用“对象捕捉”工具栏等临时对象捕捉，将会影响绘图效率。为此，AutoCAD 又提供了一种自动对象捕捉模式。

要打开自动对象捕捉模式，可在“草图设置”对话框的“对象捕捉”选项卡中，选中“启用对象捕捉”复选框，然后在“对象捕捉模式”选项区域中选中相应复选框，如图 2-8 所示。

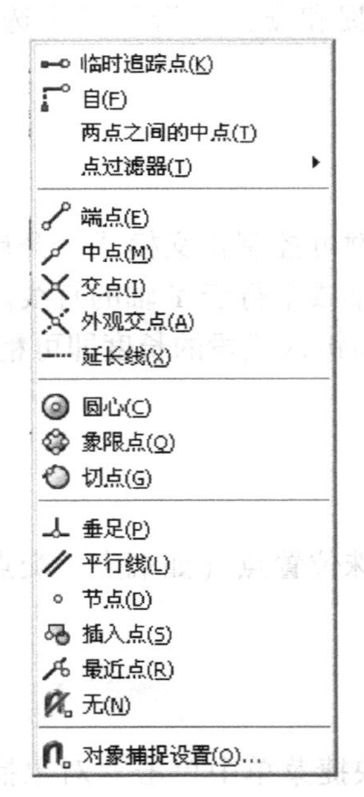

图 2-7 “对象捕捉”快捷菜单

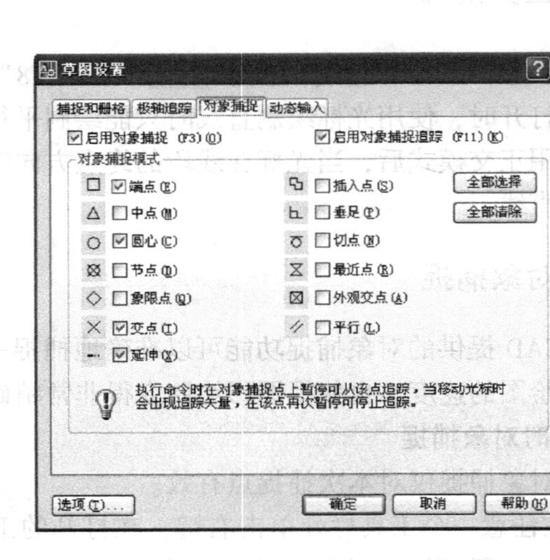

图 2-8 “对象捕捉”选项卡

当开启自动捕捉后，绘制和编辑图形时，若把光标放在一个对象上，系统就会自动捕捉到对象上所有符合条件的几何特征点，并显示相应的标记。

当开启自动捕捉后，设置的对象捕捉模式始终处于运行状态，直到关闭为止。可以通过在“草图设置”对话框的“对象捕捉”选项卡中，取消“启用对象捕捉”复选框关闭对象捕捉，但更方便的是单击状态栏上的“对象捕捉”按钮 对象捕捉 开启或关闭“对象捕捉”

功能。

【例 2-2】 如图 2-9a 所示是已绘制好的两个圆，如何快速准确地作出它们的公切线？

操作步骤：

方法一：使用临时对象捕捉进行操作。

1）单击“绘图”工具栏上的“线”按钮，命令行出现：

命令：LINE 指定第一点：（单击“对象捕捉”工具栏中的“捕捉到切点”按钮，然后单击小圆的上方）

指定下一点或［放弃（U）］：（单击“对象捕捉”工具栏中的“捕捉到切点”按钮，然后单击右边大圆的上方）

2）按“Enter”键或“空格”键，结束线的命令。

3）用同样的方法作出两圆的下公切线，完成后的图形如图 2-9b 所示。

方法二：使用自动对象捕捉进行操作。

1）右键单击状态栏上的“对象捕捉”按钮 对象捕捉 选项，选择“设置”，在打开的如图 2-8 所示的对话框中选择“切点”复选框，单击“确定”关闭“草图设置”对话框。

2）单击“绘图”工具栏上的“线”按钮，命令行出现：

命令：LINE 指定第一点：（鼠标靠近左边小圆的上方，待出现切点符号时，单击小圆）

指定下一点或［放弃（U）］：（鼠标靠近右边大圆的上方，待出现切点符号时，单击大圆）

3）按“Enter”键或“空格”键，完成两圆的上公切线。

4）用同样的方法作出两圆的下公切线，完成后的图形如图 2-9b 所示。

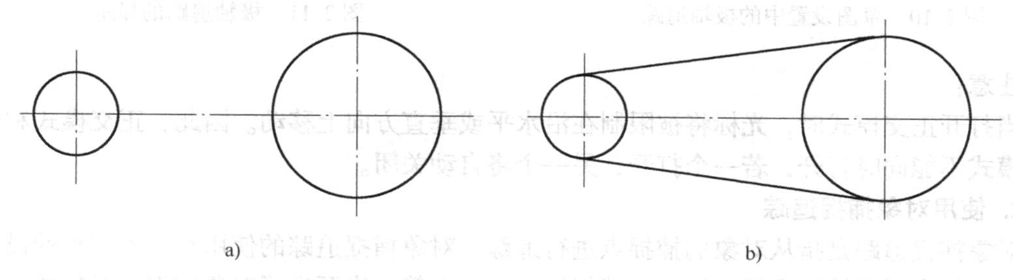

图 2-9　作两个圆的公切线

2.2.4　极轴追踪和对象捕捉追踪

在 AutoCAD 中，相对于图形中的其他点来定位点的方法称为追踪。当自动追踪打开时，可以利用出现的追踪线在精确的位置上创建图形。自动追踪包括极轴追踪和对象捕捉追踪，可以通过单击状态栏上的“极轴追踪”按钮 极轴 或“对象捕捉追踪”按钮 对象追踪 打开或关闭追踪模式。

1. 使用极轴追踪

极轴追踪是按事先给定的角度增量来追踪特征点。可在“草图设置”对话框的“极轴追踪”选项卡中对极轴追踪进行设置。

右击“极轴”按钮 极轴，选择“设置”，可弹出“草图设置”中的“极轴追踪”对话框，如图 2-10 所示。可以启用极轴追踪并设置极轴增量角，图中极轴增量角设置为 30°。AutoCAD 在执行命令过程中，遇到 30°角的倍数时，就会出现极轴追踪的显示，如图 2-11 所示。数字 427.3655 指的是光标所在位置距上一点的距离，<30°指的是该线的角度大小。因为该例中“极轴角测量”设置成“绝对”角度，此时，系统默认以水平线向左为零度，逆时针角度增加。如果选中“相对上一段”单选按钮，将以基于最后绘制的线段确定极轴追踪角度。

如果增量角设置的角度不能满足需要，可选中“附加角”复选框，然后单击“新建”按钮，在“附加角”列表中增加新角度。当系统遇到所有这些设置的角度时，都将进行极轴追踪。

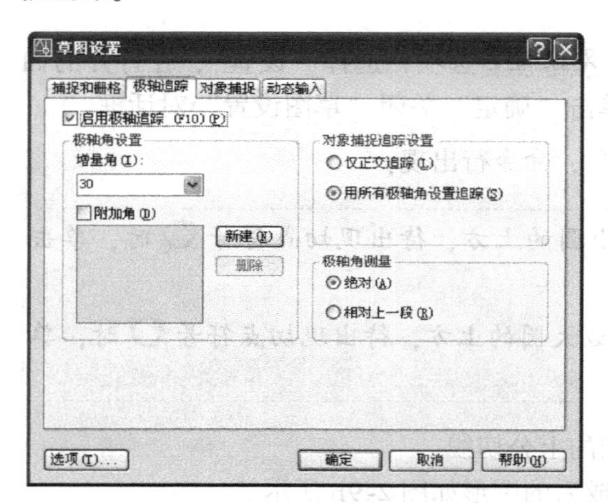

图 2-10　草图设置中的极轴追踪

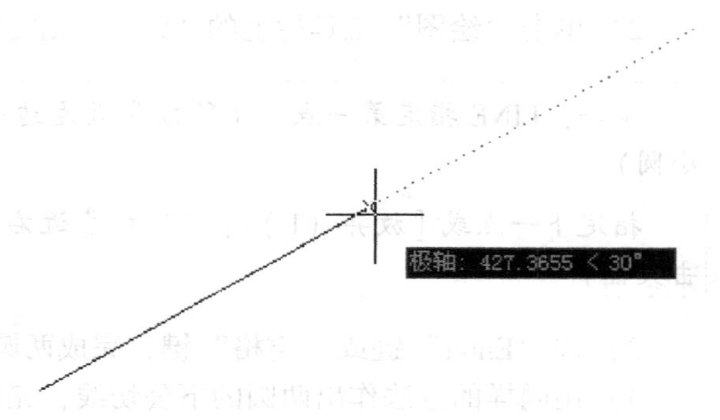

图 2-11　极轴追踪的显示

注意：

当打开正交模式时，光标将被限制在沿水平或垂直方向上移动。因此，正交模式和极轴追踪模式不能同时打开，若一个打开，另一个将自动关闭。

2. 使用对象捕捉追踪

对象捕捉追踪是指从对象的捕捉点进行追踪。对象捕捉追踪的使用与对象捕捉的设置相关联，如果在对象捕捉设置中设置了捕捉端点、中点等，当开启了对象捕捉及对象捕捉追踪后，系统绘图时在遇到这些点时会自动出现虚线显示的追踪线，这尤其在绘制三视图保证“长对正、高平齐、宽相等”时非常方便。

如图 2-12 所示，是利用对象捕捉追踪功能获得的矩形中心点。首先需先启动“中点”捕捉方式，打开状态栏上的“对象捕捉”和“对象捕捉追踪”按钮，当命令行提示需要指定点时，移动光标捕捉到矩形竖直方向直线的中点，此时该中

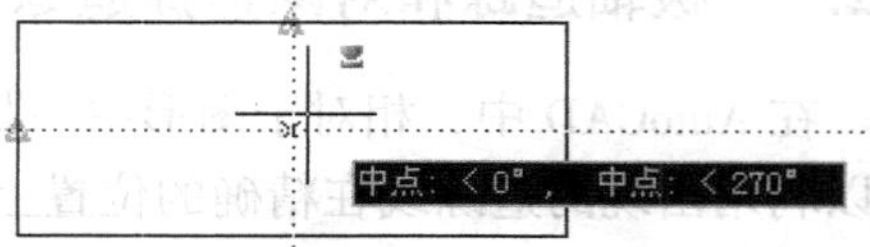

中点: < 0°，　中点: < 270°

图 2-12　捕捉矩形的中心

点处显示一个“+”号，继续移动光标捕捉到矩形水平方向直线的中点，此时该中点处也显示一个“+”号，再继续移动光标到接近矩形中心点的位置时，将显示两条追踪线及其交点，此时两条追踪线的交点处显示一个“×”号，表明已经捕捉到了矩形的中心点。

2.2.5　动态输入

使用动态输入功能可以在指针位置处输入数值和显示命令提示等信息，而不用仅仅依靠命令行提示和输入。

1. 指针输入

启用指针输入后，当命令提示输入点时，可以在光标旁边的提示栏中直接输入坐标值，而不用在命令行上输入坐标。

在如图2-13所示的“草图设置”对话框的“动态输入”选项卡中，选中“启用指针输入”复选框，启用指针输入功能。单击指针输入下方的“设置”按钮，可在“指针输入设置”对话框中设置指针的格式和可见性。

选中图2-13中“动态提示”选项区域中的“在十字光标附近显示命令提示和命令输入”复选框，可以在光标附近显示命令提示。

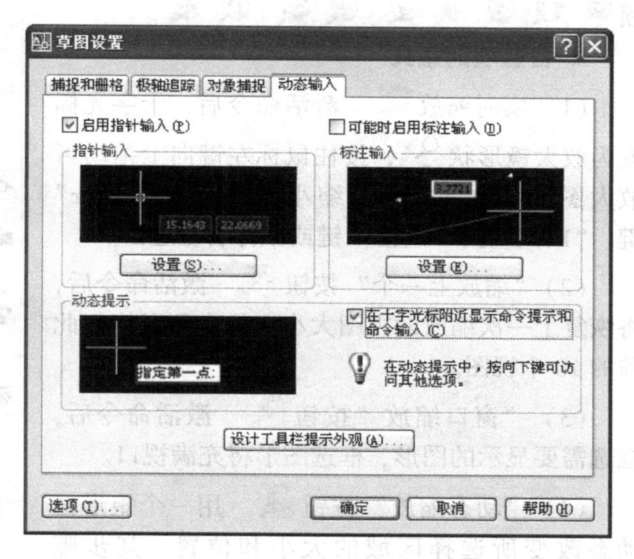

图2-13　草图设置中的动态输入

2. 标注输入

启用标注输入后，当命令提示输入第二个点或距离时，将在光标旁边以标注尺寸的形式显示距离上一点的距离值与角度值，可以在提示中直接输入需要的值，而不用在命令行上输入。

在图2-13中，选中“可能时启用标注输入”复选框可以启用标注输入功能。在该区域单击“设置”按钮，可在“标注输入的设置”对话框中设置标注的可见性。

如果同时打开指针输入和标注输入，则标注输入在可用时将取代指针输入。

2.3　图形显示控制

为便于绘制和观察图形，AutoCAD提供了多种图形显示方式，它们只对图形的显示起作用，并不改变图形的实际位置和尺寸。

2.3.1　缩放图形

改变图形的屏幕显示大小，但不改变图形的实际尺寸。

1. 命令激活方式

1）命令行：ZOOM（或Z）↙

命令行提示：

指定窗口的角点，输入比例因子（nX 或 nXP），或者
[全部（A）/中心（C）/动态（D）/范围（E）/上一个（P）/比例（S）/窗口（W）/对象（O）] <实时>：

2）菜单栏：视图→缩放。可在弹出的如图 2-14 所示的下一级菜单中进行选择。

3）工具栏：标准工具栏→ 。其中， 为弹出式工具栏，单击可弹出多个选项 。

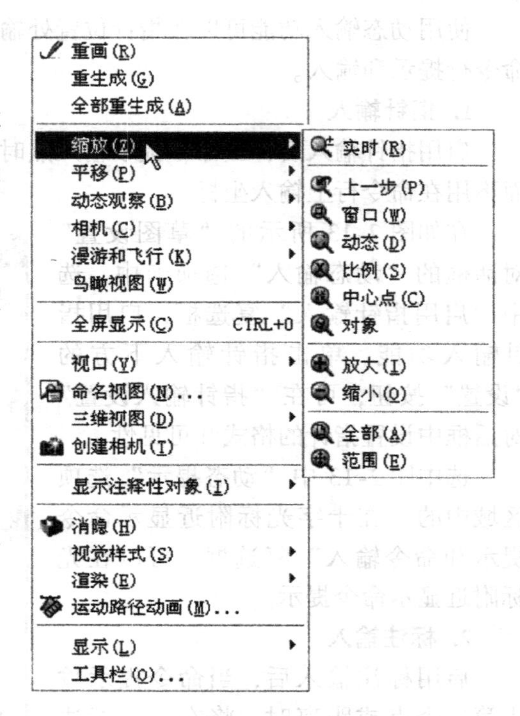

图 2-14 “缩放”菜单

2. 各选项的意义

（1）实时缩放 激活命令后，十字光标变为放大镜形状，按住鼠标左键向上拖动可放大图形，向下拖动可缩小图形。按“Enter”键、“Esc”键、“空格”键或鼠标右键退出。

（2）“缩放上一个”按钮 激活命令后，将恢复上一次缩放的视图大小，最多可以恢复此前的 10 个视图。

（3）“窗口缩放“按钮 激活命令后，框选需要显示的图形，框选图形将充满视口。

（4）“动态缩放”按钮 用一个矩形框动态改变所选择区域的大小和位置，其步骤如下：

1）激活命令后，图形窗口出现以 × 为中心的平移视图框。

2）将平移视图框移动到所需的位置，然后单击鼠标左键，框中的 × 消失，同时出现一个指向图框右边的箭头，视图框变为缩放视图框。

3）左右移动光标调整视图框大小，上下移动光标调整视图框的位置。调整完毕后，如果按“Enter”键确认，可使当前图框中的图形充满视口。如果单击鼠标左键，可继续调整图框的位置和大小。

（5）“比例缩放”按钮 激活命令后，在命令行“输入比例因子（nX 或 nXP）：”提示后输入比例值，按指定的比例因子进行缩放。

1）nX：在输入的比例值后加上“X”，根据当前视图进行缩放。例如输入“0.5X”，将使屏幕上的每个对象显示为原大小的二分之一。

2）nXP：在输入的比例值后再输入一个“XP”，相对图纸空间进行缩放。例如输入“0.5XP”，将以图纸空间单位的二分之一显示图形。

（6）“中心点缩放”按钮 重设图形的显示中心并缩放由中心点和放大比例（或高

度）所定义的窗口。

激活命令后，命令行提示：

指定中心点：（指定新的显示中心点）

输入比例或高度 <50.0000>：（输入新视图的缩放倍数或高度）

1）比例：在输入的比例值后再输入一个“X”，例如“0.5X”。

2）高度：直接输入高度值，高度值较小时增加放大比例，高度值较大时减小放大比例。“< >”内为默认高度值，直接按“Enter”键则以默认高度缩放。

（7）“对象缩放”按钮　尽可能大地显示一个或多个选择对象并使其位于绘图区域的中心。

（8）“放大”按钮　使图形相对于当前图形放大一倍。

（9）“缩小”按钮　使图形相对于当前图形缩小一半。

（10）“全部缩放”按钮　缩放显示整个图形。如果图形对象未超出图形界限，则以图形界限显示。如果超出图形界限，则以当前范围显示。

（11）“范围缩放”按钮　缩放显示所有图形对象，使图形充满屏幕，与图形界限无关。

2.3.2　移动图形

移动整个图形以便于更好观察，但不改变图形对象的实际位置。

1. 命令激活方式

命令行：PAN（或 P）↙

菜单栏：视图→平移

工具栏：标准→“实时平移”按钮。

2. 操作步骤

激活命令后，光标变为手状，按住鼠标左键拖动，可使图形按光标移动方向移动。按“Enter”键、“Esc”键、“空格”键或单击鼠标右键退出。

2.3.3　鸟瞰视图

如图 2-15 所示，“鸟瞰视图”窗口是一个与绘图窗口相对独立的窗口，“鸟瞰视图”窗口显示整个图形，并用一个粗线矩形标记当前视图，可以通过鸟瞰视图来动态更改绘图窗口图形位置和大小。在绘制大型复杂的图形时，可以快速实现平移和缩放。

1. 命令激活方式

命令行：DSVIEWER↙

菜单栏：视图→鸟瞰视图

2. 操作步骤

1）在“鸟瞰视图”窗口中单击鼠标左键，窗口中出现一个中间有“X”号标记的细线矩形，移动光标，绘图窗口图形也会跟着移动。

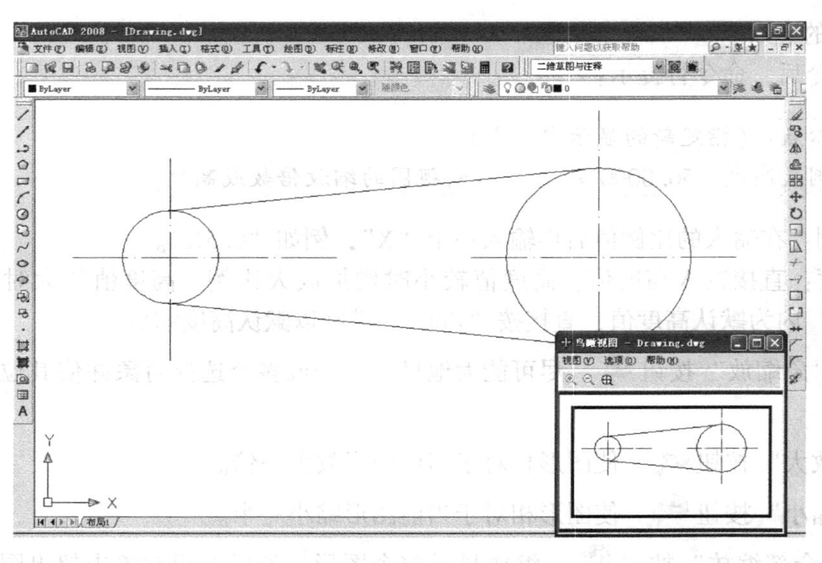

图 2-15 “鸟瞰视图”窗口

2）单击一次鼠标左键，此时细线框右侧将显示一个箭头标志。向左移动光标，将缩小视图框大小，即放大了绘图窗口图形的显示比例，向右移动光标，将放大视图框大小，即缩小了绘图窗口图形的显示比例。

3）单击鼠标右键或者按回车键可以结束操作。

注意：

使用鸟瞰视图观察图形的方法与使用“图形缩放”中的“动态缩放”视图框操作的方法相似，但使用鸟瞰视图观察图形是在一个独立的窗口中进行的，其结果反映在绘图窗口的当前视口中。

在图 2-15 所示“鸟瞰视图”窗口中，如果单击菜单栏中的“视图”，将弹出“放大”、“缩小”、“全局”三个选项；如果单击菜单栏中的“选项”，将弹出“自动视口”、“动态更新”、“实时缩放”三个选项，各选项意义如下：

① 放大：以当前视图框为中心放大两倍来增大“鸟瞰视图”窗口中的图形显示。如果当前视图充满“鸟瞰视图”窗口，则不能使用“放大”菜单项和按钮。

② 缩小：以当前视图框为中心缩小为原来的四分之一来减小“鸟瞰视图”窗口中的图形显示。当整个图形都显示在“鸟瞰视图”窗口时，不能使用“缩小”菜单选项和按钮。

③ 全局：在“鸟瞰视图”窗口中显示整个图形和当前视图。

④ 自动视口：选中此功能，当显示多重视口时，自动显示当前视口的模型空间视图。

⑤ 动态更新：选中此功能，编辑图形时将更新“鸟瞰视图”窗口。当绘制复杂图形时，关闭此动态更新功能可以提高程序性能。如果关闭此功能，则仅在激活“鸟瞰视图”窗口时才更新“鸟瞰视图”图像。

⑥ 实时缩放：使用“鸟瞰视图”窗口进行缩放时实时更新绘图区域。在默认情况下此功能是打开的。

以上各选项也可通过在“鸟瞰视图”窗口中单击鼠标右键从快捷菜单中选择。

2.3.4 重画与全部重画

使屏幕更新，删除进行某些编辑操作时留在显示区域中的点标记，用于透明使用。

1. 重画

(1) 命令激活方式

命令行：REDRAW（或 R）↙

(2) 操作步骤　激活命令后即可实现当前视口重画的功能。

2. 全部重画

(1) 命令激活方式

命令行：REDRAWALL↙

菜单栏：视图→重画

(2) 操作步骤　激活命令后即可实现所有视口重画的功能。

2.3.5 重生成与全部重生成

在当前视口中重生成整个图形并重新计算所有对象的屏幕坐标，删除进行某些编辑操作时留在显示区域中的杂散像素并重新创建图形数据库索引，从而优化显示和对象选择的性能。

1. 重生成

(1) 命令激活方式

命令行：REGEN（或 RE）↙

菜单栏：视图→重生成

(2) 操作步骤　激活命令后即可在当前视口重生成整个图形。

2. 全部重生成

(1) 命令激活方式

命令行：REGENALL↙

菜单栏：视图→全部重生成

(2) 操作步骤　激活命令后即可重生成图形并刷新所有视口。

2.4 图层的设置与使用

在绘制机械图样时，会出现粗实线、细实线、虚线等不同线型、不同线宽以及不同颜色的图线，如果用图层来管理它们，不仅能使图形的各种信息清晰有序，而且还能给图形的修改、输出带来很大的方便。

图层可以想象为没有厚度的透明薄片，一张图纸可以看成是由多层透明薄片重叠而成，每张透明薄片是一个图层。一张图纸中不同的内容可以分别绘制在不同的图层上，再将所有的图层重叠，组成一张完整的图纸。

2.4.1 图层的创建与设置

当打开 AutoCAD 2008 时，系统已自动创建了一个名为 0 的图层，0 图层不能被删除。

绘图可以直接在0图层中进行，当0图层不能满足绘图要求时，可设置新的图层。

1. 打开图层特性管理器创建新图层

(1) 命令激活方式

命令行：LAYER（或 LA）↙

菜单栏：格式→图层

工具栏：图层→“图层特性管理器”按钮。

(2) 操作步骤 激活命令后，将打开“图层特性管理器”对话框，此时对话框中只有默认的0图层。单击“新建图层”按钮，列表框中出现名称为“图层1”的新图层，如图2-16所示。AutoCAD为图层1分配默认的颜色、线型和线宽。

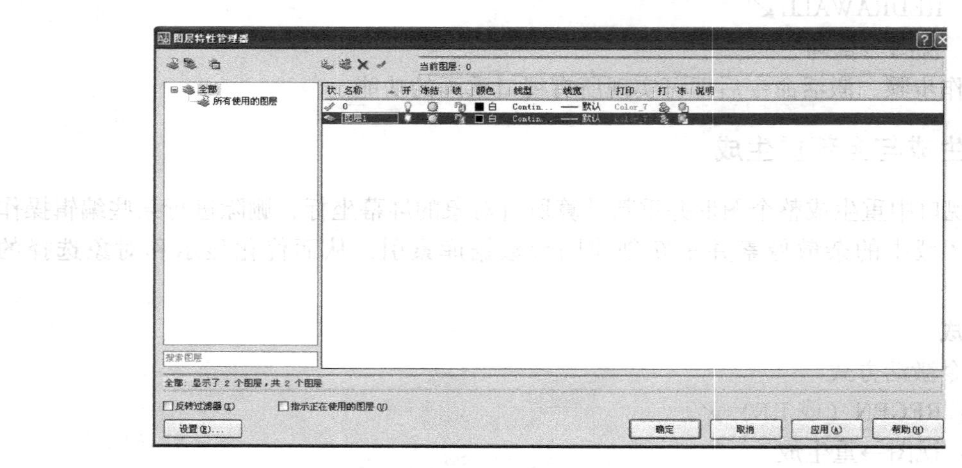

图2-16 用“图层特性管理器”创建新图层

2. 对新图层进行设置

此时新建的图层颜色为蓝色，处于被选中的状态，可以对该图层的各项属性进行设置。各项属性设置说明如下：

1) 名称：显示图层名。单击名称后，可更改图层名。为方便绘图，用户可以将“图层1”改为“粗实线层”或“点画线层”等。需要注意的是，如果名称输入的是汉字，输入完毕后需要按“Enter”键或“空格”键确定。

2) 打开：打开或关闭图层。图标是一盏灯泡，用灯泡的亮和灭表示图层的打开和关闭。单击图标可切换开/关状态，当图层被关闭时，该图层上的对象不可见并且也不能被编辑和打印，但该图层仍参与处理过程的运算。

3) 冻结：冻结或解冻图层。解冻状态的图标是太阳，冻结状态的图标是雪花。单击图标，即可在解冻、冻结之间进行切换。当图层被冻结时，该图层上的对象不可见，也不能编辑和打印，重新生成图形等操作在该图层也不生效，图层也不参与处理过程的运算。当前图层不能被冻结。

4) 锁定：锁定或解锁图层。图标是一把锁，未锁定时为，锁定时为。单击图标，即可将图层在解锁、锁定状态之间进行切换。当图层被锁定时，该图层上的对象既能在显示器上显示，也能打印，但不能被选择和编辑修改。当用户在当前图层上进行编辑操作时，可以对其他图层加以锁定，以免不慎对其上的对象进行误操作。

5）颜色：显示图层的颜色。单击颜色名将弹出“选择颜色”对话框，可在其中为图层选择新的颜色。

6）线型：显示图层的线型。在缺省情况下，新创建图层的线型均为实线（Continuous）。需要改变图层的线型时，用鼠标单击线型将弹出图2-17所示“选择线型”对话框。单击对话框中的“加载”，将出现另一个“加载或重载线型”对话框，出现系统中的各种线型，如图2-18所示。选择所需要的线型后单击“确定”，回到如图2-17所示的“选择线型”对话框，再单击选中所需要的线型，单击“确定”即可。

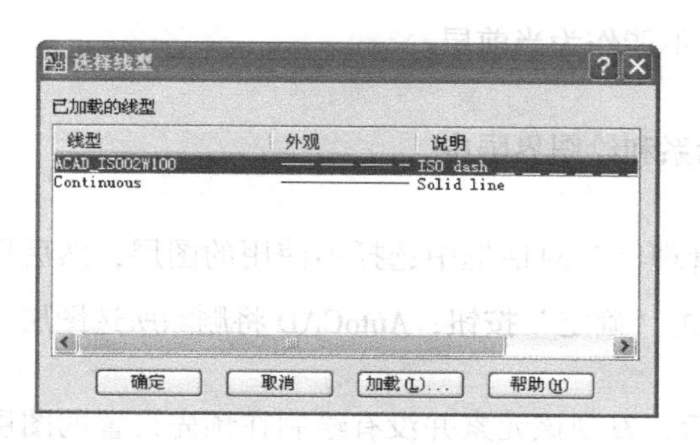

图2-17　“选择线型”对话框

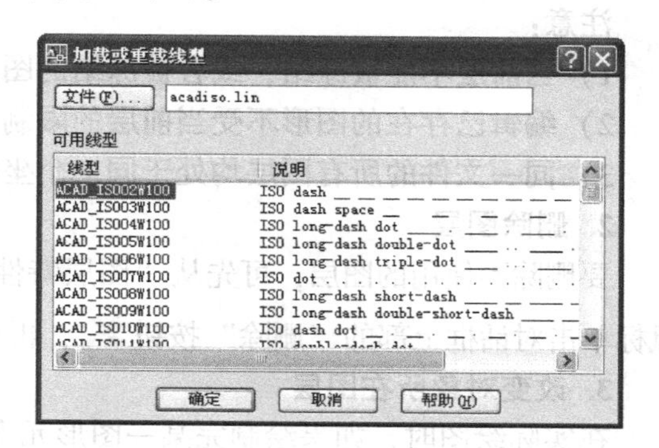

图2-18　“加载或重载线型”对话框

7）线宽：显示图层线条的宽度。在“缺省”情况下，线宽默认为0.25mm。单击线宽将弹出“线宽”对话框，可在其中为图层选择新的线宽。

需要注意的是，只有单击状态栏上的“线宽”按钮 线宽 将线宽开启，新设置的线宽才能显示。

8）打印：图层打印的图标是 ，不可打印的图标是 ，单击图标，即可在打印、不可打印之间进行切换。

9）打印样式：显示图层的打印样式。当图层的打印样式是由颜色决定时，图层的打印样式不能修改。

2.4.2 图层的管理

1. 置为当前层

在创建的许多图层中，总有一个为当前图层。如图2-19是“图层”工具栏和“特性”工具栏，此时图层1被设为当前层。如果在“特性”工具栏中将颜色控制、线型控制、线宽控制都设置成“ByLayer（随层）”，那么所绘制的图形的颜色、线型、线宽都符合该图层的特性。

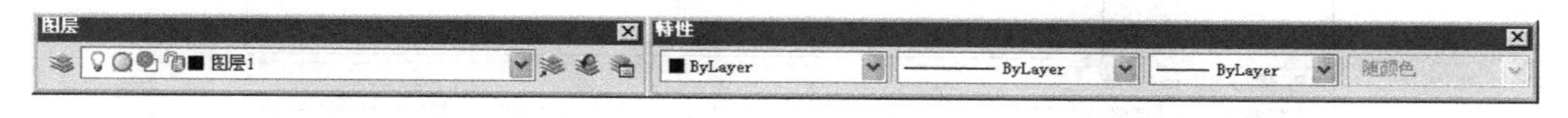

图2-19　“图层”和“特性”工具栏

要将某个图层切换为当前图层，可通过下面方法之一进行：

1）通过“图层”工具栏的下拉列表，单击想要使之成为当前图层的名称即可。

2）在图2-16 的“图层特性管理器”对话框中，在图层列表中选择某一图层后单击“置为当前”按钮，即将该层设置为当前层。

3）如果要把某个具体对象所在图层设为当前层，可单击“图层”工具栏的“将对象的图层置为当前”按钮，用鼠标选择一个已绘制的图形线条，该图线所对应的图层即成为当前层。

4）通过“图层”工具栏的“上一个图层”按钮，可恢复上一个图层为当前层。

注意：

1）当前层不能被冻结，或者被冻结的图层不能作为当前层。

2）编辑已存在的图形不受当前层的限制。

3）同一文件的所有图层均处于同一个坐标系和绘图界限中。

2. 删除图层

要删除不使用的图层，可先从“图层特性管理器”对话框中选择不使用的图层，然后用鼠标单击对话框上部的“删除”按钮，再单击“确定”按钮，AutoCAD 将删除所选图层。

3. 改变对象所在图层

在实际绘图时，如果绘制完某一图形元素后，发现该元素并没有绘制在预先设置的图层上，可选中该元素，并在“图层”工具栏的下拉列表中选择元素应在的图层，即可改变对象所在的图层。

4. 过滤图层

当图形中包含大量图层时，如果只需要在图形特性管理器中显示某些特定的图层，寻找起来比较麻烦，AutoCAD 提供的图层过滤功能简化了图层方面的操作。过滤图层有“新特性过滤器”和“新组过滤器”两种方法。

（1）新特性过滤器　在图 2-20 所示的“图层特性管理器”对话框中，单击左上角的“新特性过滤器”按钮，弹出如图 2-21 所示的“图层过滤器特性”对话框。可以使用该对话框命名图层过滤器。

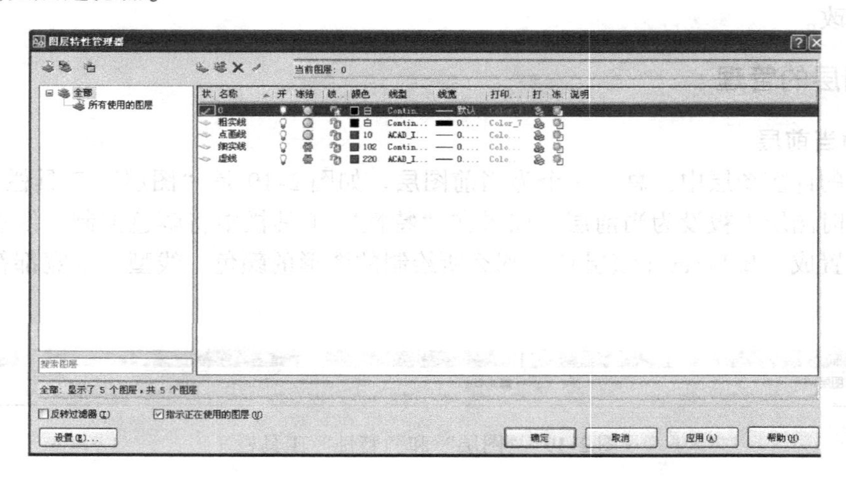

图 2-20　“图层特性管理器”对话框

1）过滤器名称：用户可以使用系统给定的名称，如“特性过滤器1”，也可以自己命名。

2）“过滤器定义”及“过滤器预览”：用户在“过滤器定义”栏目中给定图层的某种特性过滤，在“过滤器预览”栏目中即显示过滤后的结果。

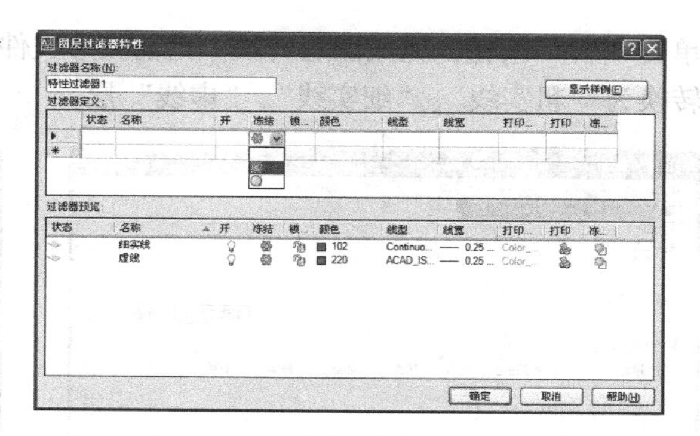

图2-21　“图层过滤器特性”对话框

【例2-3】如图2-20所示的图层特性管理器中已设置了5个图层，其中细实线和虚线层被冻结，如何创建一个过滤器使图层中仅显示被冻结的图层？

操作步骤：

单击“图层特性管理器”对话框中左上角的“新特性过滤器”图标，进入“图层过滤器特性”对话框，此时过滤器名称为“特性过滤器1”。在“过滤器定义”栏目中，选定以图层的“冻结”状态为过滤的条件，“过滤器预览”栏目中即显示所有“冻结”的图层，单击“确定”即可，如图2-21所示。

如果在“图层特性管理器”对话框中选定“反转过滤器”，将产生与列表中过滤条件反向的过滤图层。

（2）新组过滤器　单击“图层特性管理器”对话框中的“新组过滤器”按钮，在过滤器树的列表中会显示一个“组过滤器1”，单击可更改其名称。

单击过滤器树列表中的“全部”、“使用所有的图层”或“过滤器1”按钮，在图层列表中选中相应的图层，拖动到“组过滤器1”上，即完成了新组过滤器的设置。

5. 转换图层

为满足图形的标准化和规范化，AutoCAD还提供了很实用的“图层转换器”，通过图层转换器，可以转换当前图形的图层结构，将当前图面中图层变成其他图面中的图层设置，以使已存在的图形文件获得一致的图层结构。

（1）命令激活方式

命令行：LAYTRANS↙

菜单栏：工具→CAD标准→图层转换器

工具栏：CAD标准→“图层转换器”按钮

（2）操作步骤　激活命令后，弹出如图2-22所示的“图层转换器”对话框。“转换自”列表中为当前绘图文件中的图层设置，“转换为”列表中为待加载绘图文件中的图层设置。

在“转换为”区单击“加载”按钮，弹出”选择图形文件”对话框，选择加载文件并单击“打开”后，系统返回到图2-23所示的“图层转换器”对话框，此时，“转换为”列表中出现所选择文件的图层。

在“转换自”区选择“图层1”，在“转换为”区选择要转换的图层“粗实线”层，单击“映射”按钮，转换的参数在“图层转换映射”区显示。用同样方法可转换其他的图层，如图2-24所示。单击“转换”按钮，弹出如图2-25所示的“图层转换器警告”对话框。

单击“否”按钮，完成图层转换。当前图形文件中的“图层 1”、“图层 2”、“图层 3”分别转换为“粗实线”、“细实线”、“虚线”层。

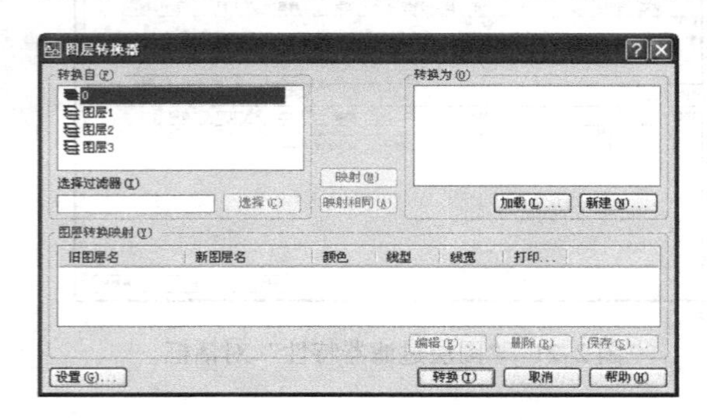

图 2-22　“图层转换器”对话框

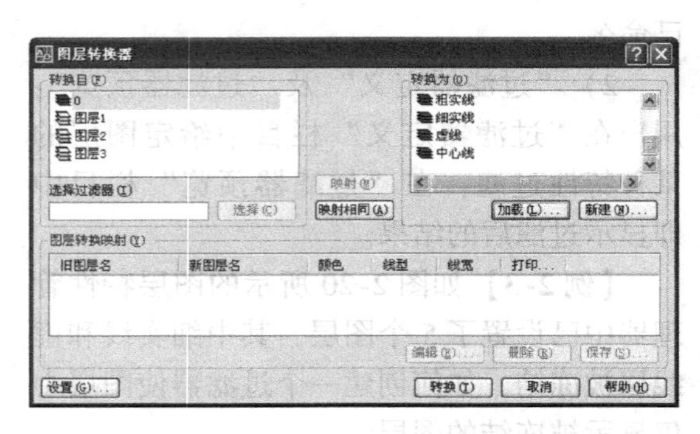

图 2-23　已加载文件的“图层转换器”对话框

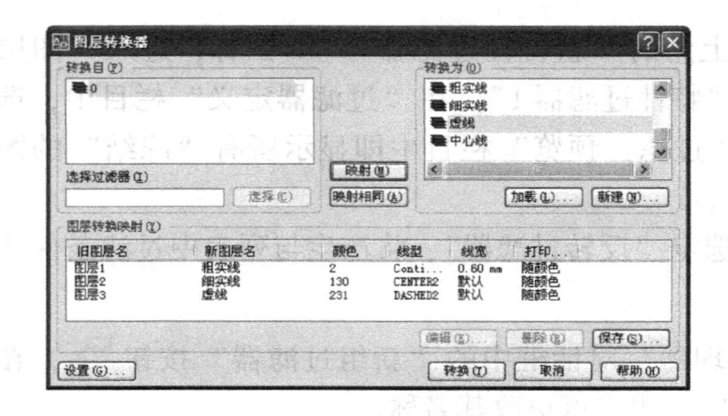

图 2-24　“图层转换映射”显示

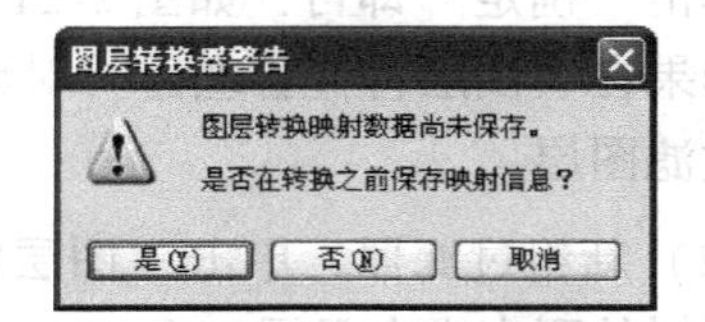

图 2-25　“图层转换器警告”对话框

“图层转换器”对话框其他按钮的功能如下：

1）新建：新建一个图层，并可以设置新图层的颜色、线型及线宽。

2）映射相同：将转换区中名称相同的图层都做映射操作。单击此按钮，AutoCAD 自动将“转换自”列表框和“转换为”列表框中名称相同的图层进行转换。

3）编辑：可以对图层转换映射区内映射到的图层进行颜色、线型及线宽的修改。

4）删除：删除图层转换映射区中被选中的图层。

5）保存：将所有映射到的图层保存成标准文件（.dws），将来可以在“转换为”区域中载入。

2.4.3　设置线型比例

在绘图时，有时所使用的非连续线型（如点画线、虚线等）的长短、间隔不符合国家标准推荐的间距，需改变其长短、间隔，就需要重新设置线型比例。

1. 命令激活方式

命令行：LINETYPE ↙

菜单栏：格式→线型

2. 操作步骤

可在弹出的“线型管理器”对话框中进行设置。该对话框中显示了当前使用的线型和可供选择的其他线型。“隐藏细节”和“显示细节”为切换按钮，当选择“显示细节”时图中出现“详细信息”选项区，其右侧有两个文本框：“全局比例因子”和“当前对象缩放比例因子”。

1）“全局比例因子”用于设置图形中所有线型的比例。当改变“全局比例因子”的数值时，非连续线型本身的长短、间隔就发生变化。数值越大，非连续线的线划就越长，线划之间的间断距离也就越大。

2）“当前对象缩放比例因子”只影响此后绘制的图线比例，而对已存在的线型没有影响。

2.5　常用的绘图命令

AutoCAD 提供了强大的绘制图形功能，下面介绍 AutoCAD 2008 的基本绘图命令。

2.5.1　直线、射线和构造线的绘制

1. 绘制直线段

绘制两点确定的直线段。

（1）命令激活方式

命令行：LINE（或 L）↙

菜单栏：绘图→直线

工具栏：绘图→“直线”按钮

（2）操作步骤　激活命令后，命令行提示：

```
指定第一点：(指定第一点) ↙
指定下一点或 [放弃 (U)]：(指定下一点) ↙
指定下一点或 [闭合 (C)/放弃 (U)]：(指定下一点或输入选项) ↙
```

直到输入终止命令。

执行结果：可连续指定任意多个点，绘制连续的直线段。若输入选项“C”，则下一点自动回到起始点，形成封闭图形；若输入选项“U”，则取消上一步操作。

【例 2-4】绘制 2-26b 所示的图形。

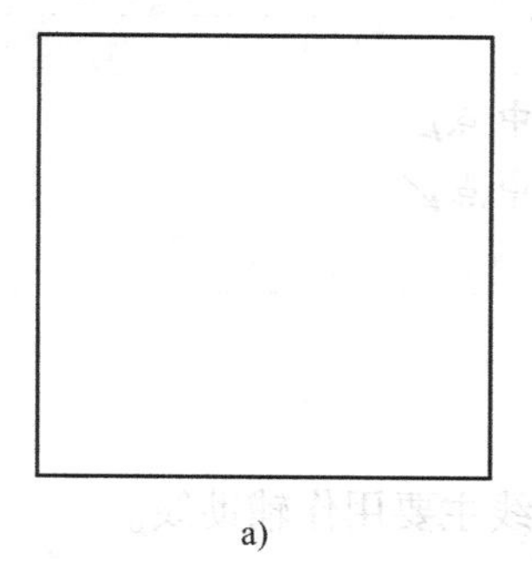

a)

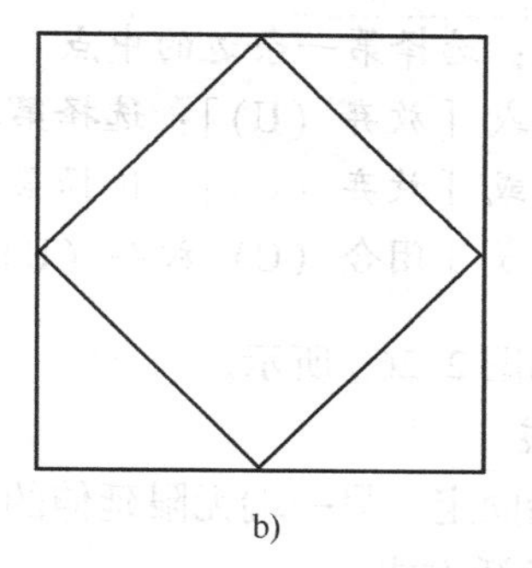

b)

图 2-26　绘制直线

操作过程如下：

(1) 绘制轮廓线

指定第一点：用鼠标在绘图区指定第一点
指定下一点或 [放弃 (U)]：@400，0↙
指定下一点或 [放弃 (U)]：@400 <90↙
指定下一点或 [闭合 (C)/放弃 (U)]：(@400，0↙
指定下一点或 [闭合 (C)/放弃 (U)]：c↙

绘制结果如图 2-26a 所示。

(2) 设置“对象捕捉”　右键单击状态栏上的“对象捕捉”按钮 对象捕捉，从弹出来的“草图设置”对话框中选中“中点”复选框，如图 2-27 所示。

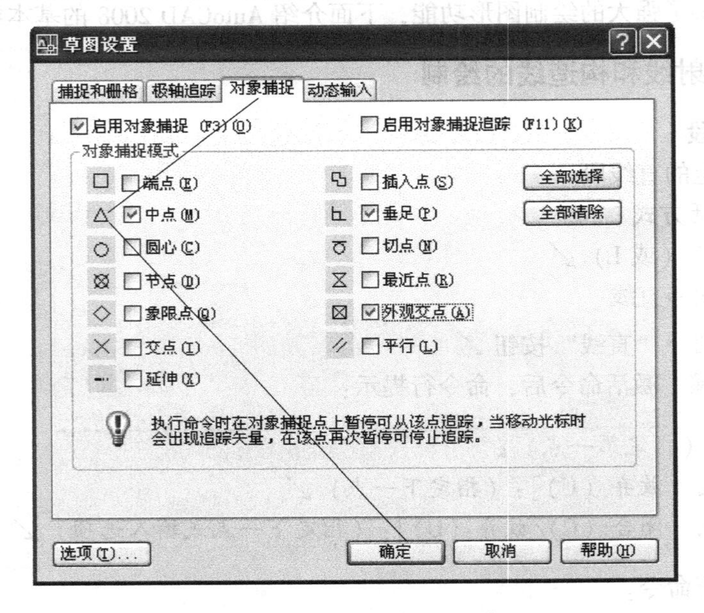

图 2-27 “草图设置”对话框

(3) 再次使用“直线”命令绘制图形中的 45°分隔线　操作过程如下：

指定第一点：选择第一条边的中点
指定下一点或 [放弃 (U)]：选择第二条边的中点↙
指定下一点或 [放弃 (U)]：选择第三条边的中点↙
指定下一点或 [闭合 (C)/放弃 (U)]：c↙

绘制结果如图 2-26b 所示。

2. 绘制射线

射线即一端固定，另一端无限延伸的直线。射线主要用作辅助线。

(1) 命令激活方式

命令行：RAY↙

菜单栏：绘图→射线

（2）操作步骤　激活命令后，指定射线的起点和通过点即可绘制一条射线。在指定射线的起点后，可指定多个通过点，绘制以起点为端点的多条射线，直到按“Esc”键或“Enter”键退出为止。

3. 绘制构造线

绘制经过两个点的无限延伸的直线。构造线主要用作辅助线。

（1）命令激活方式

命令行：XLINE（或XL）↙

菜单栏：绘图→构造线

工具栏：绘图→“构造线”按钮

（2）操作步骤　激活命令后，命令行提示：

```
指定点或［水平（H）/垂直（V）/角度（A）/二等分（B）/偏移（O）］：（给出通过点1）
指定通过点：（给定通过点2，画一条双向无限长直线）
指定通过点：（继续给通过点3，继续画一条双向无限长直线）
指定通过点：（继续给通过点4，继续画线，如图2-28a所示，用“回车”键结束命令）
```

各选项意义如下：

1）点：绘制通过两个点的构造线，如图2-28a所示。

2）水平（H）：绘制通过选定点的水平方向构造线，如图2-28b所示。

3）垂直（V）：绘制通过选定点的垂直方向构造线，如图2-28c所示。

4）角度（A）：绘制和水平方向成一定角度的构造线，如图2-28d所示。

5）二等分（B）：绘制一个角的角平分线，如图2-28e所示。

6）偏移（O）：绘制平行于另一个直线对象的构造线，如图2-28f所示。

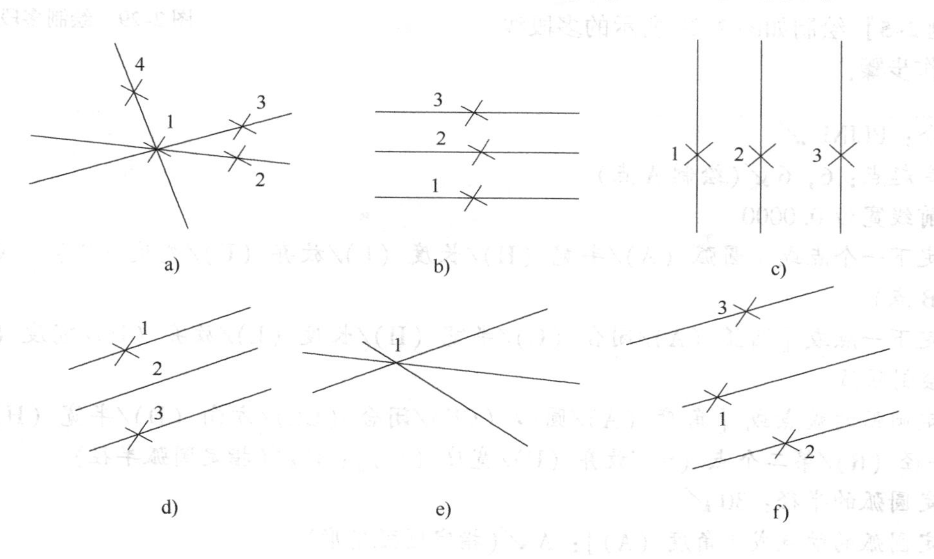

图2-28　绘制各种构造线

2.5.2 多段线、多线的绘制

1. 绘制多段线

多段线是由多段直线或圆弧组成的图形对象，它们首尾相接，每段线的宽度和线型可以不同。多段线是一个图形元素。

(1) 命令激活方式

命令行：PLINE（或 PL）↙

菜单栏：绘图→多段线

工具栏：绘图→“多段线”按钮

(2) 操作步骤　激活命令后，命令行提示：

指定起点：(输入一个点) ↙
当前线宽为 0.0000
指定下一个点或 [圆弧 (A)/半宽 (H)/长度 (L)/放弃 (U)/宽度 (W)]：

各选项的功能如下：

1) 下一点：绘制一条直线段。

2) 圆弧 (A)：绘制一段圆弧线。

3) 半宽 (H)：指定多段线线段的半宽度。

4) 长度 (L)：以前一线段相同的角度并按指定长度绘制直线段。如果前一线段为圆弧，AutoCAD 将绘制一条直线段与弧线段相切。

5) 放弃 (U)：删除最近一次添加到多段线上的直线段。

6) 宽度 (W)：指定下一线段的宽度。

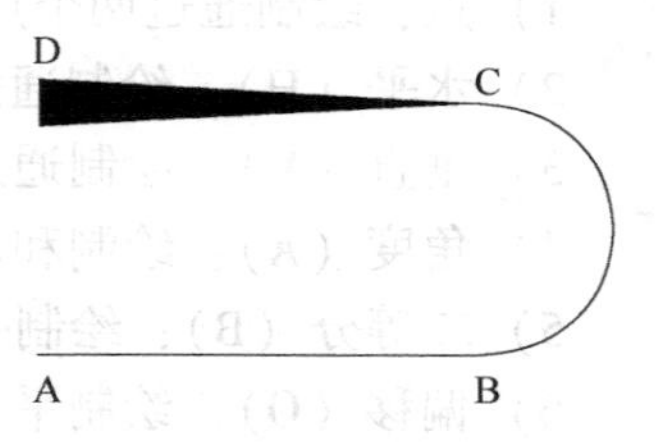

图 2-29　绘制多段线

【例 2-5】 绘制如图 2-29 所示的多段线。

操作步骤：

命令：PLINE ↙
指定起点：6，6 ↙(绘制 A 点)
当前线宽为 0.0000
指定下一个点或 [圆弧 (A)/半宽 (H)/长度 (L)/放弃 (U)/宽度 (W)]：@6 <0 (绘制 B 点)
指定下一点或 [圆弧 (A)/闭合 (C)/半宽 (H)/长度 (L)/放弃 (U)/宽度 (W)]：A ↙(绘制圆弧)
指定圆弧的端点或 [角度 (A)/圆心 (CE)/闭合 (CL)/方向 (D)/半宽 (H)/直线 (L)/半径 (R)/第二个点 (S)/放弃 (U)/宽度 (W)]：R ↙(指定圆弧半径)
指定圆弧的半径：30 ↙
指定圆弧的端点或 [角度 (A)]：A ↙(指定圆弧角度)
指定包含角：180 ↙
指定圆弧的弦方向 <0>：90 ↙(绘制 C 点)

指定圆弧的端点或 [角度 (A)/圆心 (CE)/闭合 (CL)/方向 (D)/半宽 (H)/直线 (L)/半径 (R)/第二个点 (S)/放弃 (U)/宽度 (W)]: L↙(绘制直线)

指定下一点或 [圆弧 (A)/闭合 (C)/半宽 (H)/长度 (L)/放弃 (U)/宽度 (W)]: W↙(改变线宽)

指定起点宽度 <0.0000>: ↙

指定端点宽度 <0.0000>: 10↙

指定下一点或 [圆弧 (A)/闭合 (C)/半宽 (H)/长度 (L)/放弃 (U)/宽度 (W)]: @ -6<0↙(绘制D点)

指定下一点或 [圆弧 (A)/闭合 (C)/半宽 (H)/长度 (L)/放弃 (U)/宽度 (W)]: ↙(结束)

2. 绘制多线

绘制多条平行线，平行线之间的间距与数目可以调整。

(1) 命令激活方式

命令行：MLINE (或 ML) ↙

菜单栏：绘图→多线

(2) 操作步骤　激活命令后，命令行提示：

当前设置：对正 = 上，比例 = 20.00，样式 = STANDARD

指定起点或 [对正 (J)/比例 (S)/样式 (ST)]:

各选项的功能如下：

1) 对正 (J)：决定在指定的点之间绘制多线，如图2-30所示。

2) 比例 (S)：控制多线的全局宽度，如图2-31所示。

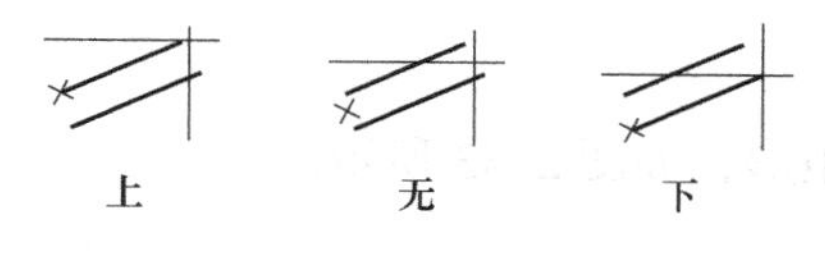

图2-30　“多线”的对正类型

比例为1　比例为2

图2-31　“多线”的比例

3) 样式 (ST)：指定多线的样式。可通过命令 MLSTYLE (或菜单栏：格式→多线样式) 打开“多线样式”对话框，创建、加载和设置多线的样式。可以根据需要创建多线样式，设置其线条数目和线的拐角方式。

【例2-6】 绘制如图2-32所示的图形。

操作过程如下：

(1) 绘制中心线

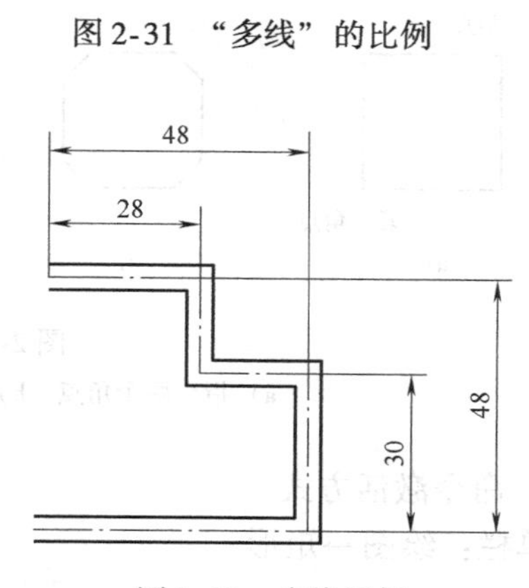

图2-32　多线示例

```
指定第一点：用鼠标在绘图区指定第一点
指定下一点或［放弃（U）]：@28，0↙
指定下一点或［放弃（U）]：@0，18↙
指定下一点或［闭合（C）/放弃（U）]：@20，0↙
指定下一点或［闭合（C）/放弃（U）]：@0，30↙
指定下一点或［闭合（C）/放弃（U）]：@0，30↙
```

（2）绘制多线

```
激活绘制多线命令
指定起点或［对正（J）/比例（S）/样式（ST）]：J↙
输入对正类型［上（T）/无（Z）/下（B）]：Z↙
指定起点或［对正（J）/比例（S）/样式（ST）]：S↙
输入多线比例<2.0>：5↙
指定起点或［对正（J）/比例（S）/样式（ST）]：（单击所绘制中心线的第一点）
指定下一点：@28，0
指定下一点或［放弃（U）]：@0，-18↙
指定下一点或［闭合（C）/放弃（U）]：@20，0↙
指定下一点或［闭合（C）/放弃（U）]：@0，-30↙
指定下一点或［闭合（C）/放弃（U）]：@-48，0↙
指定下一点或［闭合（C）/放弃（U）]：U↙
```

绘制结果如图 2-32 所示。

2.5.3　矩形、正多边形的绘制

1. 绘制矩形

可绘制带有倒角、圆角、厚度及宽度等多种矩形，如图 2-33 所示。

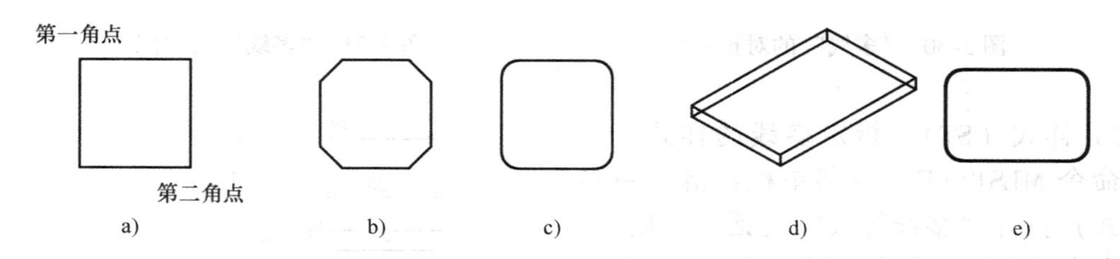

图 2-33　绘制各种矩形

a）指定两个角点　b）倒角　c）圆角　d）厚度　e）宽度

（1）命令激活方式

菜单栏：绘图→矩形

工具栏：绘图→“矩形”按钮

（2）操作步骤　激活命令后，命令行提示：

指定第一个角点或［倒角（C）/标高（E）/圆角（F）/厚度（T）/宽度（W）］：（输入第一角点）↙
指定另一个角点或［面积（A）/尺寸（D）/旋转（R）］：

默认情况下，指定两个点决定矩形对角点的位置，矩形的边平行于当前坐标系的 X 轴和 Y 轴，如图 2-33a 所示。命令提示中其他选项的功能如下：

1）倒角（C）：绘制一个带倒角的矩形，此时需要指定矩形的两个倒角距离，如图 2-33b所示。

2）标高（E）：指定矩形所在的平面高度。默认情况下，矩形在 XY 平面内。该选项一般用于三维绘图。

3）圆角（F）：绘制一个带圆角的矩形，此时需要指定矩形的圆角半径，如图 2-33c 所示。

4）厚度（T）：按已设定的厚度来绘制矩形，该选项一般用于三维绘图，如图 2-33d 所示。

5）宽度（W）：指定矩形的线宽，按设定的线宽来绘制矩形，如图 2-33e 所示。

6）面积（A）：通过指定矩形的面积和长度（或宽度）来绘制矩形。

7）尺寸（D）：通过指定矩形的长度、宽度和矩形另一角点的方向来绘制矩形。

8）旋转（R）：通过指定旋转的角度和拾取两个参考点来绘制矩形。

2. 绘制正多边形

在已知内接圆半径、外切圆半径或边长的情况下绘制正多边形。

（1）命令激活方式

命令行：POLYGON（或 POL）↙

菜单栏：绘图→正多边形

工具栏：绘图→“正多边形”按钮

（2）操作步骤　激活命令后，命令行提示：

输入边的数目 <当前值>：（输入一个 3 到 84 之间的数值）↙
指定正多边形的中心点或［边（E）］：

默认情况下，定义正多边形中心点后，可以使用正多边形的外接圆或内切圆来绘制正多边形，此时均需要指定圆的半径。使用内接于圆要指定外接圆的半径，正多边形的所有顶点都在圆周上。使用外切于圆要指定正多边形中心点到各边中点的距离，如图 2-34 所示。

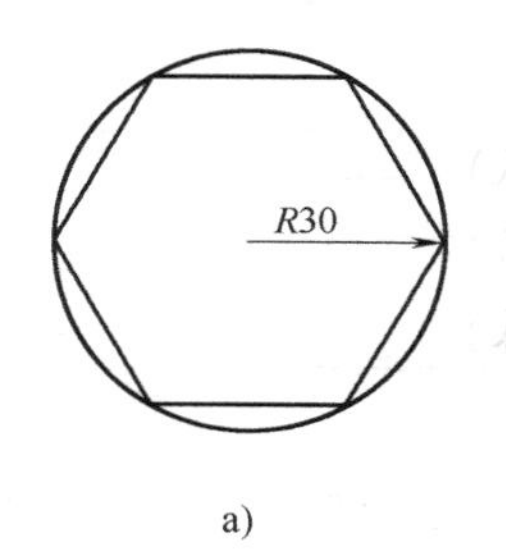

a)

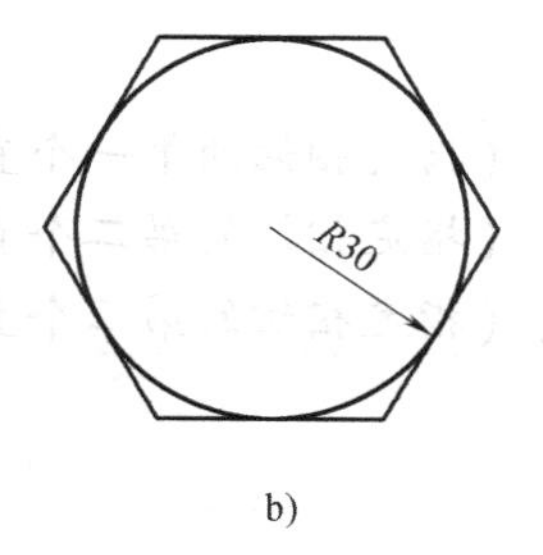

b)

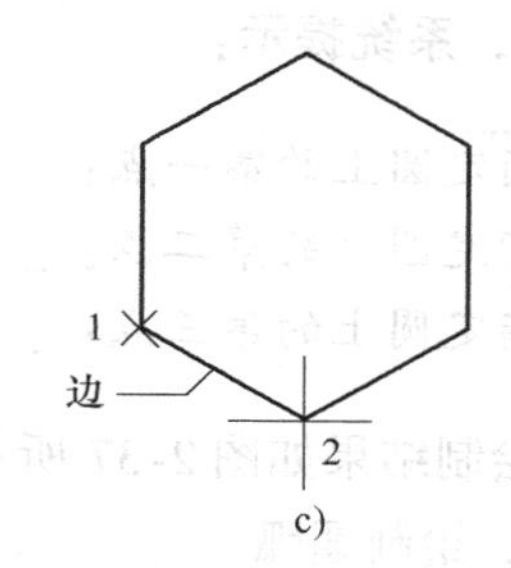

c)

图 2-34　绘制“正多边形”
a）内接于圆　b）外切于圆　c）边

如果在命令行的提示下选择“边（E）”选项，可以以指定的两个点作为正多边形一条边的两个端点来绘制多边形。

2.5.4 圆、圆弧、椭圆（弧）、圆环的绘制

1. 绘制圆

（1）命令激活方式

命令行：CIRCLE（或 C）↙

菜单栏：绘图→圆

工具栏：绘图→“圆”按钮

（2）操作步骤　激活命令后，命令行提示：

```
指定圆的圆心或［三点（3P）/两点（2P）/相切、相切、半径（T）］:
```

各选项的功能如下：

1）圆的圆心：指定圆心和直径（或半径）绘制圆。

2）三点（3P）：指定圆周上的三点绘制圆。

3）两点（2P）：指定圆直径上的两个端点绘制圆。

4）相切、相切、半径（T）：指定两个与圆相切的对象和圆的半径绘制圆，相切对象可以是圆、圆弧或直线。使用该选项时应注意，系统总是在距拾取点最近的部位绘制相切的圆，因此，拾取相切对象时，拾取的位置不同，得到的结果可能也不相同，如图 2-35 所示。

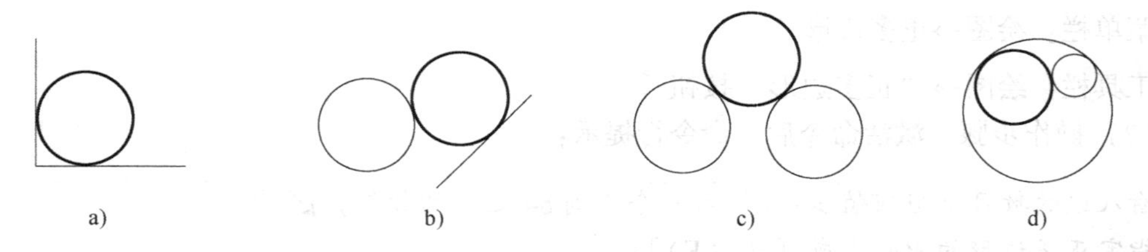

图 2-35 “相切、相切、半径（T）”绘制圆

注意：

“绘图→圆”菜单中多了一种“相切、相切、相切”的方法，当选择此方式时（见图 2-36），系统提示：

```
指定圆上的第一点：_ tan 到：(指定相切的第一个直线或圆弧)
指定圆上的第二点：_ tan 到：(指定相切的第二个直线或圆弧)
指定圆上的第三点：_ tan 到：(指定相切的第三个直线或圆弧)
```

绘制结果如图 2-37 所示。

2. 绘制圆弧

（1）命令激活方式

命令行：ARC（或 A）↙

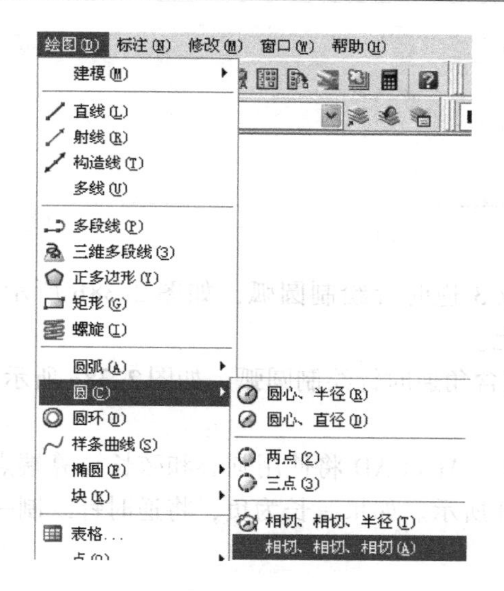

图2-36　“相切、相切、相切”绘制圆

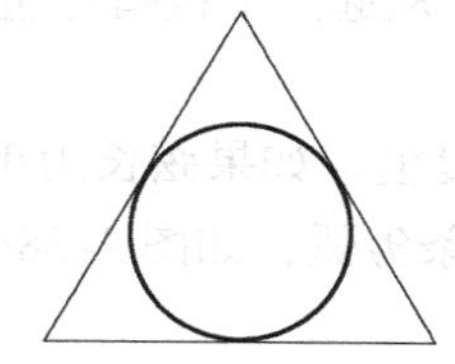
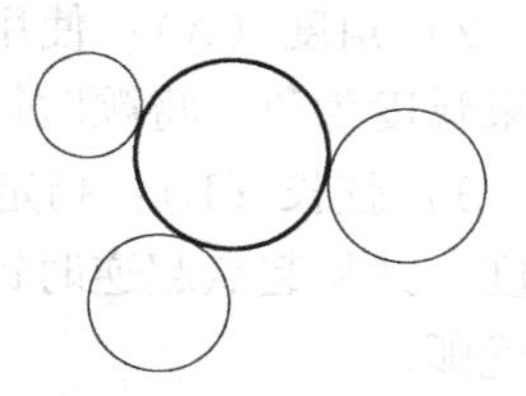

图2-37　“相切、相切、相切”绘制圆绘制结果

菜单栏：绘图→圆弧

工具栏：绘图→“圆弧”按钮

（2）操作步骤　激活命令后，命令行提示：

指定圆弧的起点或［圆心（C）］：(指定圆弧的起点)↙
指定圆弧的第二点或［圆心（C）/端点（E）］：(指定圆弧的第二点)↙
指定圆弧的端点：(指定圆弧的第三点)↙

系统默认的是指定3个点绘制圆弧，如图2-38a所示。

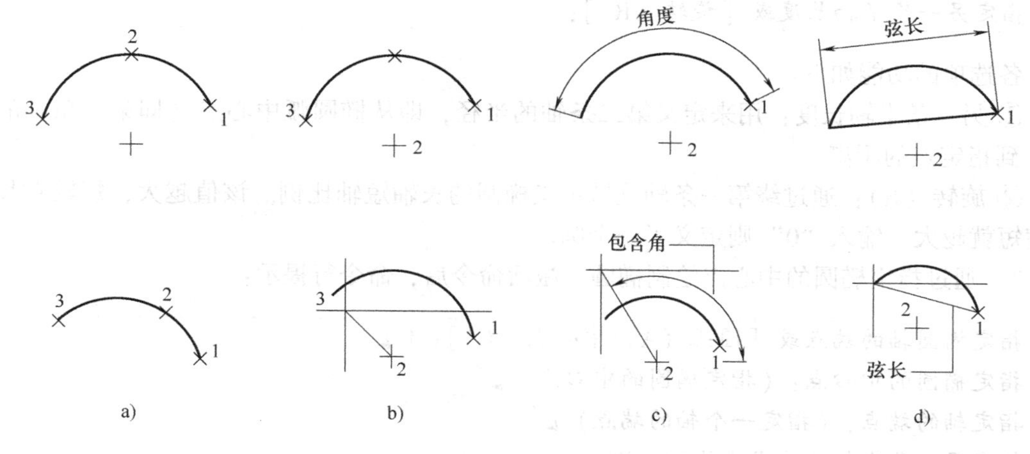

图2-38　绘制“圆弧”的情况

若不指定圆弧的第一点，而通过指定圆弧的圆心绘制圆弧，则激活命令后，命令行提示：

```
指定圆弧的起点或 [圆心 (C)]: C↙
指定圆弧的圆心: (指定圆弧的圆心) ↙
指定圆弧的起点: (指定圆弧的起点) ↙
指定圆弧的端点或 [角度 (A)/弦长 (L)]:
```

各选项的功能如下：

1）圆弧的端点：使用圆心 2，从起点 1 向端点 3 逆时针绘制圆弧，如图 2-38b 所示。其中的端点将落在圆心到结束点的一条假想辐射线上。

2）角度（A）：使用圆心 2，从起点 1 按指定包含角逆时针绘制圆弧，如图 2-38c 所示。如果弧度为负，将顺时针绘制圆弧。

3）弦长（L）：指定一个长度值。如果弦长为正，AutoCAD 将使用圆心和弦长计算端点角度，并从起点起逆时针绘制一条劣弧，如图 2-38d 所示。如果弦长为负，将逆时针绘制一条优弧。

3. 绘制椭圆和椭圆弧

（1）命令激活方式

命令行：ELLIPSE（或 EL）↙

菜单栏：绘图→椭圆

工具栏：绘图→“椭圆”按钮或“椭圆弧”按钮

（2）操作步骤

1）通过指定椭圆的端点绘制椭圆。激活命令后，命令行提示：

```
指定椭圆轴的端点或 [圆弧 (A)/中心点 (C)]: (指定椭圆轴的端点 1, 如图 2-39 所示) ↙
指定轴的另一个端点: (指定椭圆轴的另一个端点 2, 如图 2-39 所示) ↙
指定另一条半轴长度或 [旋转 (R)]:
```

各选项的功能如下：

① 另一条半轴长度：用来定义第二条轴的半径，即从椭圆弧中心点（即第一条轴的中点）到指定点的距离。

② 旋转（R）：通过绕第一条轴旋转定义椭圆的长轴短轴比例。该值越大，短轴对长轴的缩短就越大。输入“0”则定义了一个圆。

2）通过指定椭圆的中心点绘制椭圆。激活命令后，命令行提示：

```
指定椭圆轴的端点或 [圆弧 (A)/中心点 (C)]: C↙
指定椭圆的中心点: (指定椭圆的中心点) ↙
指定轴的端点: (指定一个轴的端点) ↙
指定另一条半轴长度或 [旋转 (R)]:
```

两个选项的功能同上。

绘制结果如图 2-39a 所示。

3）绘制椭圆弧。激活命令后，命令行提示：

指定椭圆轴的端点或［圆弧（A）/中心点（C）］：A↙（或工具栏：绘图→ ）
指定椭圆弧的轴端点或［中心点（C）］：
各选项的功能以及操作步骤与绘制椭圆相同，只是增加了以下命令：
指定起始角度或［参数（P）］：（输入一个角度值）↙
指定终止角度或［参数（P）/包含角度（I）］：

绘制结果如图2-39b所示。

各选项的功能如下：

① 终止角度：指定椭圆弧的终止角度。

② 包含角度（I）：指定椭圆弧的起始角与终止角之间所夹的角度。

③ 参数（P）：指定椭圆弧的终止参数。AutoCAD使用以下矢量参数方程式创建椭圆弧：

$$p(u) = c + a * \cos(u) + b * \sin(u)$$

其中，“c”是椭圆的中心点，“a”和“b”分别是椭圆的半长轴和半短轴。

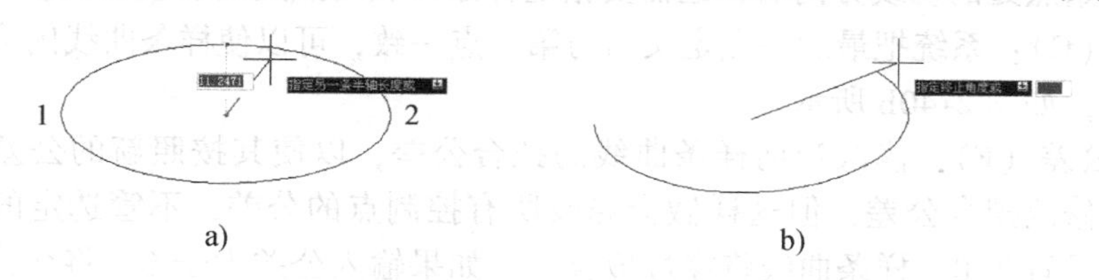

图2-39　椭圆和椭圆弧

a）椭圆　b）椭圆弧

2.5.5　样条曲线的绘制

样条曲线是经过或接近一系列给定点的光滑曲线，常使用该命令绘制机械图样中的波浪线。

1. 命令激活方式

命令行：SPLINE（或SPL）↙

菜单栏：绘图→样条曲线

工具栏：绘图→“样条曲线”按钮

2. 操作步骤

激活命令后，命令行提示：

指定第一个点或［对象（O）］：（指定一个点）↙
指定下一点：（指定一点）↙
指定下一点或［闭合（C）/拟合公差（F）］<起点切向>：

1）第一个点：要求输入第一个点的坐标。

2）对象（O）：把二维或三维的二次或三次样条拟合多段线转换成等价的样条曲线并删除多段线。

在输入两点后，AutoCAD 将会显示下列提示：

```
指定下一点或［闭合（C）/拟合公差（F）］<起点切向>：
```

各选项的功能如下：

1）指定下一点：可以一直输入所需的离散点的坐标。连续地输入点将增加附加样条曲线线段，直到按“Enter”键结束。输入“UNDO”以删除上一个指定的点。按“Enter”键后，将提示用户指定样条曲线的起点切向。图 2-40a 所示为连续输入点绘制的样条曲线。

2）起点切向：在完成点的指定后按“Enter”键，系统将提示确定样条曲线在起始点处的切线方向，并同时在起点与当前光标之间给出一根橡皮筋线，表示样条曲线在起始点处的切线方向。在“指定起点切向：”的提示下移动鼠标，表示样条曲线在起始点处的切线方向的橡皮筋线也会随着光标点的移动发生变化，同时样条曲线的形状也发生相应的变化，这样可以移动鼠标的方向来确定样条曲线起始点处的切线方向。单击拾取一点，以样条曲线起点到该点的连线作为起点的切线，也可在该提示下直接输入表示切线方向的角度值。当指定了样条曲线在起始点处的切线方向后，还需要指定样条曲线终点处的切线方向。

3）闭合（C）：系统把最后一点定义为与第一点一致，可以使样条曲线闭合，并且使它在连接处相切，如图 2-40b 所示。

4）拟合公差（F）：修改当前样条曲线的拟合公差，以使其按照新的公差拟合现有的点。可以重复修改拟合公差，但这样做会修改所有控制点的公差，不管选定的是哪个控制点。如果公差设置为 0，样条曲线将穿过拟合点；如果输入公差大于 0，将允许样条曲线在指定的公差范围内从拟合点附近通过，如图 2-40c 所示。

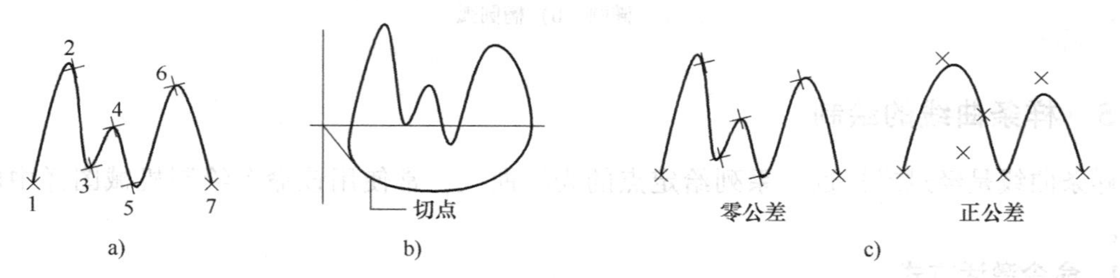

图 2-40　样条曲线的绘制

【例 2-7】 绘制如图 2-41 所示的轴右端的波浪线。

操作步骤：

```
命令：SPLINE↙
指定第一个点或［对象（O）］：输入 A 点↙
指定下一点：输入 B 点↙
指定下一点或［闭合（C）/拟合公差（F）］<起点切向>：输入 C 点↙
指定下一点或［闭合（C）/拟合公差（F）］<起点切向>：输入 D 点↙
指定下一点或［闭合（C）/拟合公差（F）］<起点切向>：↙
指定起点切向：（根据曲线形状调整鼠标位置）↙
指定端点切向：（根据曲线形状调整鼠标位置）↙
```

2.5.6　图案填充的使用和编辑

图案填充是使用一种图案来填充某一区域。在机械图样中，常用剖面符号表达一个剖切的区域，如图 2-42 所示。也可以使用不同的填充图案来表达不同的零件或材料。

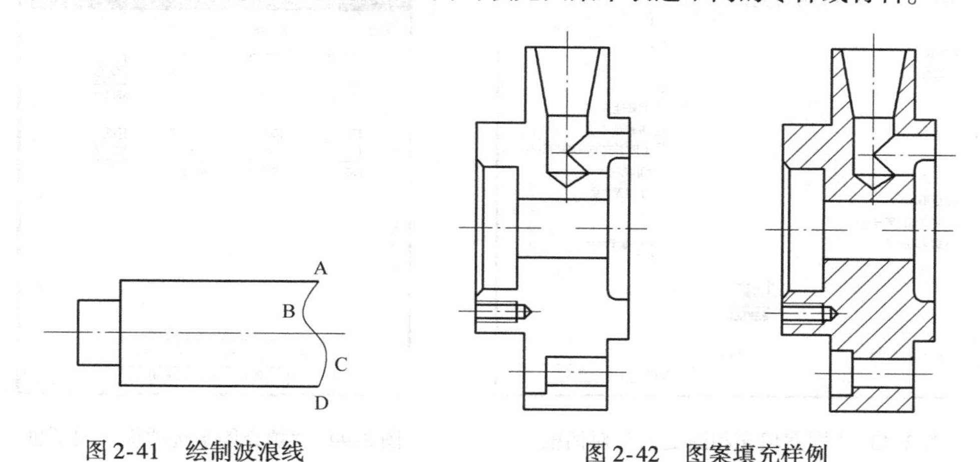

图 2-41　绘制波浪线　　　　图 2-42　图案填充样例

2.5.6.1　创建图案填充

1. 命令激活方式

命令行：BHATCH（或 BH）↙

菜单栏：绘图→图案填充

工具栏：绘图→“图案填充”按钮

2. 图案填充的设置

命令激活后，弹出“图案填充和渐变色”对话框，如图 2-43 所示。在“类型和图案”选项区内单击“图案”右面的 按钮，弹出如图 2-44 所示的“填充图案选项板”对话框，在该对话框中选择机械图样常用的剖面线图案“ANSI31”，单击“确定”按钮，返回“图案填充和渐变色”对话框，在“角度和比例”选项区内设置角度和比例数值。

（1）“类型和图案”选项区各项功能

1）类型：提供三种图案类型，即预定义、用户定义和自定义。预定义是用 AutoCAD 标准图案文件（ACAD. pat 和 ACADISO. pat 文件）中的图案填充。用户定义是用户临时定义简单的填充图案。自定义是表示使用用户定制的图案文件中的图案。

2）图案：选择填充图案的样式。单击 按钮可弹出“填充图案选项板”对话框，如图 2-44 所示，其中有“ANSI”、“ISO”、“其他预定义”和“自定义”四个选项卡，可选择其中任意一种预定义图案。

（2）“角度和比例”选项区各项功能

1）角度：设置图案填充的倾斜角度，该角度值是填充图案相对于当前坐标系的 X 轴的转角。

2）比例：设置填充图案的比例值，它表示的是填充图案线形之间的疏密程度，例如图 2-45b 的比例值大于图 2-46b。

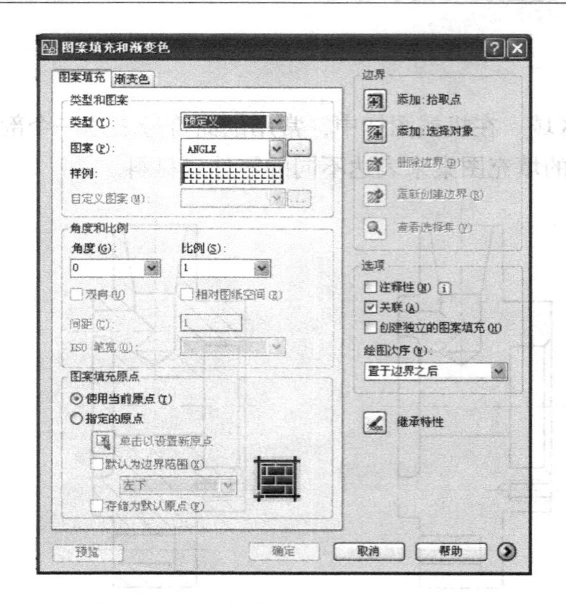

图 2-43　“图案填充和渐变色”对话框

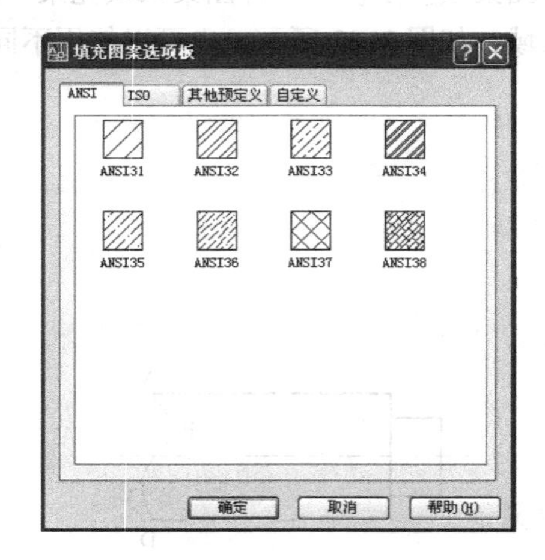

图 2-44　“填充图案选项板”对话框

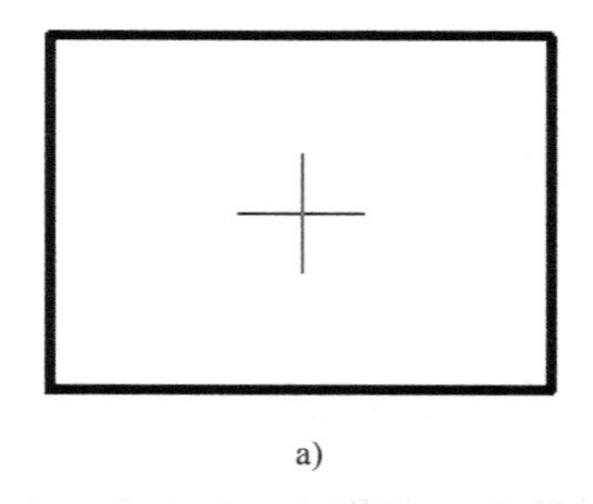

a)

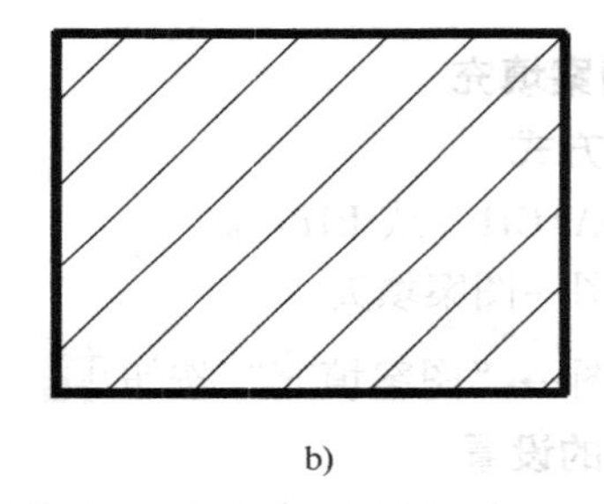

b)

图 2-45　以拾取点方式填充图案

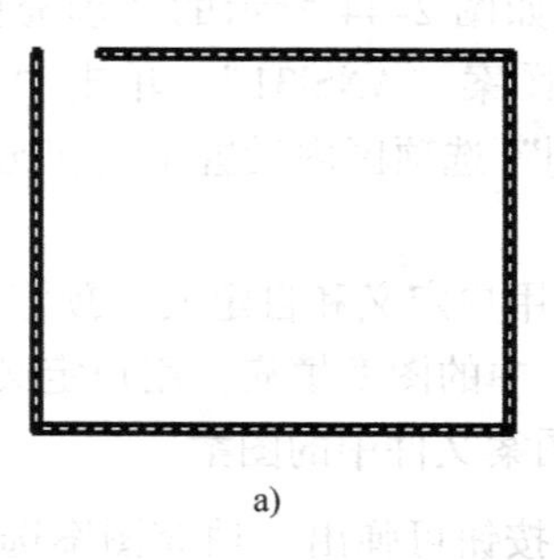

a)

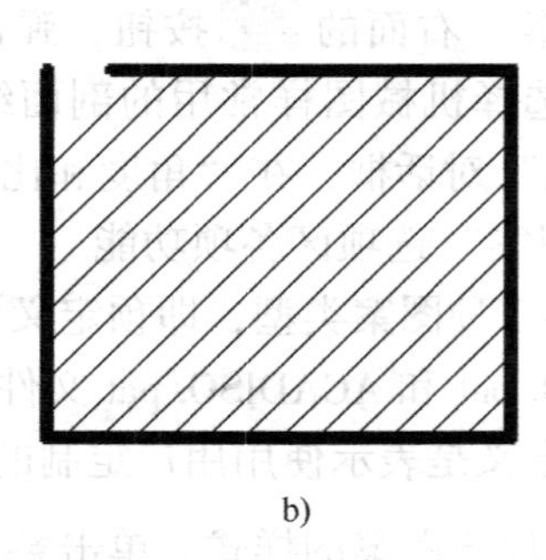

b)

图 2-46　以拾取对象方式填充图案

3）双向：使用用户定义图案时，选择该选项将绘制第二组直线，这些直线相对于初始直线成 90°角，从而构成交叉填充。AutoCAD 将该信息存储在 HPDOUBLE 系统变量中。只有在“类型”选项中选择了“用户定义”时，该选项才可用。

4）ISO 笔宽：适用于 ISO 相关的笔宽绘制填充图案，该选项仅在预定义 ISO 模式中被选用。

5）相对图纸空间：相对于图纸空间单位缩放填充图案。该选项仅适用于布局。

3. 添加边界

在图2-43所示的“图案填充和渐变色”对话框中，可以通过“拾取点”和“选择对象”两种方式添加边界。

（1）用“拾取点”添加边界　单击“边界”选项区中的“拾取点”按钮，返回绘图区域，单击填充区域内任意一点，如图2-45a所示，按“回车”键。返回“图案填充和渐变色”对话框，单击“确定”按钮，返回绘图区，剖面线绘制如图2-45b所示。用选点的方式定义填充边界，一般要求边界是封闭的。

（2）用“选择对象”添加边界　单击“边界”选项区中的“选择对象”按钮，返回绘图区域，选择对象，如图2-46a所示，按“回车”键。返回“图案填充和渐变色”对话框，单击“确定”按钮，返回绘图区，剖面线绘制如图2-46b所示。要填充的对象不必构成闭合边界。

“边界”选项区其他各项功能：

1）删除边界：从边界定义中删除以前添加的任何对象。如图2-47a所示，先用“拾取点”添加边界的方式选定内部点，根据命令行提示选择“删除边界”，拾取图2-47b所示的小圆，填充结果如图2-47c所示。

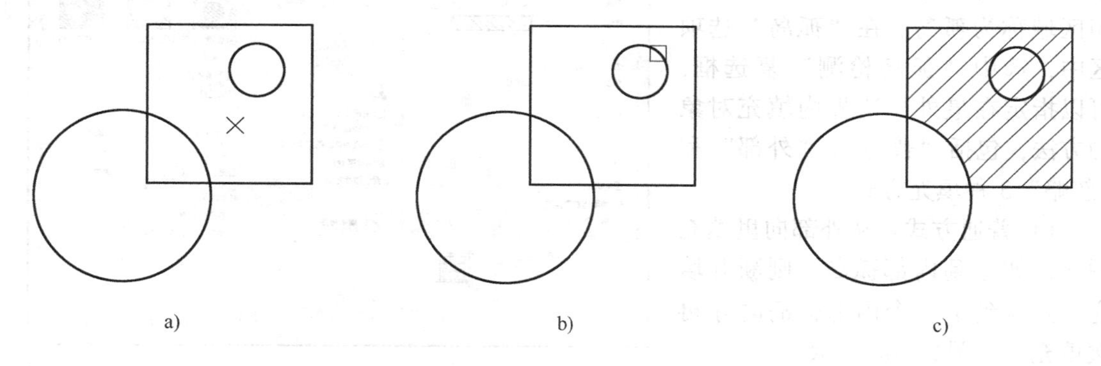

图2-47　删除边界
a）选定内部点　b）删除的对象　c）结果

2）重新创建边界：选择图案填充或填充的临时边界对象添加它们。

3）查看选择集：显示所确定的填充边界。如果未定义边界，则此选项不可用。

“选项”选项区各项功能：

1）注释性：图案填充是按照图纸尺寸进行定义的。

2）关联：该选项用于控制填充图案与边界是否具有关联性。若不选定关联，当边界发生变化时，填充图案将不随新的边界发生变化，如图2-48b所示；若选定关联，当边界发生变化时，填充图案将随新的边界发生变化，如图2-48c所示。默认情况下，图案填充区域是关联的。

3）绘图顺序：创建图案填充时，默认情况下将图案填充绘制在图案填充边界的后面，这样比较容易查看和选择图案填充边界。可以更改图案填充的绘制顺序，以便将其绘制在图案填充边界的后面或前面，或者其他所有对象的后面或前面。

4）继承特性：将填充图案的设置（如图案类型、角度、比例等特性），从一个已经存在的填充图案中应用到另一个要填充的边界上。

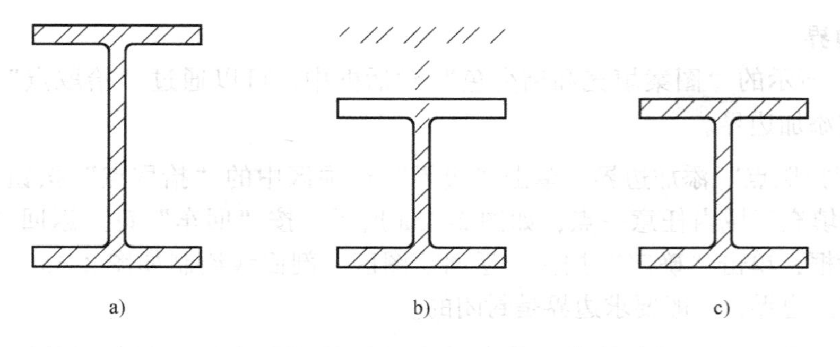

图 2-48　关联和非关联填充
a）填充的对象　b）非关联　c）关联

4. 设置孤岛

单击“图案填充和渐变色”对话框右下角的 按钮将显示更多选项，可以对孤岛和边界进行设置，如图 2-49 所示。

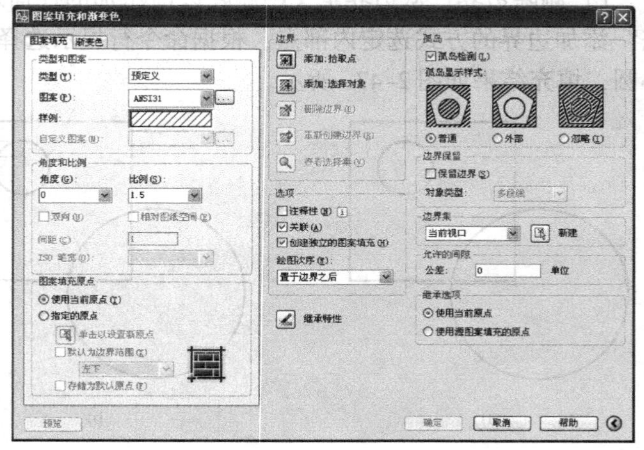

图 2-49　展开的“图案填充和渐变色”对话框

在进行图案填充时，通常将位于一个已定义好的填充区域内的封闭区域称为孤岛。在“孤岛”选项区中，选中“孤岛检测”复选框，可以指定在最外层边界内填充对象的方法，包括“普通”、“外部”和“忽略”3 种填充方式。

1）普通方式：从外部向里填充图案，如遇到内部孤岛，则断开填充直到碰到下一个内部孤岛时才再次填充，如图 2-50a 所示。

2）外部方式：只在最外层区域内进行图案填充，如图 2-50b 所示。

3）忽略方式：忽略边界内的对象，在整个区域内进行图案填充，如图 2-50c 所示。

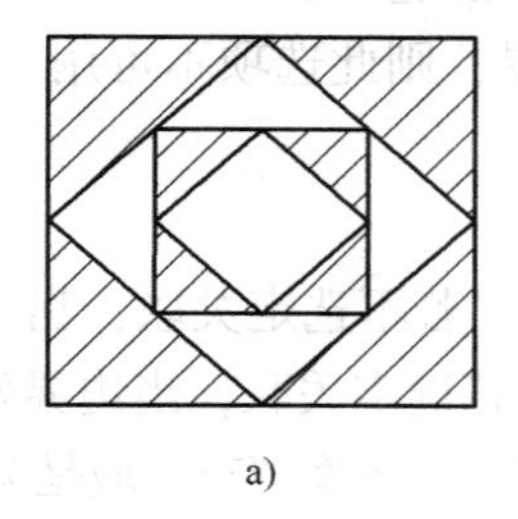

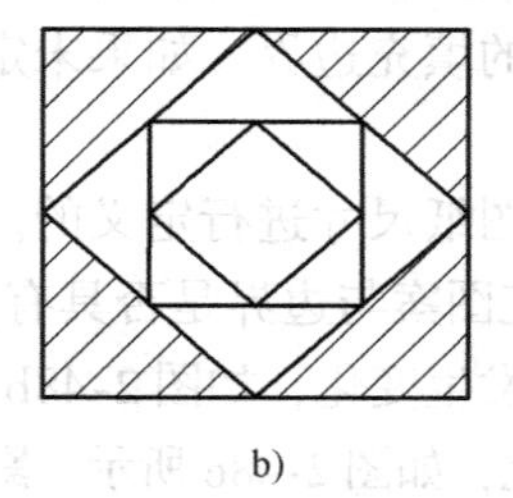

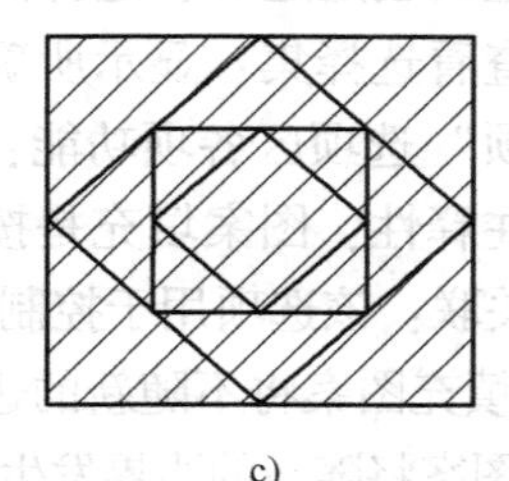

图 2-50　包含文本对象时的图案填充
a）“普通”方式　b）“外部”方式　c）忽略”方式

5. “渐变色”选项

“渐变色”选项卡的填充方式与“图案填充”相同，只是填充区域填充的图案是在一种颜色的不同灰度之间或两种颜色之间使用过渡。图2-51为“图案填充”与“渐变色”的填充效果样例。

2.5.6.2　编辑图案填充

“编辑图案填充”命令可修改已填充图案的类型、图案、角度、比例等特性。在图2-52中，用“编辑图案填充”命令将图2-52a的图案样式编辑为图2-52b的图案样式。

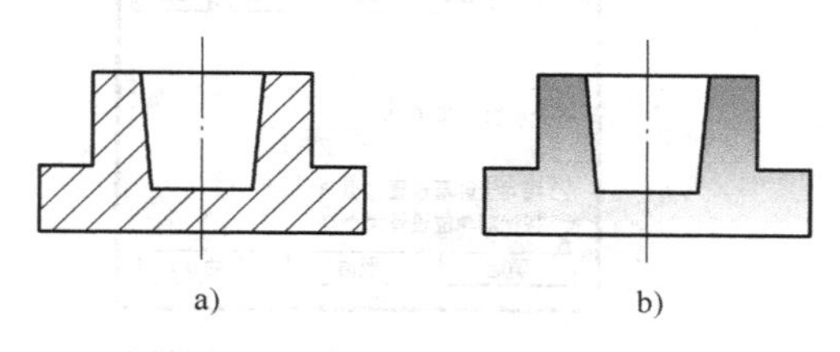
a)　b)

图2-51　图案填充与“渐变色”样例
a）图案填充　b）渐变色

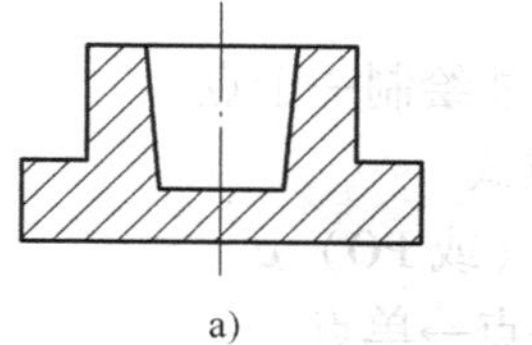
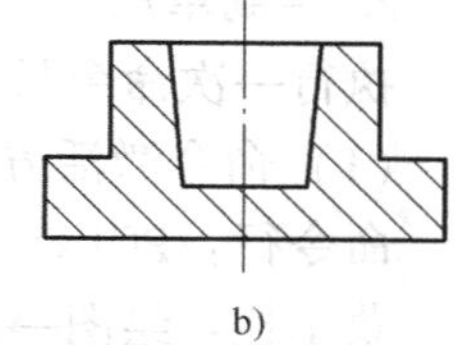
a)　b)

图2-52　编辑图案填充
a）图案填充编辑前　b）图案填充编辑后

1. 命令激活方式

命令行：HATCHEDIT（或HE）↙

菜单栏：修改→对象→图案填充

工具栏：修改Ⅱ→“图案填充”按钮

2. 操作步骤

激活命令后，命令行提示：

```
选择图案填充对象：（选择图2-52a所示的剖面线）
```

弹出图2-53所示的“图案填充编辑”对话框，修改该对话框中的参数设置，将“角度”改为“90”，将“比例”改为“1.5”，单击“确定”按钮，剖面图案改变如图2-52b所示。

注意：在要修改的填充图案上双击鼠标右键，也将弹出“图案填充编辑”对话框，同样可对填充的图案进行修改。

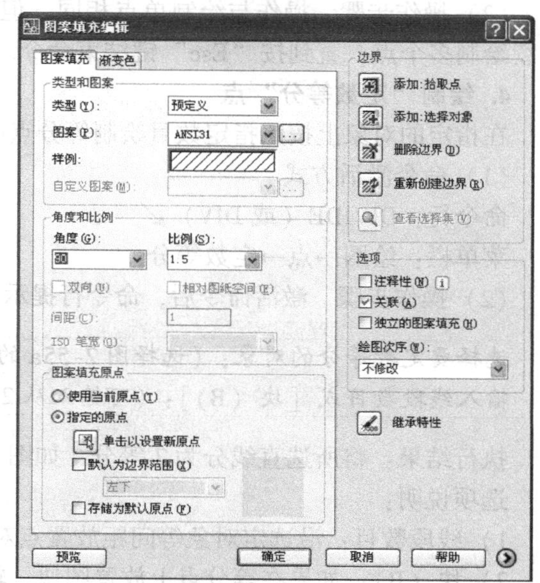

图2-53　“图案填充编辑”对话框

2.5.7　点的绘制

可以通过“单点”、“多点”、“定数等分”和“定距等分”4种方法创建点对象。

1. 设置点的样式

（1）命令激活方式

命令行：DDPTYPE↙

菜单栏：格式→点样式

（2）操作步骤　激活命令后，屏幕弹出图2-54所示的“点样式”对话框，从中可以对点样式和点大小进行设置。默认情况下是小圆点样式。

在“点大小”文本框中，如果选择“按绝对单位设置大小”选项，则其值表示的是当前状态下点的绝对大小。如果选择了“相对于屏幕设置大小”选项，则其值代表的是当前状态下点的尺寸相对于绘图窗口高度的百分比。

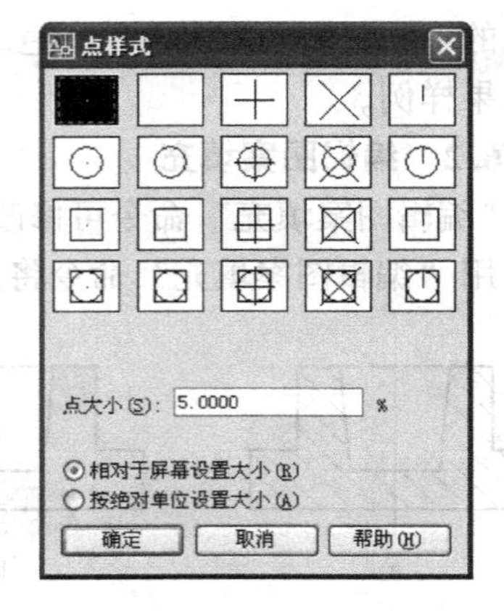

图 2-54 “点样式”对话框

2. 绘制单点

执行一次命令只能绘制一个点。

(1) 命令激活方式

命令行：POINT（或 PO）↙

菜单栏：绘图→点→单点

(2) 操作步骤 激活命令后，命令行提示：

当前点模式： PDMODE = 0 PDSIZE = 5.0000
指定点：30，50 ↙（也可以通过鼠标指定）

执行结果：在坐标值（30，50）处绘制了一个点，此时命令行将回到“Command”命令状态。

在绘制点时，命令提示行的“PDMODE”和“PDSIZE”两个系统变量显示了当前状态下点的样式和大小。其中系统变量“PDSIZE”的值与图 2-54 中点的绝对大小一致。

3. 绘制多点

执行一次命令可以连续绘制多个点。

(1) 命令激活方式

菜单栏：绘图→点→多点

工具栏：绘图→“点”按钮

(2) 操作步骤 操作与绘制单点相同，但绘制了一个点后命令行状态保持不变，可以继续绘制多个点，直到按“Esc”键结束命令。

4. 绘制“定数等分”点

在指定的对象上按照指定数目绘制等分点或者在等分点处插入块。

(1) 命令激活方式

命令行：DIVIDE（或 DIV）↙

菜单栏：绘图→点→定数等分

(2) 操作步骤 激活命令后，命令行提示：

选择要定数等分的对象：（选择图 2-55a 的多段线）
输入线段数目或［块（B）］：（可输入从 2 到 32767 的值或输入选项）7 ↙

执行结果：将所选直线分为 7 等分，如图 2-55a 所示。

选项说明：

1）线段数目：沿选定对象等间距放置点对象。

2）块（B）：如果在等分点上放置图块，输入“B ↙”（块的概念参见第三章内容），将沿选定对象等间距放置图块。

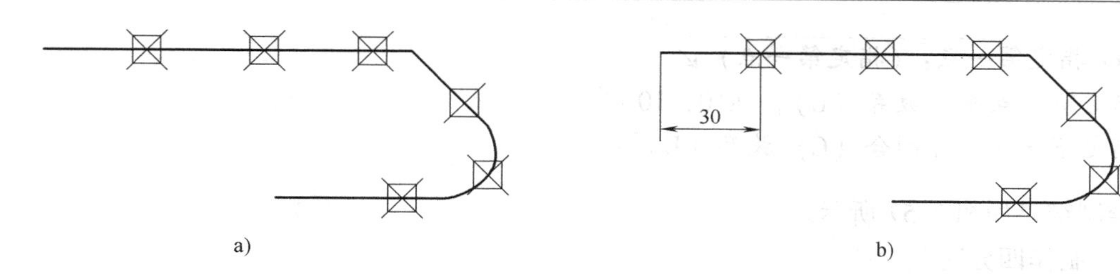

图2-55　画出等分点和测量点
a）点定数等分　b）点定距等分

5. 绘制“定距等分”点

在指定的对象上按照指定长度绘制等分点或者在等分点处插入块。

(1) 命令激活方式

命令行：MEASURE（或ME）↙

菜单栏：绘图→点→定距等分

(2) 操作步骤　激活命令后，命令行提示：

```
选择要定距等分的对象：(选择图2-55b的多段线)
指定线段长度或［块（B）］：(输入线段长度数值30)
```

执行结果如图2-55b所示。

如果对象总长不能被所选长度整除，则选择要定距等分对象时距离较远的一段小于所选长度，如图2-55b所示。

【例2-8】 绘制如图2-56所示的时刻表。

操作步骤：

1. 利用“直线”命令和“矩形”命令制作分、时、四分时刻表

1）制作分刻度线

```
line 指定第一点：(指定第一点)↙
指定下一点或［放弃（U）］：@0，5↙
指定下一点或［闭合（C）/放弃（U）］：↙
```

绘制结果如图2-57所示。

图2-56　钟表

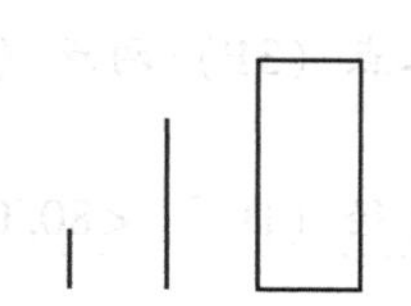

图2-57　绘制的分、时和四分时刻

2）制作时刻度线

line 指定第一点：(指定第一点) ↙
指定下一点或 [放弃 (U)]：@0，10 ↙
指定下一点或 [闭合 (C)/放弃 (U)]：↙

绘制结果如图 2-57 所示。

3) 制作四分时刻度线

指定第一个角点或 [倒角 (C)/标高 (E)/圆角 (F)/厚度 (T)/宽度 (W)]：(输入第一角点) ↙
指定另一个角点或 [面积 (A)/尺寸 (D)/旋转 (R)]：(输入第二角点) ↙

绘制结果如图 2-57 所示。

2. 创建时刻块

(1) 创建“分刻度线”块

1) 激活创建块命令，弹出如图 2-58 所示的“块定义”对话框。

2) 在“名称”文本框中输入“1”作为该块的名称。

3) 单击“拾取点”按钮，返回到绘图窗口，选中刻度线的下端点作为插入点。

4) 单击“选择对象”按钮，返回到绘图窗口，选中直线段，按“Enter”键。

(2) 创建“时刻度线”块和“四分时刻度线”块　方法和上述基本一致。

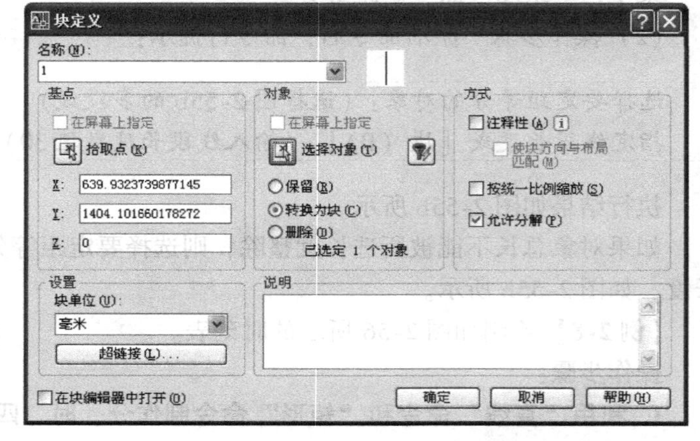

图 2-58 “块定义”对话框

3. 利用“圆”命令绘制表盘内外圆盘

命令：CIRCLE ↙
指定圆的圆心或 [三点 (3P)/两点 (2P)/相切、相切、半径 (T)]：(指定圆心) ↙
指定圆的半径或 [直径 (D)] <80.0000>：80 ↙
命令：CIRCLE ↙
指定圆的圆心或 [三点 (3P)/两点 (2P)/相切、相切、半径 (T)]：(拾取外框的圆心作为其圆心) ↙
指定圆的半径或 [直径 (D)] <80.0000>：65 ↙

绘制结果如图 2-59 所示。

4. 利用“定数等分”命令插入分刻度、时刻度、四时刻度

1) 插入分刻度

```
命令行：DIVIDE
选择要定数等分的对象：(选择图2-59所示的圆)
输入线段数目或［块（B)]：B↙
输入要插入的块名：1↙
是否对齐块和对象［是（Y)/否（N)] <Y>：↙
输入线段数目：60↙
```

绘制结果如图2-60所示。

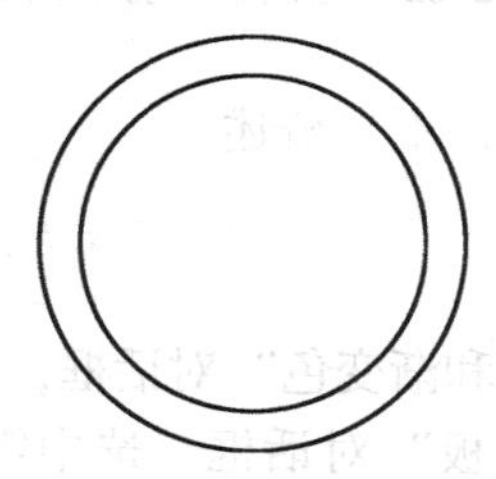

图2-59 绘制表盘

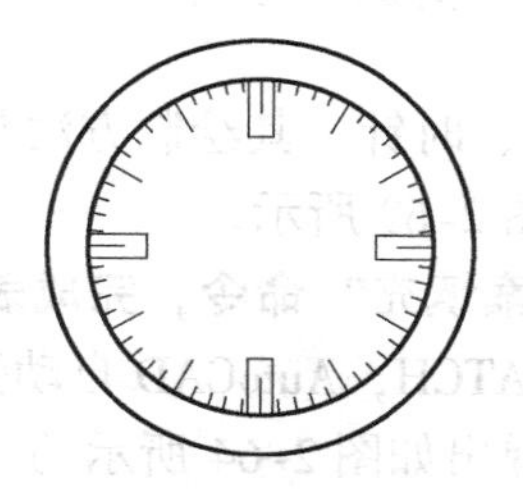

图2-60 插入刻度

2）插入时刻度和四时刻度

```
其插入方法和插入分刻度一致，此不再赘述。
```

绘制结果如图2-60所示。

5. 利用“圆环”命令绘制表盘中心的转轴

```
命令：DONUT↙
指定圆环的内径<0.5000>：0↙
指定圆环的外径<1.0000>：8↙
指定圆环的中心点或<退出>：(指定表盘的中心)
指定圆环的中心点或<退出>：↙
```

绘制结果如图2-61所示。

6. 利用“多段线”命令绘制秒、分、时针

1）绘制秒针

```
命令：PLINE
指定起点：(指定表盘圆点)↙
当前线宽为0.0000
指定下一个点或［圆弧（A)/半宽（H)/长度（L)/放弃（U)/宽度（W)]：W↙
指定起点宽度为<0.0000>：2↙
指定起点宽度为<2.0000>：↙
指定下一个点或［圆弧（A)/半宽（H)/长度（L)/放弃（U)/宽度（W)]：@45<135↙
指定下一个点或［圆弧（A)/半宽（H)/长度（L)/放弃（U)/宽度（W)]：↙
```

绘制结果如图 2-62 所示。

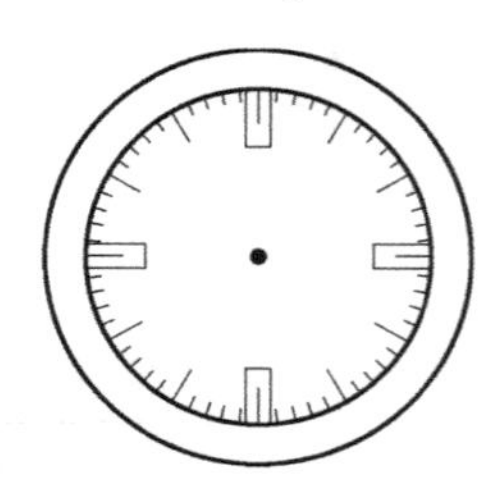

图 2-61　绘制转轴

图 2-62　绘制秒、分、时针

2）绘制分针、时针。其绘制方法与绘制分针一致，不再赘述。

绘制结果如图 2-62 所示。

7. 利用“图案填充”命令，完成表盘的填充

激活命令 BHATCH，AutoCAD 自动弹出“图案填充和渐变色”对话框，如图 2-63 所示。

单击图例，弹出如图 2-64 所示的“填充图案选项板”对话框，选中需要的“HONEY”图案，单击“确定”按钮返回到“图案填充和渐变色”对话框。

在“图案填充和渐变色”对话框中单击“添加：拾取点”按钮，返回到绘图窗口，单击表盘的内外圆之间，按“Enter”键，返回到“图案填充和渐变色”对话框，单击“确定”按钮，最终效果如图 2-56 所示。

图 2-63　“图案填充和渐变色”对话框

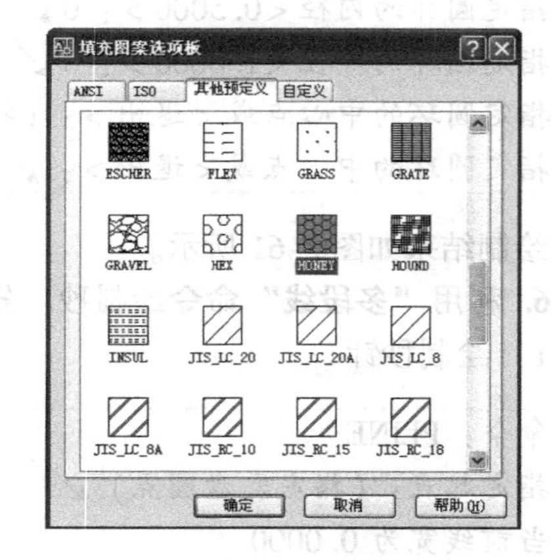

图 2-64　“填充图案选项板”对话框

2.6　常用的编辑命令

在绘制工程图样时，经常需要用到复制、删除、修剪、图形显示等图形的编辑功能来提高绘图的效率。

2.6.1 选择对象

在对图形进行编辑操作时，首先要选择被编辑的对象。被选择的对象以虚线的方式显示。

1. 设置选择集模式

选择菜单“工具”→“选项”命令，打开如图2-65所示的“选项”对话框。单击“选择集”按钮，在“选择集”选项中设置选项的模式。

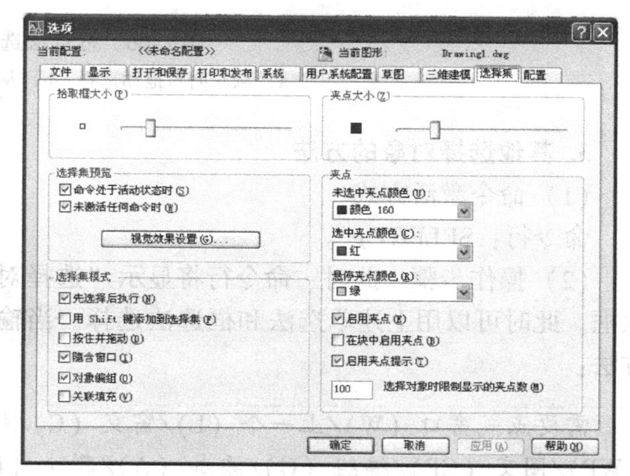

图2-65 “选项”对话框

1）先选择后执行：允许在启动命令之前选择对象，即可以先选择对象，再选择相应的命令。

2）用Shift键添加到选择集：按“Shift”键并选择对象时，可以向选择集中添加对象或从选择集中删除对象。要快速清除选择集，可在图形的空白区域绘制一个选择窗口。

3）按住并拖动：通过选择一点然后将定点设备拖动至第二点来绘制选择窗口。如果未选择此选项，则可以用定点设备选择两个单独的点来绘制选择窗口。

4）隐含窗口：默认情况下该复选框被选中，表示可利用窗口选择对象。从左向右绘制选择窗口时，将选择完全处于窗口边界内的对象；从右向左绘制选择窗口时，将选择处于窗口边界内和与边界相交的对象。

5）对象编组：该设置决定对象是否可以成组。默认情况下该复选框选中，表示选择编组中的一个对象就选择了编组中的所有对象。

6）关联填充：该设置决定当选择一关联填充时，原对象（即填充边界）是否也被选定。

2. 常用的两种选择方法

AutoCAD 2008选择对象的方式有多种，最常用的是下面两种方法。

（1）单选法 直接用鼠标单击图形对象，被选中的图形变成虚线，并出现几个蓝色的矩形框表示其关键点。可以连续选择多个图形对象进行编辑。

对于误选的对象，可按住“Shift”键并再次选择该对象，可以将其从当前选择集中排除。

（2）框选法 用鼠标单击矩形框的两个对角点，则在矩形框中的对象被选中。根据选择点顺序的不同，形成不同的选择方式。若先选择矩形框的左角点，拖出的矩形框为实线，称为窗口方式，此时只有当图形对象完全处于矩形框内才能被选中，如图2-66a所示；若先选择右边角点，拖出的矩形框为虚线，称为交叉方式，此时只要图形对象有一部分在矩形框内即被选中，如图2-66b所示。

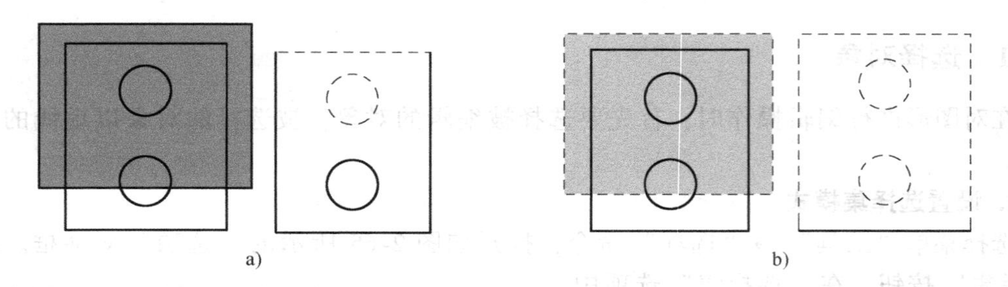

图2-66　框选法选择对象

a）从左向右拖动选择　b）从右向左拖动选择

3. 其他选择对象的方法

（1）命令激活方式

命令行：SELECT↙。

（2）操作步骤　此时，命令行将显示“选择对象”提示，并且十字光标将被替换为拾取框。此时可以用上述单选法和框选法选择。当输入“？↙”时，命令行将显示所有选择方法：

需要点或窗口（W）/上一个（L）/窗交（C）/框（BOX）/全部（ALL）/栏选（F）/圈围（WP）/圈交（CP）/编组（G）/添加（A）/删除（R）/多个（M）/前一个（P）/放弃（U）/自动（AU）/单个（SI）/子对象/对象

1）窗口（W）：输入“W↙”，任意指定一个矩形窗口，则只有完全在该窗口中的对象才会被选择。

2）上一个（L）：输入“L↙”，则选取最后一次创建的可见对象。但对象必须在当前的模型空间或图纸空间中，并且该对象所在图层不能处于“冻结”或“关闭”状态。

3）窗交（C）：输入“C↙”，然后任意指定一个矩形窗口，则只要对象有部分在该窗口中，则该对象就会被选择。

4）框（BOX）：输入“BOX↙”，则从左向右拉选择框，只有完全在该选择框中的对象才会被选择；而从右向左拉选择框，只要对象有部分在该窗口中，该对象就会被选择。

这种方法与前面提到的默认的框选法类似，不同的是当指定的选择框的第一个角点正好压在某个对象上时，这种方法不会直接选择该对象，而继续执行，要求指定对角点。

5）全部（ALL）：输入“ALL↙”，即可选择解冻的图层上的所有对象。

6）栏选（F）：输入“F↙”，然后指定各点，则所有与栏选点连线相交的对象均会被选取，如图2-67所示。栏选可以不闭合，并且可以与自己相交。

7）圈围（WP）：输入“WP↙”，然后指定不规则窗口的各顶点，最后按“Enter”键或鼠标右键确认。如果给定的多边形不封闭，系统将自动将其封闭。窗口显示为实线，完全在多边形窗口中的对象将会被选取，如图2-68所示。

8）圈交（CP）：输入“CP↙”，后续操作与“圈围”方法类似，但执行的结果是不规则窗口显示为虚线，只要对象有部分在不规则窗口内，对象就会被选取。

9）编组（G）：输入“G↙”，然后根据命令行提示输入编组名，并按“Enter”键确认，则会选择指定组中的全部对象。使用该方法的前提是已经对对象进行了编组。

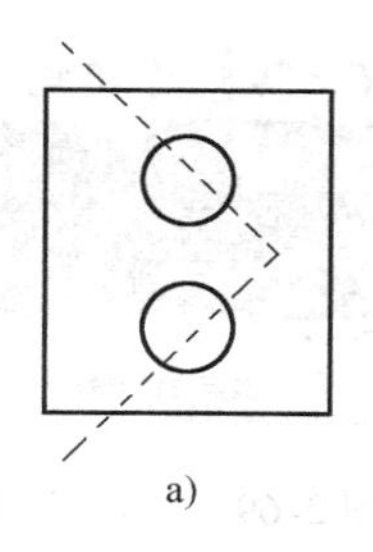
a)

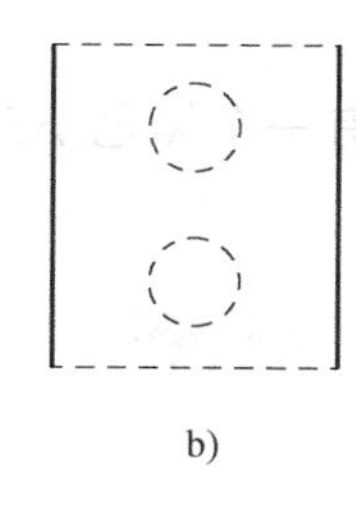
b)

图2-67　“栏选”选择对象

a）选择　b）结果

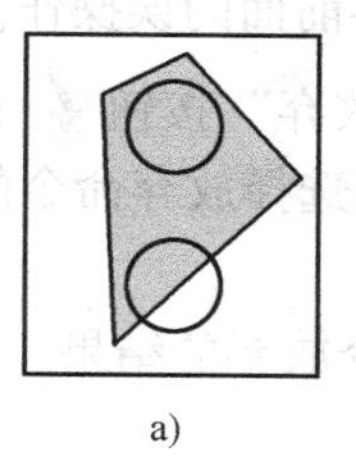
a)

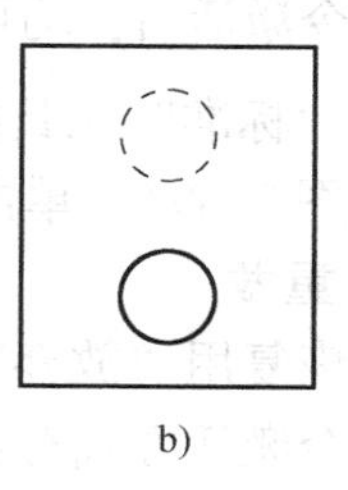
b)

图2-68　“圈围”选择对象

a）选择　b）结果

10）添加（A）：“输入“A↙”，可以使用任何对象选择方法将选定对象添加到选择集。

11）删除（R）：“输入“R↙”，可以使用任何对象选择方法从当前选择集中删除对象。

12）多个（M）：输入“M↙”，则指定多次选择而不虚线显示对象，从而加快对复杂对象的选择过程。

13）前一个（P）：输入“P↙”，则选取最近创建的选择集。

14）放弃（U）：输入“U↙”，则放弃选择最近加到选择集中的对象。

15）自动（AU）：输入“AU↙”，则切换到自动选择，即指向一个对象便可选择对象。指向对象内部或外部的空白区，将形成框选方法定义的选择框的第一个角点。

16）单个（SI）：输入“SI↙”，则切换到单选模式，即选择指定的第一个或第一组对象而不继续提示进一步选择。

2.6.2　删除与恢复

1. 删除对象

删除指定的图形。

（1）方法一　命令激活方式如下：

命令行：ERASE（或E）↙

菜单栏：修改→删除

工具栏：修改→“删除”按钮

激活命令后，选择对象，然后按“Enter”键、“空格”键或鼠标右键确认，即可删除对象。

（2）方法二　如果在图2-65所示的“选项”对话框中已勾选“先选择后执行”模式（默认模式），在系统未执行其他命令的时候，直接选中要删除的对象，单击绘图工具栏中的“删除”按钮，或直接按键盘上的“Delete”键，即可完成删除。

2. 恢复误操作

（1）恢复误删除操作　命令行输入“OOPS”，可以恢复最后一次用“删除”命令删除的对象。

（2）放弃其他误操作　命令激活方式如下：

命令行：UNDO（或U）↙

菜单栏：编辑→放弃

工具栏：标准→“放弃”按钮

命令激活后，均可放弃前面的误操作。

在“标准”工具栏“放弃”按钮的右边有一个黑色小三角形（见图 2-69），单击它可选择放弃命令的数目。

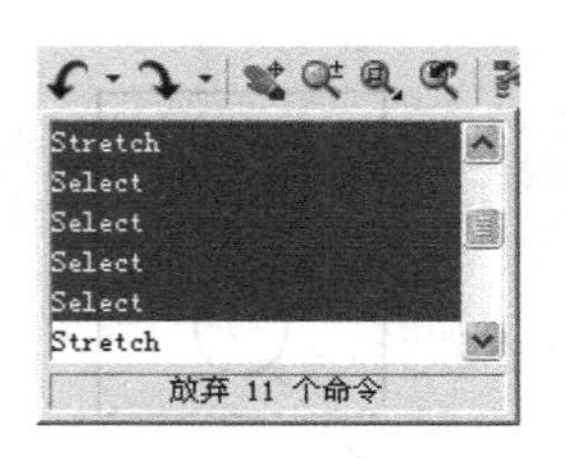

图 2-69　“放弃”按钮

3. 重做

可恢复用“放弃”命令放弃的结果。

命令激活方式有：

命令行：MREDO↙

工具栏：标准→“重做”按钮

同样地，在“标准”工具栏重做按钮的右边有一个黑色小三角形，单击它可选择重做命令的数目。

2.6.3　复制、镜像与偏移

1. 复制对象

（1）命令激活方式

命令行：COPY（或 CO）↙

菜单栏：修改→复制

工具栏：修改→“复制”按钮

（2）操作步骤　激活命令后，命令行提示：

```
选择对象：(选取图 2-69a 要复制的圆及中心线)↙
当前设置：　复制模式 = 多个
指定基点或 [位移 (D)/模式 (O)] <位移>：(选取圆心作为基准点)
指定第二个点或 <使用第一个点作为位移>：@60，0↙
```

执行结果如图 2-70b 所示。

当系统提示“指定第二点”时，也可以通过移动光标来确定第二点。

复制对象也可以通过快捷菜单实现：选择要复制的对象，在绘图区域中单击鼠标右键，然后单击“复制”，再通过快捷菜单进行“粘贴”即可。

命令行中其他选项的功能：

1）位移（D）：使用坐标指定相对距离和方向。

2）模式（O）：控制是否自动重复该命令。该设置由“COPYMODE”系统变量控制，当“COPYMODE”变量为“0”时，可多次重复复制图形；当“COPYMODE”变量为“1”时，只能复制一次。

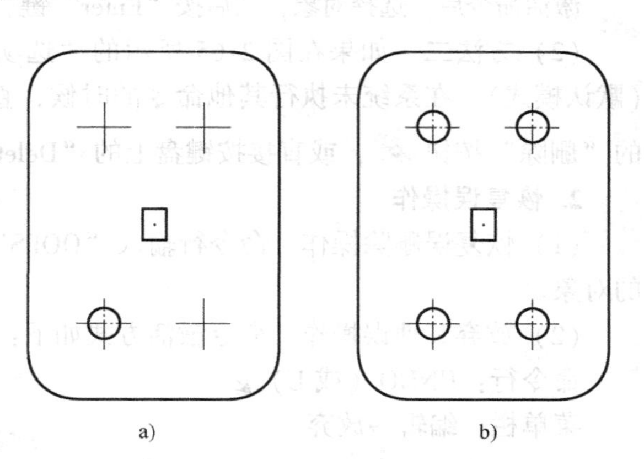

a)　　b)

图 2-70　复制对象

2. 镜像对象

使对象相对于镜像线进行镜像复制，便于绘制对称图形。

（1）命令激活方式

命令行：MIRROR（或 MI）↙

菜单栏：修改→缩放

工具栏：修改→“缩放”按钮

（2）操作步骤　激活命令后，命令行提示：

```
选择对象：（选定图 2-71a 需要镜像的对象）↙
指定镜像线的第一点：（捕捉轴线上的 P1 点）
指定镜像线的第二点：（捕捉轴线上的 P2 点）
要删除源对象吗？［是（Y）/否（N）］<N>：↙
```

执行结果如图 2-71b 所示。

注意：

1）镜像线由输入的两个点确定，但镜像线不一定要真实存在。

2）镜像文字时，系统变量“MIRRTEXT”可以控制文字对象的镜像方向。当“MIRRTEXT”的值为“0”时，文字只是位置发生镜像，顺序不发生镜像，文本仍可读，如图 2-72a所示；当“MIRRTEXT”的值为“1”时，则文字完全镜像，变得不可读，如图 2-72b 所示。

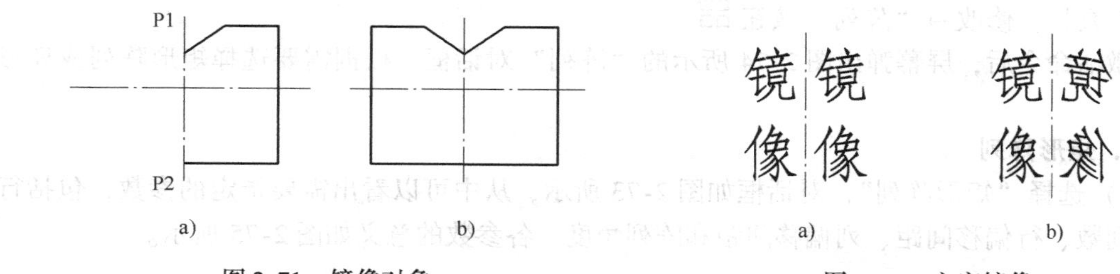

图 2-71　镜像对象
a）镜像前　b）镜像后

图 2-72　文字镜像
a）MIRRTEXT = 0　b）MIRRTEXT = 1

3. 偏移对象

用于创建同心圆、平行线或等距曲线。

（1）命令激活方式

命令行：OFFSET（或 O）↙

菜单栏：修改→偏移

工具栏：修改→“偏移”按钮

（2）操作步骤　激活命令后，命令行提示：

```
指定偏移距离或［通过（T）/删除（E）/图层（L）］<通过>：20↙
选择要偏移的对象，或［退出（E）/放弃（U）］<退出>：（选择图 2-73a 中的多段线）
指定要偏移的那一侧上的点，或［退出（E）/多个（M）/放弃（U）］<退出>：（单击多段线右侧）
```

执行结果如图 2-73b 所示。

为了使用方便，偏移命令可重复偏移多个对象。要退出该命令，可按“Enter”键。

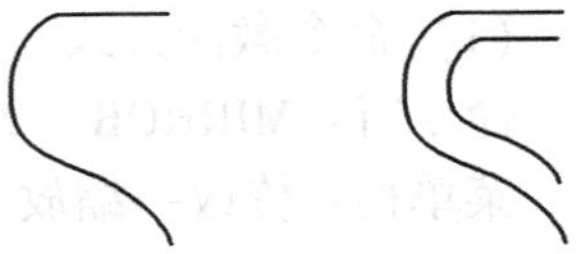

a)　b)

图 2-73　偏移对象

a）偏移前　b）偏移后

各选项功能如下：

1）偏移距离：生成对象距离偏移对象的距离。

2）通过（T）：偏移对象通过选定点。

3）删除（E）：确定是否删除源对象。

4）图层（L）：确定将偏移对象创建在当前图层上，还是源对象所在的图层上。

5）多个（M）：使用当前偏移距离将对象偏移多次。

6）退出（E）：退出偏移命令。

7）放弃（U）：恢复前一个偏移。

2.6.4　阵列

用于绘制呈矩形或环形规律分布的相同结构。

命令激活方式有：

命令行：ARRAY（或 AR）↙

菜单栏：修改→阵列

工具栏：修改→“阵列”按钮

激活命令后，屏幕弹出图 2-74 所示的“阵列”对话框。根据需要选择矩形阵列或环形阵列。

1. 矩形阵列

1）选择“矩形阵列”，对话框如图 2-73 所示，从中可以看出需要指定的参数，包括行数、列数、行偏移间距、列偏移间距和阵列角度。各参数的意义如图 2-75 所示。

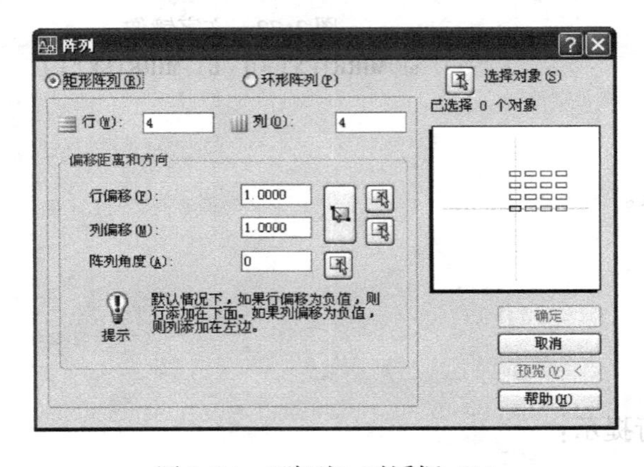

图 2-74　“阵列”对话框（1）

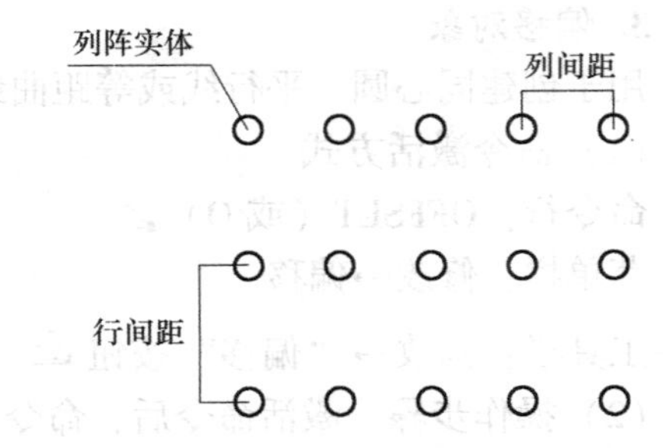

图 2-75　矩形阵列的参数意义

2）在“行（W）”文本框中输入阵列的行数，如“2”。在“列（O）”文本框中输入阵列的列数，如“3”。

3）在“偏移距离和方向”选项区域中设置各项。比如要阵列图 2-75 所示的圆，可设“行偏移”为 30，“列偏移”为 60，“阵列角度”为 0。“阵列”对话框右侧的预览区将显示预览结果。此外，行偏移、列偏移、阵列角度的数值也可通过单击其右侧的“拾取”按钮 在绘图区点取。

4）单击对话框右上方的“选择对象”按钮 ，“阵列”对话框暂时消失，命令行中提示“选择对象”。选择图 2-76a 中的圆及中心线，并按“Enter”键或鼠标右键确认，此时返回“阵列”对话框。

5）单击“确定”按钮执行矩形阵列，结果如图 2-76b 所示。

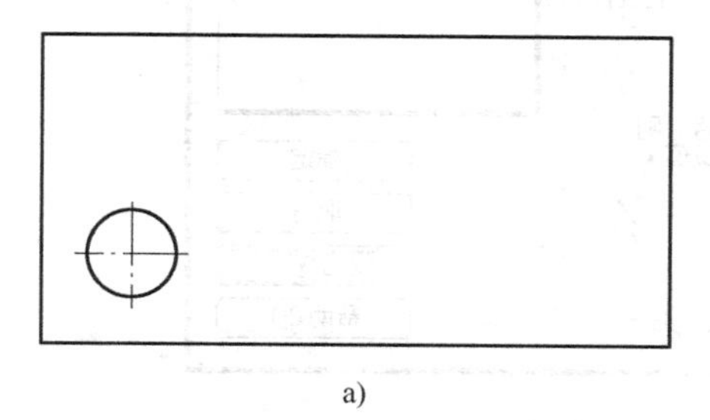

a)

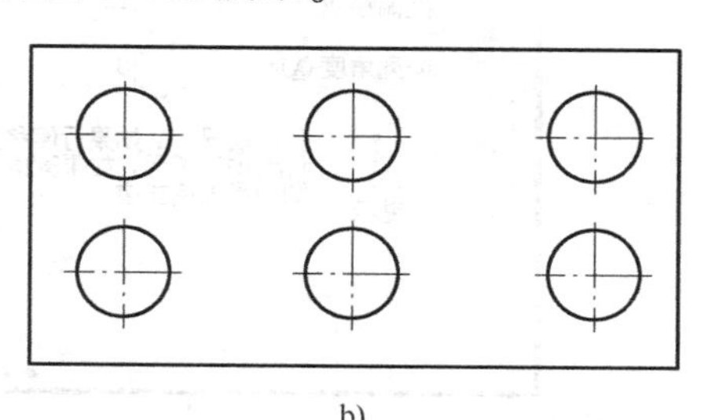

b)

图 2-76　矩形阵列

a）矩形阵列前　b）矩形阵列后

如果对阵列结果没有把握，可先单击“预览”按钮。此时“阵列”对话框暂时消失，绘图窗口中显示阵列结果，同时弹出如图 2-77 所示的对话框。若单击“接受”按钮，则执行操作；若单击“修改”按钮，则返回“阵列”对话框，可进行修改；若单击“取消”按钮，则退出阵列命令，不执行操作。

【例 2-9】 利用“矩形阵列”命令来绘制机械制图中常见的型钢。

操作步骤：

1）利用“直线”命令绘制两条交叉的直线作为圆的中心线。另外，使用“矩形”命令绘制外框，然后选择“圆”命令捕捉两条直线的交点作为圆的圆心，得到的图形如图 2-78 所示。

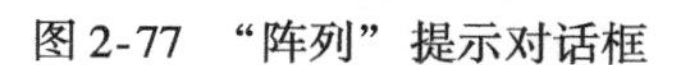

图 2-77　“阵列”提示对话框

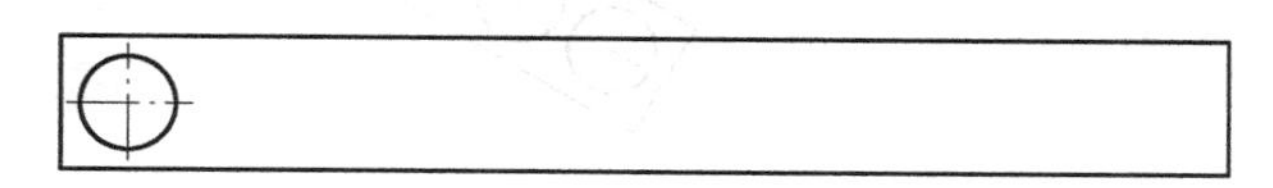

图 2-78　绘制矩形及圆

2）选择“修改”|“阵列”命令或者在命令行的“命令:”提示下输入“array”并按“Enter”键，弹出“阵列”对话框，从中选中“矩形阵列”单选按钮，并单击对话框右上角的“选择对象”按钮，从图中选择圆。

3）填写“矩形阵列”选项卡中的各项参数。在“行”文本框内输入行的数目为 1，在“列”文本框内输入列的数目为 10，在“行偏移”文本框内输入行间距为 0，在“列偏移”文本框内输入列间距为 12。设置好的对话框如图 2-79 所示。

4）单击对话框中的“确定”按钮，得到如图 2-80 所示的型钢。

5）若在“阵列角度”文本框中输入指定的角度值，即可生成倾斜的矩形阵列。图 2-81 所示为阵列角度为 30°的图形。

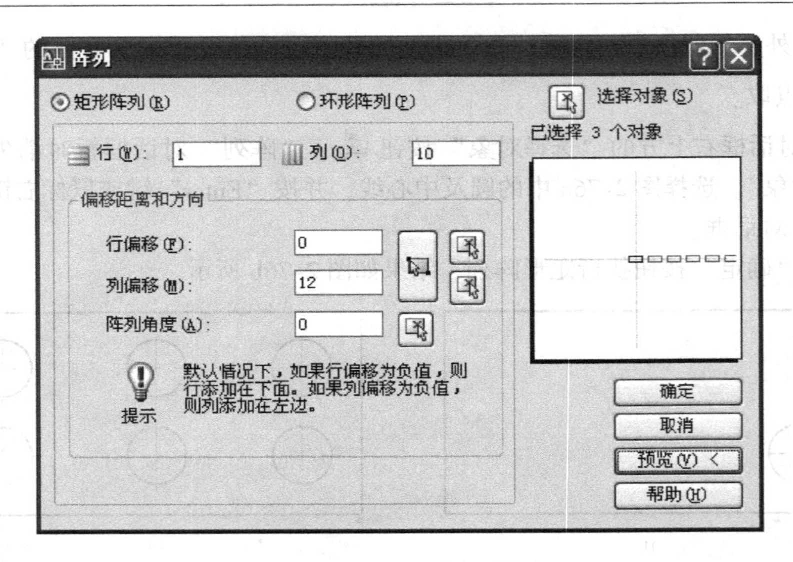

图 2-79　设置矩形阵列格式

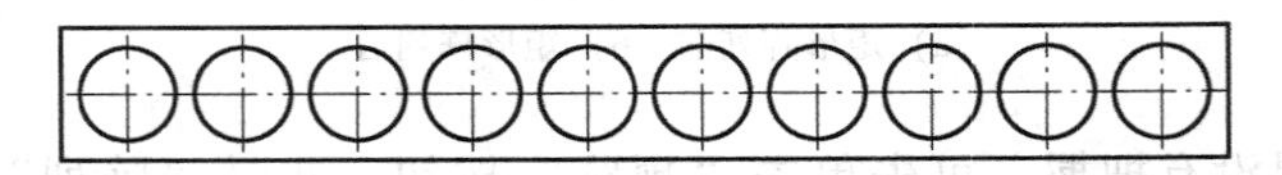

图 2-80　矩形阵列绘制的型钢

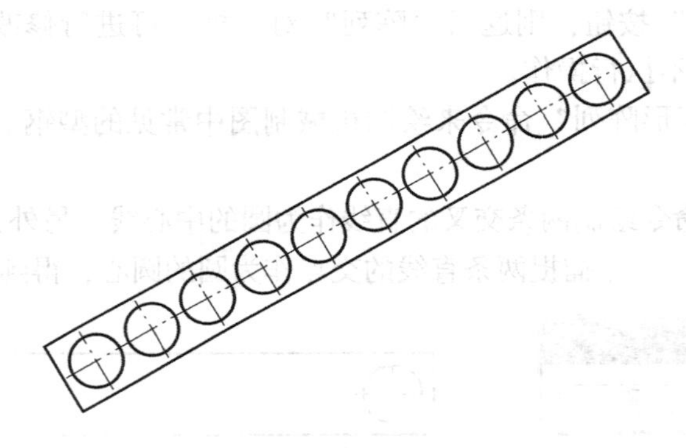

图 2-81　设置阵列角度

2. 环形阵列

1）在图 2-82 的“阵列”对话框中选择“环形阵列”，出现对话框如图 2-82 所示。

2）在“中心点”选项区域中，可直接输入环形阵列中心点的坐标，但常用的是单击“中心点捕捉”按钮，此时“阵列”对话框暂时消失，在绘图区捕捉图 2-83a 圆心点后自动回到“阵列”对话框，并且在文本框中自动显示中心点的坐标。

3）在“方法和值”选项区中设置环形阵列方法和具体数值。例如，在“方法”下拉框中选择“项目总数和填充角度”，并分别输入“项目总数”为 6 及“填充角度”为 360，此时，对话框右侧的预览区将显示预览结果。

4）单击对话框右上方的“选择对象”按钮，“阵列”对话框暂时消失，命令行中提示“选择对象”，选择要进行环形阵列的对象。选择图 2-83a 中的图形，并按“Enter”键

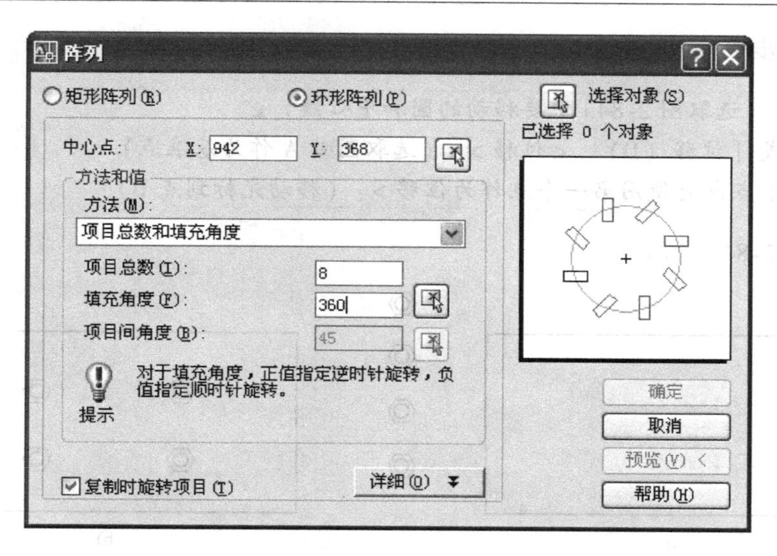

图 2-82　“阵列”对话框（2）

或鼠标右键确认，返回“阵列”对话框。

5）选中“复制时旋转项目”复选框，设置阵列后复制出的对象绕阵列中心点自动旋转。

6）单击“确定”按钮执行环形阵列，结果如图 2-83b 所示。

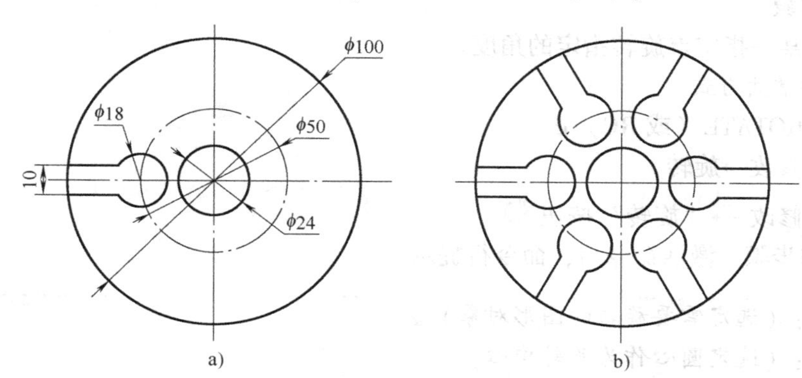

图 2-83　环形阵列样例

a）阵列前　b）阵列后

2.6.5　移动与旋转

1. 移动对象

将选定的对象从一个位置移到另一位置。

（1）命令激活方式

命令行：MOVE（或 M）↙

菜单栏：修改→移动

工具栏：修改 →“移动”按钮

（2）操作步骤　激活命令后，命令行提示：

```
选择对象：（选取图 2-84a 中要移动的圆和中心线）↙
指定基点或［位移（D）］ <位移>：（选取圆心 A 作为基准点）
指定第二个点或<使用第一个点作为位移>：（移动光标到点 B）
```

结果如图 2-84b 所示。

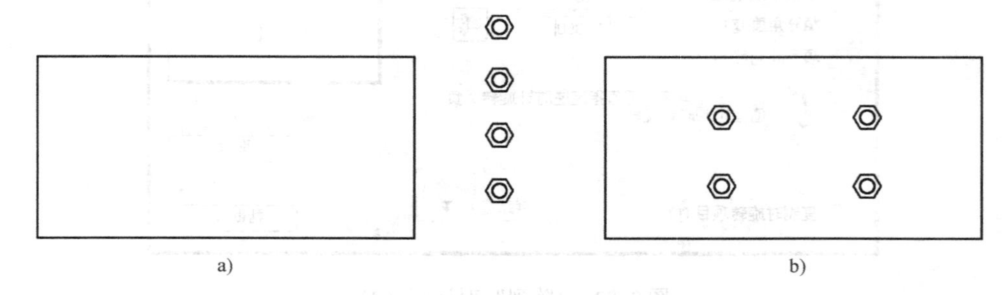

图 2-84　钢板和螺母
a）移动前　b）移动后

当系统提示“指定第二点”时，也可以通过输入第二点的绝对或相对坐标来确定第二点。

2. 旋转对象

使对象绕某一指定点旋转指定的角度。

（1）命令激活方式

命令行：ROTATE（或 RO）↙

菜单栏：修改→旋转

工具栏：修改 →“旋转”按钮

（2）操作步骤　激活命令后，命令行提示：

```
选择对象：（选定需要旋转的图形对象）↙
指定基点：（选定圆心作为旋转中心）
指定旋转角度，或［复制（C）/参照（R）］：60°↙
```

执行结果如图 2-85b 所示。

命令行其他选项功能如下：

1）复制（C）：旋转并复制原对象。

2）参照（R）：将对象从指定的角度旋转到新的绝对角度。

【例 2-10】 绘制如图 2-86 所示的传动连杆。

具体操作步骤如下：

1）利用“直线”命令绘制轴线。选择“直线”命令，打开正交模式，首先绘制两条正交的轴线，再利用“偏移复制”命令将竖直方向的轴线向一侧偏移，偏移距离设置为 6。最后再将轴线的线型设置为点划线，如图 2-87 所示。

2）利用“圆”命令绘制图。设置对象捕捉模式，打开切点捕捉和交点捕捉。选择

“圆”命令，指定轴线的左交点为圆心，绘制半径分别为 30 和 18 的两个同心圆；重复“圆”命令，指定右交点为圆心，绘制半径分别为 18 和 12 的两个同心圆，如图 2-88 所示。

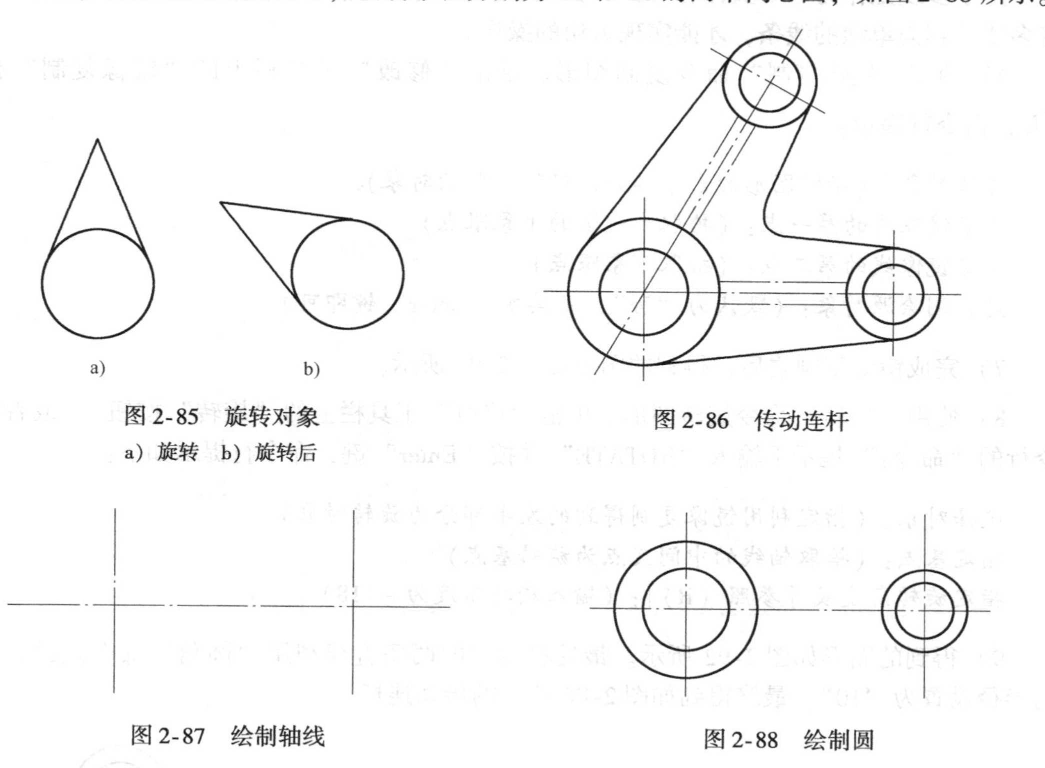

图 2-85　旋转对象
a）旋转　b）旋转后

图 2-86　传动连杆

图 2-87　绘制轴线

图 2-88　绘制圆

3）利用“直线”命令绘制连接左右部分的直线。启动“直线”命令，指定左边圆的 90°象限点为起点，捕捉到右边圆的切点为端点。同理绘制下方直线，如图 2-89 所示。

4）使用“多线”命令绘制连接两个圆的平行线。启动“多线”命令，命令行提示：

```
指定起点或［对正（J）/比例（S）/样式（ST）］：J
输入对正类型［上（T）/无（Z）/下（B）］＜无＞：Z（指定对正类型为“无”）
在命令行提示下输入 S，指定比例为 8
对正 = 无，比例 = 8.00 样式 = STANDARD，指定起点或［对正（J）/比例（S）/样式（ST）］：（拾取轴线的左交点为起点）
指定第二点：（指定轴线的右交点为第二点）
```

5）然后用“剪切”命令修剪多余的线条即可，得到的图形如图 2-90 所示。

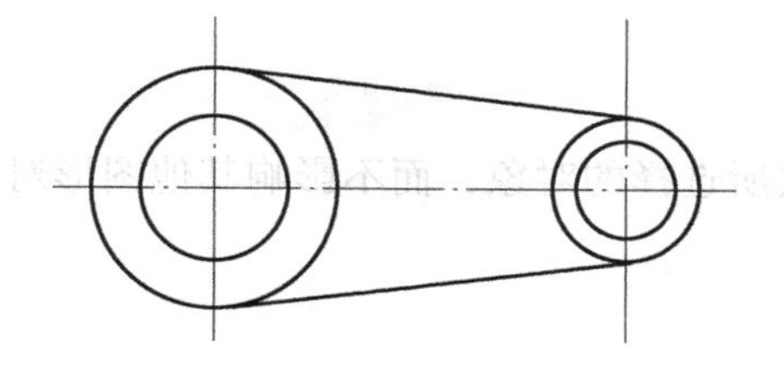

图 2-89　绘制切线

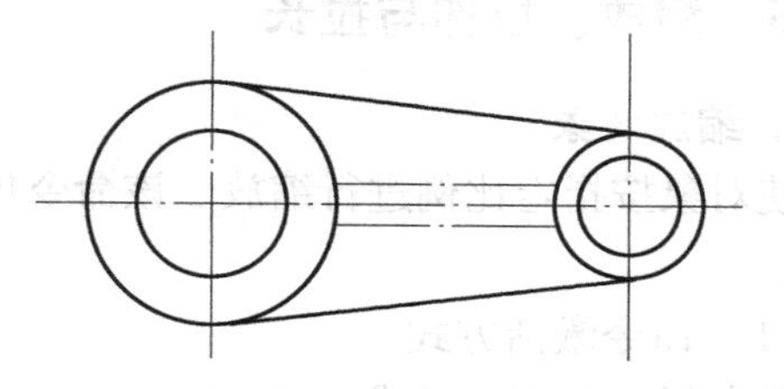

图 2-90　绘制平行线

注意：

由于多线是作为一个实体存在的，因此在剪切线条之前，首先需要利用“分解”命令将多线分解为单独的线条，才能实现剪切的操作。

6）使用“镜像复制”命令复制图形。单击“修改”工具栏上的“镜像复制”按钮，命令行提示：

```
选择对象：(指定图形的右半部分为镜像复制的对象)
指定镜像线的第一点：(拾取左边圆的上象限点)
指定镜像线的第二点：(拾取下象限点)
是否删除源对象：(默认为“否”，直接按“Enter”键即可)
```

7）完成镜像复制之后，得到的图形如图 2-91 所示。

8）使用“旋转”命令旋转图形。单击“修改”工具栏上的“旋转”按钮或者在命令行的“命令：”提示下输入“ROTATE”并按“Enter”键，命令行提示如下：

```
选择对象：(指定利用镜像复制得到的左半部分为旋转对象)
指定基点：(拾取轴线的中间交点为旋转基点)
指定旋转角度或［参照（R)］：(输入旋转角度为 -118)
```

9）得到的图形如图 2-92 所示。最后将相交的两条直线利用“圆角”命令连接，圆角的半径设置为“10”，最终得到如图 2-86 所示的传动连杆。

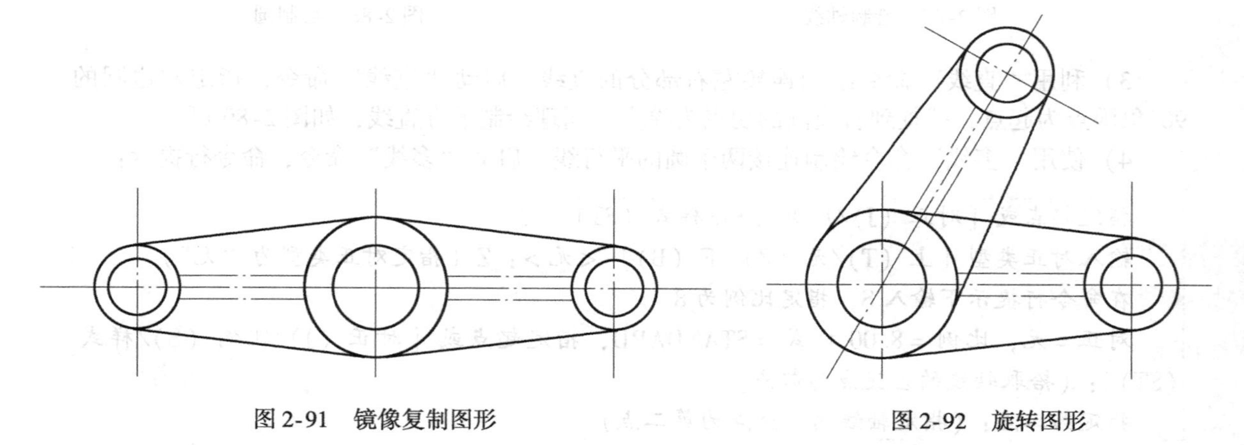

图 2-91　镜像复制图形　　　　图 2-92　旋转图形

2.6.6　缩放、拉伸与拉长

1. 缩放对象

使对象按指定比例进行缩放。该命令仅仅缩放所选择的对象，而不影响其他图形对象的比例。

(1) 命令激活方式

命令行：SCALE（或 SC）↙

菜单栏：修改→缩放

工具栏：修改 →“缩放”按钮 。

（2）操作步骤 激活命令后，命令行提示：

选择对象：（选定图2-93a所示的缩放对象）↙

指定基点：（选定缩放图形的中心点）

指定比例因子或［复制（C）/参照（R）］”<默认值>：（输入比例值0.5或输入选项）↙

执行结果如图2-93b所示。

命令行各选项功能如下：

1）复制（C）：创建要缩放的对象的副本，即进行缩放的同时保留原对象。

2）参照（R）：按参照长度和指定的新长度缩放对象，即缩放的比例因子 = 新长度值 ÷ 参照长度值。

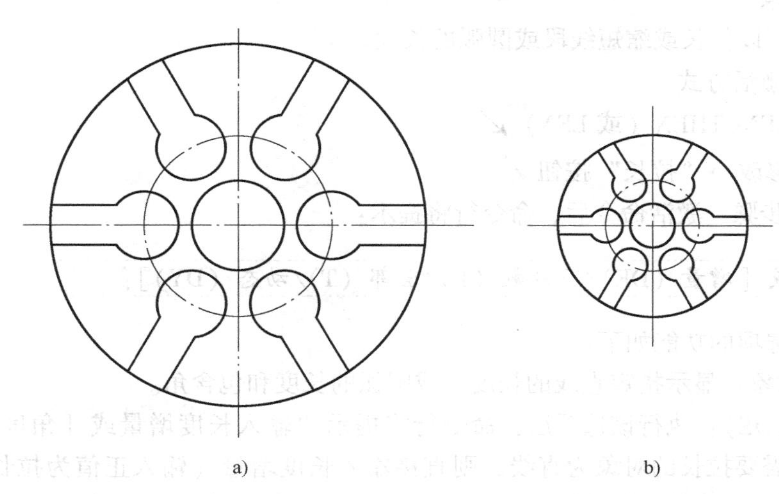

图2-93 缩放对象
a）缩放前 b）缩放后

2. 拉伸对象

拉伸对象可以重新定义对象各端点的位置，从而移动或拉伸（压缩）对象。

（1）命令激活方式

命令行：STRETCH（或S）↙

菜单栏：修改→拉伸

工具栏：修改→“拉伸”按钮

（2）操作步骤 激活命令后，命令行提示：

选择对象：（从右向左用窗口框选图2-94a的小圆）↙

指定基点或［位移（D）］<位移>：（选择小圆圆心A）

指定第二个点或<使用第一个点作为位移>：（拖动小圆圆心到图2-94b的B点）

执行结果如图2-94b所示。

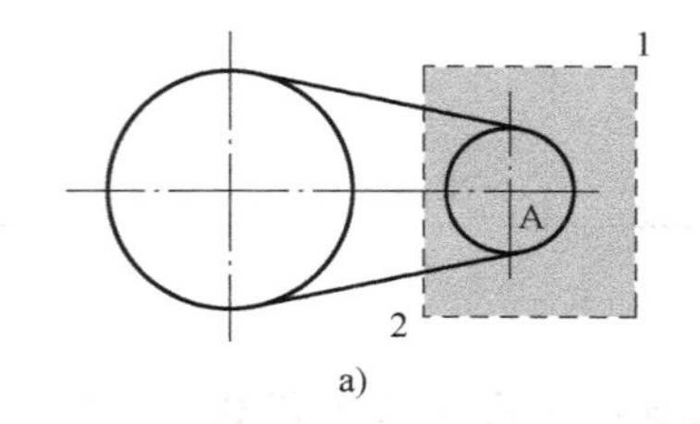

a)

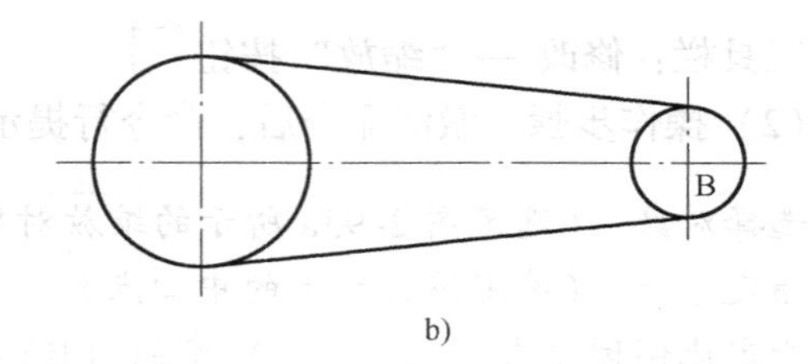

b)

图 2-94　拉伸对象

a）拉伸前　b）拉伸后

如果选择对象时是从左向右用窗口框选，则只能移动所选对象。

命令行其他选项功能如下：

位移：通过输入 x、y 值确定对象拉伸的位移量。

3. 拉长对象

拉长对象可以伸长或缩短线段或圆弧的长度。

（1）命令激活方式

命令行：LENGTHEN（或 LEN）↙

菜单栏：修改→“拉长”按钮

（2）操作步骤　激活命令后，命令行将提示：

```
选择对象或［增量（DE)/百分数（P)/全部（T)/动态（DY)］:
```

命令行各选项的功能如下：

1）选择对象：显示指定直线的长度，或圆弧的长度和包含角。

2）增量（DE）：执行该选项后，命令行将提示“输入长度增量或［角度（A)］<默认值>:”，若需要拉长的对象为直线，则直接输入长度增量（输入正值为拉长，输入负值为缩短）；若需要拉长的对象为圆弧，则输入“A↙”，接着输入圆弧对象的包含角增量。

3）百分数（P）：对象将按指定的百分比改变长度。当输入的值小于 6 时，对象长度缩短；值大于 6 时，对象拉长。

4）全部（T）：对象按输入尺寸改变。

5）动态（DY）：执行该选项后，命令行提示“指定新端点”，此时通过鼠标以拖动的方式动态确定线段或圆弧的新端点位置。

【例 2-11】 如图 2-95a 所示图形，其中有多条中心线的长度不符合机械制图的要求，如何能够快速地调整中心线为合适的长度？

操作步骤：

```
命令：LENGTHEN↙
选择对象或［增量（DE)/百分数（P)/全部（T)/动态（DY)］：DY↙
选择要修改的对象或［放弃（U)］：（选择图 2-95a 中某一要修改的中心线）
指定新端点：（单击合适位置）
选择要修改的对象或［放弃（U)］：（选择另一中心线）
```

该命令可连续对多条线段进行修改，完成后如图2-95b所示。

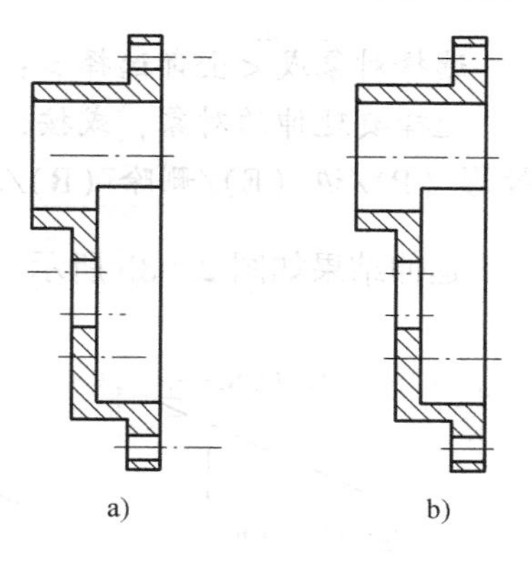

图2-95 修改中心线

2.6.7 修剪与延伸

利用指定边界，使对象缩短或延长使其与边界相平齐。

1. 修剪对象

（1）命令激活方式

命令行：TRIM（或TR）↙

菜单栏：修改→修剪

工具栏：修改→“修剪”按钮

（2）操作步骤 激活命令后，命令行提示：

选择剪切边...

选择对象或<全部选择>：（选定图2-96a五角星各边作为修剪边界）↙

选择要修剪的对象，或按住“Shift”键选择要延伸的对象，或［栏选（F）/窗交（C）/投影（P）/边（E）/删除（R）/放弃（U）］：（依次选择AB、BC、CD、DE、EA线）↙

修剪结果如图2-96b所示。

命令行其他选项的功能如下：

1）栏选（F）：依次指定各个栏选点，与栏选点连接线相交的对象将被修剪。

2）窗交（C）：指定两个角点，矩形窗口内部或与之相交的对象将被修剪。

3）投影（P）：指定修剪对象时使用的投影方法。主要用于三维空间绘图。

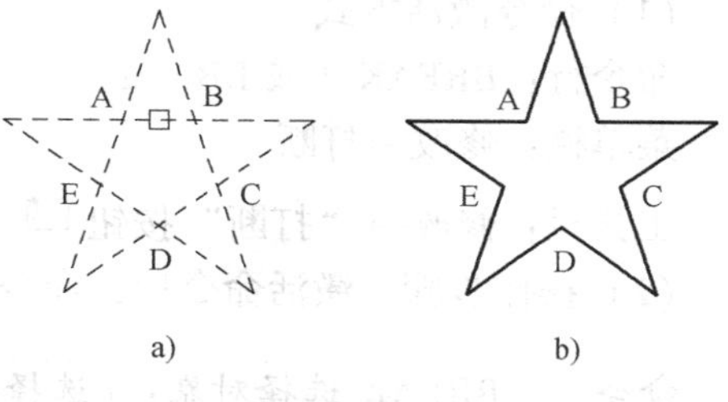

图2-96 修剪对象
a）修剪前 b）修剪后

4）边（E）：设定剪切边的隐含延伸模式。如果在此命令下选择“延伸”模式，即如果剪切边没有与被修剪的对象相交，系统会自动将剪切边延长（只是隐含延伸，剪切边的实际长度不变），然后进行修剪，如图2-97所示；如果输入“不延伸”模式，即如果剪切边没有与被修剪的对象相交，就不进行修剪，只有真正相交才进行修剪。

5）删除（R）：将选定的对象删除。此选项提供了一种用来删除不需要的对象的简便方式，而无需退出“TRIM”命令。

6）放弃（U）：取消上一次的操作。

2. 延伸对象

（1）命令激活方式

命令行：EXTEND（或EX）↙

菜单栏：修改→延伸

工具栏：修改→“延伸”按钮

（2）操作步骤 激活命令后，命令行提示：

选择对象或＜全部选择＞：(指定图 2-98a 中的线 1 作为延伸边界) ↙
选择要延伸的对象，或按住“Shift”键选择要修剪的对象，或［栏选 (F)/窗交 (C)/投影 (P)/边 (E)/删除 (R)/放弃 (U)］：(选定线 2 为要延伸的对象) ↙

延伸结果如图 2-98b 所示。

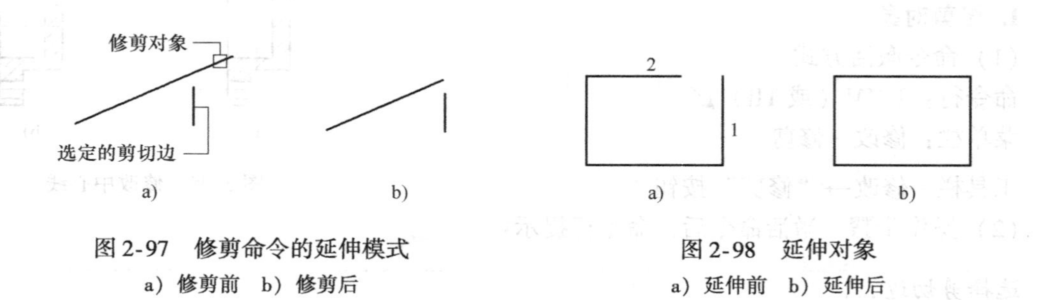

图 2-97 修剪命令的延伸模式
a）修剪前 b）修剪后

图 2-98 延伸对象
a）延伸前 b）延伸后

2.6.8 打断与合并

1. 打断对象

打断对象可以删除两点之间的部分对象，也可以将对象在某点处打断，一分为二。

(1) 命令激活方式

命令行：BREAK（或 BR）↙

菜单栏：修改→打断

工具栏：修改→“打断”按钮

(2) 操作步骤 激活命令后，命令行提示：

命令：_ BREAK 选择对象：(选择一个对象或点)
指定第二个打断点，或［第一点 (F)］：

此时，可选择不同的操作方法：

① 直接选取同一对象上的另一点作为第二个打断点，将删除位于两个打断点之间的那部分对象。对于圆、矩形等封闭对象，将沿逆时针方向把从第一个打断点到第二个打断点之间的圆弧或直线删除。

② 在命令行输入“@↙”，将使第二个打断点与第一个打断点重合，从而将对象一分为二，变为两个对象。

③ 在命令行输入“F↙”，此时命令行将提示“指定第一个打断点”，用指定的新点替换原来的第一个打断点。

2. 打断于点

“打断于点”是“打断”的一种特殊情况，对象将从打断点处分为两个对象。

(1) 命令激活方式

工具栏：修改→“打断于点”按钮

(2) 操作步骤 激活命令后拾取打断对象，接着再选取打断点。对象将被从打断点处一分为二，变为两个对象。

【例2-12】利用打断于点如何把图2-99a所示的图形变成图2-99b所示的图形。

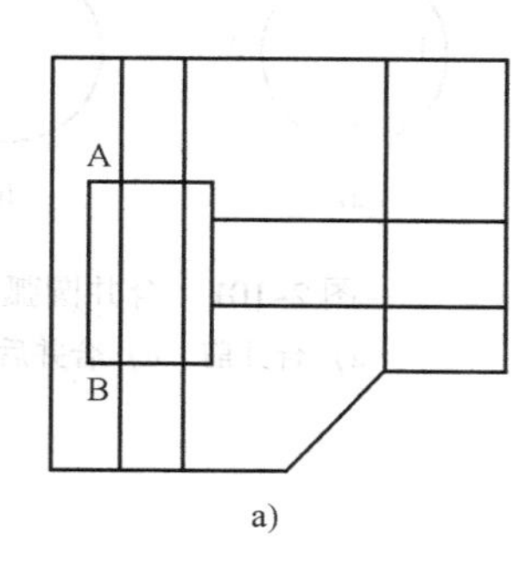

a)

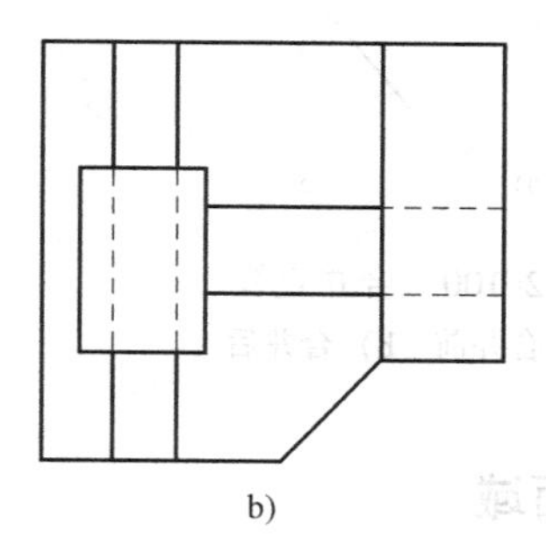

b)

图2-99　打断点

a）打断前　b）打断后

操作步骤：

1）单击“修改”工具栏上的“打断于点”按钮，命令行提示：

命令：_ BREAK 选择对象：（选择需打断对象，直线AB）
指定第二个打断点，或［第一点（F）］：F
指定第一个打断点：（指定A点）
指定第二个打断点：@

重复【打断于点】命令，将需要修改的直线一一打断。

2）更改线条的线型。最终结果如图2-99b所示。

3. 合并对象

合并对象是指将多个对象合成一个对象。

（1）命令激活方式

命令行：JOIN（或J）↙

菜单栏：修改→合并

工具栏：修改→“合并”按钮

（2）操作步骤　激活命令后，命令行提示：

选择源对象：（选择图2-100a中图线1）
选择要合并到源的直线：（选择图线2）
选择要合并到源的直线：（选择图线3）↙
已将2条直线合并到源。

执行结果如图2-100b所示，合并的直线必须共线。

也可以将几段圆弧合并，但圆弧必须在一个圆上，如图2-101所示。

注意：当合并圆弧时，将从源对象的圆弧开始沿逆时针方向合并圆弧。

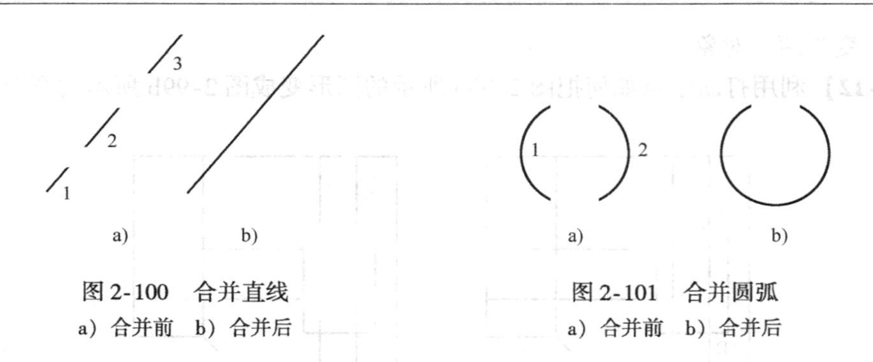

图 2-100　合并直线
a）合并前　b）合并后

图 2-101　合并圆弧
a）合并前　b）合并后

2.6.9　分解与面域

1. 分解对象

可将正多边形、多段线、标注等合成对象，通过使用分解命令将其转换为单个的元素，以便进行修改。

（1）命令激活方式

命令行：EXPLODE（或 X）↙

菜单栏：修改→分解

工具栏：修改→“分解”按钮

（2）操作步骤　激活命令后，按命令行提示选择欲分解的对象，按“Enter”键或鼠标右键结束。

2. 面域

将多个元素组成的封闭区域转换为面域对象。

（1）命令激活方式

命令行：REGION（或 REG）↙

菜单栏：绘图→面域

工具栏：绘图→“面域”按钮

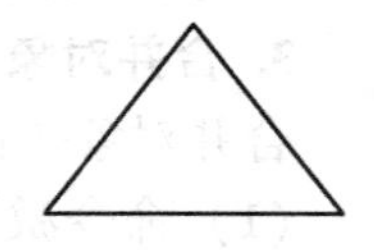

图 2-102　面域

（2）操作步骤　激活命令后，命令行提示：

```
选择对象：(选择图 2-102 中的三条线)
已提取 1 个环。
已创建 1 个面域。
```

执行结果：将由直线命令绘制的三条独立的直线变为一个图形对象。

2.6.10　倒角与圆角

1. 倒角

用指定的斜线段连接两条相交直线。

（1）命令激活方式

命令行：CHAMFER（或 CHA）↙

菜单栏：修改→倒角

工具栏：修改→“倒角”按钮

(2) 操作步骤　激活命令后，命令行提示：

(“修剪”模式) 当前倒角距离 1 = 0.0000，距离 2 = 0.0000

选择第一条直线或［放弃（U）/多段线（P）/距离（D）/角度（A）/修剪（T）/方式（E）/多个（M）］：D↙

指定第一个倒角距离 <0.0000>：5↙

指定第二个倒角距离 <5.0000>：10↙

选择第一条直线或［放弃（U）/多段线（P）/距离（D）/角度（A）/修剪（T）/方式（E）/多个（M）］：(选择图2-103a 的第一条直角边)

选择第二条直线，或按住“Shift”键选择要应用角点的直线：(选择图2-103a 的第二条直角边)

完成后的图形如图2-103b 所示。

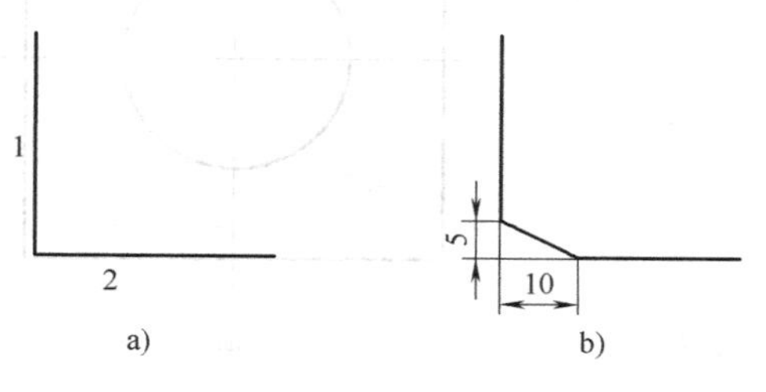

图2-103　倒角

命令行选项功能如下：

1) 放弃（U）：恢复上一次操作。

2) 多段线（P）：在被选择的多段线的各顶点处按当前倒角设置创建倒角。

3) 距离（D）：分别指定第一个和第二个倒角距离。如图2-103b 中的5 和10 分别为第一个和第二个倒角距离。

4) 角度（A）：根据第一条直线的倒角长度及倒角角度来设置倒角尺寸，如图2-104 所示。

5) 修剪（T）：设置倒角“修剪”模式，即设置是否对倒角边进行修剪，如图2-105 所示。

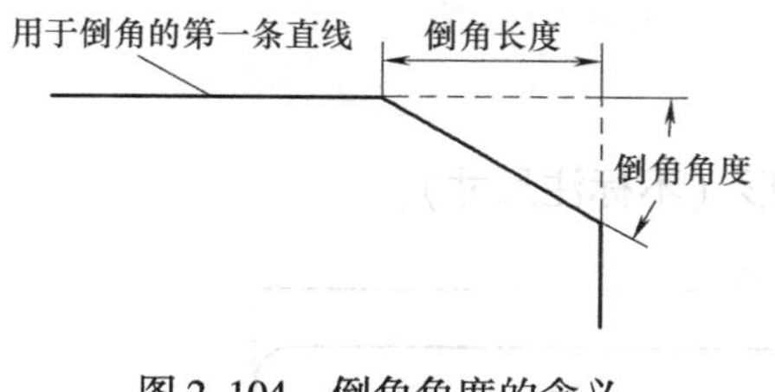

图2-104　倒角角度的含义

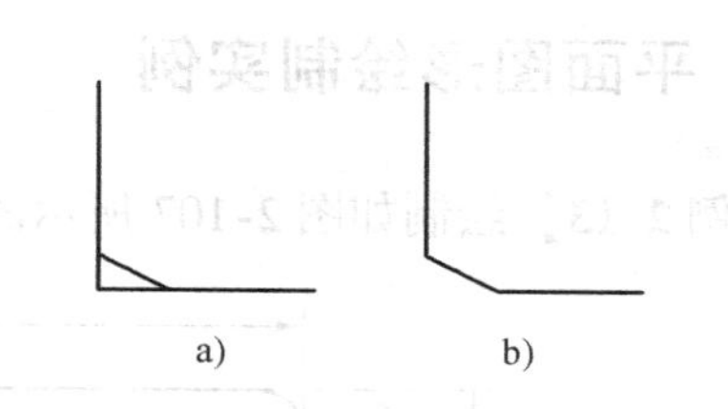

图2-105　修剪模式

a) 不修剪　b) 修剪

6) 方式（E）：设置倒角方式。控制倒角命令是使用“两个距离”还是使用“一个距离和一个角度”来创建倒角。

7) 多个（M）：可在命令中进行多次倒角操作。

2. 圆角

用指定半径的圆弧光滑地连接两个选定对象。

(1) 命令激活方式

命令行：FILLET（或F）↙

菜单栏：修改→圆角

工具栏：修改→“圆角”按钮

（2）操作步骤　激活命令后，命令行提示：

当前设置：模式 = 修剪，半径 = 0.0000
选择第一个对象或［放弃（U）/多段线（P）/半径（R）/修剪（T）/多个（M）］：R↙
指定圆角半径 <0.0000>：10↙
选择第一个对象或［放弃（U）/多段线（P）/半径（R）/修剪（T）/多个（M）］：（选择第 1 对象）↙
选择第二个对象，或按住“Shift”键选择要应用角点的对象：（选择第 2 对象）↙

重复倒角操作，最终执行结果如图 2-106b 所示。

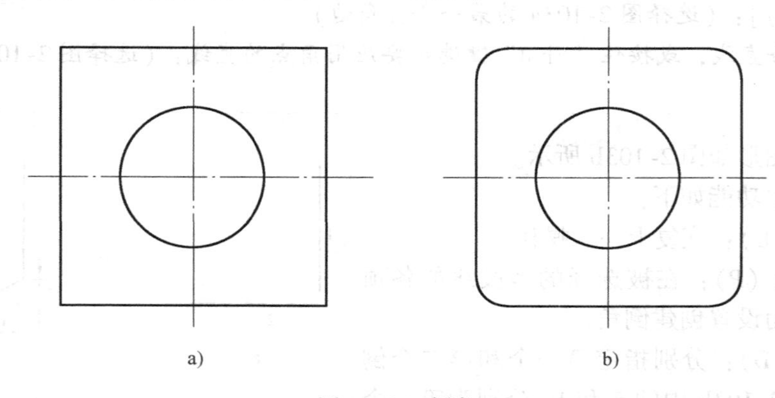

图 2-106　倒角
a）倒角前　b）倒角后

一般情况下，应首先输入圆角半径 *R* 值。其他的操作及选项功能与“倒角”命令相同。

2.7　平面图形绘制实例

【例 2-13】绘制如图 2-107 所示的平面图形（不标注尺寸）。

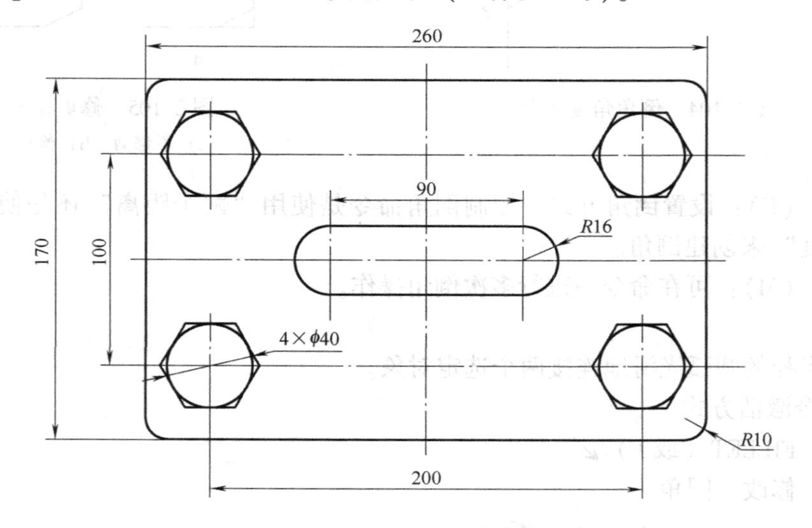

图 2-107　平面图形综合实例一

操作步骤：

(1) 设置A4图幅的绘图界限

菜单栏：格式→图形界限

命令提示行将显示：

```
重新设置模型空间界限：
指定左下角点或［开（ON)/关（OFF)］<0.0000，0.0000>：↙
指定右上角点 <420.0000，297.0000>：297，210↙
```

单击状态栏的“栅格”按钮，开启栅格状态，并单击标准工具栏中的弹出式缩放工具栏，单击“全部缩放”按钮 。

(2) 设置绘图单位和精度　选择下拉菜单“格式”→“单位”命令，打开“图形单位”对话框中，在“长度”选项区域的“类型”下拉列表中选择“小数”选项，设置“精度”为0；在“插入比例”选项区域，选择“用于缩放插入内容的单位”为“mm”；在“角度”选项区域的“类型”下拉列表框中选择“十进制度数”选项，设置“精度”为0，系统默认逆时针方向为正。设置完毕后单击“确定”按钮。

(3) 设置图层　单击“图层”工具栏中的“图层特性管理器”图标 ，打开图层特性管理器。在图层特性管理器中，按照图2-108所示建立两个新图层：粗实线层，线宽为0.5、颜色为黑；点划线层，线宽为0.25、颜色为红。

在“特性”工具栏中将颜色控制、线型控制、线宽控制都设置成“ByLayer（随层）”。

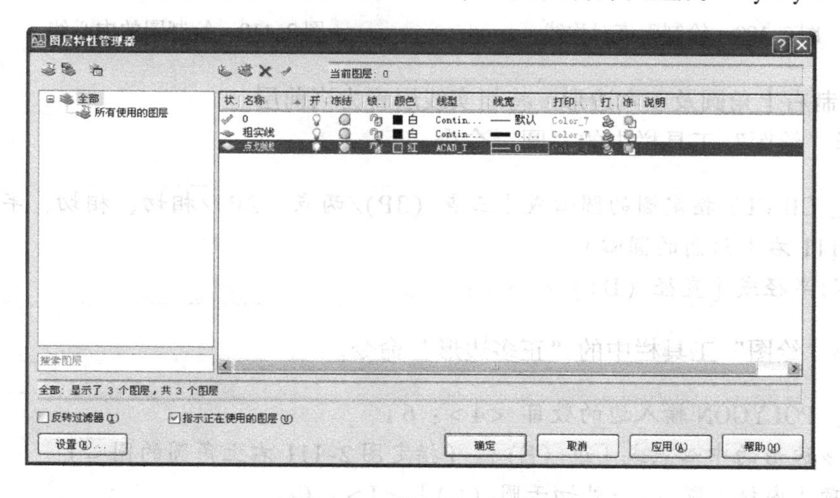

图2-108　建立两个新图层

(4) 绘制图形的对称线　将点划线层置为当前，打开“正交”模式，单击“绘图”工具栏中的“直线”按钮 ，绘制水平对称线。回车重复线的命令，绘制垂直对称线。注意将两垂直对称线相交在绘图区域的中间，如图2-109所示。

(5) 绘制圆的中心线　打开“对象捕捉”模式，并设置“交点”捕捉，关闭栅格状态。

① 菜单栏：工具→新建UCS→原点。

命令行显示：

```
指定新原点 <0, 0, 0>：(指定两垂直对称线的交点为新坐标原点)
```

② 单击“绘图”工具栏中的“直线”命令。

```
命令：_ LINE 指定第一点：75, 50↙
指定下一点或 [放弃 (U)]：125, 50↙
指定下一点或 [放弃 (U)]：↙↙
命令：_ LINE 指定第一点：6, 75↙
指定下一点或 [放弃 (U)]：6, 25↙
指定下一点或 [放弃 (U)]：↙
```

完成后如图 2-110 所示。

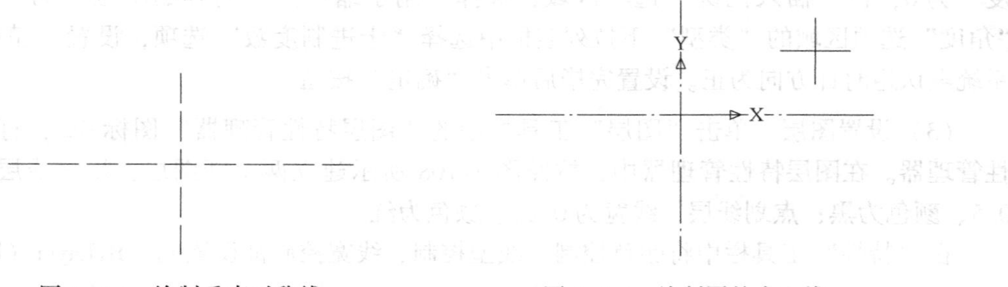

图 2-109　绘制垂直对称线　　　　图 2-110　绘制圆的中心线

（6）绘制右上角圆及正六边形　将粗实线层置为当前层。

① 选择“绘图”工具栏中的“圆”命令。

```
命令：_ CIRCLE 指定圆的圆心或 [三点 (3P)/两点 (2P)/相切、相切、半径 (T)]：(指定图 2-111 右上角圆的圆心)
指定圆的半径或 [直径 (D)] <18>：20↙
```

② 选择“绘图”工具栏中的“正多边形”命令。

```
命令：_ POLYGON 输入边的数目 <4>：6↙
指定正多边形的中心点或 [边 (E)]：(指定图 2-111 右上角圆的圆心)
输入选项 [内接于圆 (I)/外切于圆 (C)] <I>：C
指定圆的半径：20↙
```

完成后如图 2-111 所示。

（7）阵列圆及正六边形　单击“修改”工具栏的“阵列”按钮，在弹出的“阵列”对话框中选择矩形阵列，在“行 (W)”文本框中输入 2，在“列 (O)”文本框中输入 2；并输入“行偏移”为 -6，“列偏移”为 -200，“阵列角度”为 0。

单击对话框右上方的“选择对象”按钮，选择图 2-111 中的圆、正六边形及中心线，并按“Enter”键，返回“阵列”对话框并单击“确定”按钮。完成后如图2-112所示。

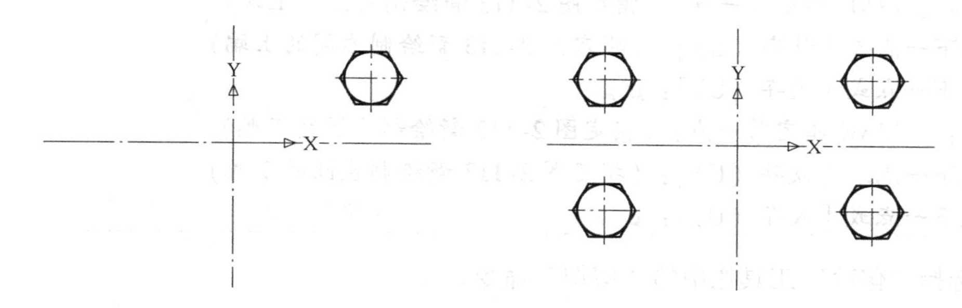

图2-111　绘制圆及正六边形　　图2-112　阵列

(8) 绘制图形中间结构

① 选择“绘图”工具栏中的“直线”命令。

命令：_ LINE 指定第一点：45，20↙
指定下一点或［放弃（U）］：45，-20↙
指定下一点或［放弃（U）］：↙

② 选择“绘图”工具栏中的“圆”命令。

命令：_ CIRCLE 指定圆的圆心或［三点（3P）/两点（2P）/相切、相切、半径（T）］：（指定水平对称线与新绘制直线的交点作为圆心）
指定圆的半径或［直径（D）］：16↙

③ 选择“修改”工具栏中的“镜像”命令。

命令：_ MIRROR
选择对象：（选择新绘制的圆及中心线）↙
指定镜像线的第一点：（指定图形垂直对称线的上端点）
指定镜像线的第二点：（指定图形垂直对称线的下端点）
要删除源对象吗？［是（Y）/否（N）］<N>：↙

绘制结果如图2-113所示。

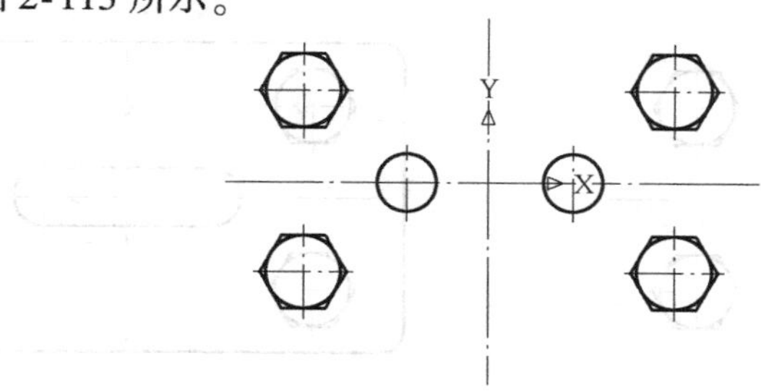

图2-113　绘制中间两圆

④ 设置“切点”捕捉，选择“绘图”工具栏中的“直线”命令。

命令：_ LINE 指定第一点：（指定图 2-113 新绘制左圆的上端）
指定下一点或［放弃（U）］：（指定图 2-113 新绘制右圆的上端）
指定下一点或［放弃（U）］：↙↙
命令：_ LINE 指定第一点：（指定图 2-113 新绘制左圆的下端）
指定下一点或［放弃（U）］：（指定图 2-113 新绘制左圆的下端）
指定下一点或［放弃（U）］：↙

⑤ 选择“修改”工具栏中的“剪切”命令。

命令：_ TRIM
选择剪切边...
选择对象或 <全部选择>：（选择新绘制的两条直线）↙
选择要修剪的对象，或按住“Shift”键选择要延伸的对象，或［栏选（F）/窗交（C）/投影（P）/边（E）/删除（R）/放弃（U）］：（选择左边小圆的右边及右边小圆的左边）↙

⑥ 单击“标准”工具栏中的“特性匹配”按钮 。

命令：_ MATCHPROP
选择源对象：（选择“点划线”线型的对称线）
选择目标对象或［设置（S）］：（选择中部两小圆的中心线，将其线型变为点划线）↙

绘制结果如图 2-114 所示。

（9）绘制带圆角的矩形　选择“绘图”工具栏中的“矩形”命令。

命令：_ RECTANG
指定第一个角点或［倒角（C）/标高（E）/圆角（F）/厚度（T）/宽度（W）］：F↙
指定矩形的圆角半径 <8>：10↙
指定第一个角点或［倒角（C）/标高（E）/圆角（F）/厚度（T）/宽度（W）］：-130，-85↙
指定另一个角点或［面积（A）/尺寸（D）/旋转（R）］：130，85↙

绘制结果如图 2-115 所示。

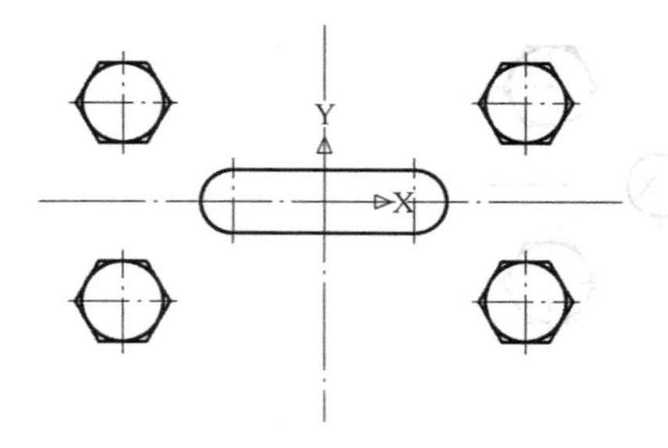

图 2-114　绘制图形中间结构

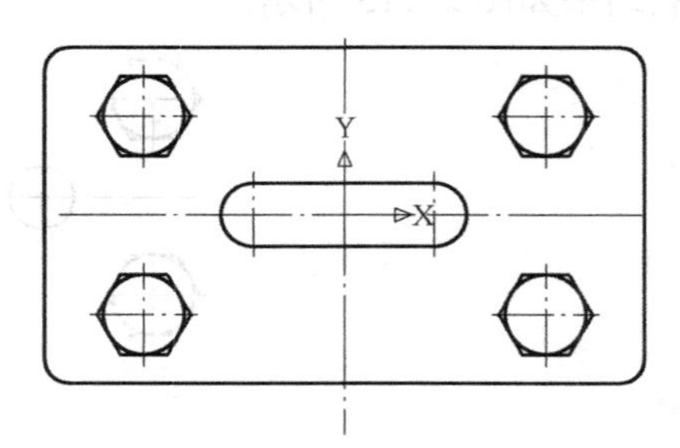

图 2-115　绘制带圆角的矩形

（10）调整各中心线的长短　选择菜单栏“修改”→“拉长”命令。

```
命令：_ LENGTHEN
选择对象或［增量（DE)/百分数（P)/全部（T)/动态（DY)］：DY↙
选择要修改的对象或［放弃（U)］：(选择要修改的中心线)
指定新端点：(选择合适的端点)
```

可连续修改各中心线至合适的长度，按“Enter”键结束，完成后如图 2-107 所示。如果要显示不同线宽的设置效果，可单击状态栏上的“线宽”按钮，打开“线宽”显示。

练　习　题

运用各种绘图与修改命令，绘制如图 2-116～图 2-128 所示的零件图（不标注尺寸及文字）。

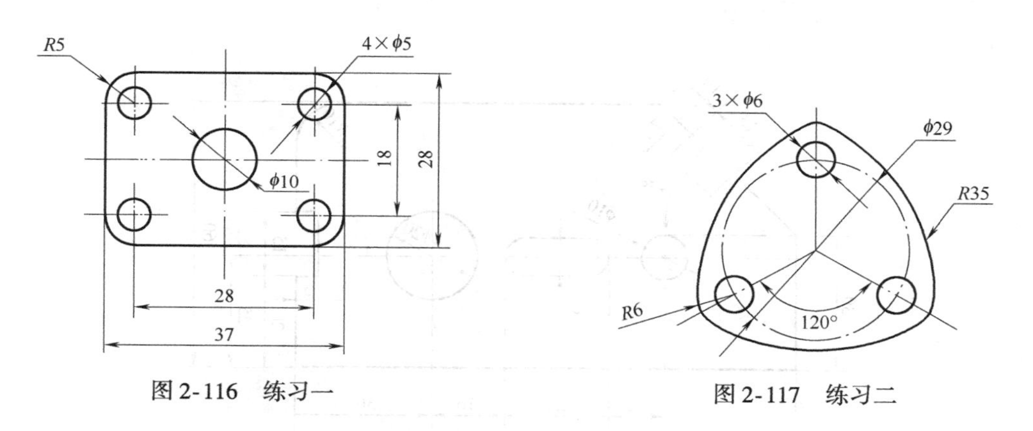

图 2-116　练习一　　图 2-117　练习二

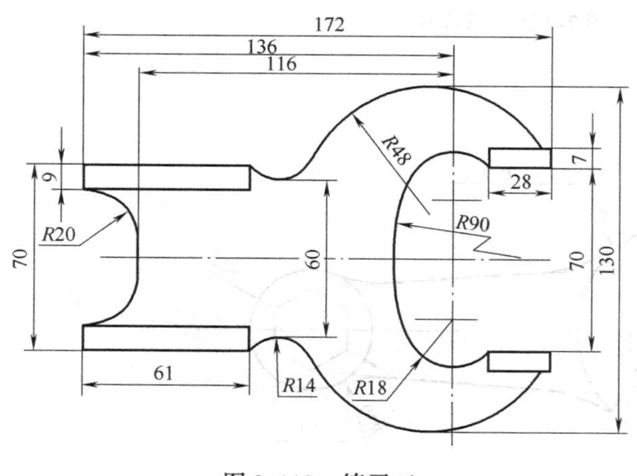

图 2-118　练习三

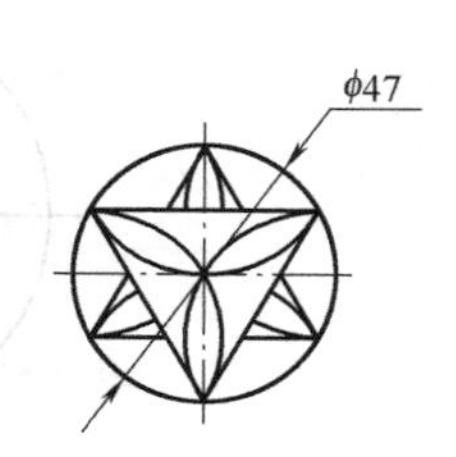

图 2-119　练习四

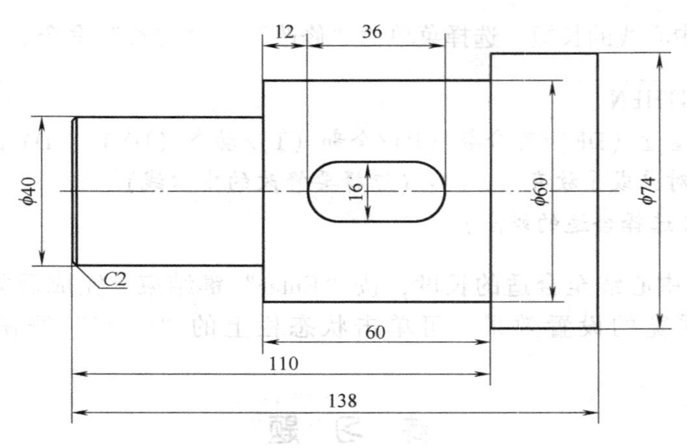

图 2-120　练习五

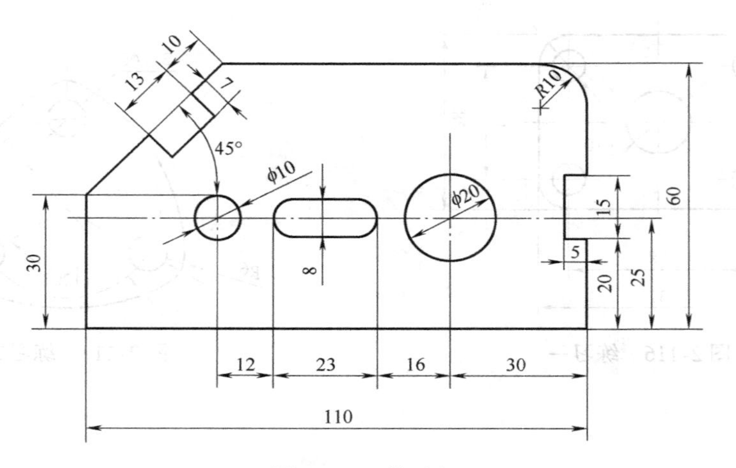

图 2-121　练习六

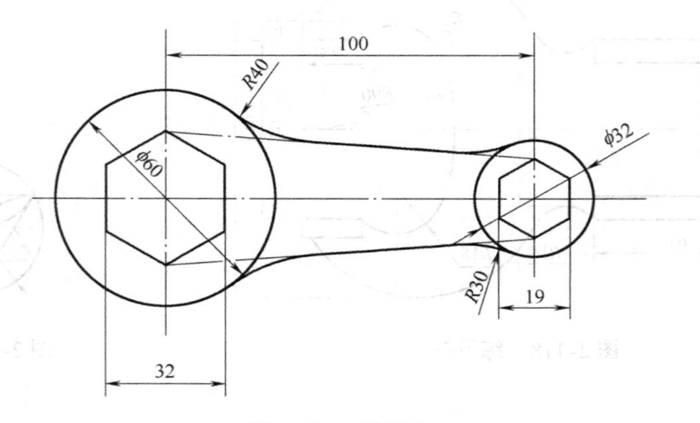

图 2-122　练习七

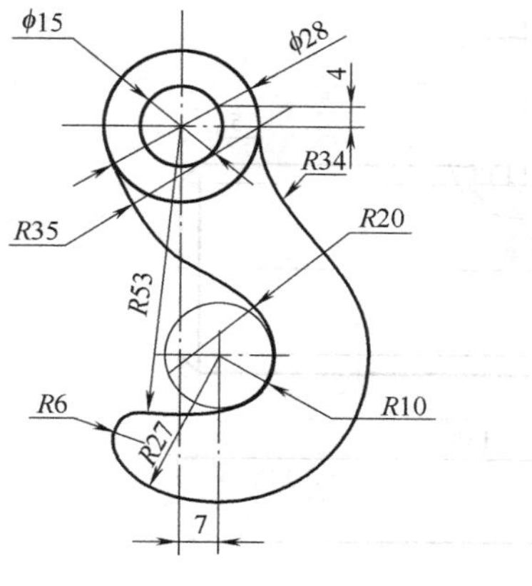

图 2-123　练习八

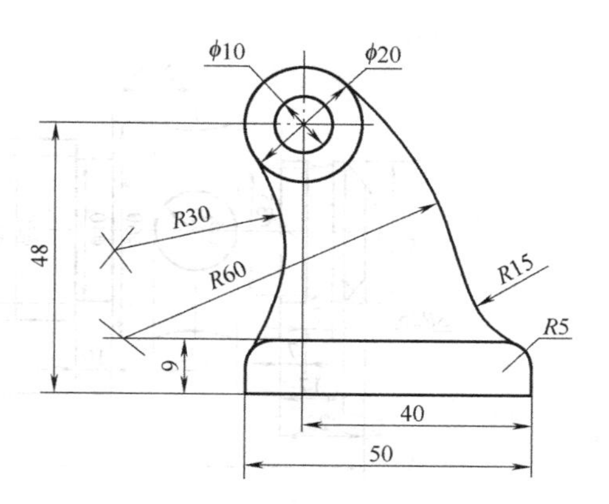

图 2-124　练习九

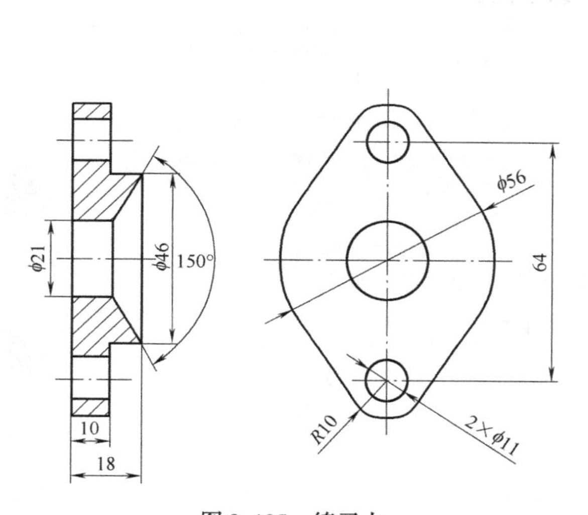

图 2-125　练习十

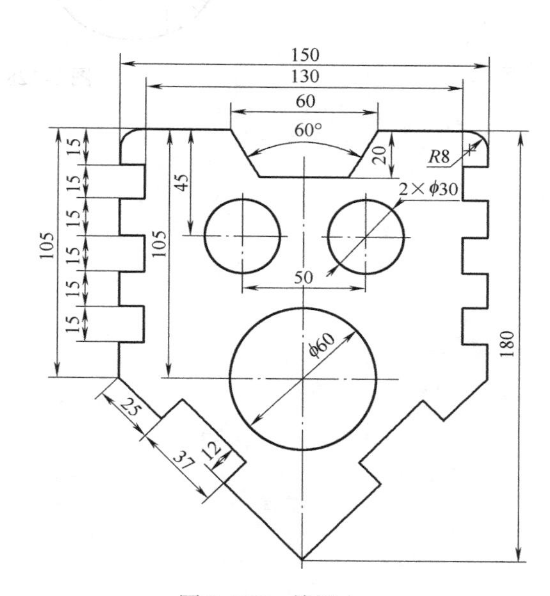

图 2-126　练习十一

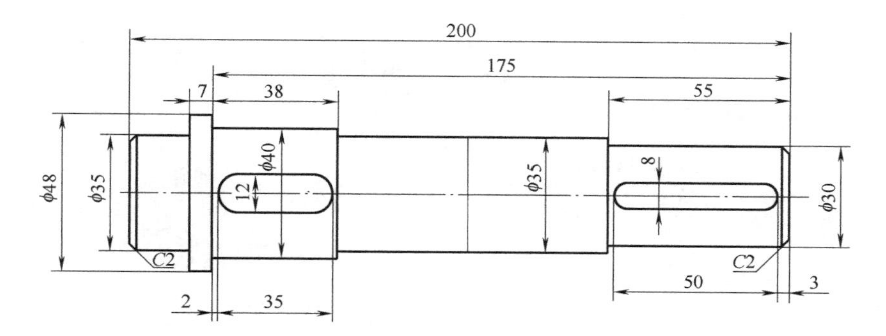

图 2-127　练习十二

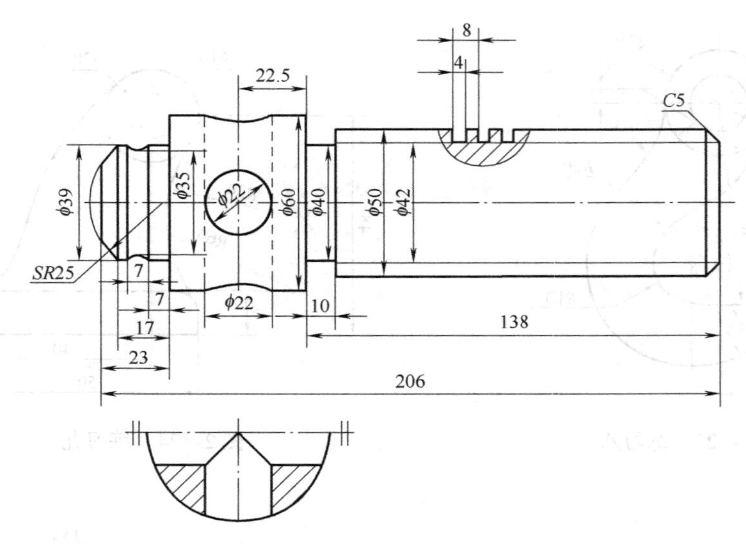

图 2-128　练习十三

第 3 章　尺寸及技术参数的标注

本章提要：在一张完整的工程图纸中，除了有表达形状结构的图形外，还必须要有完整的尺寸标注、几何公差标注、技术要求和明细表等文字注释，如图 3-1 所示。通过使用尺寸和文本标注，可以在图形中提供更多的信息，不仅可以增加图形的易读性，也可以表达出图形不易表达的信息。

AutoCAD 2008 具有很强的尺寸标注功能，既可以通过自动测量图形轮廓尺寸完成标注，也允许用户不使用系统测量值，另行输入尺寸来标注数值。此外，AutoCAD 2008 还具有很强的尺寸标注编辑修改功能，可以方便地完成对图样尺寸的更新。

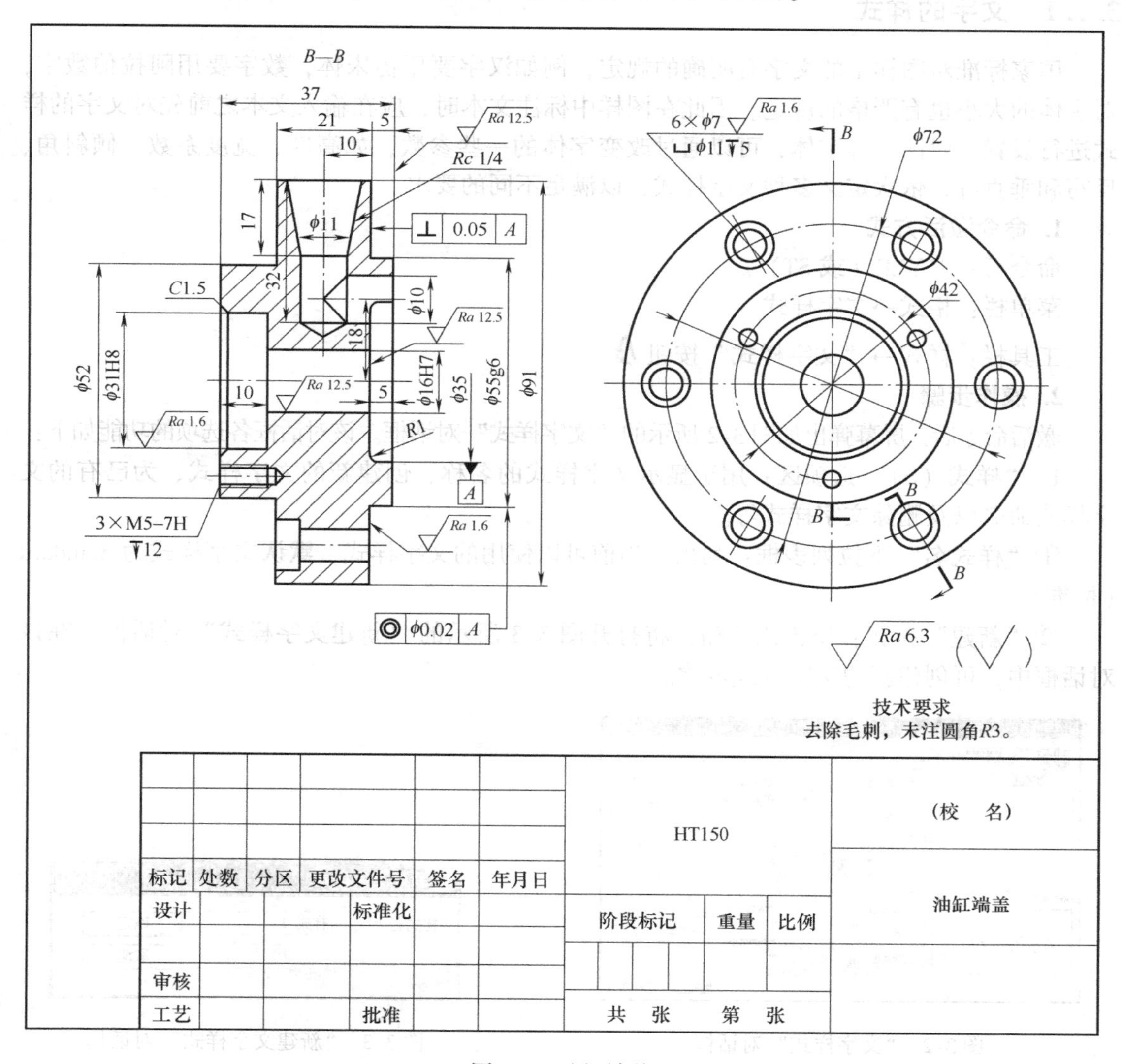

图 3-1　油缸端盖

AutoCAD 2008 也提供了强大的文字标注和编辑功能，可以用多种方法创建文字，同时还具有创建表格的功能，用户可以直接插入设置好样式的表格，而不用由单独的图线组成栅格。

本章将详细论述 AutoCAD 2008 尺寸及技术参数标注的基本操作方法，并以油缸端盖的尺寸标注、几何公差标注、粗糙度和技术要求等文字注释标注为例，学习图样的尺寸及技术参数标注的操作流程。

3.1 标注文字

在绘制工程图样时，需要用文字对图形作必要的说明和注释，如技术要求、施工要求等。

3.1.1 文字的样式

国家标准对图样中的文字有明确的规定，例如汉字要用仿宋体，数字要用阿拉伯数字，对字体的大小也有严格的规定。因此在图样中标注文本时，应在输入文本之前先对文字的样式进行设置。对同一种字体，可以通过改变字体的一些参数，如高度、宽度系数、倾斜角、反写和垂直等，依次定义多种文字样式，以满足不同的要求。

1. 命令激活方式

命令行：STYLE（或 ST）↙

菜单栏：格式→文字样式

工具栏：样式→“文字样式”按钮

2. 操作步骤

激活命令后，屏幕弹出如图 3-2 所示的“文字样式”对话框。该对话框各选项的功能如下：

1）“样式（S）”选项区：用于显示文字样式的名称、创建新的文字样式、为已有的文字样式命名以及删除文字样式等。

①“样式名”下拉列表框：列出了当前可以使用的文字样式，默认文字样式为 Standard（标准）。

②“新建”按钮：单击该按钮，将打开图 3-3 所示的“新建文字样式”对话框。在该对话框中，可创建新的文字样式名称。

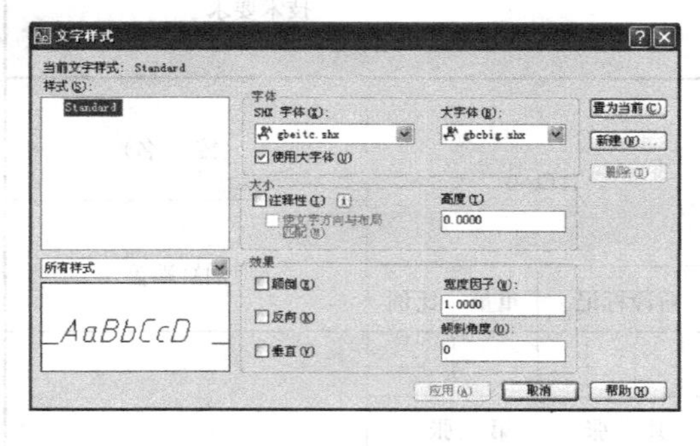

图 3-2　“文字样式”对话框

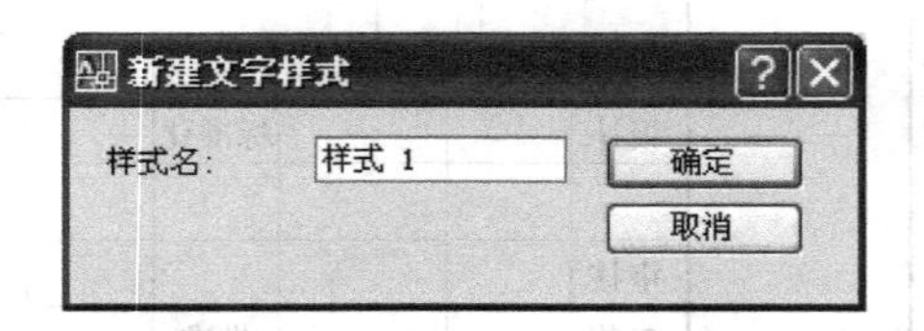

图 3-3　“新建文字样式”对话框

③“删除”按钮：可以删除已存在的文字样式，但无法删除已经被使用了的文字样式和默认的 Standard 样式。

2）“字体”选项区：用于设置文字样式中使用的字体和字高等属性。

注意：如果将文字的字高设为0，在标注文字时，系统都将提示输入文字高度。输入大于0 的高度值则为该样式设置固定的文字高度。

3）“效果”选项区：用于设置文字的显示效果，如图 3-4 所示。

①“颠倒”复选框：用于设置是否将文字倒过来书写。

②“反向”复选框：用于设置是否将文字反向书写。

③“垂直”复选框：用于设置是否将文字垂直书写，但垂直效果对汉字字体无效。

④“宽度因子”文本框：用于设置文字字符的高度和宽度之比。

⑤“倾斜角度”文本框：用于设置文字的倾斜角度。

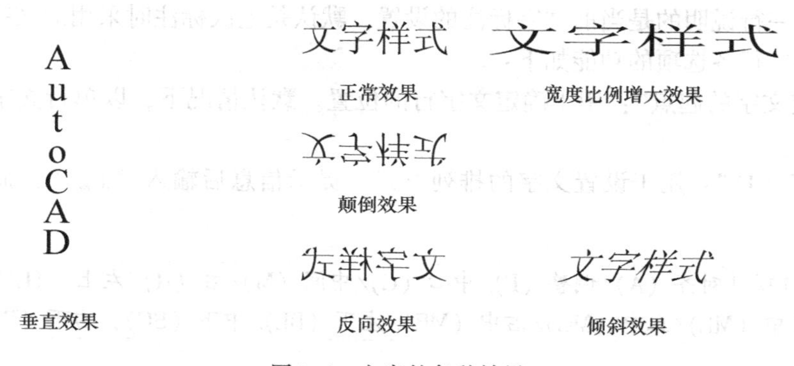

图 3-4　文字的各种效果

4）“预览”选项区：可以预览所选择或所设置的文字样式效果。

设置完文字样式后，单击“应用”按钮即可应用文字样式。然后单击“关闭”按钮，关闭“文字样式”对话框。

【例 3-1】创建样式名为“机械图样”，用于机械图中的“长仿宋体”的文字样式，字号为5 号。

操作过程：

1）单击“样式”→“文字样式”按钮，弹出“文字样式”对话框。单击对话框中的“新建”按钮，弹出“新建文字样式”对话框，如图 3-5 所示。输入“机械图样”样式名，单击“确定”按钮，返回“文字样式”对话框。

图 3-5　“新建文字样式”对话框

2）在“字体”选项区域中不选择“使用大字体”复选框，“字体名”下拉列表框改为“T 仿宋_GB2312”字体。

3）在“宽度因子”文本框中设置 0.7，其他默认。

4）单击“应用”按钮完成文字样式的创建，如图 3-6 所示。如不创建其他样式，单击“关闭”按钮退出该对话框，结束操作。

3.1.2　单行文字标注

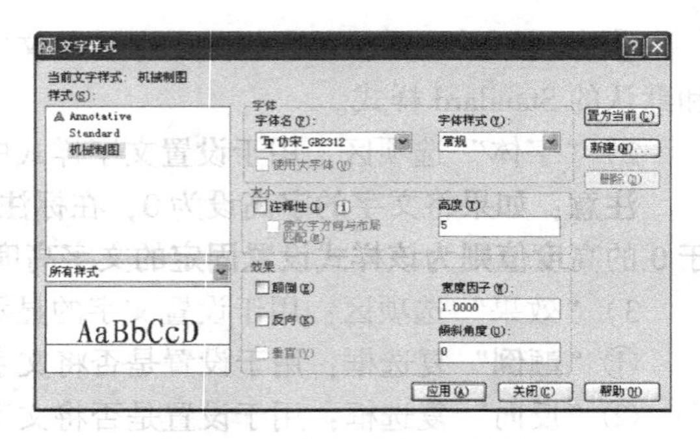

图 3-6　“文字样式”对话框

1. 命令激活方式

命令行：DTEXT（或 DT）↙

菜单栏：绘图→文字→单行文字

工具栏：文字→“单行文字”按钮 AI

2. 操作步骤

命令激活后，命令行提示如下：

```
当前文字样式：Standard　当前文字高度：2.5
指定文字的起点或［对正（J）/样式（S）］：
```

提示中第一行说明的是当前文字标注的设置，默认是上次标注时采用的文字样式设置。

提示中第二行各选项的功能如下：

1）“指定文字的起点”：用于确定文字行的位置。默认情况下，以单行文字行基线的起点来创建文字。

2）“对正（J）”：用于设置文字的排列方式。提示信息后输入“J↙”，命令行显示如下提示信息：

```
输入对正选项［对齐（A）/调整（F）/中心（C）/中间（M）/右（R）/左上（TL）/中上（TC）/右上（TR）/左中（ML）/正中（MC）/右中（MR）/左下（BL）/中下（BC），右下（BR）］：
```

此提示中各选项的功能如下：

① 对齐（A）：用文字行基线的始点与终点来控制文本的排列方式。

② 调整（F）：要求用户指定文字行基线的始点、终点位置以及文字的字高。

③ 中心（C）：要求用户指定文字行基线的中点、文字的高度、文字的旋转角度。

④ 中间（M）：此选项要求确定一点，作为文字行的中间点，即以该点作为文字行在水平、垂直方向上的中点。

⑤ 其他选项中文字的对正方式，显示效果如图 3-7 所示。

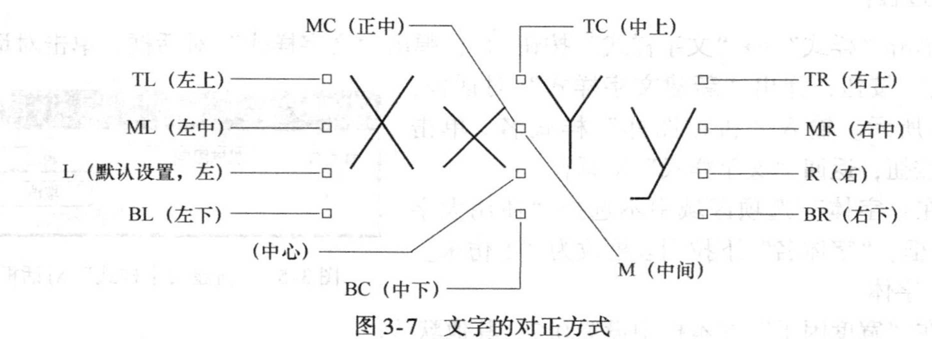

图 3-7　文字的对正方式

3）“样式（S）”：用于设置当前使用的文字样式。选择该选项时，命令行显示如下提示信息：

```
输入样式名或［?］<样式 1>：
```

用户可以直接输入文字样式的名称。若输入“?”，则在“AutoCAD 文本窗口”中显示当前图形中已有的文字样式。

另外，在实际设计绘图中，往往需要标注一些特殊的字符，如文字的上划线、下划线、直径符号等。这些特殊字符不能从键盘上直接输入，为此，AutoCAD 提供了相应的控制符，以实现这些标注要求。AutoCAD 的控制符一般由两个百分号（%%）和一个字母组成，常用的控制符见表 3-1。

表 3-1　AutoCAD 常用的标注控制符

控　制　符	功　　能	样　　例
%%O	打开或关闭文字上划线	AutoCAD
%%U	打开或关闭文字下划线	AutoCAD
%%D	标注“度”（°）符号	90°
%%P	标注“正负公差”（±）符号	135 ±0.027
%%C	标注“直径”（ϕ）符号	ϕ50

在“输入文字:”提示下输入控制符时，这些控制符也临时显示在屏幕上，当结束文本创建命令时，控制符将从屏幕上消失，转换成相应的特殊符号。

【例 3-2】 创建如图 3-8 所示的单行文字。

操作步骤：

选择“绘图”→“文字”→“单行文字”命令，此时命令行出现：

当前文字样式：[Standard]　文字高度：2.5　注释性：否
指定文字的起点或 [对正（J）/样式（S）]：（单击鼠标左键，确定文字的起点）
指定高度 <2.5>：3.5↙
指定文字的旋转角度 <0>：↙（弹出输入文本框）

输入“内孔%%U 直径%%U 为%%C10%%P0.01”，然后按“Enter”键结束 DTEXT 命令，执行结果如图 3-8 所示。

内孔直径为⌀10±0.01

图 3-8　使用控制符创建单行文字

3.1.3　多行文字标注

1. 命令激活方式

命令行：MTEXT（或 T）↙

工具栏：文字→“多行文字”按钮 A （或绘图→“多行文字”按钮 A ）

菜单栏：绘图→文字→多行文字

2. 操作步骤

命令激活后，命令行提示如下：

指定第一角点：（输入第一角点）↙
指定对角点或 [高度（H）/对正（J）/行距（L）/旋转（R）/样式（S）/宽度（W）]：（输入对角点）

上述命令执行后，在绘图窗口中指定了一个用来放置多行文字的矩形区域，此时，系统打开如图 3-9 所示的“文字格式”工具栏和文字输入窗口。

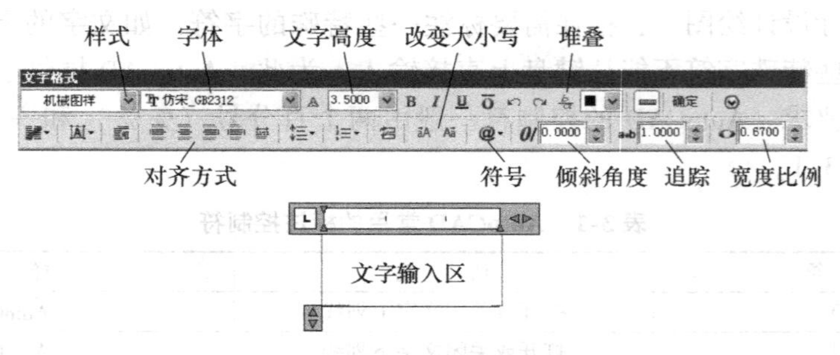

图 3-9　“文字格式”编辑器

在“文字格式”工具栏中，可以设置文字样式，选择需要的字体，确定文字的高度等内容。

图 3-9 中各部分选项的功能如下：

1）“文字高度”下拉列表框：用来确定文本的字符高度，可在文本编辑框中直接输入新的字符高度，也可以从下拉列表中选择已设定过的高度。

2）“下划线”与“上划线”按钮：用于设置或取消上（下）划线。

3）“堆叠”按钮：层叠/非层叠文本按钮，用于层叠所选的文本。如输入“3/4”并选中该文字后，单击“堆叠”按钮，可得到“$\frac{3}{4}$”文字形式；如输入“3^4”并选中该文字后，单击“堆叠”按钮，可得到“$\begin{matrix}3\\4\end{matrix}$”文字形式；如输入“3#4”并选中该文字后，单击“堆叠”按钮，可得到“3/4”文字形式。

在文字输入窗口中，可以直接输入多行文字，也可以在文字输入窗口中单击鼠标右键，从弹出的快捷菜单中选择“输入文字”命令，将已经在其他文字编辑器中创建的文字内容直接导入到当前图形中。

图 3-10 所示为多行文字输入样例。

图 3-10　多行文字的输入

3.1.4　文本编辑

1. 利用 DDEDIT 命令编辑文本

（1）命令方式

命令行：DDEDIT ↙

菜单栏：修改→对象→文字→编辑

工具栏：文字→“编辑”按钮

（2）操作步骤　激活命令后，命令行提示如下：

```
选择注释对象或[放弃(U)]：(选择要编辑的文本对象或取消)
```

选择的文本对象若是单行文本，则直接进入文本编辑状态即可编辑文本内容。若是多行文本，则弹出“文字格式”工具栏（见图3-9），利用该工具栏可以编辑文本内容和文本特性。

2. 利用特性编辑文本

（1）命令方式

命令行：PROPERTIES ↙

菜单栏：修改→特性

工具栏：标准→“特性”按钮

（2）操作步骤

命令激活后，弹出图3-11所示的对话框，选取要修改的文本后，在对话框中会看到要修改文本的特性，包括文本的内容、样式、高度、旋转角度等特性。可以在“对象特性”对话框中对这些特性进行修改。

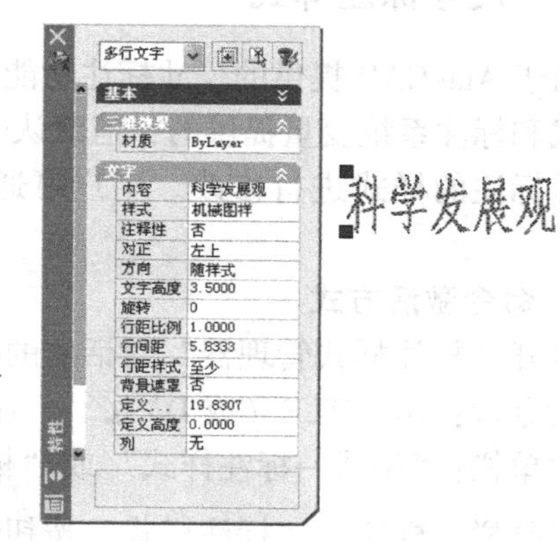

图3-11　“对象特性”对话框

3.2　尺寸标注

尺寸标注是图样的一个重要内容，一幅工程图必须正确、规范、合理地标注尺寸。工程图样中一个完整的尺寸标注包括4个要素：尺寸线、尺寸界线、箭头和尺寸文字。使用AutoCAD默认的尺寸标注样式进行标注和机械制图的尺寸标注要求有一些差别，在进行尺寸标注前，必须对尺寸标注样式进行设置，使得尺寸标注符合国家标准的有关规定。下面结合国家标准来介绍AutoCAD尺寸标注样式的设置内容和设置方法。

3.2.1　尺寸的组成要素和标注要求

1. 尺寸的组成要素

AutoCAD将一个尺寸分为图3-12所示的几个组成要素进行控制。在AutoCAD中每个尺寸对象是一个整体对象。

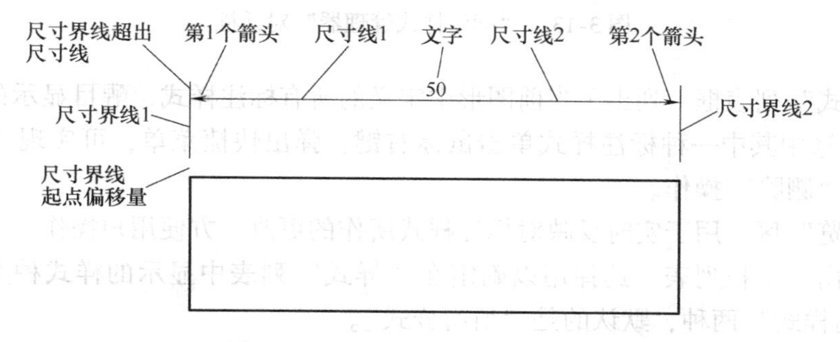

图3-12　AutoCAD的尺寸组成要素

2. 机械制图尺寸标注的一般要求

尺寸文字的字号一般用3.5或5号字，位于尺寸线的上方或尺寸线的中断处。

1）除角度尺寸外，尺寸文字一般与尺寸线对齐。角度尺寸文字始终水平书写，不随角度方向而变化。

2）尺寸界线起点偏移量为0，尺寸界线超出尺寸线约为2.5mm。

3.2.2 尺寸标注样式

由于AutoCAD提供的尺寸标注功能是一种半自动标注，许多参数都是由预先设定的标注样式和标注系统变量提供的，但默认的设置往往不能满足各种尺寸标注的要求，这就需要对尺寸标注的样式进行修改。用户可通过“标注样式管理器”对话框来设置和管理标注样式。

1. 命令激活方式

打开“标注样式管理器”对话框的方法：

命令行：DIMSTLE（或D）↙

菜单栏：“格式→标注样式”或“标注→标注样式”

工具栏：标注→“标注样式”按钮

2. 设置尺寸标注样式

命令执行后，弹出“标注样式管理器”对话框，如图3-13所示。

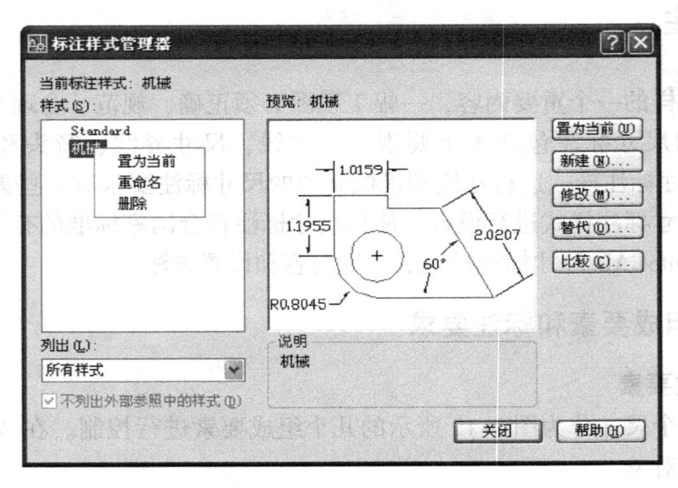

图3-13 “标注样式管理器”对话框

（1）“样式”列表框　列出了当前图形中定义的所有标注样式，醒目显示的是当前标注样式。用鼠标选中其中一种标注样式单击鼠标右键，弹出快捷菜单，可实现“置为当前”、“重命名”或“删除”操作。

（2）“预览”区　用于实时反映对标注样式所作的更改，方便用户操作。

（3）“列出”下拉列表　选择用以确定在“样式”列表中显示的样式种类，有“所有样式”、“当前样式”两种，默认的是“所有样式”。

（4）“置为当前”按钮　单击该按钮，将“样式”列表框中选中的标注样式置为当前标注样式。

（5）“新建”按钮 用于新建一种标注样式。单击该按钮，弹出“创建新标注样式”对话框，如图3-14所示。

在“新样式名”文本框中输入新样式的名称，默认的样式名是在当前标注样式的基础上创建新样式的副本。为了便于管理和应用，新建的标注样式最好输入一个有意义的名称。

在“基础样式”下拉列表中，选择以哪个样式为基础创建新样式。

在“用于”下拉列表中选择新建样式用于哪种类型的尺寸标注。默认的是用于所有标注。

完成以后，单击“继续”按钮，弹出“新建标注样式”对话框（见图3-15），在该对话框中可进行样式的各种设置。

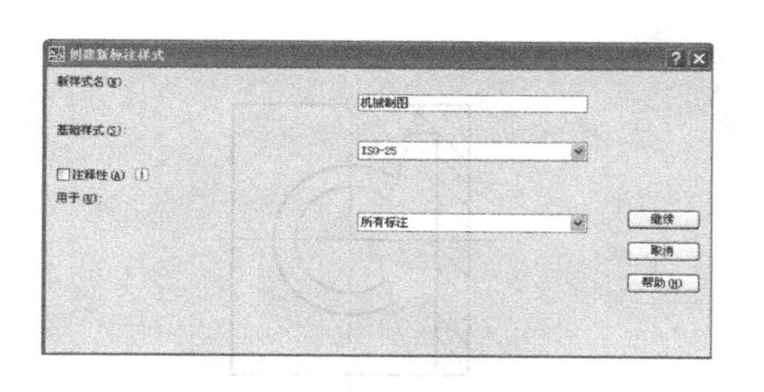

图3-14 “创建新标注样式”对话框

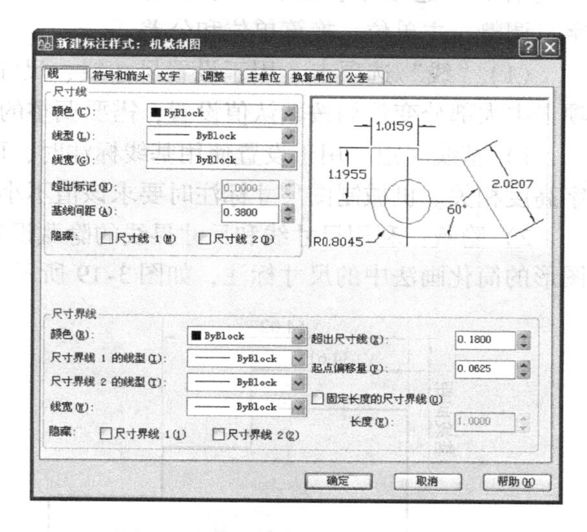

图3-15 “新建标注样式”对话框

（6）“修改”按钮 单击该按钮将弹出“修改标注样式”对话框，可以对“样式”列表中选中的样式进行修改。

（7）“替代”按钮 单击该按钮将弹出“替代当前样式”对话框，如图3-16所示。创建临时的标注样式时，当某一尺寸形式在图形中出现较少时，可以避免创建新样式，而在现有的某个样式基础上作出修改后进行标注，如图样中有10个相同孔的标注10×ϕ5，该尺寸标注就可用替代样式完成。设置替代样式后，替代样式会一直起作用，直到取消替代。

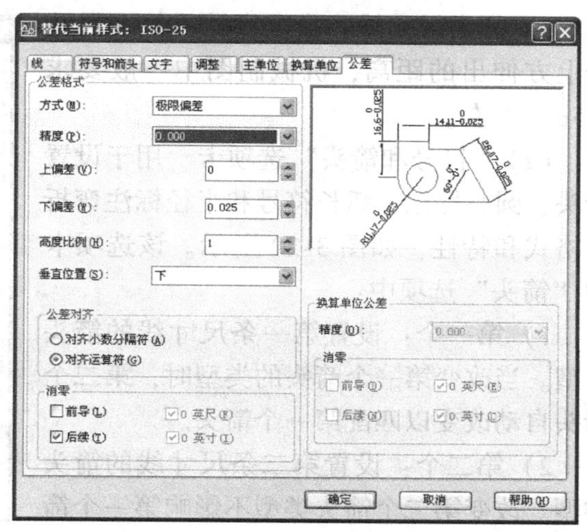

图3-16 “替代当前样式”对话框

（8）“比较”按钮 比较两种标注样式的特性或显示一种标注样式的所有标注。单击该按钮打开“比较标注样式”对话框，如图3-17所示。用户可利用该对话框对当前已创建的样式与其他样式进行比较，找出区别。

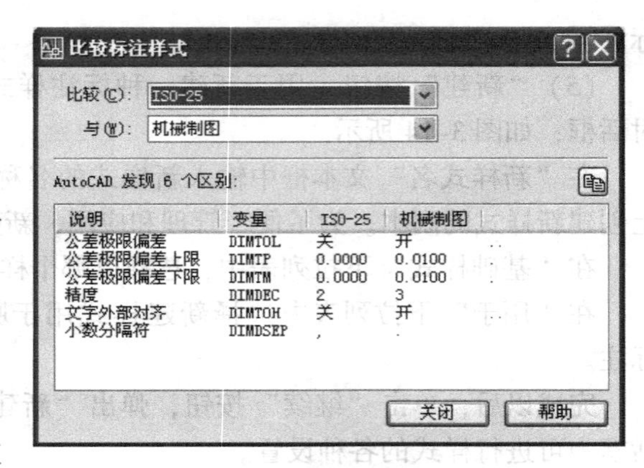

图 3-17　“比较标注样式”对话框

3. 新建尺寸样式

按“标注样式管理器”对话框中的“新建”、“修改”、“替代”按钮得到的对话框，除标题不同外，其余完全一样，因此以“新建标注样式”对话框为例说明对话框的操作。

“新建标注样式”对话框（见图 3-15）中包括 7 个选项卡：线、符号和箭头、文字、调整、主单位、换算单位和公差。

(1)“线”选项卡　用于设置尺寸线、尺寸界线的格式和特性，如图 3-15 所示。该选项卡中大部分变量均按默认值设置，需要调整的变量如下。

1）基线间距：用于设置使用基线标注时，两个尺寸线之间的距离，它与尺寸数字的文字高度相关。机械制图尺寸标注时要求该值不小于 7mm，如图 3-18 所示。

2）隐藏：利用尺寸线和尺寸界线的隐藏设置，可以用在半剖视图、局部剖视图或对称图形的简化画法中的尺寸标注，如图 3-19 所示。

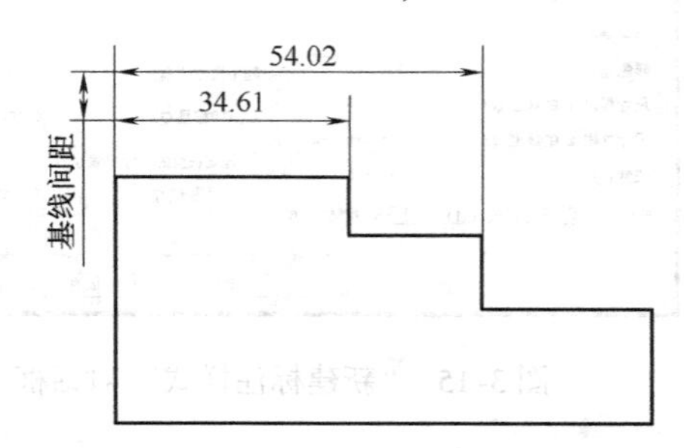

图 3-18　基线间距

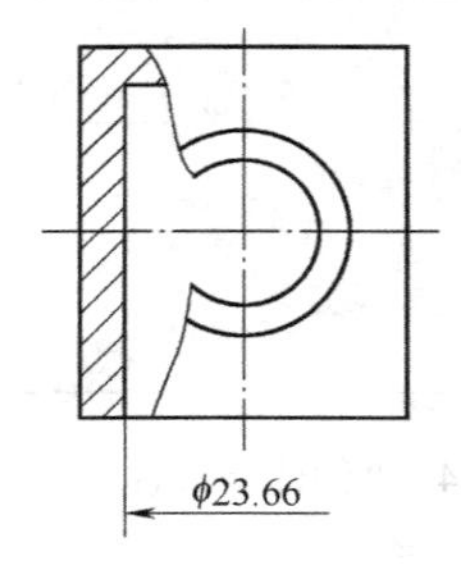

图 3-19　尺寸线的隐藏

3）超出尺寸线：指定尺寸界线在尺寸线上方伸出的距离，机械制图中一般要求 2.5mm 左右。

(2)“符号和箭头”选项卡　用于设置箭头、圆心标记、弧长符号和半径标注弯折的格式和特性，如图 3-20 所示。该选项卡的“箭头”选项中：

1）第一个：设置第一条尺寸线的箭头类型。当改变第一个箭头的类型时，第二个箭头自动改变以匹配第一个箭头。

2）第二个：设置第二条尺寸线的箭头类型。改变第二个箭头类型不影响第一个箭头的类型。

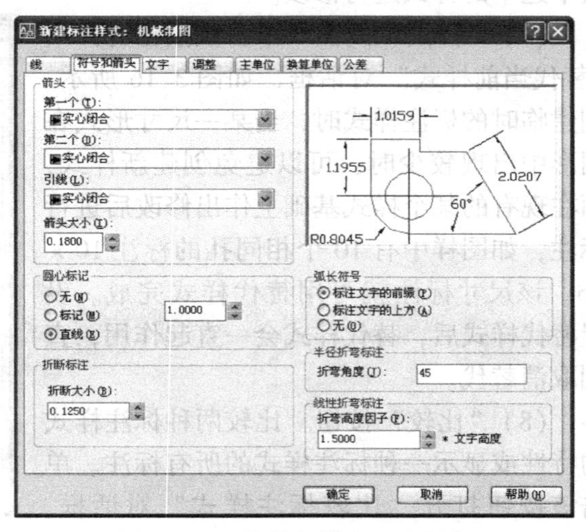

图 3-20　“符号和箭头”选项卡

两个箭头样式默认的是实心闭合箭头。在小尺寸连续标注时，一般将箭头样式设置为小点或无，如图3-21所示。

3）引线：设置指引线的箭头样式。

4）箭头大小：设置箭头大小的数值。机械制图中一般取4～6mm。

5）圆心标记：用于设置圆或圆心标记的类型和大小，如图3-22所示。机械制图中一般不需要圆心标记。

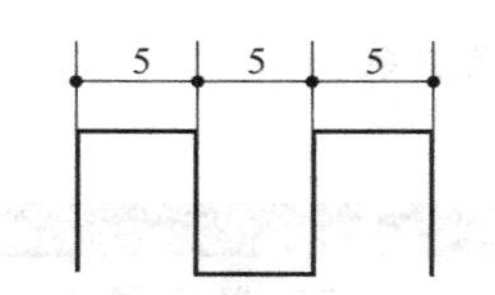

图3-21　小点箭头样式的应用

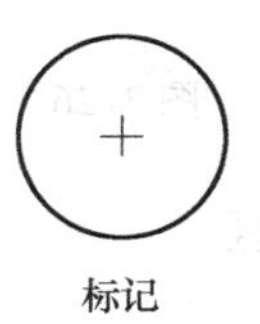

图3-22　圆心标记

6）弧长符号：控制弧长标注中圆弧符号的显示与否和显示位置，如图3-23所示。机械制图中选择“标注文字的上方”。

7）半径折弯标注：控制折弯半径标注时的折弯角度，如图3-24所示。

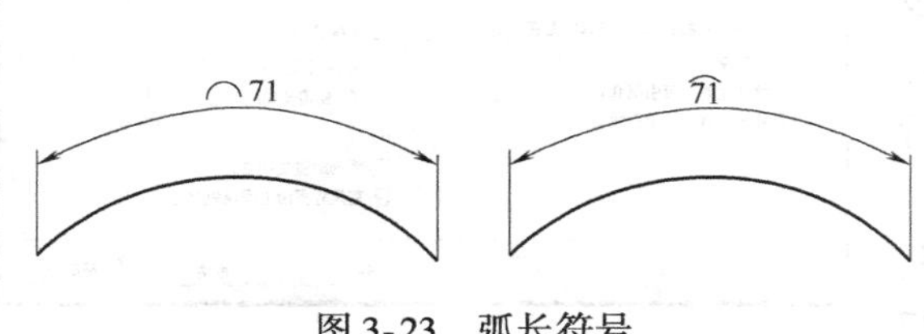

图3-23　弧长符号

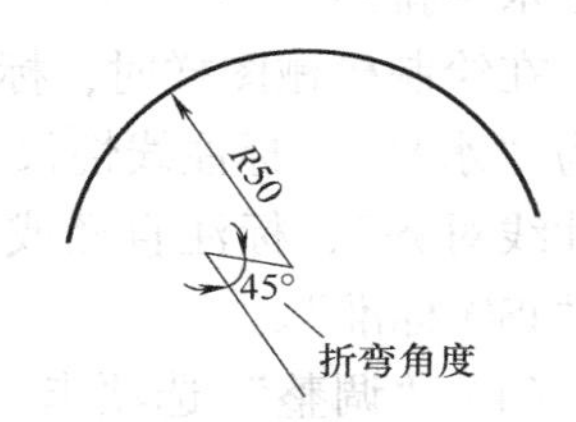

图3-24　半径折弯标注

（3）“文字”选项卡　用于设置标注文字的格式、放置和对齐方式，如图3-25所示。

1）文字外观选项区：其中的“文字样式”用于选择或创建尺寸所使用的样式，默认的为Standard。其下拉列表中列出了当前创建的所有文字样式名称。还可单击右边的[…]按钮，打开“文字样式”对话框来创建或修改文字样式。其他的设置选项一般不需要修改。

2）“文字位置”选项区：用于控制标注文字的放置方式和位置。

上方：文字放置在尺寸线的上方，如图3-26a所示。

置中：文字放置在尺寸线的中断处，如图3-26b所示。

外部：文字放置在尺寸线的外面，如图3-26c所示。

JIS：使文字的放置和日本标准一致。

机械制图一般选择“上方”、“居中”、“从尺寸线偏移1mm”。

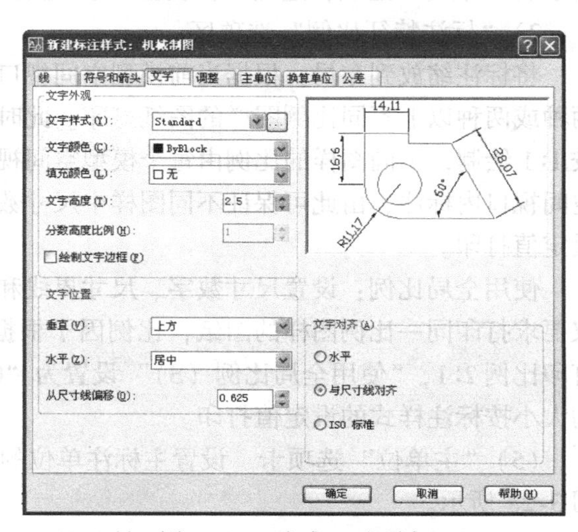

图3-25　“文字”选项卡

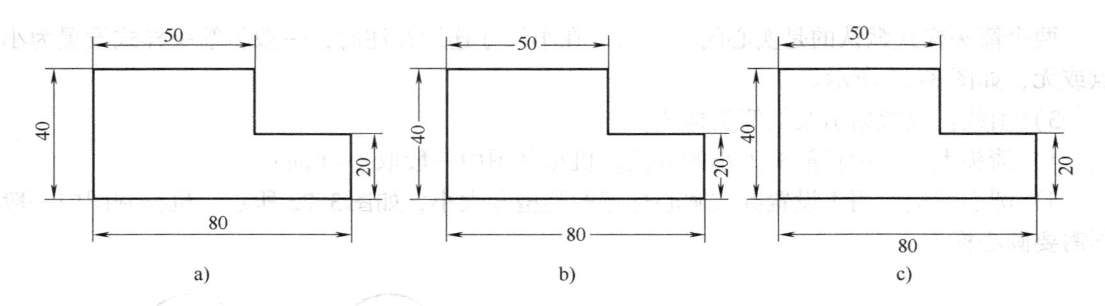

图 3-26　尺寸文字与尺寸线的位置关系

3）“文字对齐”选项区

水平：水平放置文字。

与尺寸线对齐：文字角度与尺寸线角度保持一致。

ISO 标准：当文字在尺寸界线内时，文字与尺寸线对齐；当文字在尺寸界线外时，文字水平排列。

在绘制机械图样时，标注角度尺寸应设置为“水平”，标注线性尺寸应设置为“与尺寸线对齐”，标注直径或半径尺寸应设置为“ISO 标准”。

（4）“调整”选项卡　用于设置文字、箭头、引线和尺寸线的位置，如图 3-27 所示。

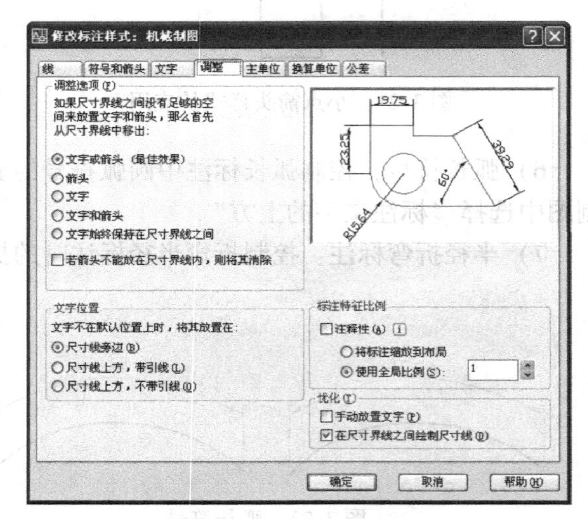

图 3-27　“调整”选项卡

1）“调整选项”、“文字位置”及“优化”选项区：“调整选项”默认“文字或箭头（最佳效果）”选项，“文字位置”默认“尺寸线旁边”选项，“优化”默认“在尺寸界线之间绘制尺寸线”选项，这些默认设置一般不需要修改。

2）“标注特征比例”选项区

将标注缩放到布局：根据当前模型空间视口比例确定比例因子。该选项适用于需要打印两种或两种以上不同比例图样的图纸打印。此时图纸打印比例设置为 1∶1，图形在模型空间按 1∶1 绘制，不同图样的比例由每个模型空间视口比例控制。此时尺寸必须在被激活的模型空间视口内标注，由此可保证不同图样中尺寸数字、尺寸界线和箭头的大小均按标注样式的设定值打印。

使用全局比例：设置尺寸数字、尺寸界线和箭头等在图样中的缩放比例。该选项适用于仅要求打印同一比例图样的图纸，比例因子根据图纸打印比例设置。例如，绘图比例 1∶1，打印比例 2∶1，“使用全局比例（S）”设置为“0.5”，则图样中尺寸数字、尺寸界线和箭头的大小按标注样式的设定值打印。

（5）“主单位”选项卡　设置主标注单位的格式和精度以及标注文字的前缀和后缀，如图 3-28 所示。

在“线性标注”选项区域中，“单位格式”下拉列表框中，对于机械工程图一般设为

“小数”，“精度”设为“0.00”，“小数分隔符”应设置为“句点”。

“前缀”和“后缀”的设置由用户根据具体标注内容进行设置。对于非圆视图直径尺寸，“前缀”文本框中应输入代表“φ”的“%%C”，在机械制图中，对于多个相同图素一次标注时要输入“N—”（N表示相同图素的个数）。尺寸后缀可以是公差代号或其他内容。

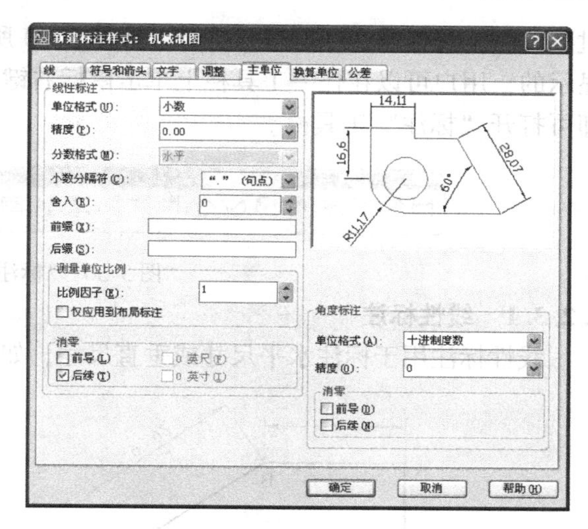

图3-28 “主单位”选项卡

“测量单位比例”选项的“比例因子”用于设置线性标注测量值的比例（角度除外）。例如，当绘图比例为2∶1时，“比例因子”设置为“0.5”。

在“角度标注”选项区域中，“单位格式”下拉列表框对于机械制图一般设为“十进制”，“精度”下拉列表框设定为“0”。

（6）“换算单位”选项卡 “换算单位”选项卡用于确定换算单位的格式，只有选择“显示换算单位”后才能进行设置。对于国内用户来说一般不用设置。

（7）“公差”选项卡 控制标注文字中公差的格式，如图3-29所示。该选项卡一般只需要设置“公差格式”选项区。

在“公差格式”选项区中，当“方式”选择了“极限偏差”时，“精度”下拉列表框设定为“0.000”。“上偏差”列表框中默认值为正偏差，如对0.025需要输入0.025；“下偏差”列表框中默认值为负偏差，故对-0.02只需输入0.02。

当“方式”选择了“对称”时，仅输入上偏差值即可，AutoCAD自动把下偏差的输入值作为负值处理。

“高度比例”用于显示和设置偏差文字的当前高度。对称公差的高度比例应设置为1，而极限偏差的高度比例应设置为0.7。

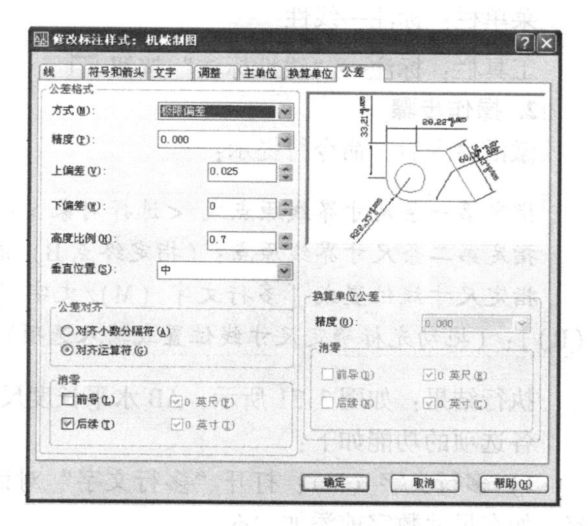

图3-29 “公差”选项卡

“垂直位置”用于控制对称偏差和极限偏差的文字对齐方式，应设置为“中”。

单击“确定”按钮，返回如图3-13所示的“标注样式管理器”对话框，即完成尺寸标注样式的设置。

3.2.3 尺寸标注命令

AutoCAD 2008提供了十几种尺寸标注命令用以测量和标注图形，使用它们可以进行线性标注、对齐标注、半径标注、角度标注等，AutoCAD 2008所有的尺寸标注命令均可以通过菜单、工具栏和命令行输入打开。如图 3-30 所示为“标注”工具栏，在缺省状态下是不显示的，用户可以在任一工具栏上单击鼠标右键，从弹出的快捷菜单中选择“标注”命令，即可打开“标注”工具栏。

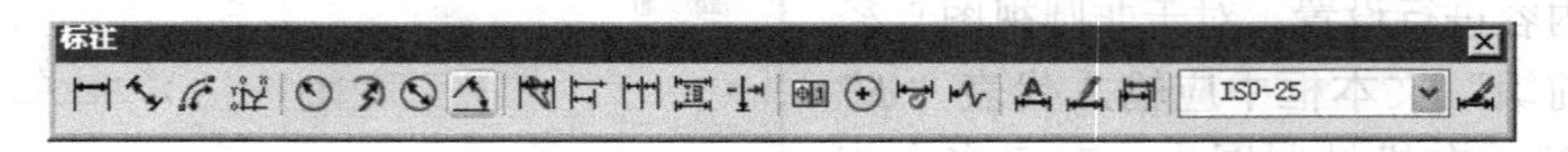

图 3-30 “标注”工具栏

3.2.3.1 线性标注

线性标注用于标注水平尺寸或垂直尺寸，如图 3-31 所示。

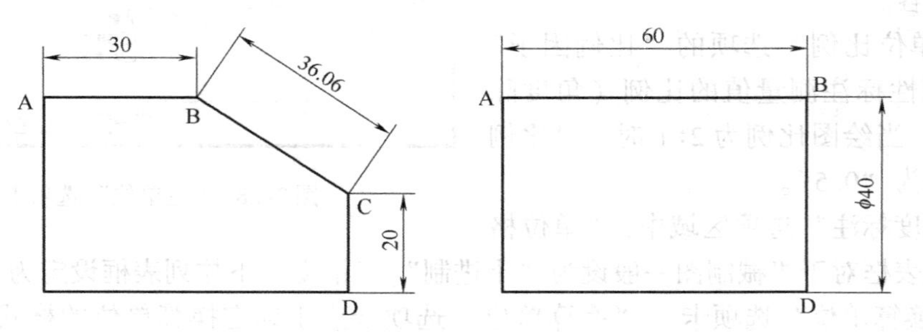

图 3-31 线性标注及对齐标注

1. 命令激活方式

命令行：DIMLINEAR（或 DLI）↙

菜单栏：标注→线性

工具栏：标注→“线性标注”按钮

2. 操作步骤

激活命令后，命令行提示：

指定第一条尺寸界线原点或 <选择对象>：（指定起始点 A）或（按鼠标右键或↙）
指定第二条尺寸界线原点：（指定终点 B）或（选择对象：拾取标注对象 AB）
指定尺寸线位置或［多行文字（M）/文字（T）/角度（A）/水平（H）/垂直（V）/旋转（R）］：（拖动光标确定尺寸线位置或输入选项）

执行结果：如图 3-31 所示，AB 水平长度尺寸为 30mm。

各选项的功能如下：

1）多行文字（M）：打开“多行文字”对话框，用户可以在标注文字前后添加其他内容，如在尺寸数字前添加“ϕ”。

2）文字（T）：系统提示用户在命令行输入替代测量值的标注文字。

3）角度（A）：设置标注文字的倾斜角度。

4）水平（H）/垂直（V）：强制生成水平或垂直型尺寸。

5）旋转（R）：设置尺寸线的旋转角度。

3.2.3.2 对齐标注

对齐标注用于标注倾斜对象的实长，对齐标注的尺寸线平行于被测对象，如图 3-31 所示的 BC。

1. 命令激活方式

命令行：DIMALIGNED（或 DAL）↙

菜单栏：标注→对齐

工具栏：标注→“对齐”按钮

2. 操作步骤

与线性标注类似。

3.2.3.3 弧长标注

弧长标注用于测量圆弧或多段线弧线段上的距离，如图 3-32 所示。

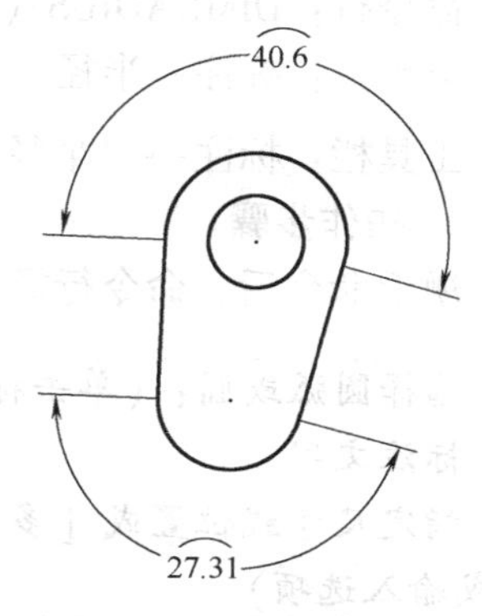

图 3-32 弧长标注

1. 命令激活方式

命令行：DIMARC↙

菜单栏：标注→弧长

工具栏：标注→“弧长”按钮

2. 操作步骤

激活命令后，命令行提示：

```
选择弧线段或多段线弧线段：(指定标注圆弧)
指定尺寸线位置或［多行文字（M)/文字（T)/角度（A)/部分（P)/引线（L)]：(拖动光标确定尺寸线位置或输入选项)
```

执行结果：如图 3-32 所示，弧长尺寸为40.6mm。

各选项的功能如下：

1）部分（P)：标注所选圆弧的部分弧长。

2）引线（L)：标注弧长带不带引线，机械图样不需要引线。

3.2.3.4 坐标标注

坐标标注用于创建坐标点的标注，如图 3-33 所示。

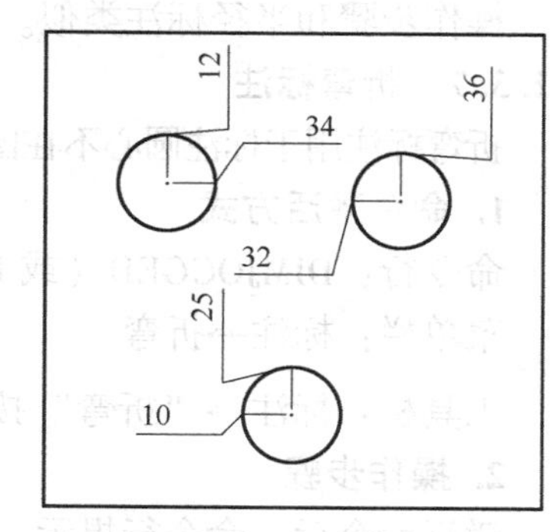

图 3-33 坐标标注

1. 命令激活方式

命令行：DIMORDINATE↙

菜单栏：标注→坐标

工具栏：标注→“坐标”按钮

2. 操作步骤

激活命令后，命令行提示：

```
指定点坐标：(指定标注点)
指定引线端点或［X 基准（X)/Y 基准（Y） 多行文字（M） 文字（T)/角度（A)]：(拖动光标确定 X、Y 坐标值，单击鼠标左键或输入选项)
```

执行结果：如图 3-33 所示。

各选项的功能如下：

X 基准（X)：标注 X 坐标。

Y 基准（Y）：标注 Y 坐标。

3.2.3.5　半径标注

半径标注用于标注圆或圆弧的半径，如图3-34所示。

1. 命令激活方式

命令行：DIMRADIUS（或 DRA）↙

菜单栏：标注→半径

工具栏：标注→“半径”按钮

2. 操作步骤

激活命令后，命令行提示：

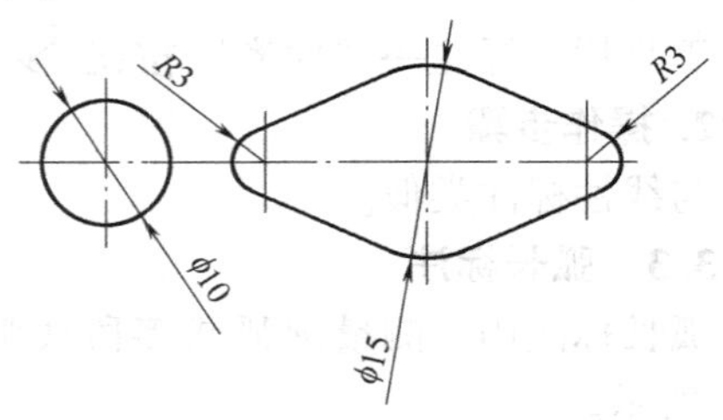

图 3-34　半径、直径标注

> 选择圆弧或圆：(单击标注圆弧或圆)
> 标注文字 =3
> 指定尺寸线位置或［多行文字（M)/文字（T)/角度（A)]：(拖动光标确定尺寸线位置或输入选项)

执行结果：如图 3-34 中所示的 *R*3。

3.2.3.6　直径标注

直径标注用于标注圆或圆弧的直径，如图 3-34 所示的 ϕ10、ϕ15。

1. 命令激活方式

命令行：DIMDIAMETER（或 DDI）↙

菜单栏：标注→直径

工具栏：标注→“直径”按钮

2. 操作步骤

操作步骤和半径标注类似。

3.2.3.7　折弯标注

折弯标注用于标注圆心不在图纸范围内或不便指定圆心位置的大圆弧半径，如图 3-35 所示。

1. 命令激活方式

命令行：DIMJOGGED（或 DJO）↙

菜单栏：标注→折弯

工具栏：标注→“折弯”按钮

2. 操作步骤

激活命令后，命令行提示：

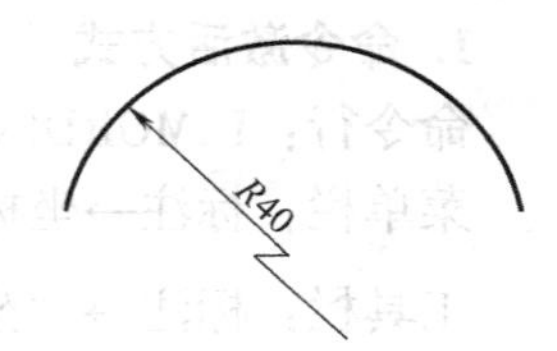

图 3-35　折弯标注

> 选择圆弧或圆：(单击标注圆弧或圆)
> 指定图示中心位置：(拖动光标单击一点作为折弯线的起点)
> 标注文字 =40
> 指定尺寸线位置或［多行文字（M)/文字（T)/角度（A)]：(指定尺寸线的位置结束命令或输入选项)
> 指定折弯位置：(单击一点作为折弯位置)

执行结果：如图3-35所示。

3.2.3.8　角度标注

角度标注用于标注圆、圆弧或两线间的夹角。在机械制图中要求角度尺寸文字一律水平书写。

1. 命令激活方式

命令行：DIMANGULAR（或DAN）↙

菜单栏：标注→角度

工具栏：标注→“角度”按钮

2. 操作步骤

激活命令后，命令行将提示：

> 选择圆弧、圆、直线或 <指定顶点>：(用光标拾取圆、圆弧、直线或直接回车)

根据响应命令提示不同，有四种角度标注方法：

1）标注圆弧的圆心角，如图3-36a所示。

在上述提示下选择圆弧，命令行将提示：

> 指定标注弧线位置或[多行文字（M)/文字（T)/角度（A)]：(拖动光标将尺寸放置在适当位置，单击鼠标左键，完成标注)

2）标注圆上某段圆弧的圆心角，如图3-36b所示。

选择圆（选择点即为角的第一个端点），命令行将提示：

> 指定角的第二个端点：(指定圆上另一点)
> 指定标注弧线位置或[多行文字（M)/文字（T)/角度（A)]：(拖动光标将尺寸位置放在适当位置，单击鼠标左键，完成标注)

3）标注两条不平行直线的夹角，如图3-36c所示。

选择直线，命令行将提示：

> 选择第二条直线：(拾取一直线对象)
> 指定标注弧线位置或[多行文字（M)/文字（T)/角度（A)]：(拖动光标将尺寸位置放在适当位置，单击鼠标左键，完成标注)

4）根据指定的三点标注角度，如图3-36d所示。

选择角度标注命令后，直接按“Enter”键，则命令行提示：

> 指定角的顶点：(指定角的顶点)
> 指定角的第一个端点：(指定角的第一个端点)
> 指定角的第二个端点：(指定角的第二个端点)
> 指定标注弧线位置或[多行文字（M)/文字（T)/角度（A)]：(拖动光标将尺寸位置放在适当位置，单击鼠标左键，完成标注)

执行结果：如图3-36所示。

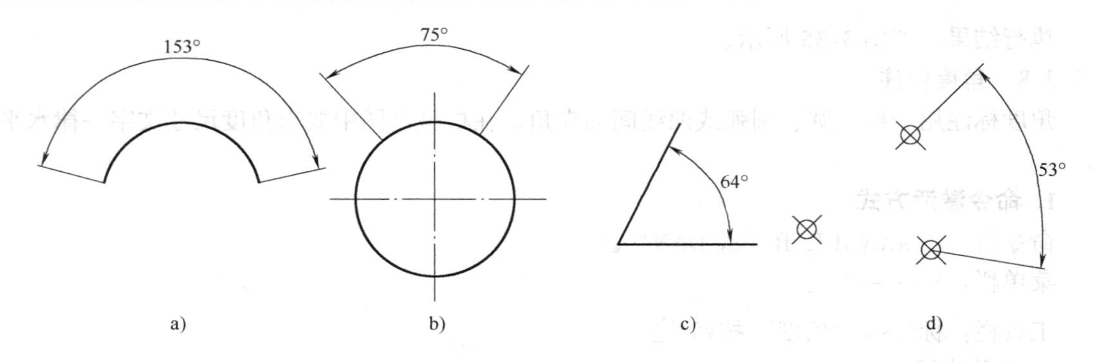

图 3-36　角度标注

a）圆弧角度　b）圆上弧段角度　c）两条非平行直线之间的夹角　d）三点角度标注

3.2.3.9　基线标注

基线标注是以一现有尺寸界线为基线，一次标注多个尺寸，如图 3-37a 所示。

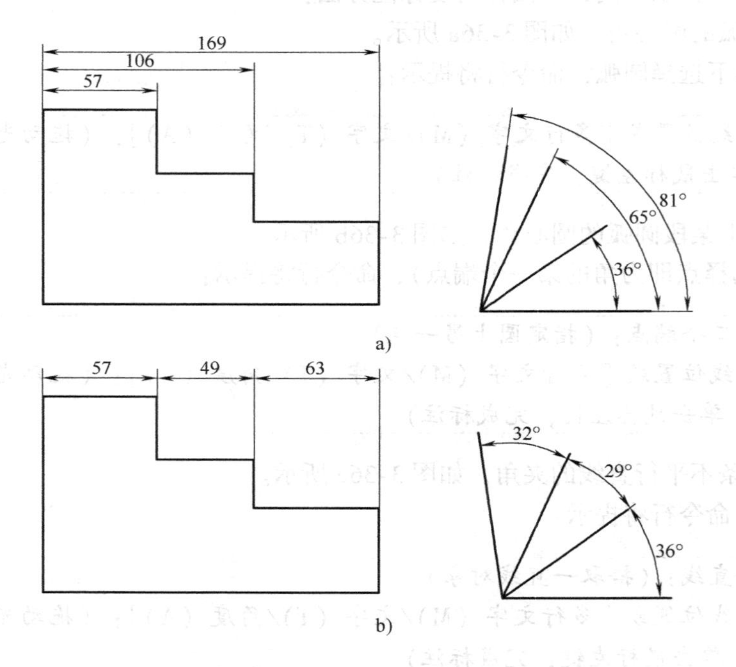

图 3-37　基线标注与连续标注

a）基线标注　b）连续标注

1. 命令激活方式

命令行：DIMBASELINE（或 DBA）↙

菜单栏：标注→基线

工具栏：标注→“基线”按钮

2. 操作步骤

首先创建一个线性标注 57，激活“基线”命令后，命令行提示：

指定第二条尺寸界线原点或［放弃（U）/选择（S）］<选择>：（指定第二条尺寸界线的起始点）

标注文字 = 106

指定第二条尺寸界线原点或［放弃（U）/选择（S）］<选择>：（指定第二条尺寸界线的起点）

标注文字 =169

指定第二条尺寸界线原点或［放弃（U）/选择（S）］<选择>：（按"ESC"键退出）

标注结果：如图3-37a所示。

3.2.3.10　连续标注

连续标注是一种多个尺寸首尾相连的标注，如图3-37b所示。

1. 命令激活方式

命令行：DIMCONTINUS（或DCO）↙

菜单栏：标注→连续

工具栏：标注→"连续标注"按钮

2. 操作步骤

与基线标注类似。

标注结果：如图3-37b所示。

3.2.3.11　快速标注

快速标注是只要进行简单的选择对象，就可以自动地给多个对象一次性进行连续、基线的尺寸标注，如图3-38所示。

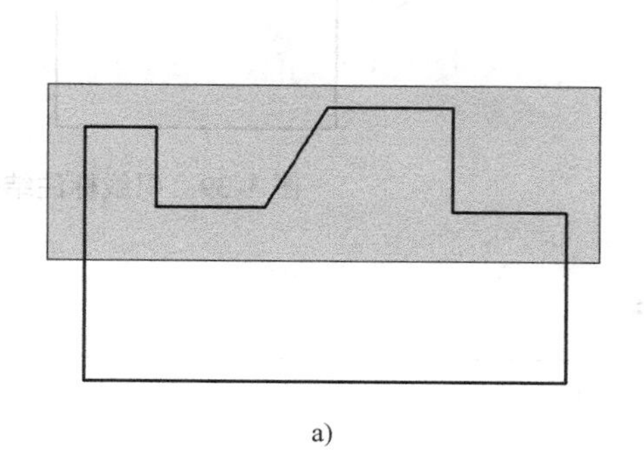

a)

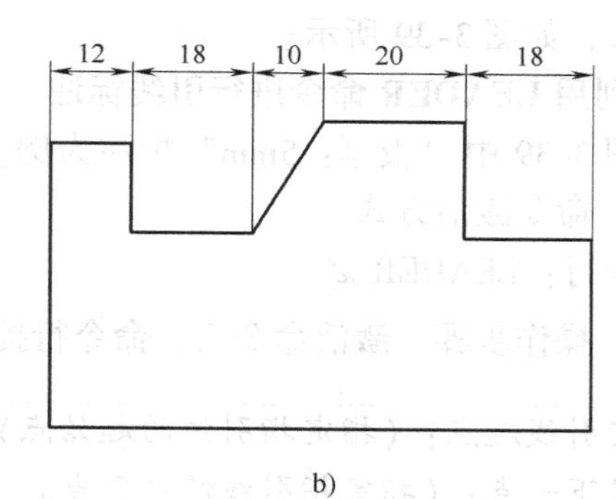

b)

图3-38　快速标注

a）选择几何图形　b）标注结果

1. 命令激活方式

命令行：QDIM↙

菜单栏：标注→快速标注

工具条：标注→"快速标注"按钮

2. 操作步骤

激活命令后，命令行提示：

```
关联标注优先级 = 端点（AutoCAD 优先将所选图线的端点作为尺寸界线的原点）
选择要标注的几何图形：（拖动鼠标选择标注对象，如图 3-38a 所示）。
指定尺寸线位置或 [连续 (C)/并列 (S)/基线 (B)/坐标 (O)/半径 (R)/直径 (D)/基准点 (P)/编辑 (E)/设置 (T)]：（指定尺寸线位置或输入选项）
```

各选项的功能如下：

1）连续（C）：创建连续型尺寸。

2）并列（S）：创建层叠型尺寸。

3）基线（B）：创建基线型尺寸。

4）坐标（O）：创建坐标型尺寸。

5）半径（R）：创建半径型尺寸。

6）直径（D）：创建直径型尺寸。

7）基准点（P）：为基线标注和连续标注设定零值点。

8）编辑（E）：用于修改快速标注的选择集，利用“添加（A）”或“删除（R）”选项就可以增加或删除节点。

9）设置（T）：在确定尺寸界线起点时，设置默认对象捕捉方式。

标注结果：如图 3-38b 所示。

3.2.3.12　引线标注

利用该功能不仅可以标注特定的尺寸，如圆角、倒角等，还可以实现在图中添加多行旁注、说明。在引线标注中指引线可以是折线，也可以是曲线，指引线端部可以有箭头，也可以没有箭头，如图 3-39 所示。

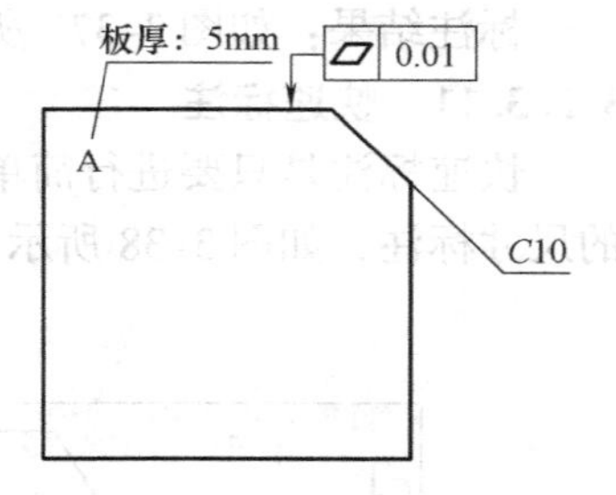

图 3-39　引线标注结果

1. 利用 LEADER 命令进行引线标注

以图 3-39 中“板厚：5mm”标注为例。

（1）命令激活方式

命令行：LEADER ↙

（2）操作步骤　激活命令后，命令行提示：

```
指定引线起点：（指定指引线的起始点）
指定下一点：（指定指引线的第 2 点）
指定下一点或 [注释 (A)/格式 (F)/放弃 (U)] <注释>：F ↙
输入引线格式选项 [样条曲线 (S)/直线 (ST)/箭头 (A)/无 (N)] <退出>：N ↙
指定下一点或 [注释 (A)/格式 (F)/放弃 (U)] <注释>：（指定指引线的第 3 点）
指定下一点或 [注释 (A)/格式 (F)/放弃 (U)] <注释>：A ↙
输入注释文字的第一行或（选项）：板厚：5mm ↙
输入注释文字的下一行或（选项）：↙
```

标注结果如图 3-39 所示。

各选项的功能如下：

1）注释（A）：输入注释文本。

2）格式（F）：指定引线的格式，指引线是直线或曲线等。

3）样条曲线（S）：设置指引线为样条曲线。

4）直线（ST）：设置指引线为折线。

5）箭头（A）：在指引线的起始位置画箭头。

6）无（N）：在指引线的起始位置不画箭头。

7）<退出>：默认项，选择该项，退出“格式”选项。

如果在输入注释文字的第一行或（选项）提示后直接按“回车”键，命令行提示：

输入注释项［公差（T）/副本（C）/块（B）/无（N）/多行文字（M）］<多行文字>：（输入选项或直接按“回车”键）

各选项的功能如下：

1）公差（T）：标注几何公差。

2）副本（C）：把已由LEADER命令创建的注释复制到当前指引线末端。执行该选项，命令行提示：

选择要复制的对象：（选择已创建的注释文本）

3）块（B）：插入块，把已经定义好的图块插入到指引线的末端。执行该选项，命令行提示：

输入块名或［?］：（输入块名或“?”）

键入“?”：列出当前已有图块，用户可以从中选择。

4）无（N）：不进行注释。

5）多行文字（M）：输入注释文字，是默认选项。

2. 利用QLEADER命令进行引线标注

利用QLEADER命令可快速生成指引线及注释，可以通过命令行优化对话框进行用户自定义，由此可以消除不必要的命令行提示，取得较高的工作效率。

以图3-39中“C10”标注为例：

（1）命令激活方式

命令行：QLEADER（或LE）↙

（2）操作步骤 激活命令后，命令行提示：

指定第一个引线点或［设置（S）］<设置>：S↙（弹出“引线设置”对话框，如图3-40所示。对“引线设置”中的各选项卡进行设置，分别如图3-40、图3-41、图3-42所示，设置完成后按“确定”按钮）

指定第一个引线点或［设置（S）］<设置>：（指定第一个引线点）

指定下一点：（指定第二个引线点）

指定下一点：（指定第三个引线点）

指定文字高度<3.5>：↙

输入注释文字的第一行<多行文字（M）>：C10

输入注释文字的下一行：↙（结束QLEADER命令）

执行结果如图 3-39 所示。

<设置>：直接按“回车”键或键入“S”，弹出“引线设置”对话框，如图 3-40 所示。该对话框有“注释”、“引线和箭头”、“附着” 3 个选项卡，下面分别介绍。

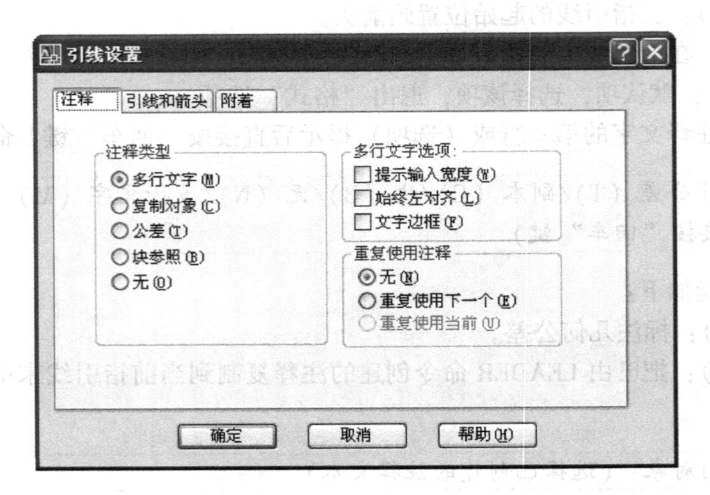

图 3-40　“引线设置”对话框

①“注释”选项卡：如图 3-40 所示，用于设置引线标注中注释文本的类型、多行文字的格式并确定注释文本是否多次使用。

②“引线和箭头”选项卡：如图 3-41 所示，用于设置引线标注中指引线和箭头的形式。

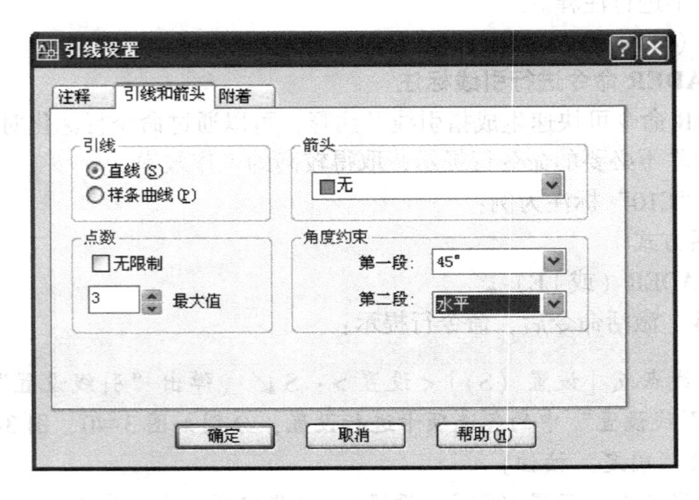

图 3-41　“引线和箭头”选项卡

③“附着”选项卡：如图 3-42 所示，用于设置注释文本和指引线的相对位置。如果最后一段指引线指向右边，系统自动把注释文本放在右侧；反之放在左侧。利用本选项卡左侧和右侧的单选按钮分别设置位于左侧和右侧的注释文本与最后一段指引线的相对位置，二者可相同也可不相同。

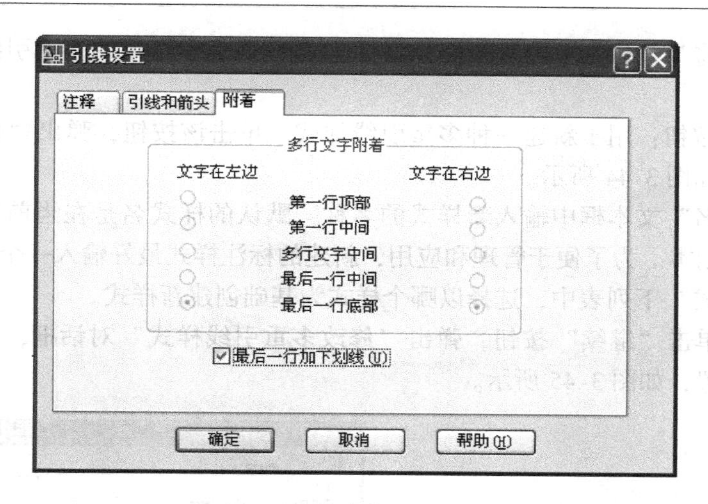

图3-42 “附着”选项卡

3. 多重引线

多重引线可创建箭头优先、引线基线优先或内容优先等。

当需要以某一多重引线样式进行标注时，应首先设置多重引线样式，并将该样式置为当前样式。

(1) 设置多重引线样式

命令：MLEADERSTYLE↙（弹出“多重引线样式管理器”对话框，如图3-43所示）

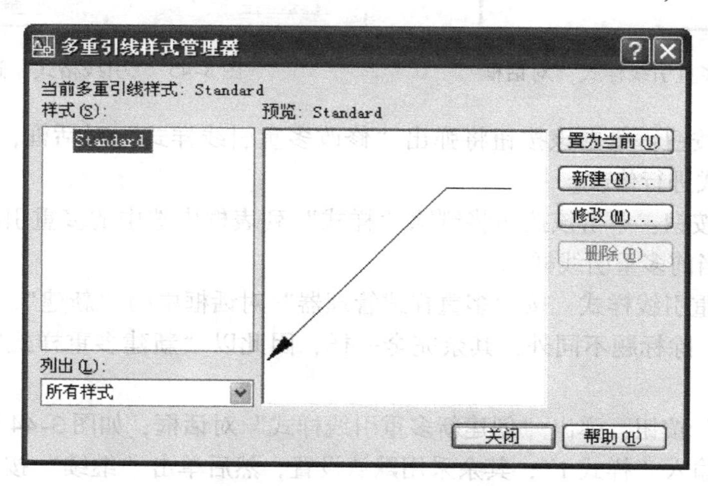

图3-43 “多重引线样式管理器”对话框

①“样式”列表框：列出了当前图形中定义的所有多重引线样式，醒目显示的是当前多重引线样式。用鼠标选中其中一种多重引线样式单击右键，弹出快捷菜单，可实现“置为当前”、“修改”、“重命名”或“删除”操作。

②“预览”区：用于实时反映对多重引线样式所作的更改，方便用户操作。

③“列出”下拉列表：选择用以确定在“样式”列表中显示的样式种类，有“所有样式”和“正在使用的样式”两种，默认的是“所有样式”。

④“置为当前”按钮：单击该按钮，将“样式”列表中选中的多重引线样式置为当前多重引线样式。

⑤“新建”按钮：用于新建一种多重引线样式。单击该按钮，弹出“创建新多重引线样式”对话框，如图 3-44 所示。

在“新样式名”文本框中输入新样式的名称，默认的样式名是在当前标注样式的基础上创建新样式的副本。为了便于管理和应用，新建的标注样式最好输入一个有意义的名称。

在“基础样式”下列表中，选择以哪个样式为基础创建新样式。

完成以后，单击“继续”按钮，弹出“修改多重引线样式”对话框，在该对话框中进行样式的各种设置，如图 3-45 所示。

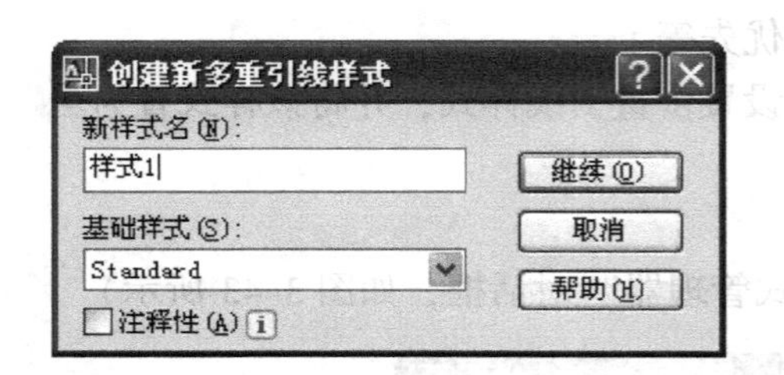

图 3-44　“创建新多重引线样式”对话框

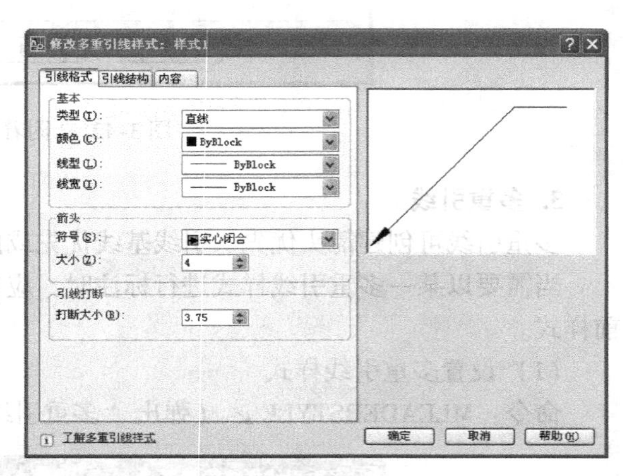

图 3-45　“引线格式”选项卡

⑥“修改”按钮：单击该按钮将弹出“修改多重引线样式”对话框，可以对“样式”列表中选中的样式进行修改。

⑦“删除”按钮：单击该按钮将删除“样式”列表框中选中的多重引线样式，但不能删除 Standard 和当前多重引线样式。

（2）创建多重引线样式　按“多重样式管理器”对话框中的“新建”、“修改”按钮得到的两个对话框，除标题不同外，其余完全一样，因此以“新建多重样式”对话框为例说明对话框的操作。

单击“新建”按钮，弹出“创建新多重引线样式”对话框，如图 3-44 所示。在“新样式名”文本框中输入“样式 1”，其余采用默认设置，然后单击“继续”按钮，弹出“修改多重引线样式”对话框，该对话框只中包括 3 个选项卡，即“引线格式”、“引线结构”和“内容”，如图 3-45 所示。

①“引线格式”选项卡：用于设置引线、引线箭头的格式和特性，如图 3-45 所示。“基本”选项区中的“类型”可设置多重引线的类型，可以是“直线”、“曲线”或“无”；“箭头”选项区可设置多重引线箭头的类型及大小；其他采用默认设置。

②“引线结构”选项卡

“约束”选项区中的“最大引线点数”复选框用于确定是否要指定引线断点的最大数量，选择复选框表示要指定，此时可以通过其右侧的组合框指定具体的值。“第一段角度”和

“第二段角度”复选框分别用于确定是否设置反映引线中第一段直线和第二段直线方向的角度。选择复选框后，用户可以在对应的组合框中指定角度，一旦指定了角度，对应线段的角度方向会按设置值的整数倍变化。

“基线设置”选项区设置多重引线中的基线（如图3-46所示引线上的水平直线部分）。其中“自动包含基线”复选框用于设置引线中是否含基线，“设置基线距离”用来指定基线的长度。

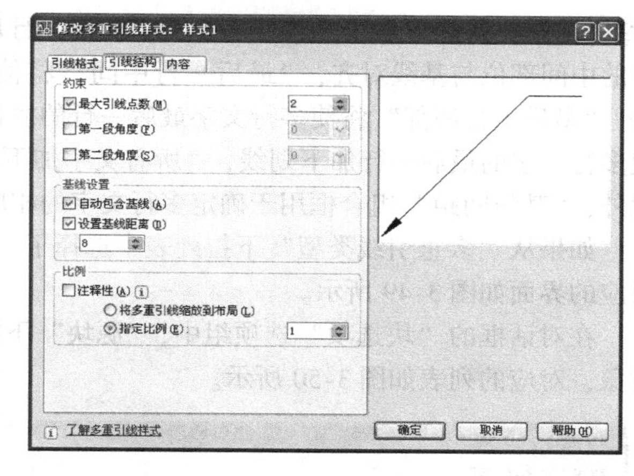

图3-46　“引线结构”选项卡

“比例”选项区设置多重引线标注的缩放关系。“注释性”用于确定多重引线样式是否为注释性样式。“将多重引线缩放到布局”表示将根据当前模型空间视口和图纸空间之间的比例确定比例因子。“指定比例”用于为所有多重引线标注设置一个缩放比例。

③“内容”选项卡：用于设置多重引线标注的内容，如图3-47所示。

“多重引线类型”下拉列表设置多重引线标注的类型，列表中有“多行文字”、“块”和“无”三个选择，即表示由多重引线标注出的对象可以是多行文字、块或没有内容。

“文字选项”区用于设置多重引线标注的文字内容。当“多重引线类型”下拉列表中选中“多行文字”时才显示此选项组。

“引线连接”一般用于设置标注出的对象沿垂直方向相对于引线基线的位置。当“多重引线类型”下拉列表中选中“多行文字”时才显示此选项组。其中，“连接位置-左”表示引线位于多行文字的左侧，“连接位置-右”表示引线位于多行文字的右侧，与它们对应的列表如图3-48所示（两个列表的内容相同）。

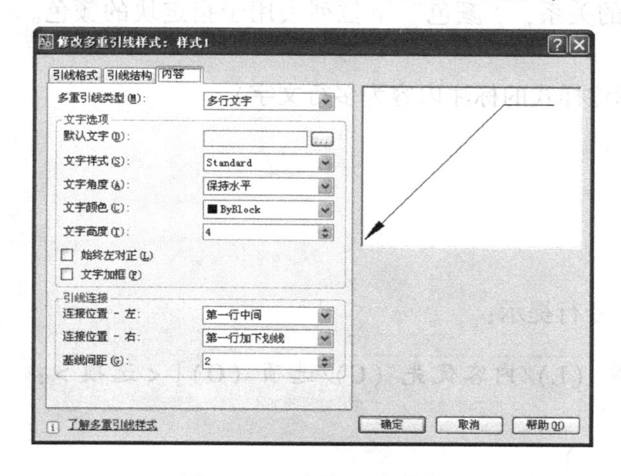

图3-47　“内容”选项卡

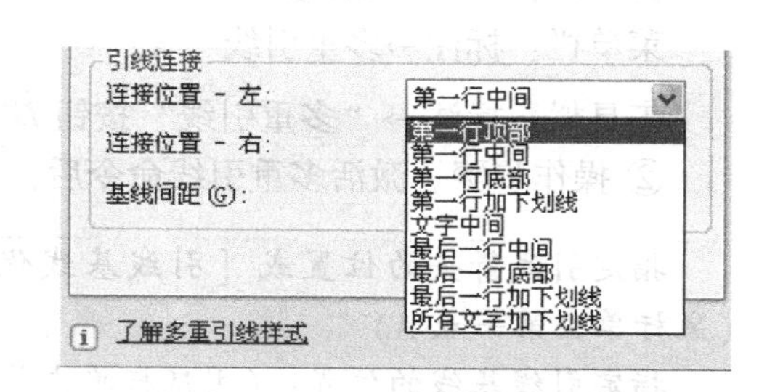

图3-48　“连接位置”下拉列表

列表中，“第一行顶部”将使多行文字第一行的顶部与基线对齐，“第一行中间”将使多行文字第一行的中间部位与基线对齐，“第一行底部”将使多行文字第一行的底部与基线对齐，“第一行加下划线”将使多行文字的第一行加下划线，“文字中间”将使整个多行文字的中间部位与基线对齐，“最后一行中间”将使多行文字最后一行的中间部位与基线对齐，“最后一行底部”将使多行文字最后一行的底部与基线对齐，“最后一行加下划线”将使多行文字的最后一行加下划线，“所有文字加下划线”将使多行文字的所有行加下划线。此外，“基线间距”组合框用于确定多行文字的相应位置与基线之间的距离。

如果从“多重引线类型”下拉列表中选择了“块”，表示多重引线标注出的对象是块，对应的界面如图 3-49 所示。

在对话框的“块选项”选项组中，“源块”下拉列表框用于确定多重引线标注使用的块对象，对应的列表如图 3-50 所示。

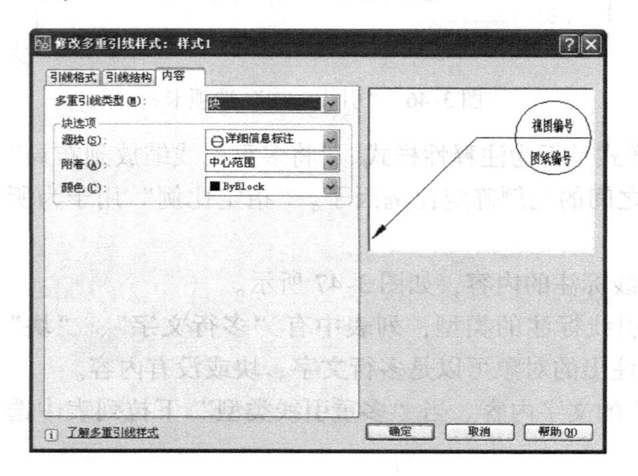

图 3-49　将“多重引线类型”设为“块”后的界面

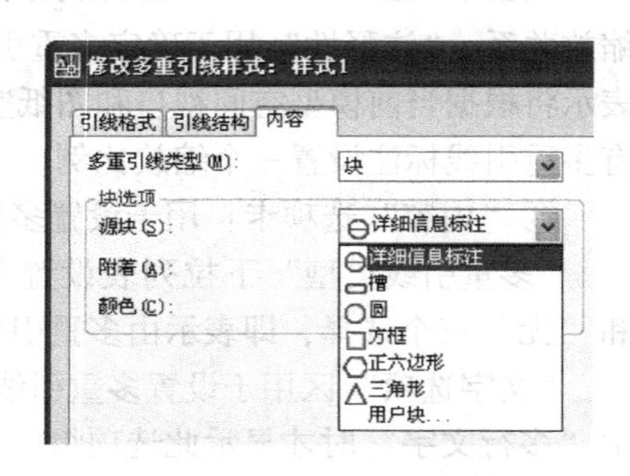

图 3-50　“源块”下拉列表

下拉列表中位于各项前面的图标说明了对应块的形状。实际上，这些块是含有属性的块，即标注后还允许用户输入文字信息。列表中的“用户块”用于选择用户自己定义的块。

“附着”下拉列表框用于指定块与引线的关系，“颜色”下拉列表用于指定块的颜色。但一般采用“ByBlock”。

(3) 多重引线标注（设当前多重引线标注样式的标注内容为多行文字）

① 命令激活方式

命令行：MLEADER ↙

菜单栏：标注→多重引线

工具栏：标注→“多重引线”按钮

② 操作步骤。激活多重引线命令后，命令行提示：

```
指定引线箭头的位置或 [引线基线优先 (L)/内容优先 (C)/选项 (O)] <选项>：(鼠标单击第一点 A)
指定引线基线的位置：(用鼠标单击第二点)
```

AutoCAD 弹出文字编辑器，从中输入对应的文字，如图 3-51 所示。输入完后单击工具栏上的“确定”，执行结果如图 3-39 所示。

各选项的功能如下：

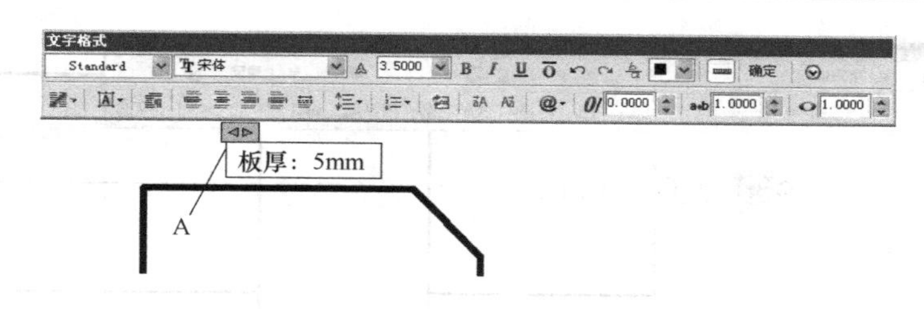

图 3-51　输入“板厚”标注文字

1）指定引线箭头的位置：用于确定引线的箭头位置。
2）引线基线优先（L）：首先确定引线基线的位置。
3）内容优先（C）：首先确定标注内容。
4）选项（O）：用于多重引线标注的设置。执行该选项，命令行提示：

输入选项［引线类型（L）/引线基线（A）/内容类型（C）/最大节点数（M）/第一个角度（F）/第二个角度（S）/退出选项（X）］<内容类型>：

① 引线类型（L）：用于确定引线的类型。
② 引线基线（A）：用于确定是否使用基线。
③ 内容类型（C）：用于确定多重引线标注的内容（多行文字、块、无）。
④ 最大节点数（M）：用于确定引线端点的最大数量。
⑤ 第一个角度（F）/第二个角度（S）：用于确定前两段引线的方向角度。

3.2.3.13　尺寸公差标注

利用图3-29所示的“公差”选项卡可以进行尺寸公差标注方面的各种设置。在“公差”选项卡中，“公差格式”选项组用于确定公差的标注格式，通过其可以确定以何种方式标注公差（对称、极限偏差及极限尺寸等）、尺寸公差的精度以及设置尺寸的上偏差和下偏差等。通过此选项卡的设置后进行尺寸标注，就可以标注出对应的公差。

当标注的尺寸公差不一样时，该方法就不太方便，实际可以通过“在位文字编辑器”很方便地标注公差，下面以图3-52所示轴公差标注进行说明。

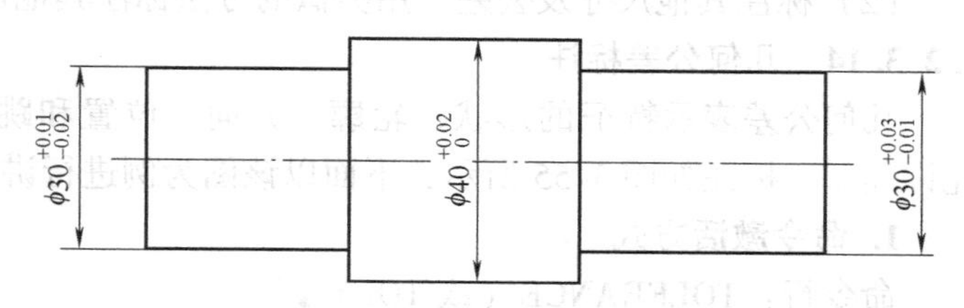

图 3-52　轴

操作步骤：

（1）标注 $\phi30$ 及公差　执行线性标注命令，命令行提示：

指定第一条尺寸界线原点或<选择对象>：（捕捉第一端点）
指定第二条尺寸界线原点：（捕捉第二端点）
指定尺寸线位置［多行文字（M）/角度（A）/水平（H）/垂直（V）/旋转（R）］：M↙

AutoCAD弹出文字编辑器，从中输入对应的尺寸文字“%%C30+0.01^-0.02”，如图3-53所示（深颜色背景的数字是自动测量值，如果要更改此值，按“Delete”键将其删除后输入新值即可）。

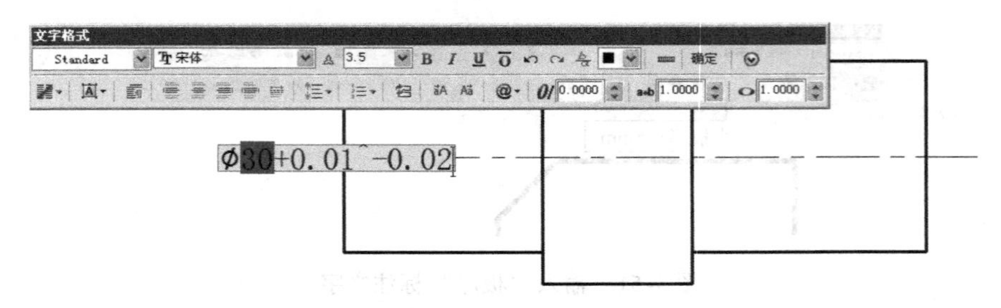

图 3-53　公差的输入

然后，选中“+0.01^-0.02”，单击工具栏上的“堆叠”按钮 实现堆叠，执行结果如图3-54所示。

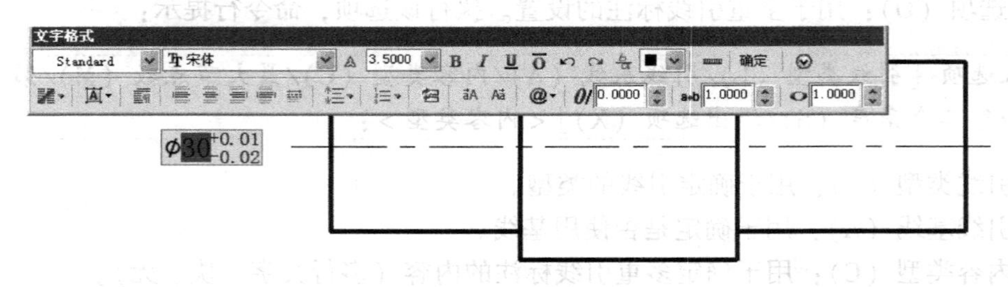

图 3-54　堆叠公差

单击“确定”按钮，命令行提示：

```
指定尺寸线位置或 [多行文字 (M)/角度 (A)/水平 (H)/垂直 (V)/旋转 (R)]:
(拖动鼠标，确定尺寸位置)
```

标注结果如图 3-52 所示。

(2) 标注其他尺寸及公差　用类似的方法标注其他尺寸与公差（过程略）。

3.2.3.14　几何公差标注

几何公差表示特征的形状、轮廓、方向、位置和跳动的允许偏差。标注如图 3-55 所示，下面以该图为例进行讲解。

图 3-55　平板

1. 命令激活方式

命令行：TOLERANCE（或 TOL）↙

菜单栏：标注→公差

工具栏：标注→“公差”按钮

2. 操作步骤

激活命令后，弹出“形位公差⊖”对话框，如图 3-56 所示。

① 符号：单击该列的■框，将弹出如图 3-57 所示的“特征符号”对话框。用户可以选择所需要的符号。例如，选择 //。

⊖ 由于软件中仍为“形位公差”，所以此处沿用，其他地方使用新标准中的术语“几何公差”。

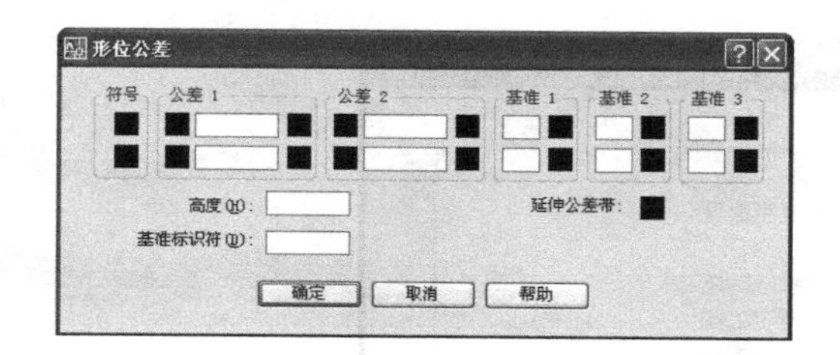

图3-56　“形位公差”对话框

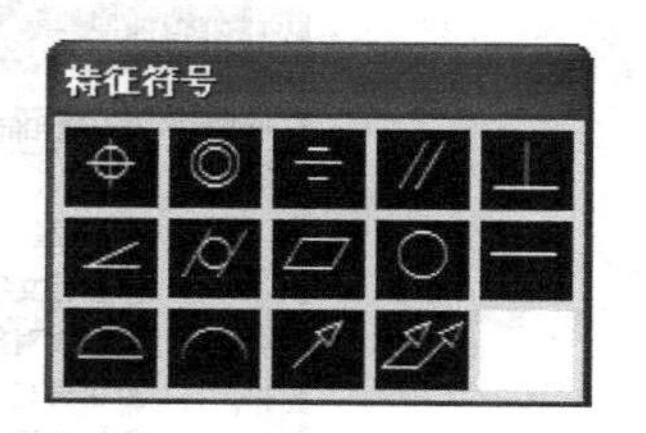

图3-57　“特征符号”对话框

② 公差1、公差2：用于在相应的输入框中输入公差值。单击该列前面的■框，将在公差值前加符号“ϕ”。单击该列后面的■框，将打开如图3-58所示的“附加符号”对话框，该对话框用来为公差选择包容条件。例如，在文本框中输入“0.01”。

图3-58　“附加符号”对话框

③ 基准1、基准2、基准3：用于设置公差基准和相应的包容条件。例如，此处只在“基准1”的文本框中输入“A”。

④ 高度：设置投影公差带值。

⑤ 延伸公差带：单击该■框，可在延伸公差带值的后面插入延伸公差带符号。

⑥“基准标识符”文本框：创建由参照字母组成的基准标识符。

按照以上操作标注的几何公差为 | // | 0.01 | A | 。

标注出几何公差后，却不能自动生成引出几何公差的指引线，需要用“引线标注”命令创建引线。操作过程如下：

命令：QLEADER↙
指定第一个引线点或［设置（S）］<设置>：S↙（弹出“引线设置”对话框，设置“注释”、“引线和箭头”选项卡，设置结果如图3-59、图3-60所示，设置完毕后按“确定”按钮）
指定第一个引线点或［设置（S）］<设置>：(指定第一点)
指定下一点：(指定第二点)
指定下一点：(指定第三点，弹出“形位公差”对话框，设置完成后按“确定”按钮)

执行结果如图3-55所示。

3.2.3.15　圆心标记标注

该命令用于给圆或圆弧标注中心符号，其大小及形式在图3-20所示的尺寸样式中设置，有“标记”、“无”、“直线”三种选择，如图3-61所示。

1. 命令激活方式

命令行：DIMCENTER↙

菜单栏：标注→圆心标记

工具栏：标注→“圆心标记”按钮

2. 操作步骤

激活命令后，命令行提示：

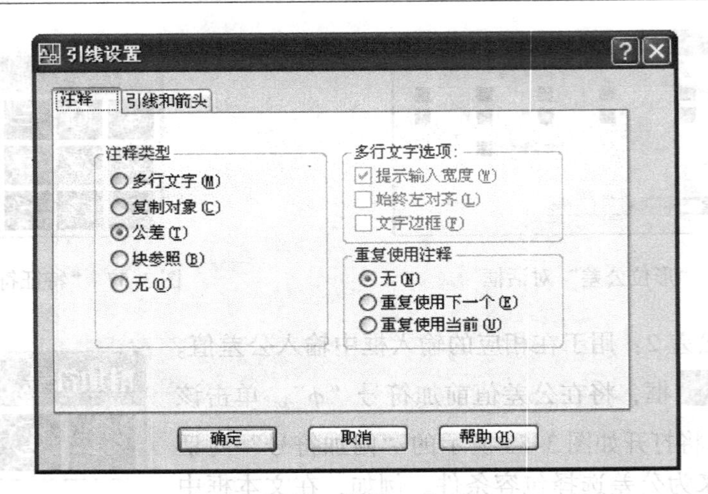

图 3-59　“注释”选项卡

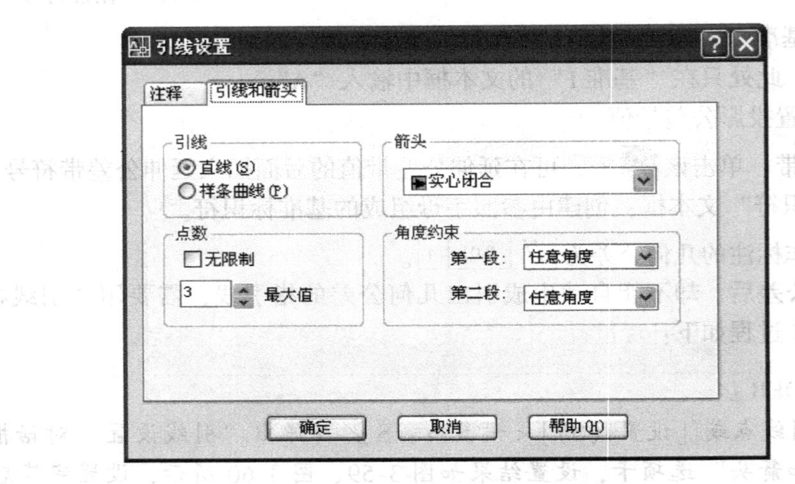

图 3-60　“引线和箭头”选项卡

选择圆弧或圆:(单击圆弧或圆)

执行结果如图 3-61 所示。

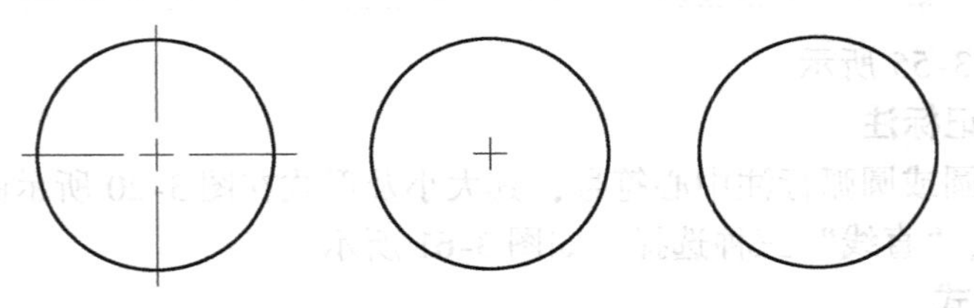

图 3-61　圆心标记

3.2.4　尺寸标注的编辑

3.2.4.1　编辑标注

用于调整标注文字的位置、修改标注文字的内容、旋转文字、倾斜尺寸界线等，主要用于将尺寸界线倾斜，如图 3-62 所示。

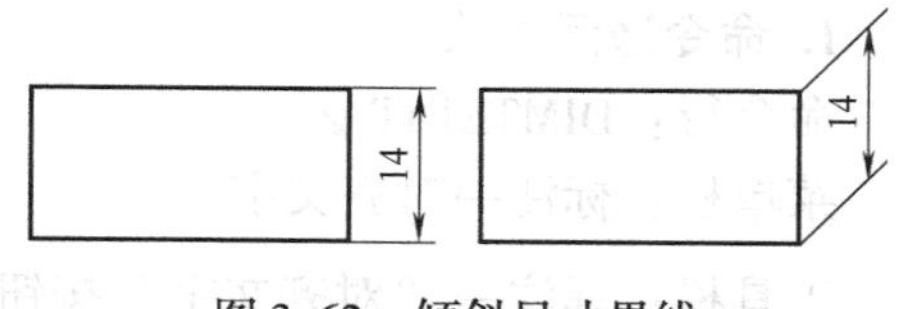

图 3-62　倾斜尺寸界线

1. 命令激活方式

命令行：DIMEDIT↙

菜单栏：标注→倾斜

工具栏：标注→“编辑标注”按钮

2. 操作步骤

激活命令后，命令行提示：

输入标注编辑类型［默认（H）/新建（N）/旋转（R）/倾斜（O）］<默认> O↙
选择对象：（选择需编辑的标注对象）
输入倾斜角度（按“Enter”键表示无）：45↙

执行结果如图 3-62 所示。左图为尺寸界线倾斜之前的标注，右图为尺寸界线倾斜之后的标注。

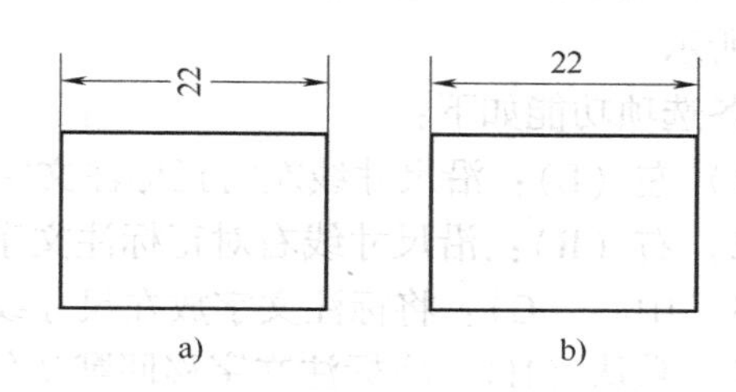

图 3-63 “默认”选项
a）指定“默认”选项之前　b）指定“默认”选项之后

各选项功能如下：

1）默认（H）：将所选尺寸退回到未编辑状态，如图 3-63 所示。

2）新建（N）：打开“文字格式”工具栏（见图 3-64），编辑标注文字。编辑后结果如图3-65所示。

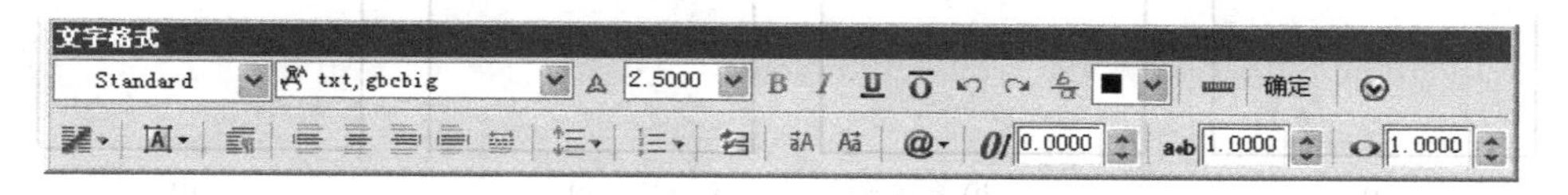

图 3-64　“文字格式”工具栏（1）

3）旋转（R）：将标注文字旋转某一角度，标注结果如图 3-66 所示。

4）倾斜（O）：将尺寸界线倾斜一个角度，标注结果如图 3-62 所示。

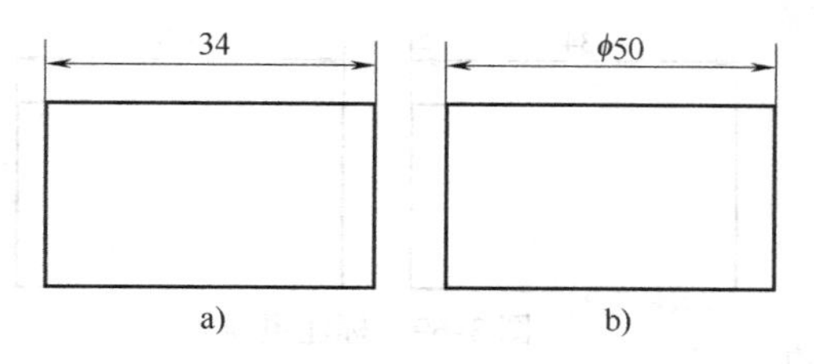

图 3-65　“新建”选项
a）指定“新建”选项之前　b）指定“新建”选项之后

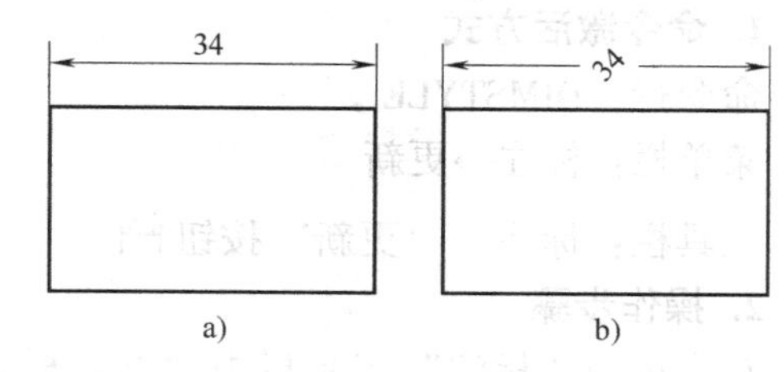

图 3-66　“旋转”选项
a）指定“旋转”选项之前　b）指定“旋转”选项之后

3.2.4.2　标注文字的编辑

主要用于调整标注文字的位置，如图3-67所示。

1. 命令激活方式

命令行：DIMTEDIT ↙

菜单栏：标注→对齐文字

工具栏：标注→“对齐文字”按钮

2. 操作步骤

激活命令后，命令行提示：

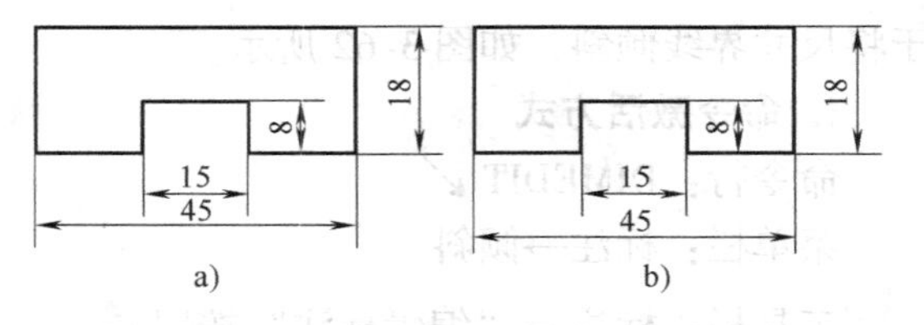

图 3-67　编辑标注文字

> 选择标注：(选择需编辑的标注)
> 指定标注文字的新位置或［左 (L)/右 (R)/中心 (C)/默认 (H)/角度 (A)］：(移动鼠标将文字放在适当位置或输入选项)

执行结果如图 3-67 所示。左图中的尺寸“15”、“45”间距太小，需调整，调整结果如右图所示。

各选项功能如下：

1）左（L）：沿尺寸线左对正标注文字，如图 3-68a 所示。

2）右（R）：沿尺寸线右对正标注文字，如图 3-68b 所示。

3）中心（C）：将标注文字放在尺寸线中间，如图 3-68c 所示。

4）默认（H）：将标注文字移回默认位置。

5）角度（A）：修改标注文字的角度，如图 3-68d 所示。

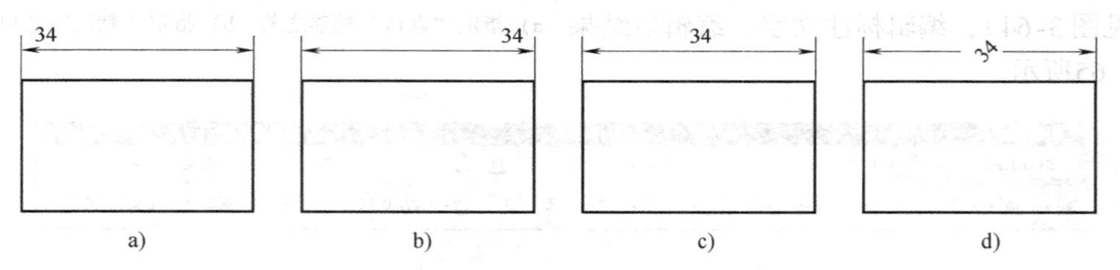

图 3-68　文字对齐方式

a）左对齐　b）右对齐　c）中心对齐　d）角度设为 30°

3.2.4.3　尺寸标注的更新

用当前标注样式更新标注对象，如图 3-69 所示。

1. 命令激活方式

命令行：DIMSTYLE ↙

菜单栏：标注→更新

工具栏：标注→“更新”按钮

2. 操作步骤

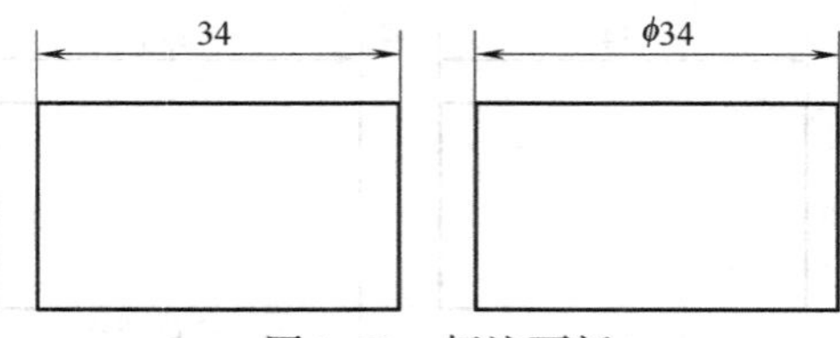

图 3-69　标注更新

首先单击“标注”工具栏中“标注样式”的下拉菜单，选择目标标注样式。激活“更新”命令后，连续选择需更新的标注，最后单击鼠标右键或按“Enter”键。

执行结果如图 3-69 所示。左图“34”为标注更新之前的尺寸，右图“ϕ34”为标注更新之后的尺寸。

3.2.4.4 尺寸特性的修改

特性窗口实际上就是对已注尺寸的标注样式进行“替代”修改。

1. 命令激活方式

命令行：PROPERTIES ↙

菜单栏：修改→特性

工具栏：标准→“特性”按钮

2. 操作步骤

打开特性窗口，单击需修改标注样式的标注对象，在特性窗口中对相应变量进行修改。修改完成后，按“Esc”键退出操作。

3.3 图形块

CAD 图形中，常需要绘制大量相同的或类似的图形对象，如机械制图中的螺栓、螺钉、表面粗糙度等。这时除了采用“复制”等方式进行图形复制或编辑外，还可以把这些经常用到的图形预先定义成图块，并在使用时将其插入到当前图形或其他图形中，从而增加绘图的准确性，提高绘图速度。

3.3.1 块的概念及创建块

3.3.1.1 块的概念

图块是由多个对象组合在一起，并作为一个整体来使用的图形对象。这样对于复杂图形的创建，尤其是一些有重复部分的图形，非常方便。

3.3.1.2 创建块

AutoCAD 2008 有两种方法来创建块：在当前图形中创建块和将块保存为独立的文件，插入块的时候直接指定图形文件的名字。

1. 在当前图形中创建块

(1) 命令激活方式

命令行：BLOCK（或 B）↙

菜单栏：绘图→块→创建

工具栏：绘图→“创建块”按钮

(2) 操作步骤

1）激活命令后，弹出如图 3-70 所示的“块定义”对话框。

2）在“名称”栏内写上块名称，如表面粗糙度。单击“拾取点”按钮，进入绘图界面，选择完成后，返回“块定义”对话框。

3）单击“选择对象”按钮，进入绘图界面，选中表面粗糙度符号的 4 条直线，返回“块定义”对话框。

4）单击“块定义”窗口的“确定”按钮。

表面粗糙度符号块创建完成。

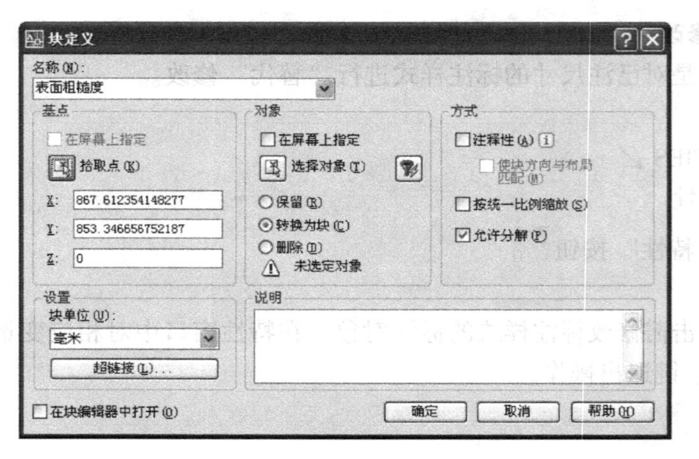

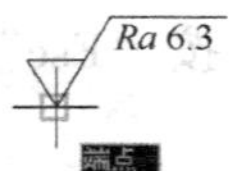

图 3-70　“块定义”对话框及基点拾取

“块定义”对话框中各选项的功能如下：

① 名称：为便于图块的保存和调用，用户可在名称文本框中输入汉字、英文、数字等字符，作为图块的名称。

② 基点：插入基点可以选取图块上的任何一点，但通常利用“拾取点”按钮选择图块中具有典型特征处的点。选择插入基点还可在图块定义对话框中直接通过输入基点的 X、Y、Z 坐标值来确定。

③ 对象：单击“选择对象”按钮，将切换到绘图窗口，选择构成图块的对象。另外，还可以通过按钮，在弹出的“快速选择”对话框中选择构成图块的对象。

在对象选择区还有三个选项提供了创建图块后对构成图块的原图的处理方式：

- 保留：在图形屏幕上保留原图，但把它们当做一个个普通的单独对象。
- 转换为块：在图形屏幕上保留原图，并将其转化为插入块的形式。
- 删除：在图形屏幕上不保留原图。

④ 块单位：通过下拉列表框可以选择块的一个插入单位。

⑤ 说明：在该区中可以输入与块定义相关的说明部分。

2. 将块作为一个独立文件保存

使用“BLOCK”命令创建的块只能在当前图形中使用，要将建立的块用到别的文件中，这时就需要将块保存为独立的文件。

（1）命令激活方式

命令行：WBLOCK ↙

（2）操作步骤

1）打开现有图形或创建新图形。

2）输入命令“WBLOCK”，弹出“写块”对话框，如图 3-71 所示。

3）设置好各项，按“确定”按钮。

图 3-71　“写块”对话框

"写块"对话框中各选项的功能如下：

①"源"选项卡

块：把当前图形中已定义好的块保存到磁盘文件中。可以从右边的下拉列表中选择一个块名，这时"基点"和"对象"选项组都不可用。

整个图形：把当前图形作为一个图块存盘，这时"基点"和"对象"选项组都不可用。

对象：从当前图形中选择图形对象定义为块。

②"基点"和"对象"选项卡：与"块定义"中的意义相同。

③目标：用于指定输出的文件名称、路径及文件作为块插入时的单位。

3.3.2 插入块

1. 命令激活方式

命令行：INSERT↙

菜单栏：插入→块

工具栏：绘图→"块"按钮

2. 操作步骤

1）激活命令后，弹出如图3-72所示的"插入"对话框。

2）通过"名称"栏的下拉列表选择已建立的图块名，如"粗糙度"。在"插入点"区选中"在屏幕上指定"复选框。在"比例"区的"X"、"Y"、"Z"栏都输入"1"。在"旋转"区可选中"在屏幕上指定"复选框或在"角度"文本框直接输入准确的角度值。单击"确定"按钮，在图中选择适当的插入点，如图3-73所示。

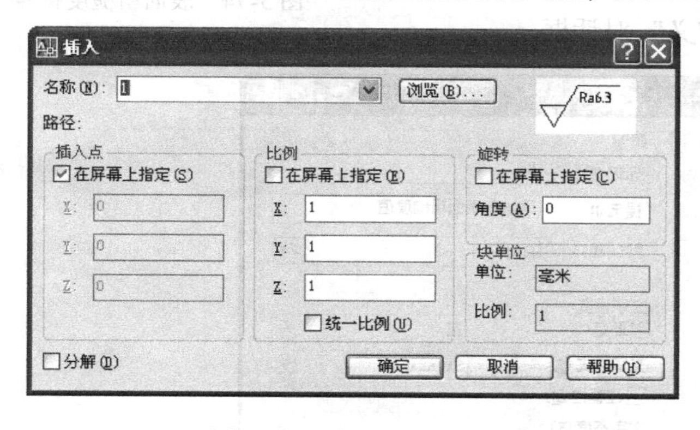

图3-72 "插入"对话框

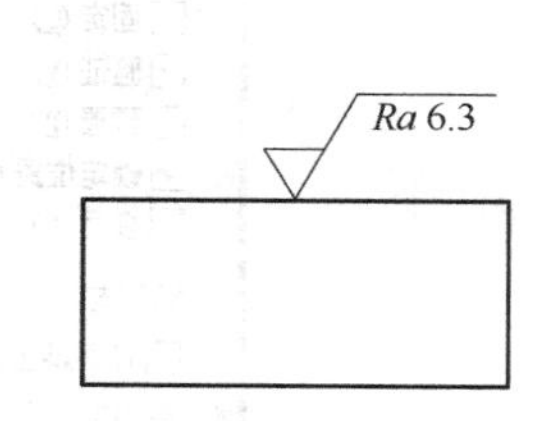

图3-73 插入粗糙度符号

"插入"对话框中各选项的功能如下：

①插入点：根据插入图形的放置位置确定插入点。定义图块时所确定的插入基点，将与当前图形中选择的插入点重合。将图形文件的整幅图形作为图块插入时，它的插入基点即该图的原点。

②比例：插入图块时X、Y、Z三个方向可以采用不同的缩放比例，也可以通过拾取"统一比例"来选择所插入图块的X、Y、Z三个方向使用相同的缩放比例。

③旋转：在该区域，用户可以指定图块插入时的旋转角度值，也可以直接在屏幕上指定。

④ 分解：当前图形中插入的图块是作为一个整体存在的，因此不能对其中已失去独立性的某一基本对象进行编辑。若在“插入”对话框中拾取“分解”，则可将插入的图块分解成组成图块的各基本对象，这样以后再对插入图块中的某一部分进行编辑时，就不必受到图块整体性的限制了。

3.3.3 块的属性

块属性就是从属于块的文本信息，是块的组成部分。块可以没有属性，也可以有多个属性。当插入带有属性的块时，就可以同时插入由属性值表示的文本信息。使用块属性可以快速地完成文本修改，完成多处只有文本不同的块的插入。

因为零件表面的加工要求不同，粗糙度数值就不同，因此需要利用块属性输入不同的粗糙度数值，完成多处不同要求的粗糙度标注。下面就以此为例，讲解块属性操作的一般方法。

3.3.3.1 块的属性的创建

1. 命令激活方式

命令行：ATTDEF↙

菜单栏：绘图→块→定义属性

2. 操作步骤

1）在绘图区绘制表面粗糙度符号，$H_2=2H_1$ 如图 3-74 所示。

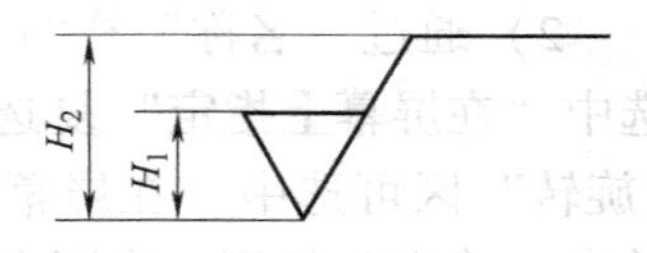

图 3-74　表面粗糙度符号

2）在下拉菜单中依次选择“绘图”→“块”→“定义属性”，弹出如图 3-75 所示的“属性定义”对话框。

图 3-75　“属性定义”对话框（1）

3）属性生成“模式”可选择为不可见、固定、验证、预置四种方式（四个复选框均不选）。输入“属性”参数，“标记”为“*Ra*”。“提示”为“请输入表面粗糙度值”，“默认”

为“*Ra*1.6”。

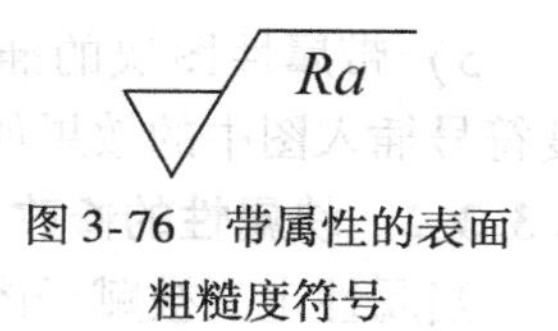

图 3-76　带属性的表面粗糙度符号

确定“文字设置”，包括对正、文字样式、高度、旋转。单击“确定”按钮，返回绘图区，将属性插入粗糙度符号上方，形成带属性的粗糙度符号，如图 3-76 所示。

“属性定义”对话框各选项的功能如下：

①“模式”选项区

- 不可见：控制块插入时属性的可见性。
- 固定：控制块插入时属性值是否固定。
- 验证：控制块插入时是否需要验证其属性。读者一般情况下可以选用验证模式。
- 预置：控制块插入时是否按预置值自动填写。

②“属性”选项区

- 标记：是属性的名字，提取属性时要用此标记，它相当于数据库中的字段名。属性标记不能为空值，可以使用任何字符组合，最多可以选择 256 个字符。
- 提示：用于设置属性提示，在插入该属性图块时，命令提示行将显示相应的提示信息。
- 默认：属性文字，是插入块时默认显示在图形中的值或文字字符，该属性可以在块插入时改变。

③“插入点”选项区：用于设置属性的插入点，即属性值在图形中的排列起点。插入点可在屏幕上指定，也可以通过在 X、Y、Z 编辑框输入相应的坐标值作为属性的定位点。

④“文字设置”选项区：可以设置属性文字的对正、样式、高度和旋转样式。

⑤“在上一个属性定义下对齐”复选框：选中该复选框，表示使用与上一个属性文字相同的文字样式、文字高度以及旋转角度，并在上一个属性文字的下一行对齐。选中该复选框后，插入点和文字选项不能再定义。如果之前没有创建属性定义，则此选项不可用。

4）单击“创建块”图标，弹出“块定义”对话框，输入图块名，拾取最低点作为基点。单击“选择对象”按钮后返回绘图区，选取的对象为 Ra，回车后返回“块定义”对话框，单击“确定”按钮，弹出如图 3-77 所示的“编辑属性”对话框，可在编辑栏内输入所需的粗糙度数值。单击“确定”按钮，就创建了带属性的图块，如图 3-78 所示。

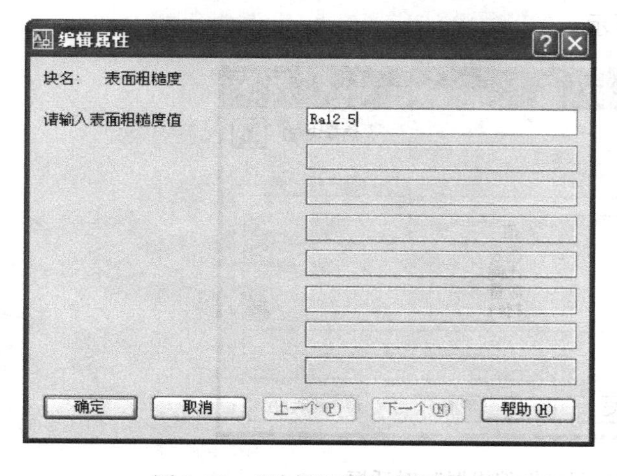

图 3-77　“编辑属性”对话框

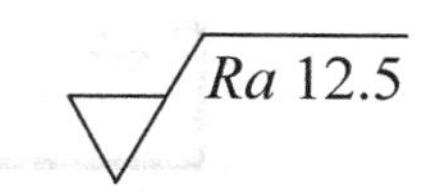

图 3-78　属性定义示例

5）带属性图块的插入。将带属性的粗糙度符号插入图中的效果如图 3-79 所示。

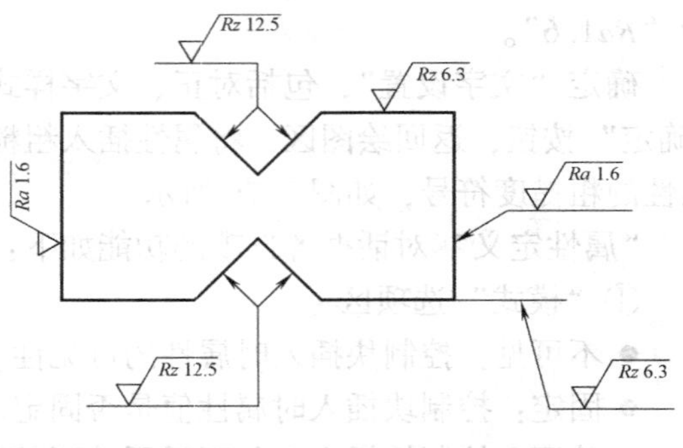

图 3-79　粗糙度标注示例

3.3.3.2　块属性的修改

当属性定义被赋予图块并已经插入到图形时，仍然可以编辑或修改图块对象的属性值。

1. 命令激活方式

命令行：EATTEDIT↙

菜单栏：修改→对象→属性→单个

工具栏：修改Ⅱ→“编辑属性”按钮

2. 操作步骤

图 3-80 所示为已插入的定义了属性的标题栏块，如果要改变它的属性值请按下述步骤操作：

<table>
<tr><td colspan="3" rowspan="2">（图名）</td><td>材料</td><td></td><td>比例</td><td></td></tr>
<tr><td>数量</td><td></td><td>图号</td><td></td></tr>
<tr><td>制图</td><td>（姓名）</td><td>（日期）</td><td colspan="4" rowspan="2">（校名和班名）</td></tr>
<tr><td>审核</td><td></td><td></td></tr>
</table>

图 3-80　定义属性的标题栏

1）单击“修改Ⅱ”→“编辑属性”按钮，激活块属性修改命令。

2）选择标题栏，弹出如图 3-81 所示的“增强属性编辑器”对话框。用鼠标左键选择某一属性，输入新的属性值，单击“确定”按钮，从而实现插入图块的属性编辑修改。

“增强属性编辑器”对话框有 3 个选项卡：

①“属性”选项卡：显示了当前图块中每个属性定义的标记、提示和值。如果选择某一个属性，系统就会在“值”文本框中显示其对应的属性值。用户可以通过该文本框对图块的属性值进行编辑修改，如图 3-81 所示。

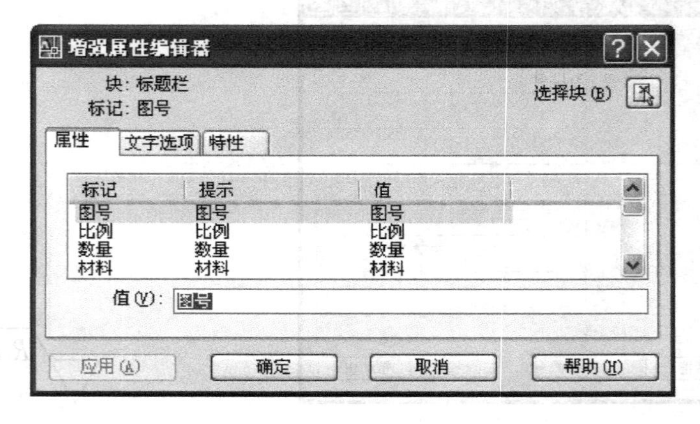

图 3-81　“增强属性编辑器”对话框

②“文字选项”选项卡：如图 3-82 所示，用于修改属性文字的格式。用户可以通过对应的文本框进行修改。

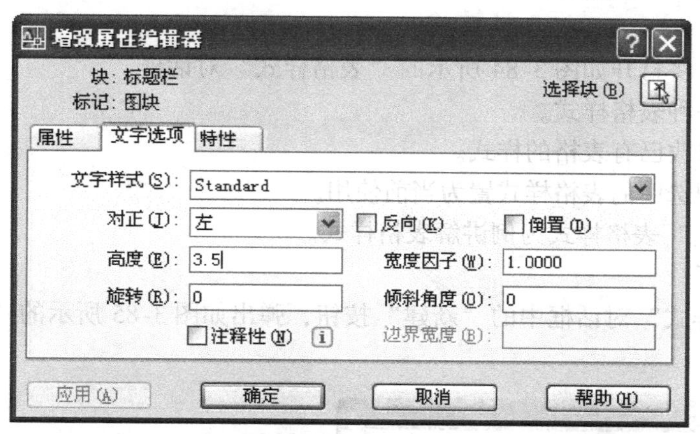

图 3-82　“增强属性编辑器”的“文字选项”选项卡

③“特性”选项卡：如图 3-83 所示，用于修改属性对象的特性，包含属性所在的图层及其具有的线型、颜色和线宽等。

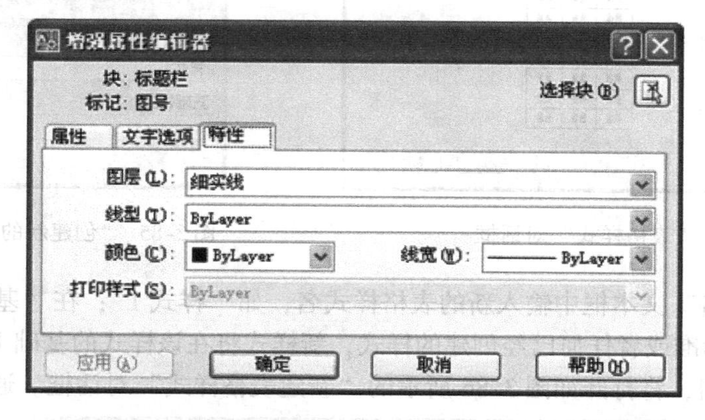

图 3-83　“增强属性编辑器”的“特性”选项卡

3.4　创建表格

表格在绘制工程图样时也经常出现，如标题栏、明细栏等。使用 AutoCAD 2008 中的文本和表格功能，可以轻松、快捷地在图样中创建文字和表格。

使用 AutoCAD 2008 提供的“表格”功能可以创建表格，还可以从 Microsoft Excel 中直接复制表格，并将其作为 AutoCAD 2008 的表格对象粘贴到图形中。此外，还可以输出 AutoCAD的表格数据，以供 Microsoft Excel 或其他应用程序使用。

3.4.1　设置表格样式

1. 命令激活方式

命令行：ABLESTYLE ↙

菜单栏：格式→表格样式

工具栏：样式→“表格样式”按钮

2. 操作步骤

激活命令后，将打开如图 3-84 所示的“表格样式”对话框。

新建：新建一种表格样式。

修改：可以修改已有表格的样式。

置为当前：把选中的表格样式置为当前使用。

下面以“新建”表格样式为例讲解表格样式。

操作过程如下：

单击“表格样式”对话框中的“新建”按钮，弹出如图 3-85 所示的“创建新的表格样式”对话框。

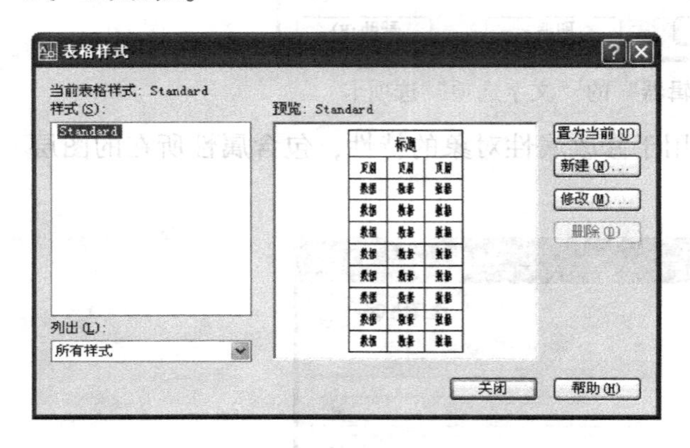

图 3-84　“表格样式”对话框

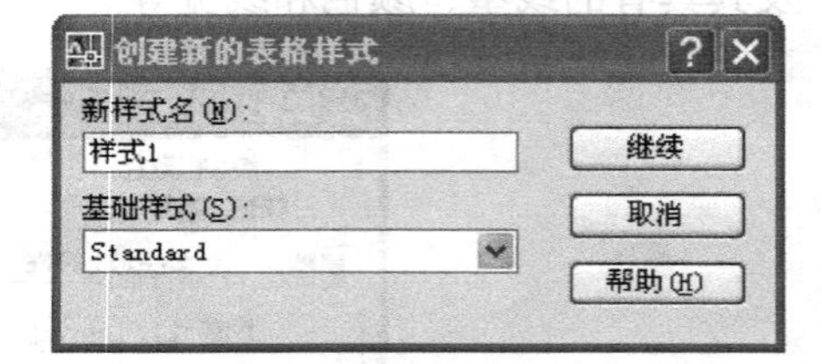

图 3-85　“创建新的表格样式”对话框

在“新样式名”文本框中输入新的表格样式名，如“样式 1”；在“基础样式”下拉列表中选择默认、标准或者任何已经创建的样式，新样式将在该样式的基础上进行修改，然后单击“继续”按钮，将打开如图 3-86 所示的“新建表格样式”对话框。通过它可以指定表

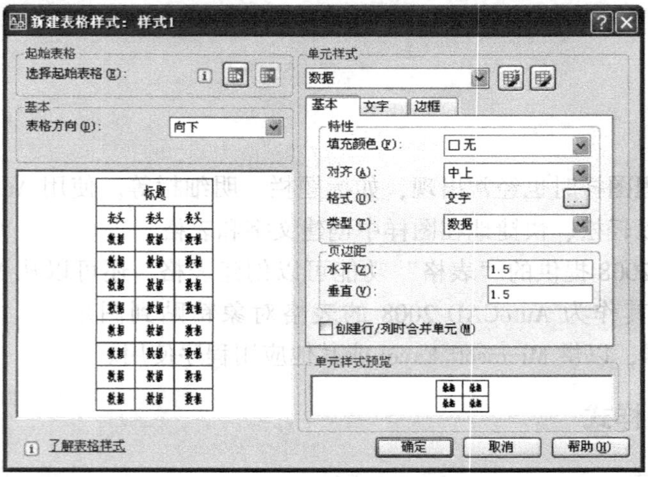

图 3-86　“新建表格样式”对话框（1）

格的格式、表格方向、边框特性和文本样式等内容。

对话框中各主要项的功能如下：

（1）“起始表格”选项区　该选项允许用户指定一个已有表格作为新建表格样式的起始表格。单击其中的按钮，AutoCAD 临时切换到绘图屏幕，并提示：

```
选择表格：(鼠标单击选择已有的表格)
```

在此提示下选择某一表格后，AutoCAD 返回到“新建表格样式”对话框，并在预览框中显示出该表格，在各对应设置中显示出该表格的样式设置。

通过按钮选择了某一表格后，还可以通过右侧的按钮删除该起始表格。

（2）“基本”选项区　通过“表格方向”列表框确定插入表格时的表格方向。列表中有“向下”、“向上”两个选项，“向下”表示创建由上而下读取的表格，即标题行和表头行位于表的顶部；“向上”则表示创建由下而上读取的表格，即标题行和表头行位于表的底部。

（3）“预览框”选项区　“预览框”用于显示新创建样式的表格预览图像。

（4）“单元样式”选项区　确定单元格的样式。用户可以通过对应的下拉列表确定要设置的对象，即在“数据”、“标题”、“表头”之间选择。

“单位样式”选项区中有“基本”、“文字”、“边框”三个选项卡，分别用于设置表格中的基本内容、文字和边框，对应的选项卡如图3-87所示。

“基本”选项卡用于设置基本特性，如文字在单元格中的对齐方式等。

“文字”选项卡用于设置文字特性，如文字样式等

“边框”选项卡用于设置边框特性，如边框线宽、线型、边框形式等，用户可以直接在“单元样式预览”区中预览对应单元的样式。

完成表格样式的设置后，单击“确定”按钮，AutoCAD 返回到图3-84所示的“表格样式”对话框，并将新定义的样式显示在“样式”列表框中。单击对话框中的“确定”按钮关闭对话框，完成新表格样式的定义。

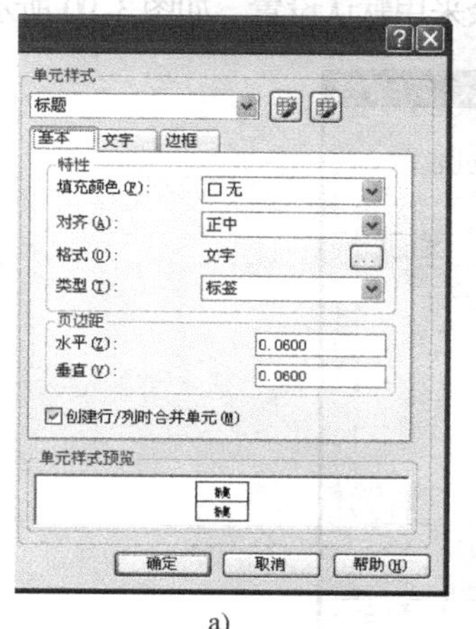

a)

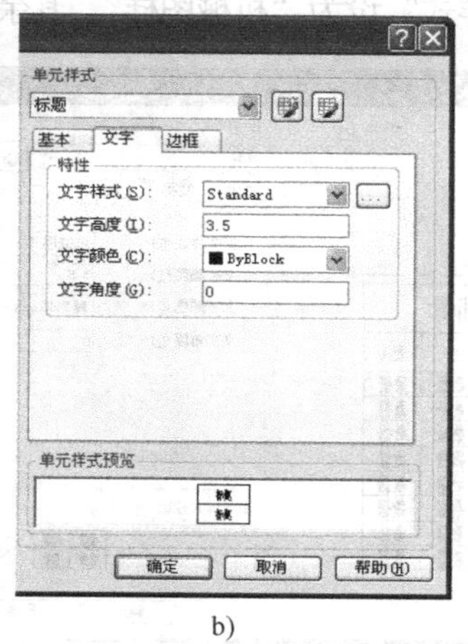

b)

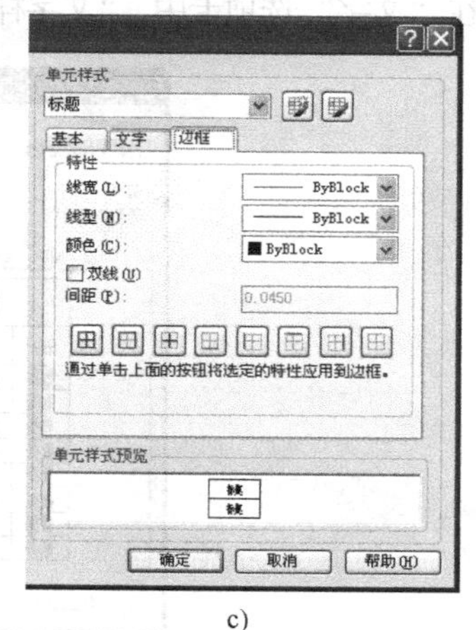

c)

图3-87　“单元样式”选项区中的选项卡

a）“基本”选项卡　b）“文字”选项卡　c）“边框”选项卡

【例 3-3】定义新表格样式。其中，表格样式名为“表格 1”，表格的标题、表头和数据单元格的设置均相同，即文字样式采用上示例定义的“机械图样”，单元格数据居中。

操作步骤：

1）激活新建表格样式，单击样式工具栏中的“表格样式按钮”，弹出“表格样式”对话框。

2）单击“表格样式”对话框中的“新建”按钮，弹出“创建新的表格样式”对话框，在“新样式名”文本框中输入“表格 1”，如图 3-88 所示。

3）单击“创建新的表格样式”对话框中的“继续”按钮，弹出“新建表格样式”对话框，如图 3-89 所示。

图 3-88　“创建新的表格样式”对话框

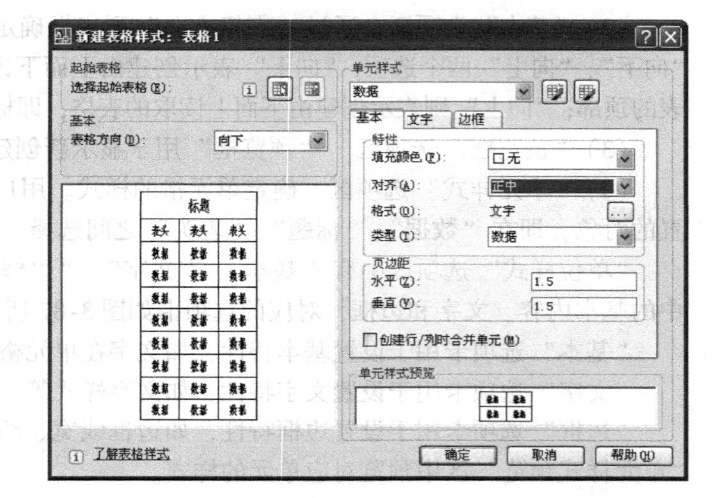

图 3-89　“新建表格样式”对话框（2）

在“基本”选项卡中，“对齐”设为“正中”，其余采用默认设置。

在“文字”选项卡中，“文字样式”设为“机械图样”，其余采用默认设置，如图 3-90 所示。

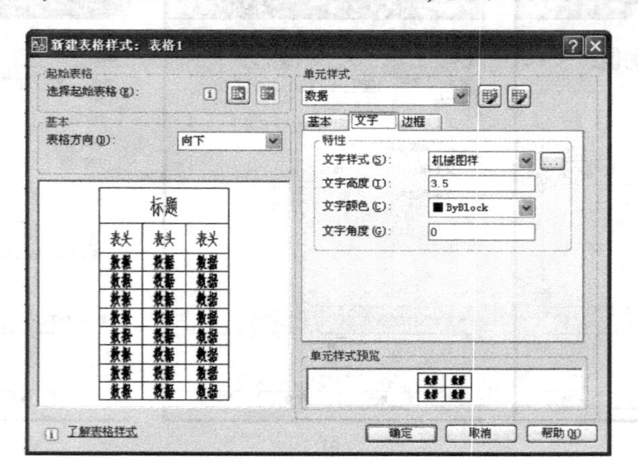

图 3-90　设置表格“文字”选项卡

在“边框”选项卡中对表格边框进行对应的设置，如图 3-91 所示。

然后，对标题和表头进行同样的设置（过程略）。

单击对话框中的“确定”按钮返回到“表格样式”对话框，单击对话框中的“关闭”按钮，完成表格样式的创建。

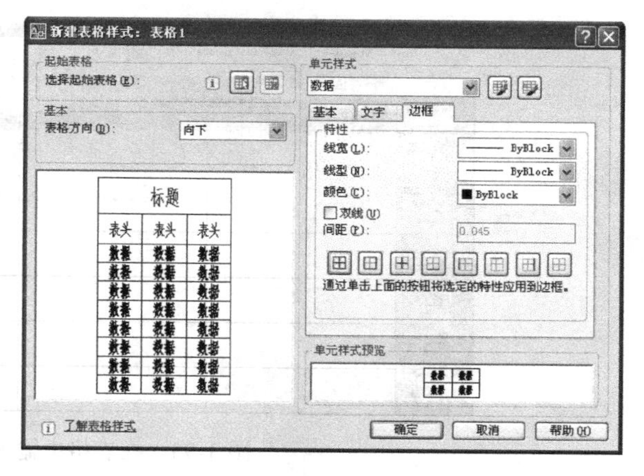

图 3-91　设置表格“边框”选项卡

3.4.2　创建表格

1. 命令激活方式

命令行：TABLE↙

菜单栏：绘图→表格

工具栏：绘图→“表格”按钮

2. 操作步骤

激活命令后，将打开“插入表格”对话框，如图 3-92 所示。各选项的功能如下：

1）“表格样式”选项区：可以从“表格样式”下拉列表框中选择表格样式，或单击其后的按钮，打开“表格样式”对话框，创建新的表格样式。

2）“插入选项”选项区：确定如何为表格填写数据。其中，“从空表格开始”单选按钮表示创建一个空表格，然后填写数据。“自数据链接”单选按钮表示根据已有的 Excel 数据表创建表格，选中此单选按钮后，可以通过按钮建立与已有 Excel 数据表中的链接。“自图形中的对象数据（数据提取）”单选按钮表示可以通过数据提取向导来提取图形中的数据。

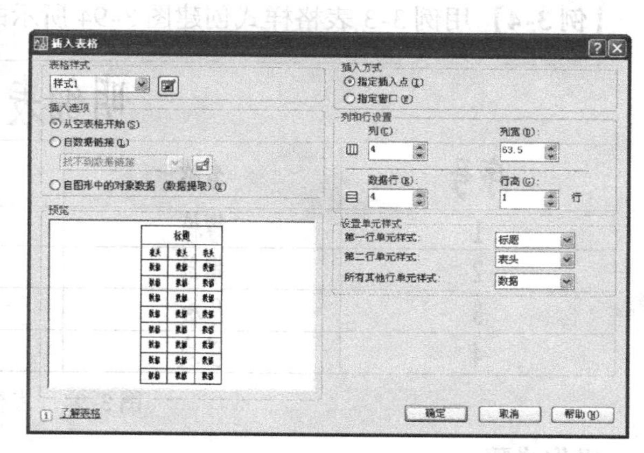

图 3-92　“插入表格”对话框

3）“预览”：预览表格的样式。

4）“插入方式”选项区：选择“指定插入点”单选按钮，可以在绘图窗口中的某点插入固定大小的表格；选择“指定窗口”单选按钮，可以在绘图窗口中通过拖动表格边框来创建任意大小的表格。

5）“列和行设置”选项区：用于设置表格中的列数、行数以及列宽与行高。

6）“设置单元样式”选项区：可以通过与“第一行单元样式”、“第二行单元样式”、“所有其他行单元样式”对应的下拉列表框，分别设置第一行、第二行和其他行的单元样式。每一个下拉列表中有“标题”、“表头”和“数据”三个选择。

通过“插入表格”对话框完成表格的设置后，单击“确定”按钮，而后根据提示确定表格的位置，即可完成表格插入到图形，且插入后 AutoCAD 弹出“文字格式”工具栏，同时将表格中的第一个单元醒目显示，此时就可以直接向表格输入文字，如图 3-93 所示。

输入文字时，可以利用箭头在单元格之间进行切换，以便在各单元格中输入文字。单击

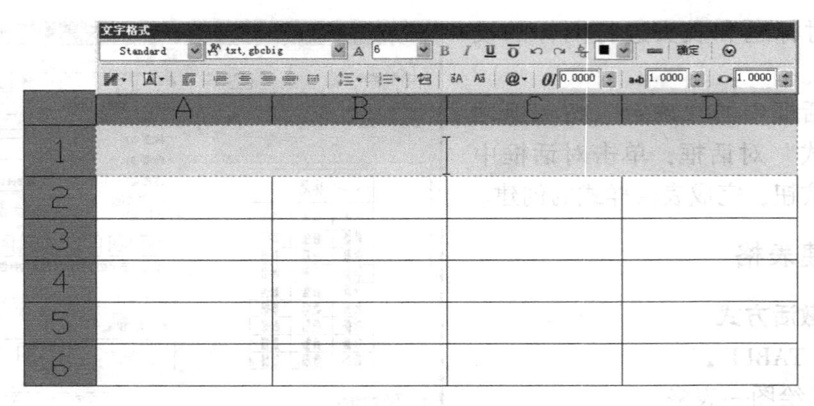

图 3-93　在表格中输入文字的界面

“文字格式”工具栏中的“确定”按钮，或在绘图屏幕上任意一点单击鼠标拾取键，则会关闭“文字格式”工具栏。

【例 3-4】用例 3-3 表格样式创建图 3-94 所示的表格。

明细表			
序号	名称	件数	备注
1	螺栓	4	GB27-88
2	螺母	4	GB41-76
3	压板	2	发蓝
4	压块	2	发蓝

图 3-94　表格

操作步骤：

1）单击绘图工具栏的“表格”按钮 ，在弹出的“插入表格”对话框中，进行对应的设置，如图 3-95 所示。

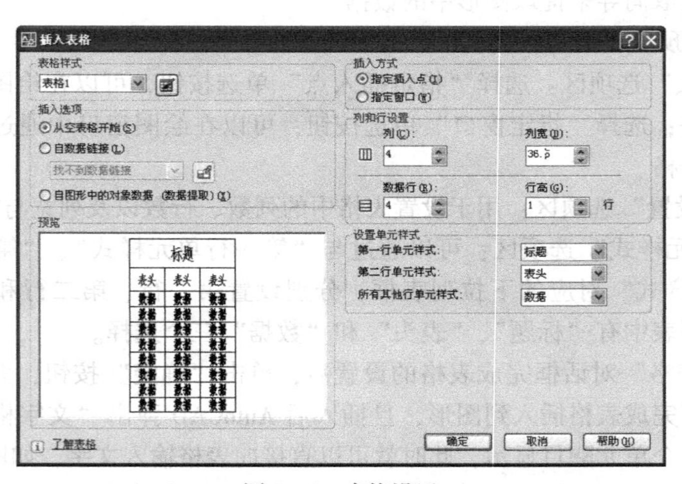

图 3-95　表格设置

2）单击“插入表格”对话框的“确定”按钮，根据提示确定表格的位置并填写表格。输入文字时，可以利用箭头在单元格之间进行切换，如图 3-96 所示。

	A	B	C	D
1	明细表			
2	序号	名称	件数	备注
3	1	螺栓	4	GB27-88
4	2	螺母	4	GB41-76
5	3	压板	2	发蓝
6	4	压块	2	发蓝

图 3-96　填写表格

3）填写完毕，单击“文字格式”中的“确定”按钮完成表格的填写，结果如图 3-94 所示。

3.4.3　编辑表格

用户可以修改已创建表格中的数据，也可以修改已有表格，如更改行高、列宽、合并单元格、删除单元格等。

1. 编辑表格数据

双击绘图屏幕中已有表格的某一单元格，AutoCAD 会弹出“文字格式”工具栏，并将表格显示成编辑模式，同时将所双击的单元格醒目显示，如图 3-96 所示。在编辑模式修改表格中的各数据后，单击“文字格式”工具栏中的“确定”按钮，即可完成表格数据的修改。

2. 编辑表格

（1）利用夹点功能修改已有表格的列宽和行高　选择对应的单元格，AutoCAD 会在该单元格的 4 条边上各显示出一个夹点，并显示出一个“表格”工具栏，如图 3-97 所示。

	A	B	C	D
1	明细表			
2	序号	名称	件数	备注
3	1	螺栓	4	GB27-88
4	2	螺母	4	GB41-76
5	3	压板	2	发蓝
6	4	压块	2	发蓝

图 3-97　表格编辑模式

通过拖动夹点，就能够改变对应行的高度或对应列的宽度。利用“表格”工具栏可以对表格进行各种编辑操作，如插入行、插入列、删除行、删除列及合并单元格等，具体操作与 Microsoft Excel 中对表格的编辑类似，不再介绍。

（2）利用快捷菜单修改表格　当选中整个表格时，单击鼠标右键，弹出的快捷菜单如图 3-98a 所示，从中可以选择对表格进行剪切、复制、删除、移动、缩放和旋转等简单操作，还可以均匀调整表格的行、列大小，删除所有特性替代。

当选中表格单元时，单击鼠标右键，弹出的快捷菜单如图 3-98b 所示。

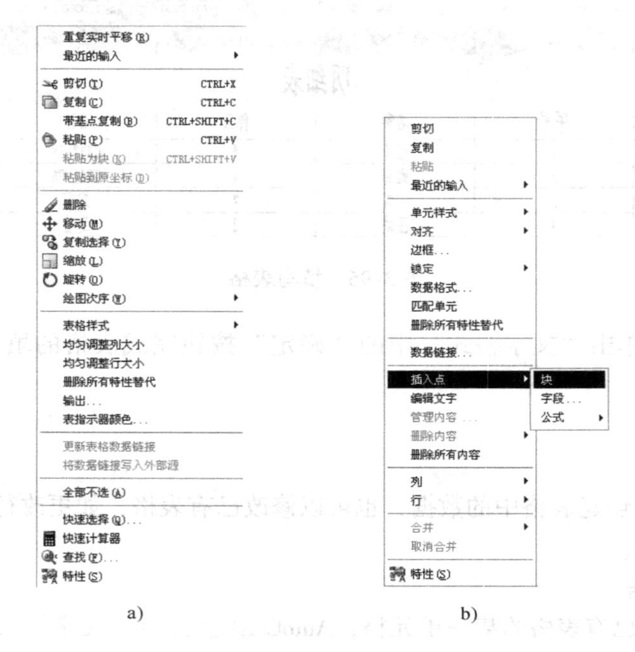

图 3-98　快捷菜单

a）选中整个表格时的快捷菜单　b）选中表格单元时的快捷菜单

使用它可以编辑表格单元，其主要命令选项的功能如下：

1）对齐：在该命令的子菜单中可以选择表格单元的对齐方式，如左上、左中、左下等。

2）边框：选择该命令将打开“单元边框特性”对话框，可以设置单元格边框的线宽、颜色等特性。

3）匹配单元：用当前选中的表格单元格式匹配其他表格单元，此时鼠标指针变为刷子形状，单击目标对象即可进行匹配。

4）插入块：单击将打开“在表格单元中插入块”对话框。可以从中选择插入到表格中的块，并设置块在表格单元中的对齐方式、比例和旋转角度等特性。

5）合并单元：当选中多个连续的表格单元后，使用该子菜单中的命令，可以全部、按列或按行合并表格单元。

3.5　标注实例

【例 3-5】标注图 3-1 所示的油缸端盖。

本实例的标注思路：首先标注线性尺寸，然后标注表面粗糙度和几何公差，最后注明技术要求及明细表。

操作步骤：

（1）切换图层 将“标注图层”设为当前图层。

（2）设置标注样式

1）打开标注样式管理器“标注”→“标注样式”，弹出“标注样式管理器”对话框，如图3-13所示。

2）单击“新建”按钮，弹出“创建新标注样式”对话框，在“新样式名（N）”中输入“制图图样”。

3）单击“继续”按钮，弹出“新建标注样式”对话框（见图3-15）。“新建标注样式”对话框共7个选项卡，分别对他们进行设置。设置“线”选项卡，“基线间距”设为“7”，“超出尺寸线”设为“2”，“起点偏移量”设为“0”，其他选项为默认设置，如图3-99所示。

4）设置“符号和箭头”选项卡，“箭头大小”设为“4”，“圆心标记”设为“无”，其他选项为默认设置，如图3-100所示。

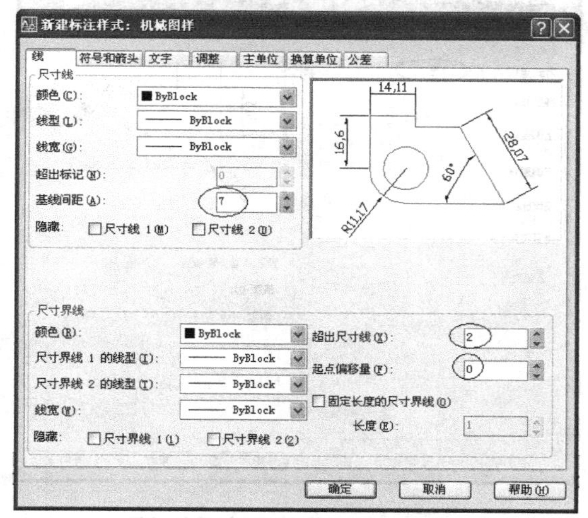

图3-99 “线”选项卡设置（1）

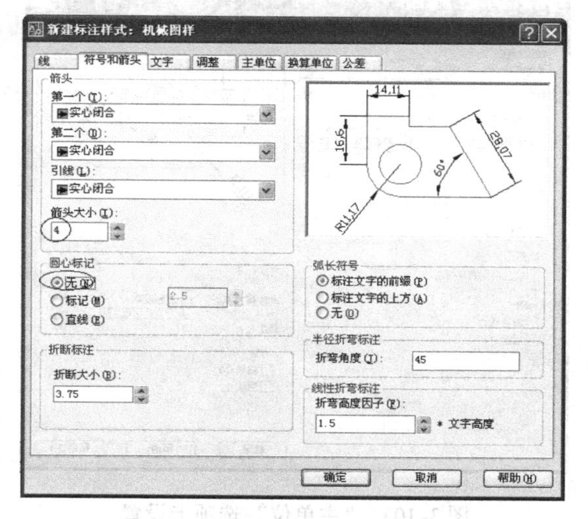

图3-100 “符号和箭头”选项卡设置

5）设置“文字”选项卡，如图3-101所示。首先设置了长仿宋体的文字样式，“文字高度”设为“3.5”，“文字位置”中“垂直”设为“上方”，“水平”设为“居中”，“从尺寸线偏移”设为“1”，“文字对齐”设为“与尺寸线对齐”，其他选项为默认设置。

6）设置“调整”选项卡，如图3-102所示。

7）设置“主单位”选项卡，如图3-103所示。“单位格式”设为“小数”，精度设为“0.00”，小数分隔符设为“.（句点）”，“比例因子（E）”设为1，其他选项为默认设置。

8）“换算单位”选项卡不需要设置。

9）设置“公差”选项卡，“公差格式”选项区中的“方式”设为“无”，其他选项为默认设置，如图3-104所示。

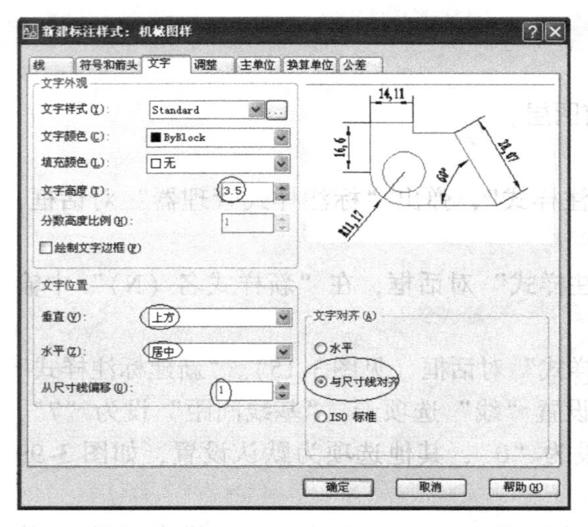

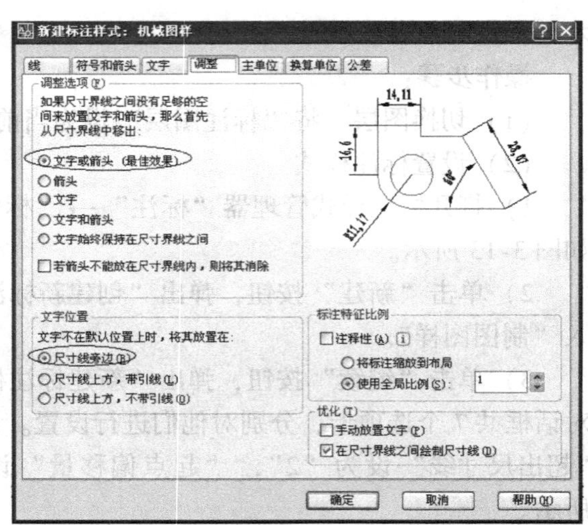

图 3-101　“文字”选项卡设置　　　　图 3-102　“调整”选项卡设置

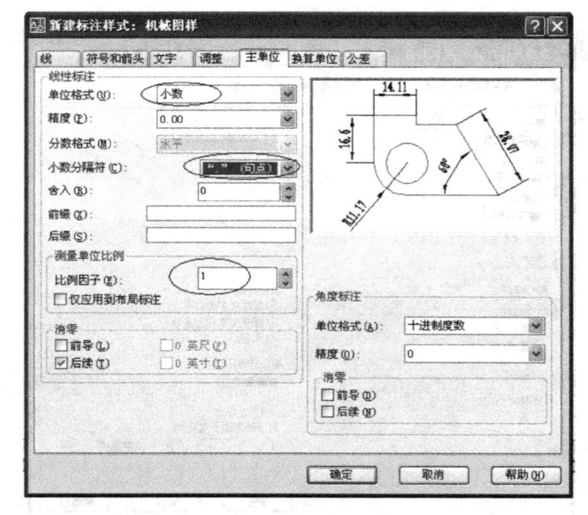

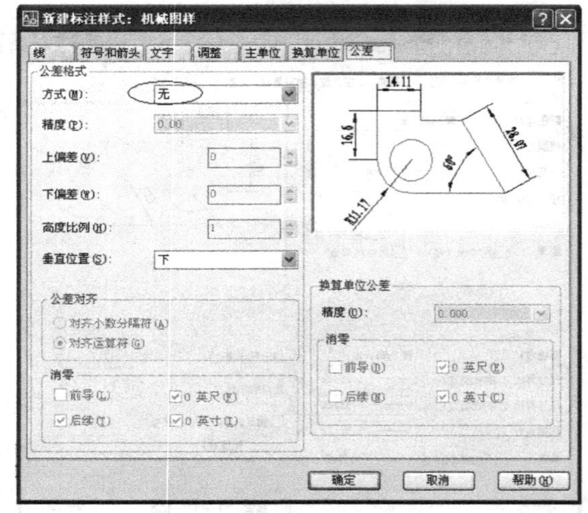

图 3-103　“主单位”选项卡设置　　　　图 3-104　“公差”选项卡设置

10）“新建标注样式”设置完成，单击“确定”按钮，返回到“标注样式管理器”对话框。

11）单击“置为当前”，按“关闭”按钮，“制图图样”标注新样式建立完成。

（3）尺寸标注

1）标注不带前缀或后缀的线性尺寸。命令行提示如下：

```
命令：DIMLINEAR
指定第一条尺寸界线原点或 <选择对象>：(选择始点)
指定第二条尺寸界线原点：(选择终点)
指定尺寸线位置或 [多行文字 (M)/文字 (T)/角度 (A)/水平 (H)/垂直 (V)/旋转 (R)]：(拖动光标确定尺寸线位置)
标注文字 =10
```

重复上面的标注，标注所有的不带前缀或后缀的线性尺寸，标注结果如图3-105所示。

2）标注带有前缀或后缀的线性尺寸。命令行提示如下：

命令：DIMLINEAR ↙
指定第一条尺寸界线原点或 <选择对象>：（选择始点）
指定第二条尺寸界线原点：（选择终点）
指定尺寸线位置或［多行文字（M）/文字（T）/角度（A）/水平（H）/垂直（V）/旋转（R）］：M ↙
输入标注文字<30>：%%C30H8 ↙
指定尺寸线位置或［多行文字（M）/文字（T）/角度（A）/水平（H）/垂直（V）/旋转（R）］：（拖动鼠标指定尺寸线位置）
标注文字=30

重复上面的标注方法，标注所有的带有前缀或后缀的线性尺寸，标注结果如图3-106所示。

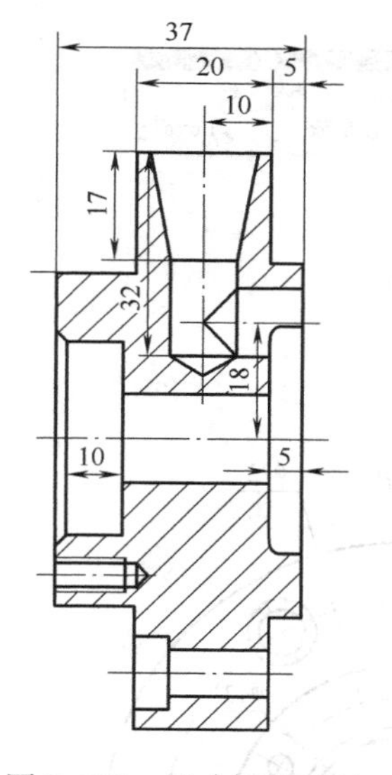

图3-105 尺寸标注（1）

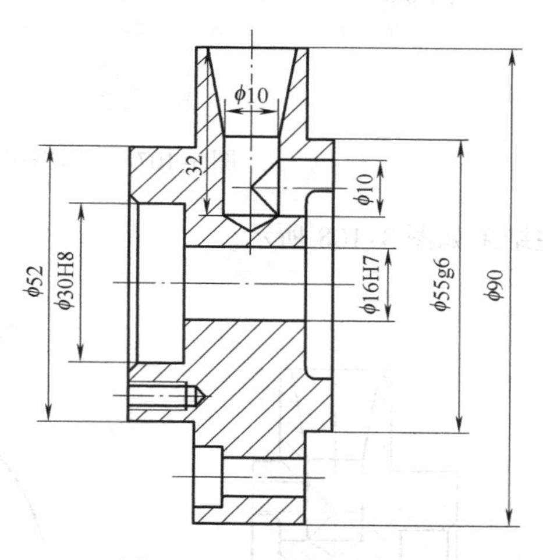

图3-106 尺寸标注（2）

3）标注圆和圆弧尺寸

命令：DIMRADIUS ↙
选择圆弧或圆：（单击*R*1圆弧）
指定尺寸线位置或［多行文字（M）/文字（T）/角度（A）］：（拖动光标将尺寸放置在适当位置）
命令：DIMDIAMETER ↙
选择圆弧或圆：（单击φ72圆）
标注文字=72
指定尺寸线位置或［多行文字（M）/文字（T）/角度（A）］：（拖动光标将尺寸放置在适当位置，单击左键或输入选项）

命令：DIMDIAMETER ↙
选择圆弧或圆：(单击 ϕ42 圆)
标注文字 =42
指定尺寸线位置或［多行文字（M）/文字（T）/角度（A）］：(拖动光标将尺寸放置在适当位置)
命令：DIMDIAMETER ↙
选择圆弧或圆：(单击 ϕ7 圆)
标注文字 =7
指定尺寸线位置或［多行文字（M）/文字（T）/角度（A）］：M ↙（弹出“文字格式”工具栏，输入“6×ϕ7”文本，如图 3-107 所示，然后单击“文字格式”工具栏的“确定”按钮）
指定尺寸线位置或［多行文字（M）/文字（T）/角度（A）］：(拖动光标将尺寸放置在适当位置)

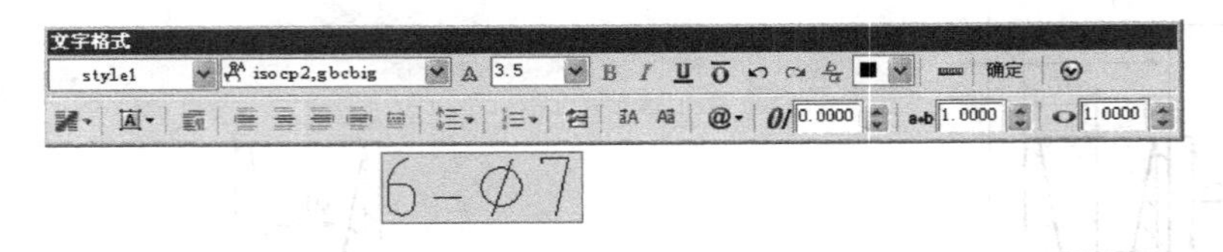

图 3-107　“文字格式”工具栏（2）

标注结果如图 3-108 所示。

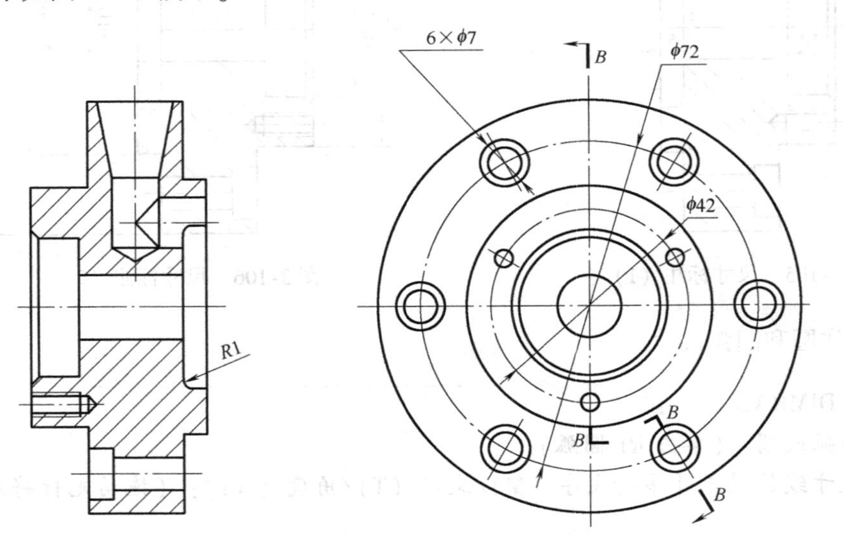

图 3-108　尺寸标注（3）

4）标注隐藏尺寸线和尺寸界线的 ϕ35

① 设置标注样式。在“线”选项卡的“尺寸线”选项区选中“隐藏尺寸线 2”，在“尺寸界线”选项区选中“隐藏尺寸界线 2”，其他选项卡设置和前面的设置相同，如图 3-109所示。

② 标注。

命令：DIMLINEAR ↙
指定第一条尺寸界线原点或 <选择对象>：(选择始点)
指定第二条尺寸界线原点：(选择终点)
指定尺寸线位置或［多行文字（M）/文字（T）/角度（A）/水平（H）/垂直（V）/旋转（R）］：M ↙
输入标注文字 <35>：%%C35
指定尺寸线位置或［多行文字（M）/文字（T）/角度（A）/水平（H）/垂直（V）/旋转（R）］：(拖动鼠标指定尺寸线位置)
标注文字 =35

标注结果如图3-110所示。

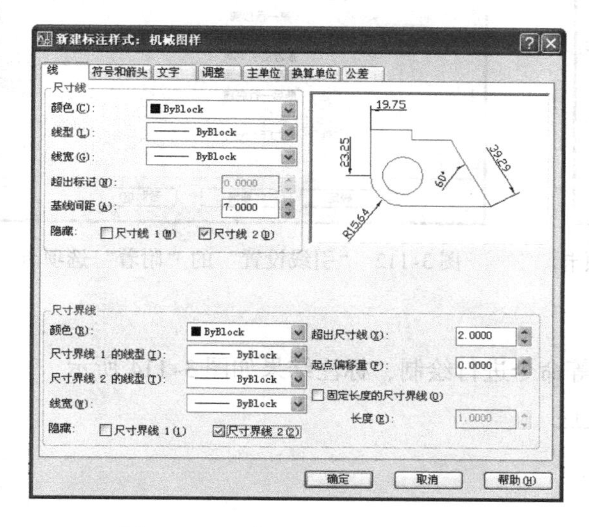

图3-109 “线”选项卡设置（2）

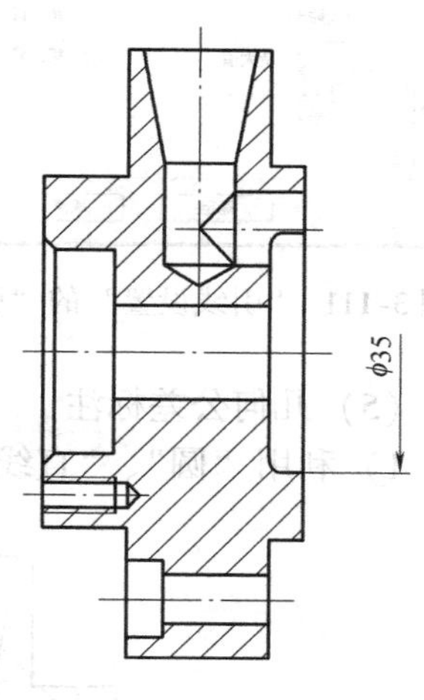

图3-110 尺寸标注（4）

（4）引线标注 命令行提示如下：

1）命令行：QLEADER ↙

指定第一个引线点或［设置（S）］<设置>：S ↙（弹出“引线设置”对话框，其中“注释”选项卡设置如图3-40所示，“引线和箭头”、“附着”选项卡的各项设置分别如图3-111、图3-112所示。）
指定第一个引线点或［设置（S）］<设置>：(指定引线第一点)
指定下一点：(指定引线第二点)
指定下一点：(指定引线第三点)
输入注释文字的第一行 <多行文字（M）>：3×M5-7H 深 10 ↙
输入注释文字的下一行：孔深 12 ↙
输入注释文字的下一行：↙（结束 QLEADER 命令）

2）命令：LEADER↙

指定引线起点：（鼠标左键单击指引线起点）
指定下一点：（指定指引线第 2 点）
指定下一点或［注释（A）/格式（F）/放弃（U）］＜注释＞：A↙
输入注释文字的第一行或＜选项＞：C1.5↙
输入注释文字的下一行：↙（结束 LEADER 命令）

3）Rc1/4 的引线标注和 C1.5 引线标注类似。

标注结果如图 3-113 所示。

图 3-111　“引线设置”的“引线和箭头”选项卡

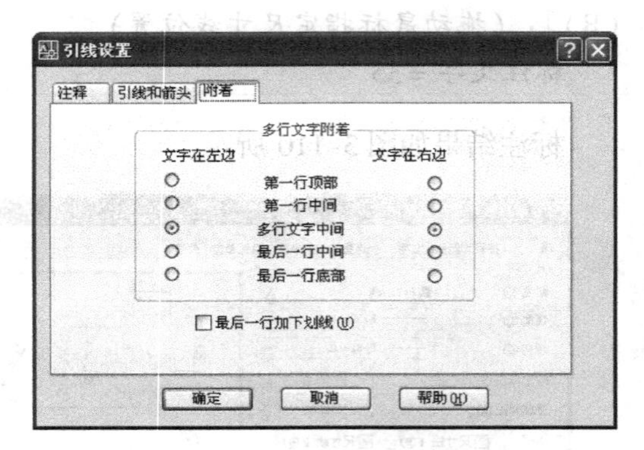

图 3-112　“引线设置”的“附着”选项卡

（5）几何公差标注

1）利用“圆”、“直线”和“文字”等命令进行绘制，标注结果如图 3-114 所示。

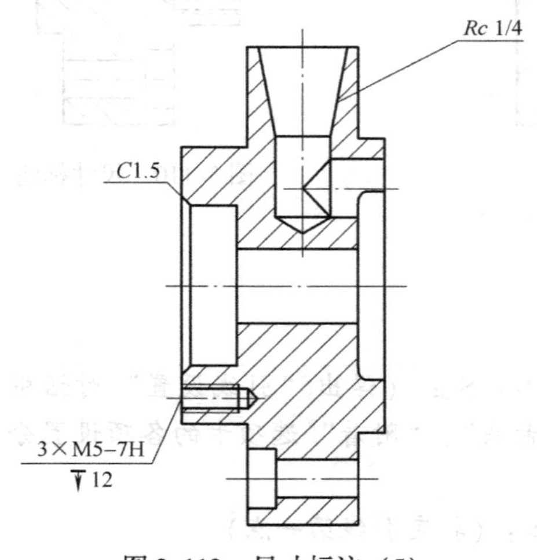

图 3-113　尺寸标注（5）

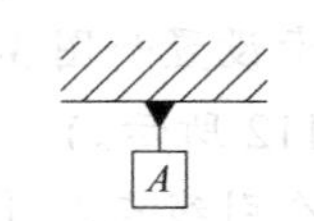

图 3-114　基准符号

2）利用“快速引线”命令，命令行提示如下：

命令行：QLEADER↙
指定第一个引线点或［设置（S）］＜设置＞：S↙（弹出“引线设置”对话框（见图 3-59），“注释类型”选项卡选择“公差”，“引线和箭头”选项卡设置如图 3-60 所示）

```
指定第一个引线点或［设置（S）］<设置>：（指定引线第一点）
指定下一点：（指定引线第二点）
指定下一点：（指定引线第三点）
```

此时弹出“形位公差”对话框（见图3-56），单击“符号”下面的黑色图框■，弹出“特征符号”选择对话框（见图3-57），在其中选择一种需要的几何公差符号◎。单击“公差1”下面的黑色图框■，将在公差值前加符号“ϕ”，在后面的输入框中输入公差值0.02。在“基准1”下面的方框内输入“A”，输入结果如图3-115所示。完成后单击“确定”按钮。

3）标注其他几何公差，重复上面的方法。标注结果如图3-116所示。

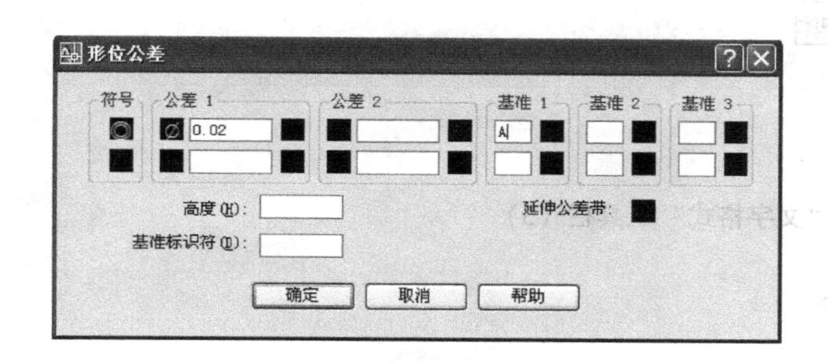

图3-115　填写“形位公差”对话框

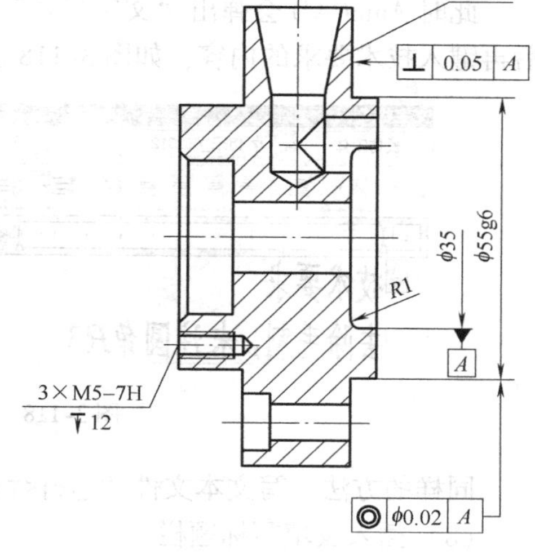

图3-116　尺寸标注（6）

（6）表面粗糙度标注

1）在绘图区绘制粗糙度符号，如图3-74所示。

2）在下拉菜单中依次选择“绘图→块→定义属性”，弹出如图3-117所示的“属性定义”对话框。

输入“属性”参数，“标记”为“Ra”，“提示”为“请输入粗糙度值”，“默认”为“12.5”。“文字设置”选项卡参数设置，“文字样式”选择“工程字-35”，“旋转”为“0”，其他参数采用默认值，单击“确定”按钮。返回绘图区，将属性插入粗糙度符号上方，形成带属性的粗糙度符号，如图3-76所示。

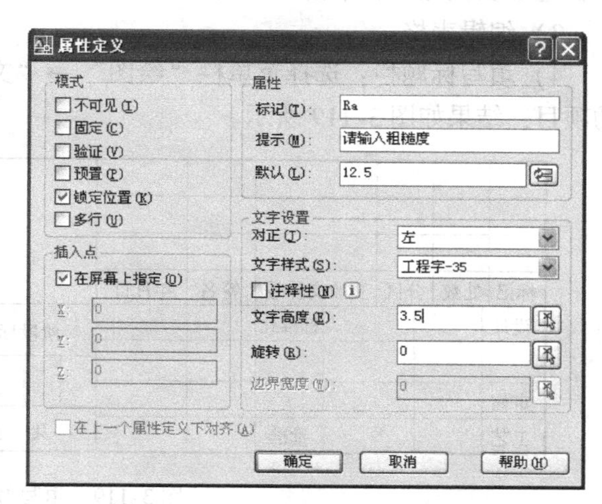

图3-117　“属性定义”对话框（2）

3）插入表面粗糙度。

命令：INSERT↙（弹出“插入”对话框，“名称”选择“表面粗糙度”，单击“确定”按钮）
指定插入点或［基点（B）/比例（S）/X/Y/Z/旋转（R）］：（单击插入点）
输入属性值
Ra ＜12.5＞：↙

其他表面粗糙度的插入与此类似，标注结果如图 3-1 所示。

（7）填写技术要求

1）切换图层：将“文字图层”设定为当前图层。

2）填写技术要求：选择菜单栏“绘图”→“文字”→“多行文字”，填写技术要求。

此时 AutoCAD 会弹出“文字格式”工具栏，在其中设置需要的样式、字体和高度，然后再键入技术要求的内容，如图 3-118 所示。

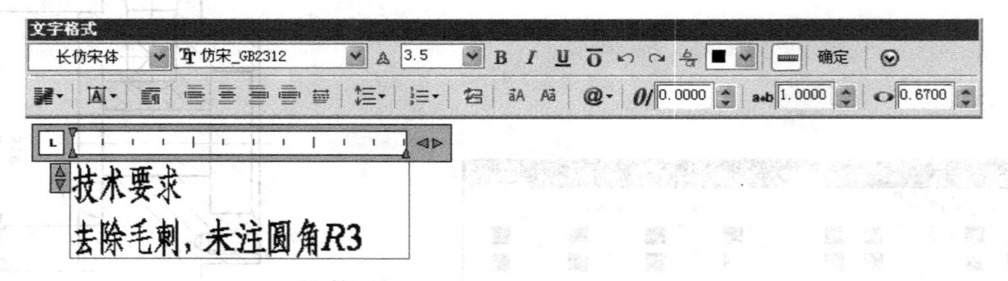

图 3-118　“文字格式”工具栏（3）

同样的方法，写文本文件“⌴ϕ15↧5”

（8）插入及填写标题栏

1）将“文字图层”设置为当前图层。

2）插入表格：选择菜单栏“绘图”→“表格”，弹出“插入表格”对话框，在行、列等各选项设置完毕后单击“确定”按钮，返回绘图区插入表格。

3）编辑表格。

4）填写标题栏：选择菜单栏“绘图”→“文字”→“多行文字”，填写标题栏中相应的项目，结果如图 3-119 所示。

						HT150			(校　名)
标记	处数	分区	更改文件号	签名	年月日				
设计			标准化			阶段标记	重量	比例	油缸端盖
审核									
工艺			批准			共　张		第　张	

图 3-119　填写好的标题栏

练　习　题

运用各种命令，绘制并标注如图 3-120 ~ 图 3-130 所示的零件图。

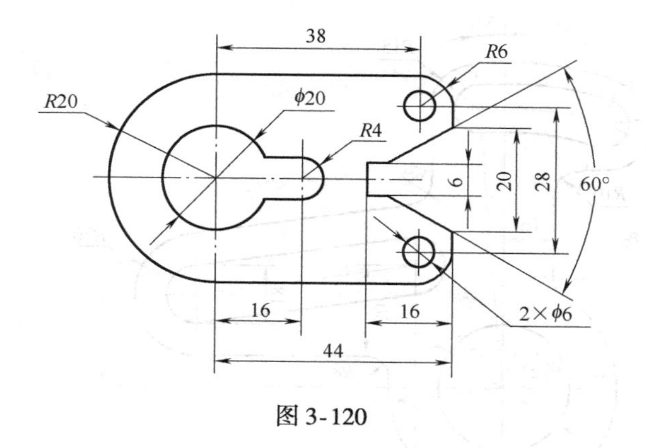

图 3-120

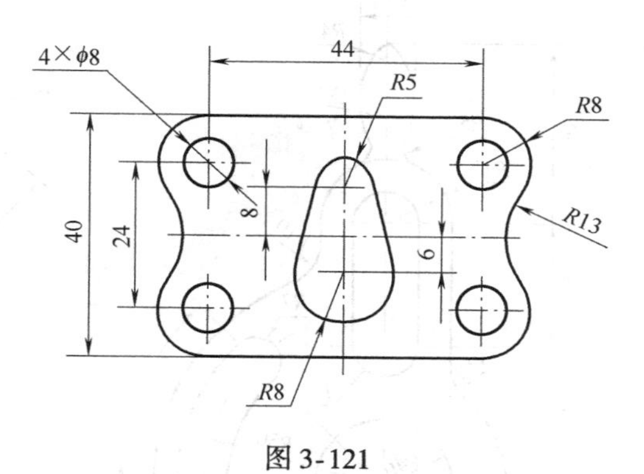

图 3-121

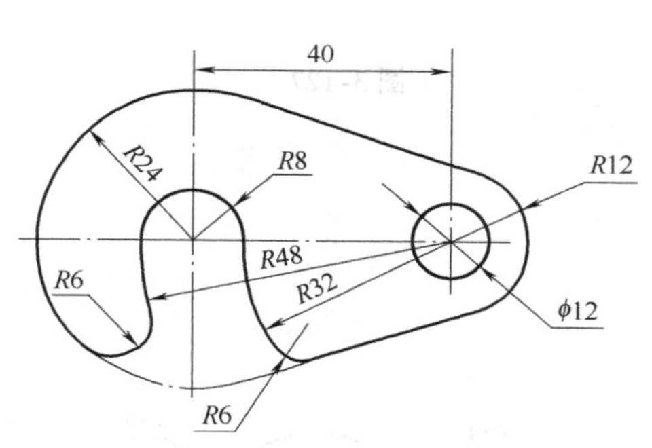

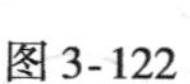

图 3-122

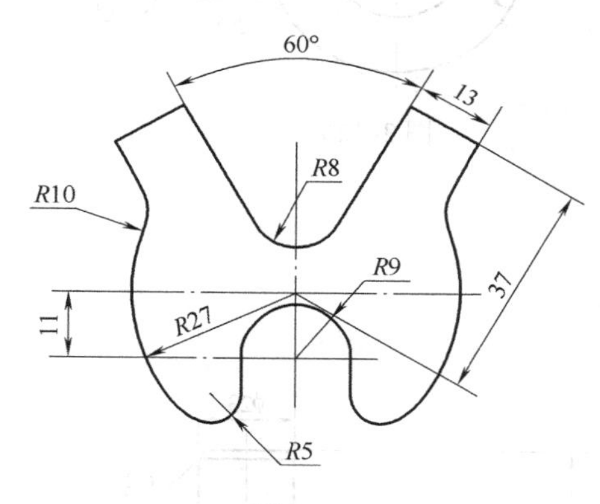

图 3-123

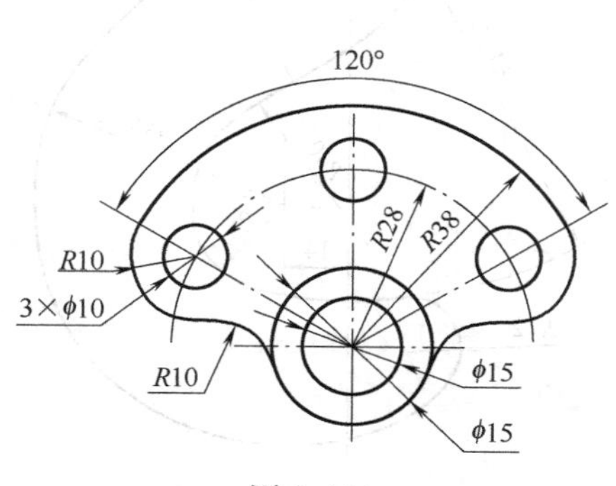

图 3-124

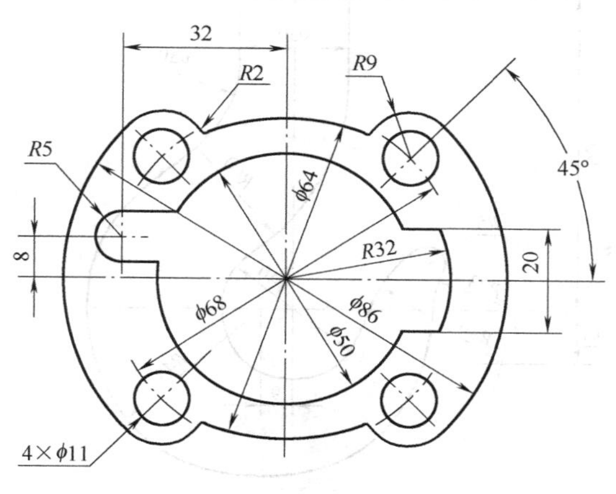

图 3-125

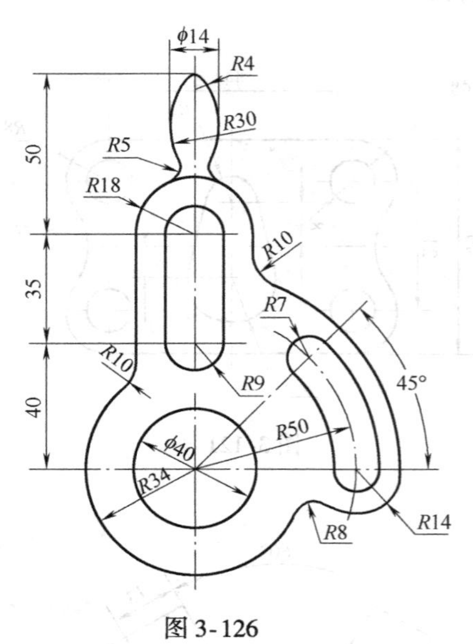

图 3-126

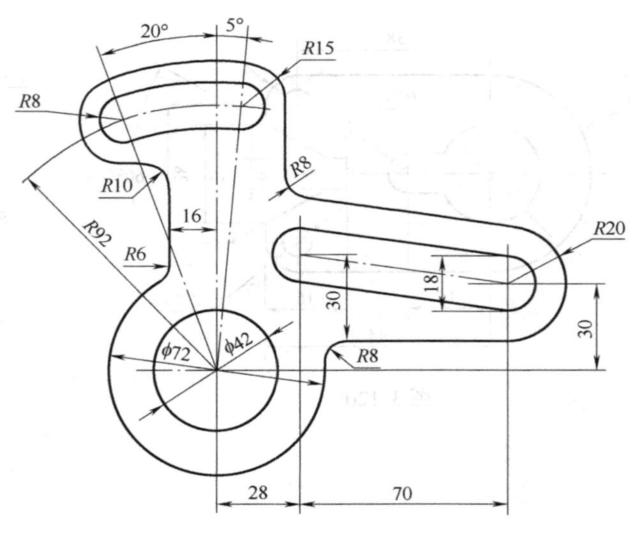

图 3-127

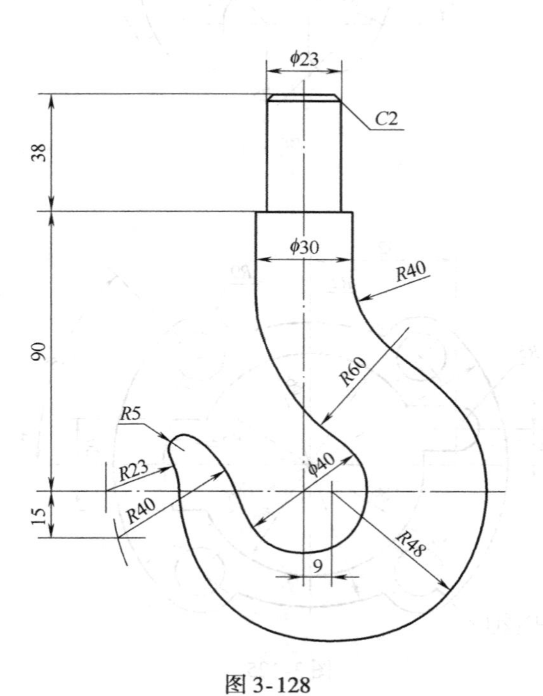

图 3-128

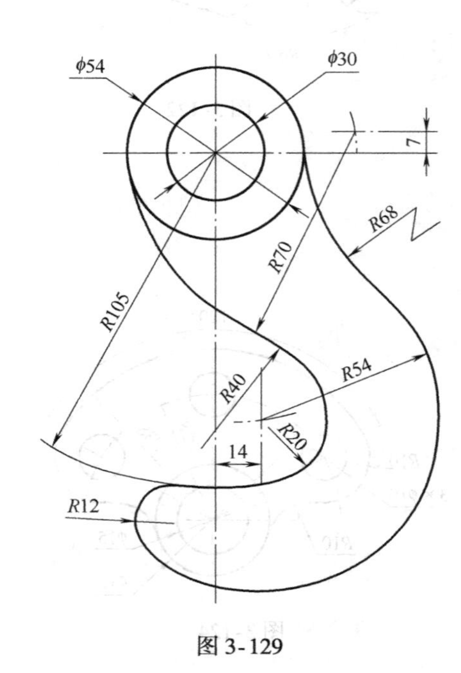

图 3-129

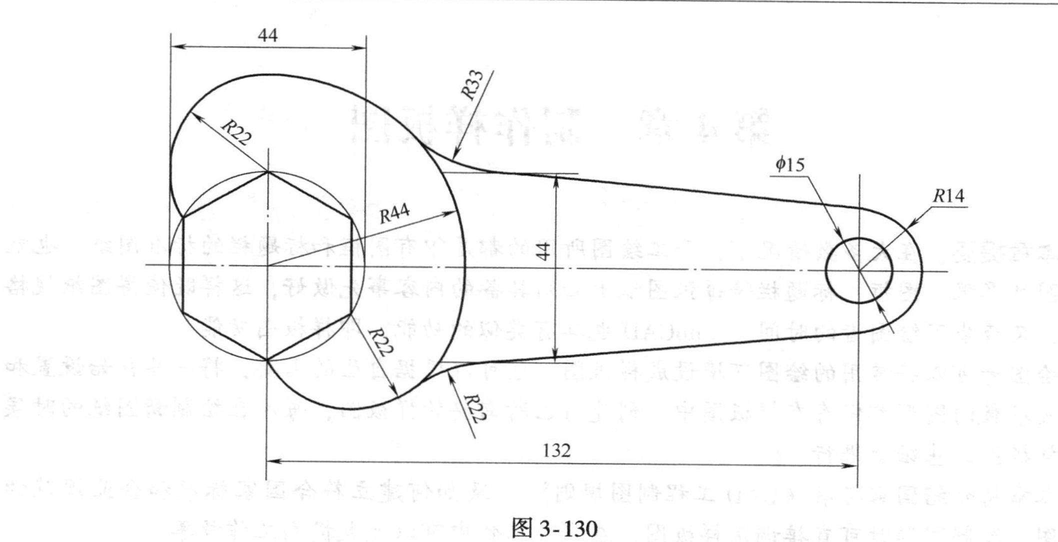
44
R33
R22
ϕ15
R14
R44
44
R22
R22
132

图3-130

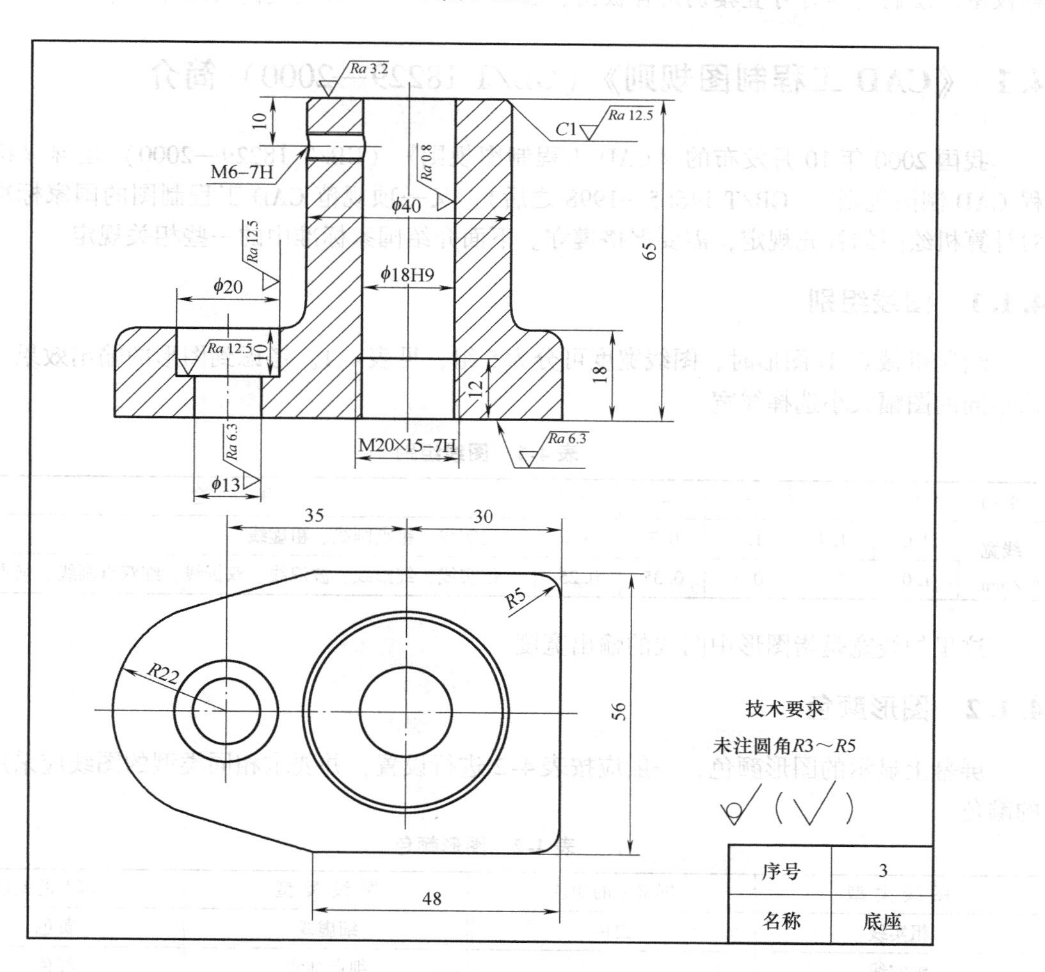
Ra 3.2
10
C1
Ra 12.5
M6−7H
Ra 0.8
ϕ40
Ra 12.5
65
ϕ18H9
ϕ20
Ra 12.5
10
18
12
Ra 6.3
M20×15−7H
Ra 6.3
ϕ13
35
30
R5
R22
56
技术要求
未注圆角R3～R5
48
序号
3
名称
底座

图3-131

第4章　制作样板图

本章提要：在大多数情况下，手工绘图所用的都是印有图框和标题栏的标准图纸，也就是将图纸界限、图框、标题栏等每张图纸上必须具备的内容事先做好，这样既使得图纸规格统一，又节省了绘图者的时间。AutoCAD 也具有类似的功能，即样板图功能。

绘图者可以将常用的绘图环境设成样板图，也可以根据自己的需要，将一些初始设置和预定义参数的图形都保存在样板图中，创建自己所需要的样板图，每次在绘制新图纸的时候都在样板图的基础上进行。

本章将介绍国家标准《CAD 工程制图规则》以及如何建立符合国家标准和企业规范的样板图。绘制图形时可直接调用样板图，在实际工作中可以大大提高工作效率。

4.1 《CAD 工程制图规则》（GB/T 18229—2000）简介

我国2000年10月发布的《CAD 工程制图规则》（GB/T 18229—2000）是继《机械工程 CAD 制图规则》（GB/T 14665—1998 之后），又一项规范 CAD 工程制图的国家标准，是对计算机绘图的补充规定，需要严格遵守。下面介绍国家标准中的一些相关规定。

4.1.1　图线组别

绘制机械 CAD 图形时，图线宽度可分为5组，见表4-1。考虑到图形的输出效果，可根据不同的图幅大小选择线宽。

表4-1　图线组别

组别	1	2	3	4	5	用　　途
线宽/mm	2.0	1.4	1.0	0.7	0.5	粗实线、粗点画线、粗虚线
	1.0	0.7	0.5	0.35	0.25	细实线、细虚线、波浪线、双折线、细双点画线、细点画线

这里的线宽是指图形中图线的输出宽度。

4.1.2　图形颜色

屏幕上显示的图形颜色，一般应按表4-2进行设置，并要求相同类型的图线应采用相同的颜色。

表4-2　图形颜色

图线类型	屏幕上的颜色	图线类型	屏幕上的颜色
粗实线	白色	细虚线	黄色
细实线	绿色	细点画线	红色
波浪线		粗点画线	棕色
双折线		细双点画线	粉红

4.1.3　字体及间距

绘制机械 CAD 图形时所使用的字体，应该满足国家标准《技术制图》中有关字体的相关规定。数字和字母一般应以斜体输出；汉字一般用正体输出，并采用国家正式公布和推行的简化字；小数点和标点符号应为一个符号一个字位（省略号和破折号为两个字位）。可参考表 4-3、4-4 进行字体高度和字体的选择。

表 4-3　字体高度与图纸幅面的关系

字号＼图幅	A0	A1	A2	A3	A4
汉字			5		
字母与数字			3.5		

CAD 工程图中字体的最小字（词）距、行距以及间隔线或基准线与书写字体之间的最小距离见表 4-4。

表 4-4　字体间距　（单位：mm）

字　体	最小距离	
汉字	字距	1.5
	行距	2
	间隔线或基准线与汉字的间距	1
拉丁字母、阿拉伯数字、希腊字母、罗马数字	字符	0.5
	词距	1.5
	行距	1
	间隔线或基准线与字母、数字的间距	1

注：当汉字与字母、数字混合使用时，字体的最小字距、行距等应根据汉字的规定使用。

4.2　制作样板图

4.2.1　样板图的内容

样板图中一般包含的内容有选定的图幅、图层的设置、标题栏及明细栏、工程标注用的字体及字号等。

4.2.2　样板图的制作

下面以 A4 图幅的零件样板图为例说明样板图的制作方法。

1. 打开一个空白的系统样图

单击“标准”工具栏中的“新建”按钮，或单击菜单中的“文件”→“新建”，打开如图 4-1 所示的“选择样板”对话框，选择名称为“Acad”的样板图，这是一个空白的样板图。

图 4-1 “选择样板”对话框

2. 设置绘图单位和精度

要设置绘图单位和精度，可选择下拉菜单选择“格式”→“单位”命令，打开如图4-2所示的“图形单位”对话框。

在该对话框的“长度”选项区域的“类型”下拉列表中选择“小数”选项，设置“精度”为“0.00”；在“角度”选项区域的“类型”下拉列表框中选择“十进制度数”选项，设置“精度”为“0”；在“插入比例”选项区域的“用于缩放插入内容的单位”下拉列表中选择“毫米”；系统默认逆时针方向为正。设置完毕后单击“确定”按钮。

图 4-2 设置绘图单位和精度

3. 设置图形界限

国家标准对图纸的幅面大小做了严格规定，A4 图纸的幅面为 297mm × 210mm。

选择下拉菜单选择“格式”→“图形界限”，命令行显示：

```
重新设置模型空间界限：
指定左下角点或 [开 (ON)/关 (OFF)] <0.00, 0.00>: ↙
指定右上角点 <12.00, 9.00>: 297, 210 ↙
```

此时已创建了一个标准的 A4 图幅。单击状态栏的“栅格”按钮，开启栅格状态，并单击标准工具栏中的弹出式缩放工具栏，单击“全部缩放”按钮，栅格所显示的区域便为 A4 图幅范围。可通过单击状态栏上的栅格按钮关闭或开启栅格显示。

4. 设置图层

图层的设置根据所绘制图形的复杂程度来确定，通常对于一些比较简单的图形，只需为基准线、粗实线、虚线、图框线、尺寸标注、文字注释等对象建立图层即可。

单击“图层”工具栏中的“图层特性管理器”图标，打开图层特性管理器。在图层特性管理器中，单击“新建图层”按钮，按照表4-5中的内容设置图层。

表4-5 图层设置参数

图层名	线型	颜色	线宽
图框线	Continuous	绿	0.5
粗实线	continuous	白	0.5
细实线	continuous	绿	0.25
细虚线	Acad_ iso02w100	黄	0.25
细点画线	Acad_ iso04w100	红	0.25
细双点画线	Acad_ iso05w100	粉红	0.25
文字注释	Continuous	绿色	0.25

5. 设置文字样式

文字样式的设置可参考表4-3、表4-4。我国国标的汉字标注字体文件为长仿宋大字体形文件 gbcbig. shx。可设置4种文字样式，分别用于一般注释、标题栏中的图样名称、标题栏内容和尺寸标注。

选择菜单栏“格式”→“文字样式”命令，打开“文字样式”对话框，单击“新建”按钮，创建表4-6中的文字样式。

表4-6 设置文字样式

文字样式名称	字体	字号
注释文字	大字体 gbcbig. shx	7
标题栏中图样名称	大字体 gbcbig. shx	10
标题栏内容	大字体 gbcbig. shx	5
尺寸标注	大字体 gbcbig. shx	3.5

6. 设置尺寸标注样式

设置用来标注图形中尺寸的标注样式。

(1) 修改现有标注样式 单击菜单“标注”→“标注样式”，在打开的“标注样式管理器”中对已有的“ISO-25”标注样式进行修改，单击“修改”，进入“修改标注样式”对话框，对已有的尺寸标注样式进行修改，如图4-3所示。

1) 在“线”选项卡，设置“超出尺寸线”为“2.5”、“起点偏移量”为“0”。

2) 在“符号和箭头”选项卡，将箭头的大小设为4~6。

3) 在“文字”选项卡，将文字高度改为3.5，设置文字位置“从尺寸线偏移”为

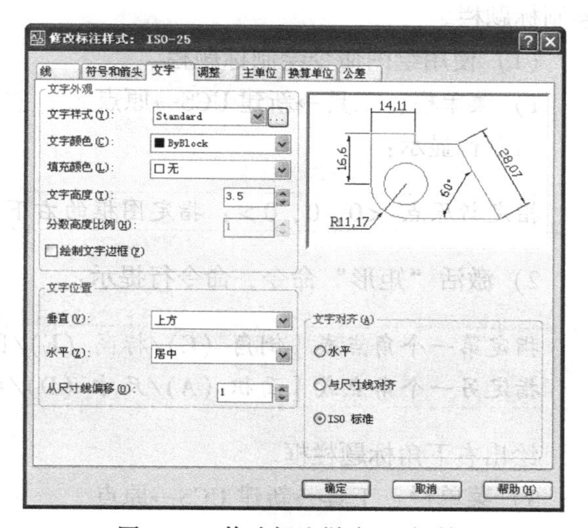

图4-3 “修改标注样式”对话框

1。标注角度尺寸应设置为“水平”，标注线性尺寸应设置为“与尺寸线对齐”，标注直径或半径尺寸应设置为“ISO 标准”。

4）在“主单位”选项卡，设置“精度”为“0”，将主单位的小数分隔符由逗号改为句号。设置完毕后单击“确定”按钮。

(2) 新建“尺寸公差”标注样式　在“标注样式管理器”对话框中单击“新建”按钮，打开如图 4-4 所示“创建新标注样式”对话框，在该对话框的“新样式名”文本框中输入“尺寸公差标注”，“基础样式”使用“ISO-25”。单击“继续”按钮，打开“新建标注样式”对话框，该对话框的设置与图 3-15 的设置方法一样。在“主单位”选项卡中，将主单位的小数分隔符由逗点改为句点；在“公差”选项卡中，设置“方式”为“极限偏差”、“精度”为“0.000”、“高度比例”为“0.7”、“垂直位置”为“中”，然后单击“确定”按钮结束操作。

图 4-4 “创建新标注样式”对话框

7. 绘制图框

图框线要小于图形界限，按照国家标准的规定，对于 A4 图幅，可在图纸左边留 25mm、其余三边留 5mm 的边距。在此可使用“矩形”命令绘制图框线。

1）将“图框线”图层设为当前图层。

2）绘制矩形图框。激活“矩形”命令，命令行提示：

```
指定第一个角点或[倒角 (C)/标高 (E)/圆角 (F)/厚度 (T)/宽度 (W)]：25，5
指定另一个角点或[面积 (A)/尺寸 (D)/旋转 (R)]：@267，200
```

执行结果是绘制了封闭的矩形图框。

8. 绘制标题栏

标题栏一般位于图框的右下角，可使用绘图命令绘制标题栏，也可以使用绘制表格命令绘制标题栏。

(1) 使用绘图命令绘制标题栏

1）菜单栏：工具→新建 UCS→原点

命令行显示：

```
指定新原点 <0，0，0>：指定图框的右下角点 A 为新坐标原点
```

2）激活“矩形”命令，命令行提示：

```
指定第一个角点或[倒角 (C)/标高 (E)/圆角 (F)/厚度 (T)/宽度 (W)]：0，0
指定另一个角点或[面积 (A)/尺寸 (D)/旋转 (R)]：@-130，40
```

绘出右下角标题栏框。

3）菜单栏：工具→新建 UCS→原点

命令行显示：

指定新原点 <0, 0, 0>:(指定图框的左下角点B为新坐标原点)

绘制结果如图4-5所示。

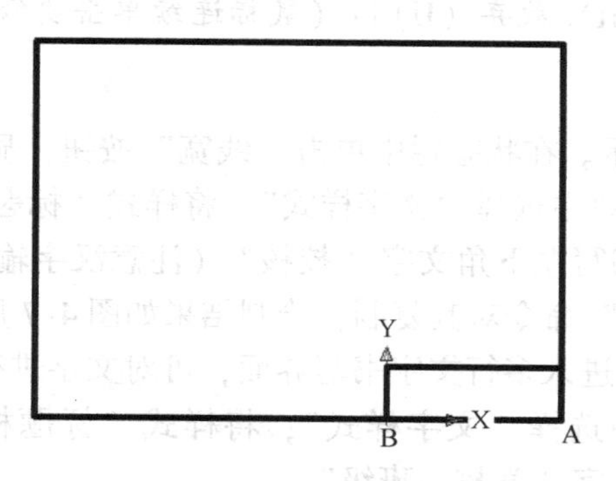

图4-5　新建坐标原点

4）将“细实线”图层设为当前图层。

命令：_LINE 指定第一点：0，8↙
指定下一点或［放弃（U）］：@130 <0↙（绘制图4-6线1）
命令：_OFFSET
当前设置：删除源＝否　图层＝源　OFFSETGAPTYPE＝0
指定偏移距离或［通过（T）/删除（E）/图层（L）］<通过>：　8
选择要偏移的对象，或［退出（E）/放弃（U）］<退出>：（指定图4-6a中的线1）
指定要偏移的那一侧上的点，或［退出（E）/多个（M）/放弃（U）］<退出>：（指定线1上侧，绘出线2）
选择要偏移的对象，或［退出（E）/放弃（U）］<退出>：（指定线2）
指定要偏移的那一侧上的点，或［退出（E）/多个（M）/放弃（U）］<退出>：（指定线2上侧，绘出线3）

继续偏移绘出线4。用同样的方法绘制出标题栏的6条竖线，绘制结果如图4-6a所示。

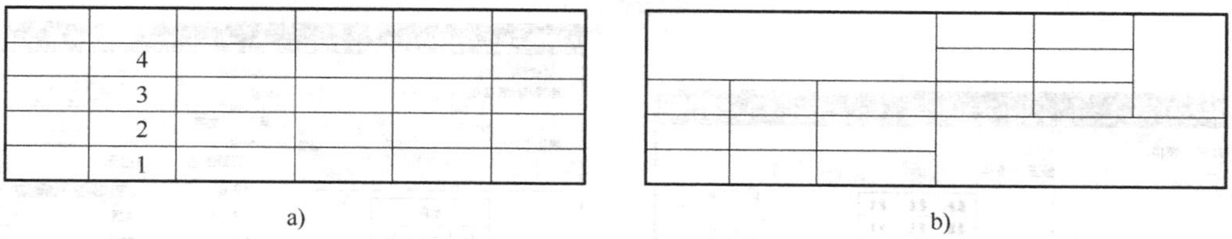

a)　　b)

图4-6　绘制标题栏
a）偏移　b）修剪

5）修剪多余的线。

命令：_TRIM
当前设置：投影＝UCS，边＝无
选择剪切边...

选择对象或 <全部选择>：(框选整个标题栏) ↙

选择要修剪的对象，或按住“Shift”键选择要延伸的对象，或［栏选 (F)/窗交 (C)/投影 (P)/边 (E)/删除 (R)/放弃 (U)］：(鼠标连续单击要修剪的线段或框选被修剪的区域) ↙

绘制结果如图 4-6b 所示。在状态栏中单击“线宽”按钮，显示不同的线宽设置。

6）在“格式”下拉菜单中选择“文字样式”，将样式“标题栏内容”置为当前。

用“多行文字”命令书写左下角文字“校核”（注意汉字输入完毕需要按“Enter”键或“空格”键），用“复制”命令对其复制，绘制结果如图 4-7 所示。

双击需要修改的文字即进入多行文字书写界面，可对文字进行修改。

在“格式”下拉菜单中选择“文字样式”，将样式“标题栏中图样名称”置为当前。用“多行文字”命令书写文字“学校、班级”。

绘制结果如图 4-8 所示。

			校核	校核	校核	
校核						
校核						
校核						

图 4-7　复制文字

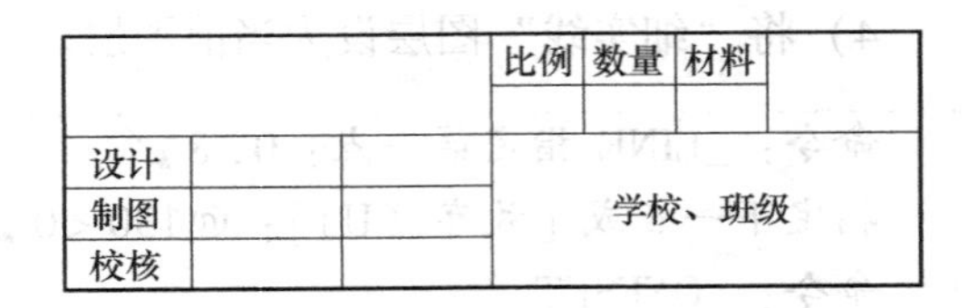

图 4-8　书写、修改文字

（2）使用绘制“表格”命令绘制标题栏

1）将“细实线”图层设置为当前层。选择菜单“格式→表格样式”命令，打开如图 4-9所示的“表格样式”对话框。单击“新建”按钮，在打开的“创建新的表格样式”对话框中创建名为“表格”的新样式。

2）单击“继续”按钮，在打开的图 4-10 所示的“新建表格样式”对话框中，选择“数据”下拉选项。在“基本”选项界面的“对齐”下拉列表中选择“正中”，在“文字”选项界面选择文字高度为 5mm，在“边框”选项界面选择“外边框”按钮 ⊞，并设置“线宽”为 0.35mm。

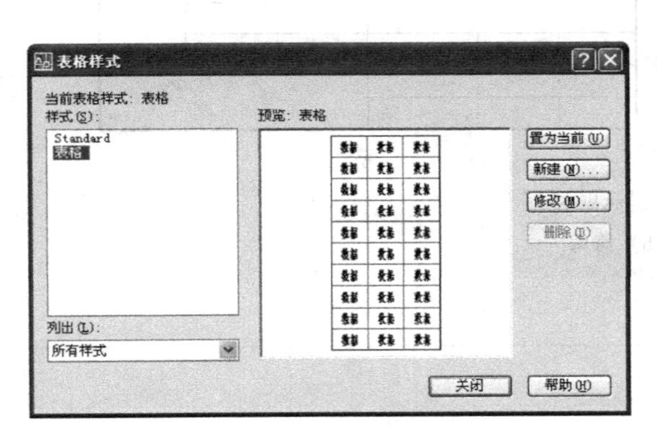

图 4-9　“表格样式”对话框

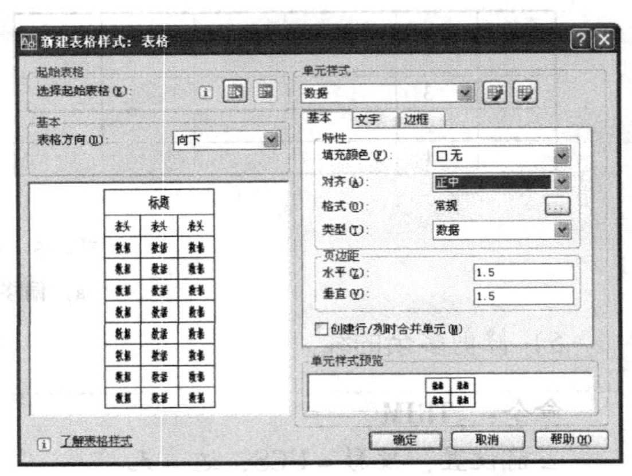

图 4-10　“新建表格样式”对话框

单击“确定”按钮，返回到“表格样式”对话框后，单击“置为当前”按钮，最后单击“关闭”按钮，关闭对话框。

3）选择“绘图”工具栏中的“表格”命令，打开“插入表格”对话框，如图4-11所示。在“列和行设置”选项区中分别设置“列”和“数据行”中的数值为“7”和“3”，“列宽”和“行高”文本框中的数值为“18”和“1”；在“设置单元样式”选项区中，将“第一行单元样式”、“第二行单元样式”、“所有其他行单元样式”均设置为“数据”，单击“确定”按钮，在绘图界面中插入一个5行7列的表格，如图4-12所示。

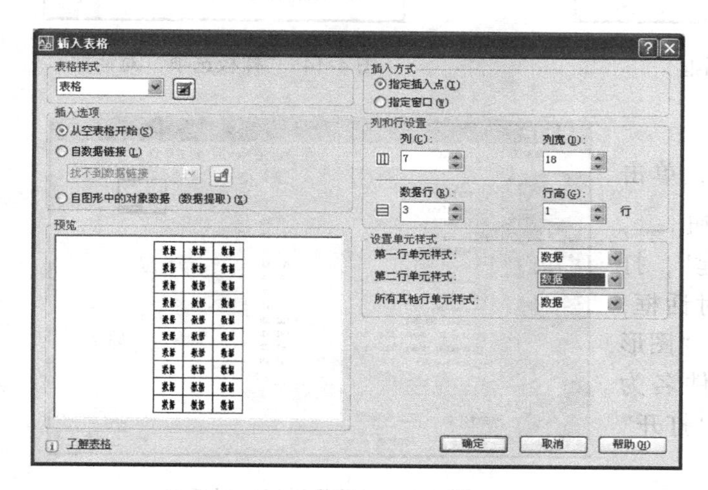

图4-11　“插入表格”对话框

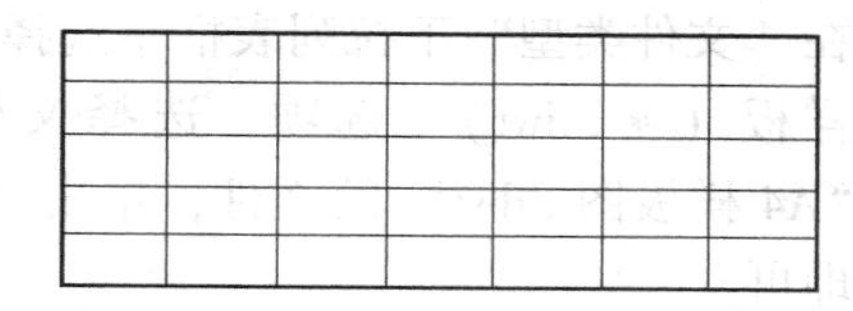

图4-12　绘制5行7列的表格

4）拖动鼠标选中表格中的前2行和前3列表格单元，单击鼠标的右键，在弹出的快捷菜单中选择“合并”→“全部”命令，将选中的表格合并为一个单元。使用同样的方法，按照图4-8所示的标题栏格式合并右下角单元。

5）在绘制好的表格中，将鼠标置于某一个表格单元中，双击可打开“文字格式”工具栏，在“样式”下拉列表框中选择合适的文字样式，按照图4-8所示输入相应的文字。

最后，用“修改”工具栏中的“移动”命令，将标题栏移动到图框右下角。

4.2.3　保存和调用样板图

1. 保存样板图

选择“文件”→“另存为”命令，打开如图4-13所示的“图形另存为”对话框。在“文件类型”下拉列表框中选择“AutoCAD图形样板（*.dwt）”选项，在“文件名”文本框中输入文件名称“A4样板图”（注意：文件名输入汉字时，输入完毕后需要单击“Enter”键），单击“保存”按钮，将打开如图4-14所示的“样板选项”对话框。在“说明”选项区域中输入对样板图形的描述和说明，单击“确定”，一个标准的A4幅面的样板文件便创建完成。

图 4-13　“图形另存为”对话框

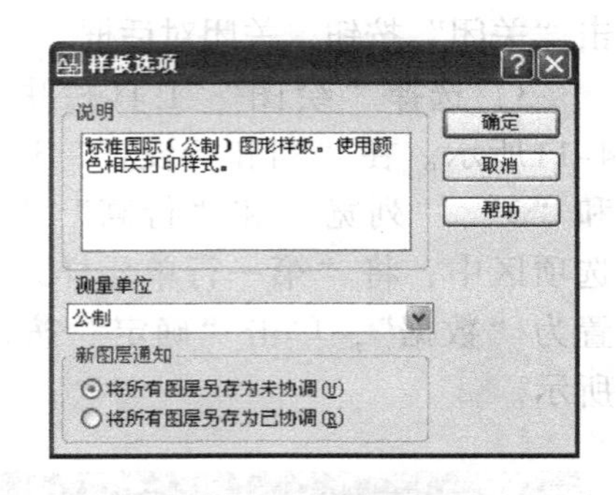

图 4-14　“样板选项”对话框

2. 样板图的调用

如果要调用已建立的样板图，单击“标准”工具栏中的“新建”按钮，或单击菜单中的“文件”→“新建”，打开图 4-15 所示的“选择样板”对话框，在“文件类型”下拉列表框中选择“图形样板（＊.dwt）”选项，选择文件名为“A4 样板图 .dwt”的文件，单击“打开”即可。

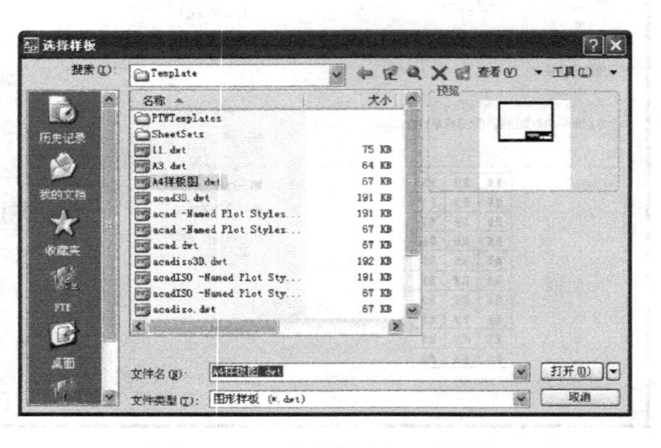

图 4-15　“选择样板”对话框

4.3　机械图样绘制举例

【例】绘制如图 4-16 所示的机械零件的视图表达。

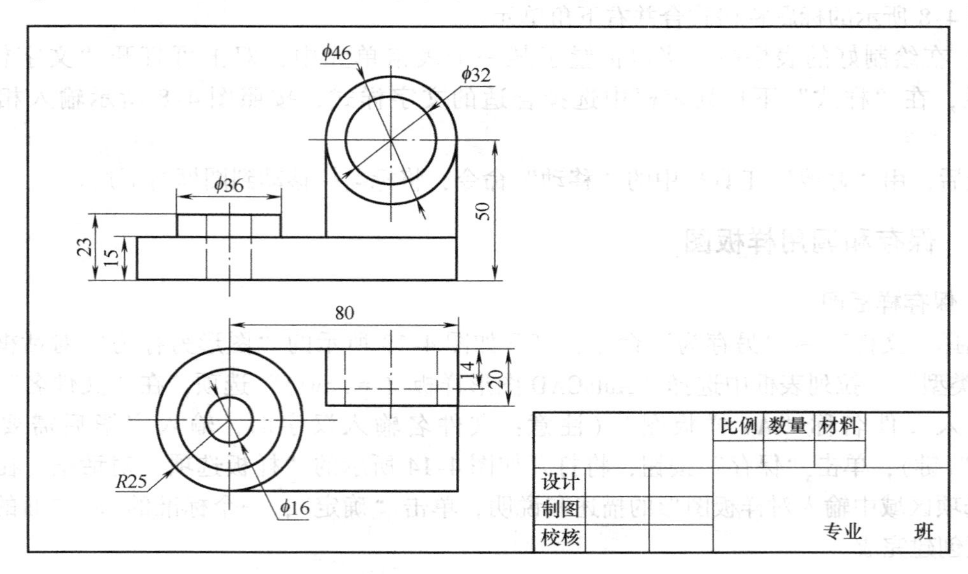

图 4-16　绘制机械零件的视图

操作步骤：

（1）调用样板图　根据图形的大小，选用A4图幅，按照上一节样板图的调用方法调用“A4样板图.dwt”，该样板图的图框、标题栏、图层设置、字体设置、尺寸标注设置均可满足本例要求。

（2）画中心线、布图　将细点画线图层变为当前层，将“对象特性”工具栏中的“颜色控制”、“线型控制”、“线宽控制”均设置为“ByLayer”（随层）。

开启“对象捕捉”和“对象追踪”功能，在对象捕捉设置中，设置端点、交点捕捉，绘制中心线，如图4-17a所示。

绘图时为了保证长对正，主视图、俯视图可对应着绘制。

（3）画底板及底板上的圆柱凸台　将粗实线层变为当前层。

① 先绘制俯视图的三个圆，单击“绘图”工具栏中的“圆”按钮

命令：_CIRCLE 指定圆的圆心或［三点（3P）/两点（2P）/相切、相切、半径（T）］：（单击俯视图中心线的交点）

指定圆的半径或［直径（D）］：25↙↙

说明：第一个↙让系统绘制半径为25的圆，第二个↙重复圆的命令，同样方法绘制其他两个圆。

② 绘制底板的俯视图，单击“绘图”工具栏中的“线”按钮

命令：_LINE 指定第一点：（单击光标捕捉到的圆与中心线的交点）

指定下一点或［放弃（U）］：（开启“正交”模式，在随光标移动的动态输入框中输入80↙）

指定下一点或［闭合（C）/放弃（U）］：（光标向下移动，待圆与中心线的另一交点处出现水平的追踪线再单击）

指定下一点或［闭合（C）/放弃（U）］：（单击圆与中心线的另一交点处）↙

完成的俯视图如图4-17b所示。

③ 利用“对象捕捉”和“对象追踪”功能完成4-17b主视图的绘制。

注意：在不需要对设置点进行捕捉时，应关闭“对象捕捉”功能。比如，绘制主视图虚线时，对端点的自动捕捉功能使该线无法绘制。

（4）绘制右侧圆柱及支撑板　先绘制右侧圆柱及支撑板的主视图，其方法与底板的俯视图画法相似。

在绘制圆柱孔及支撑板宽度的虚线时，应将细虚线图层改变为当前层。

完成的图形如图4-17c所示。

（5）检查、标注尺寸　检查图形是否有多余、漏画的线条，是否有线型不符合要求等问题，检查修改后标注尺寸。

1）打开“标注”工具栏。

2）单击标注“直径”按钮，标注圆弧ϕ46、ϕ32、ϕ16。

3）单击标注“半径”按钮，标注圆弧*R*25。

4）单击“线性”标注按钮，标注15、23等线段长度。

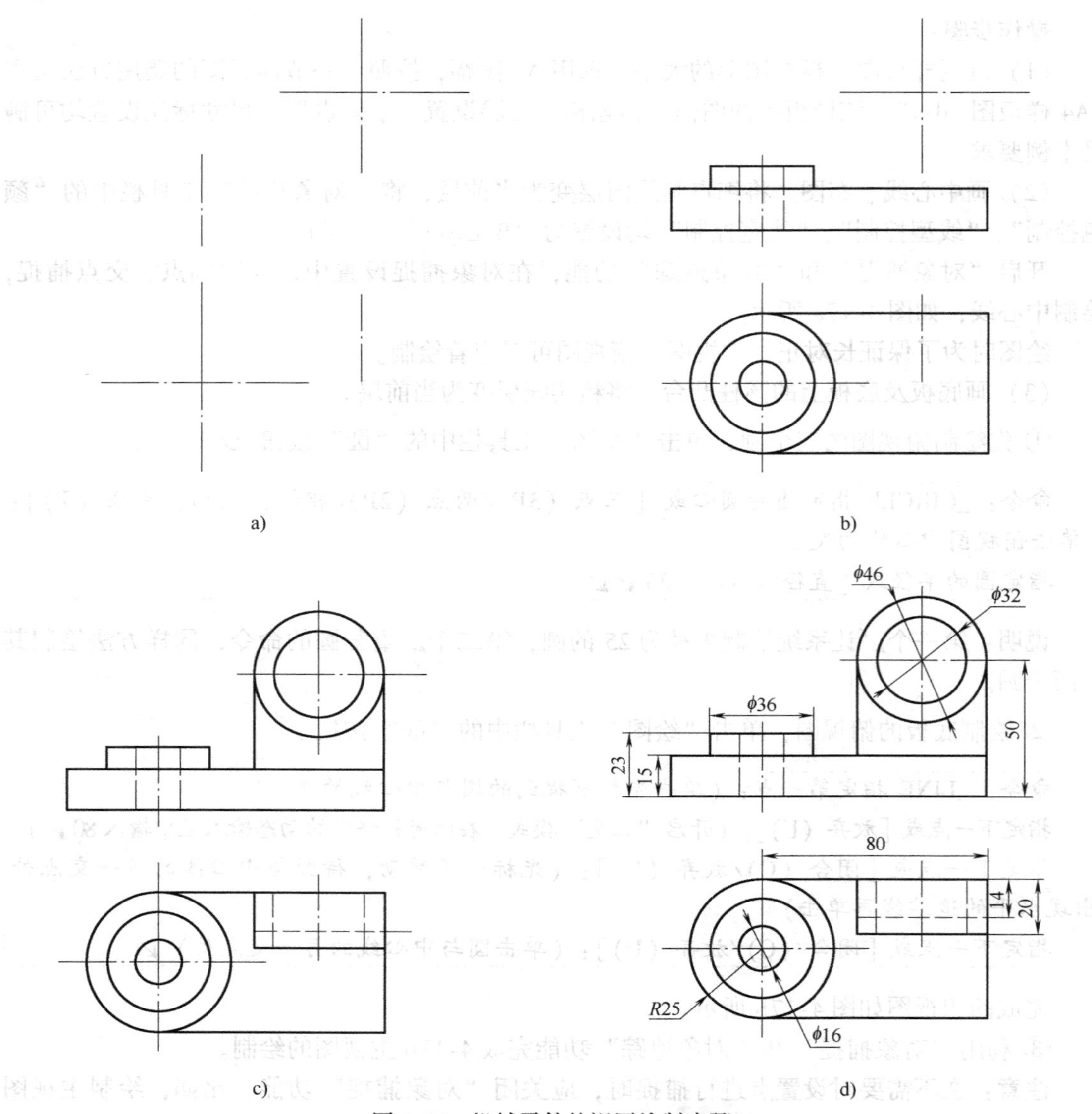

图 4-17　机械零件的视图绘制步骤

5）单击“线性”标注按钮，标注线性尺寸 φ36。

注意：φ36 不能像其他的线性尺寸直接标注，φ36 标注有两种方法。

方法一：

单击“线性标注”按钮，命令行出现：

指定第一条尺寸界线原点或 <选择对象>：(单击要标尺寸的线段的一个端点)
指定第二条尺寸界线原点：(单击要标尺寸线段的另一个端点)
指定尺寸线位置或 [多行文字 (M)/文字 (T)/角度 (A)/水平 (H)/垂直 (V)/旋转 (R)]：T↙
输入标注文字 <112>：%%C36↙

在合适的位置处单击，确定尺寸线位置，完成 ϕ36 的标注。

方法二：

首先，和其他线性尺寸的方法一样完成 36 的线性标注。

单击“编辑标注”按钮，命令行出现：

```
输入标注编辑类型［默认（H）/新建（N）/旋转（R）/倾斜（O）］＜默认＞：N↙
```

此时，出现“文字格式”对话框，单击其中的“符号”按钮 @，在其下拉框中选择“直径”，单击“确定”。此时命令行出现：

```
选择对象：(单击已完成的 36 的线性标注)↙
```

在尺寸数字 36 的前面就加上了符号 ϕ。

练　习　题

一、思考题

1. 样板图的文件后缀是什么？
2. 样板图中要设置的内容一般有哪些？
3. 制作一个符合国标《CAD 工程制图规则》的 A3 幅面的样板图。

二、绘图题

绘制如图 4-18、图 4-19 所示的零件图以及图 4-20 的装配图，并进行标注。

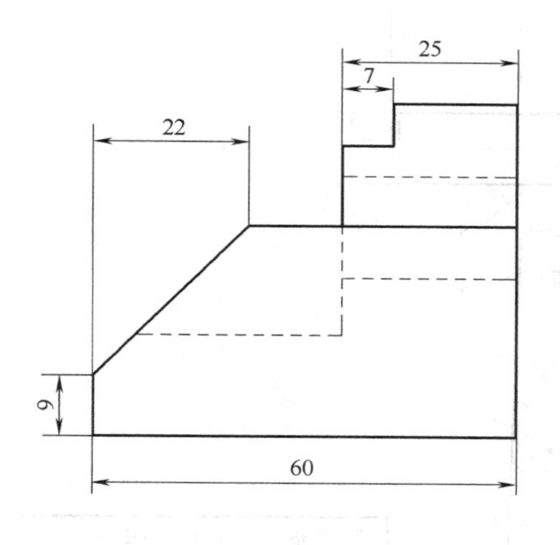

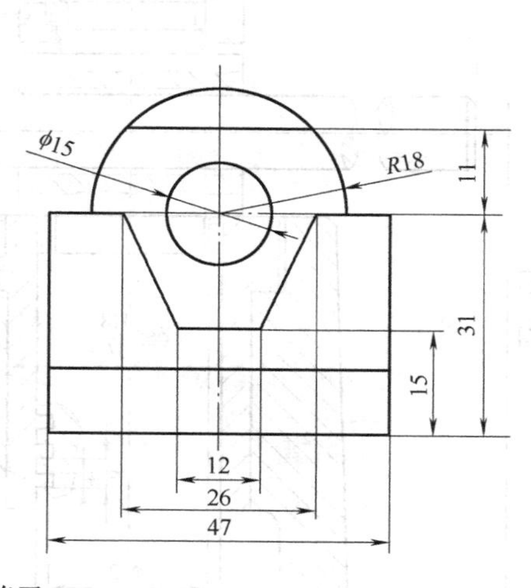

图 4-18　练习 1

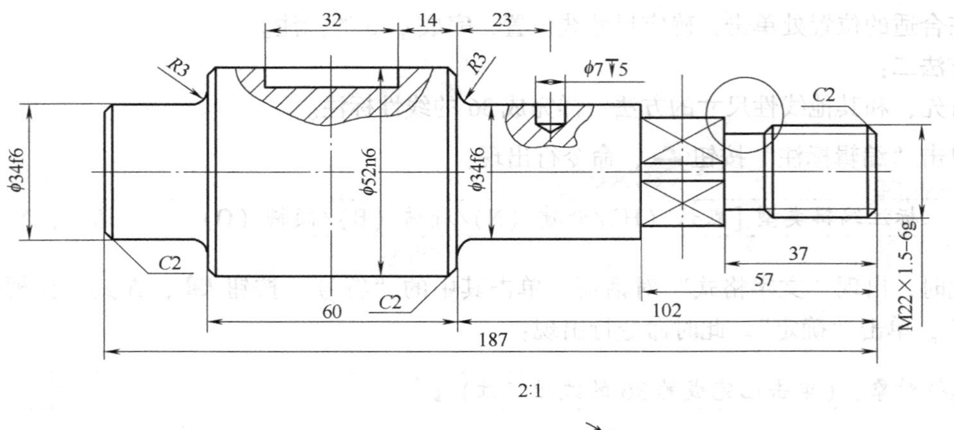

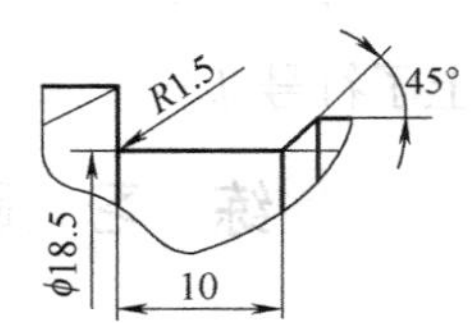

图 4-19　练习 2

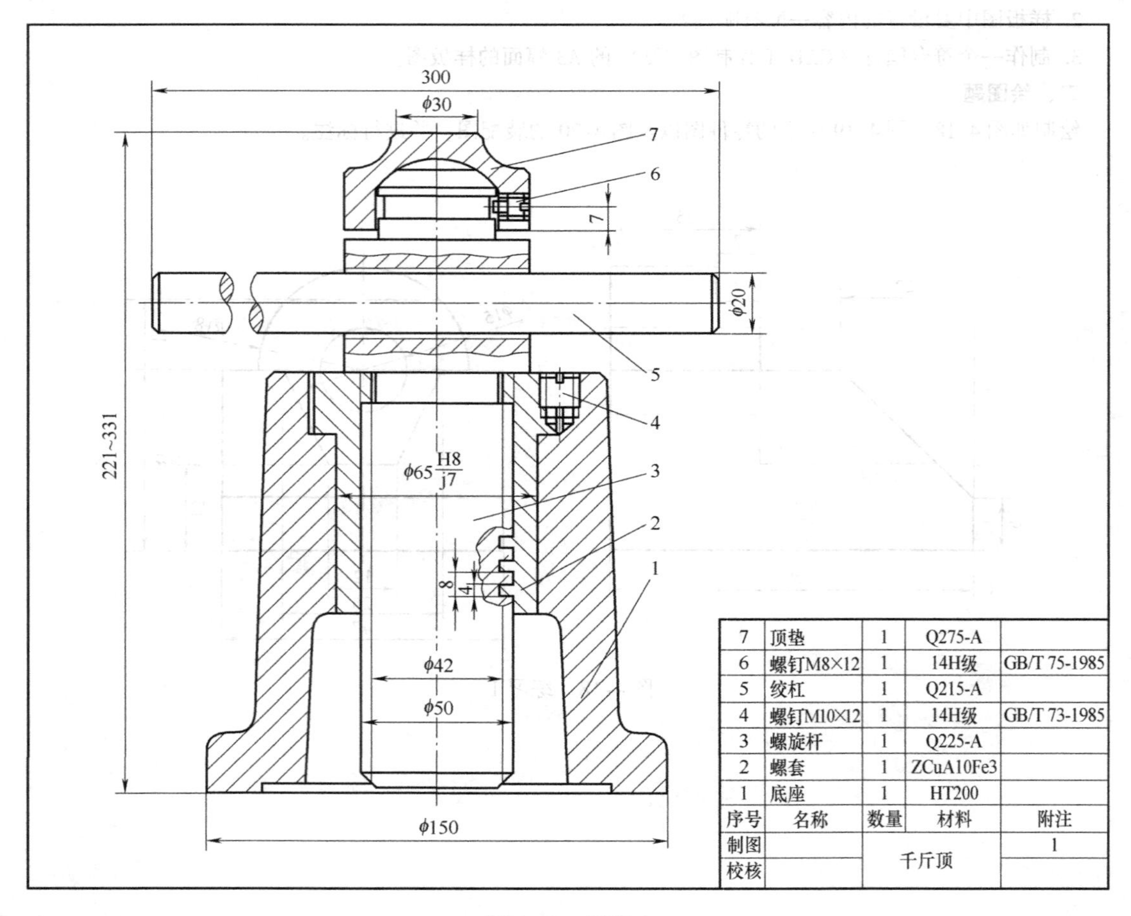

7	顶垫	1	Q275-A	
6	螺钉M8×12	1	14H级	GB/T 75-1985
5	绞杠	1	Q215-A	
4	螺钉M10×12	1	14H级	GB/T 73-1985
3	螺旋杆	1	Q225-A	
2	螺套	1	ZCuA10Fe3	
1	底座	1	HT200	
序号	名称	数量	材料	附注
制图		千斤顶		1
校核				

图 4-20　练习 3

第 5 章　综合编辑与图形管理工具

本章提要： 用户在工作时，利用综合编辑技术和一些图形管理工具，可以有效地提高工作效率，减少重复操作。本章主要介绍夹点编辑、对象特性及其修改与匹配、查询命令、快速计算器、设计中心、工具选项板等内容，在掌握了基本的绘图方法后，通过本章的学习，将使用户能够更方便、快捷地处理绘图中出现的很多问题。

5.1　夹点编辑

对于一般的编辑图形命令，都是先选取编辑命令，然后根据系统提示进行操作。夹点编辑则是先选取对象，再进行编辑，其夹点功能将几个常用修改命令集合在一起，使用户能更方便地修改对象。

在不执行命令时，直接选择对象，在对象上某些部位会出现实心小方框（默认显示颜色为蓝色），这些实心小方框就是夹点，夹点就是对象上的控制点，可以利用夹点来编辑图形对象，快速实现对象的拉伸、移动、旋转、缩放及镜像操作。用夹点模式编辑对象，必须在不执行任何命令的情况下，选择要编辑的对象。默认情况下，选择后以“蓝色”显示对象的夹点。单击该夹点（或同时按下“Shift”键选择多个夹点），夹点显示为“红色”（默认情况），可编辑该对象。下面分别介绍夹点模式中的各种编辑方法。

5.1.1　拉伸对象

选择对象以显示夹点，单击选取一个夹点作为基夹点，将激活默认的“拉伸”夹点模式，命令行提示：

```
** 拉伸 **
指定拉伸点或 [基点 (B)/复制 (C)/放弃 (U)/退出 (X)]:
```

此时可输入点坐标或拾取一个点作为基夹点拉伸后的位置，即可完成拉伸操作。

如图 5-1 所示，图中的垂直中心线向上需要拉伸至右图长度。单击该直线显示三个蓝色夹点，再单击右侧蓝色夹点，使其变为红色，然后向上移动光标至合适位置，单击鼠标左键完成操作。

各选项的功能如下：

1）指定拉伸点：默认选项，提示用户输入拉伸的目标点。

2）基点（B）：提示用户输入一点作为拉伸的基点。

3）复制（C）：在拉伸实体的同时，可以复制实体。

4）放弃（U）：取消上一次的操作。

5）退出（X）：退出当前的操作。

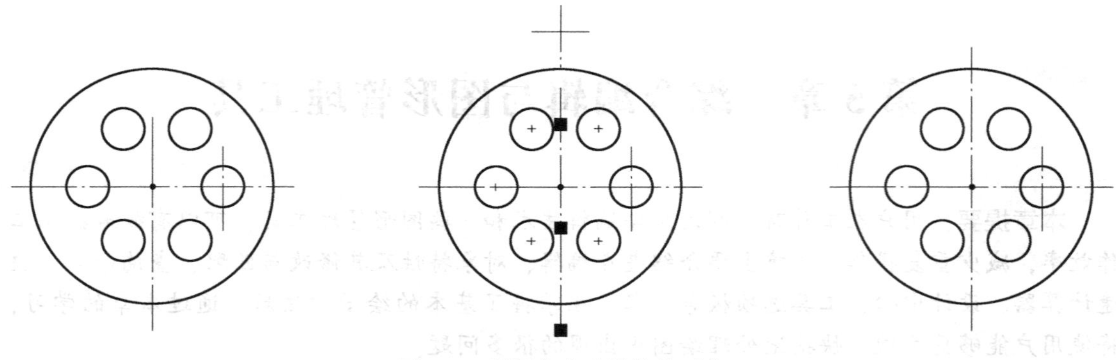

图 5-1　利用夹点功能拉伸对象

5.1.2　移动对象

选择对象显示夹点并选择一个夹点进入默认“拉伸”夹点模式后按“Enter”键，或在单击鼠标右键弹出的菜单中选择“移动”，或在命令行输入“MO↙”，进入“移动”模式，命令行将提示：

```
** 移动 **
指定移动点或 [基点 (B)/复制 (C)/放弃 (U)/退出 (X)]:
```

其操作方法与编辑命令“移动”完全相同。

如图 5-2 所示，要将图中的圆移动到四边形对称中心线的交点处，其操作步骤为：

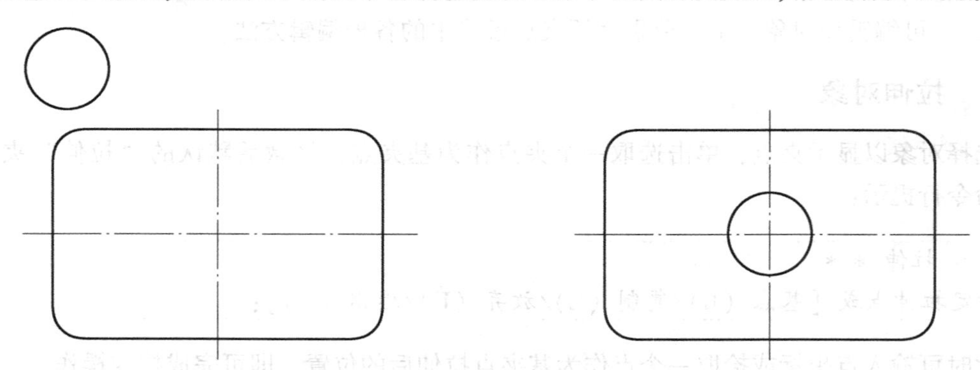

图 5-2　利用夹点功能移动图中的圆形

单击该圆形将显示四个蓝色夹点，再单击圆周任意夹点使其变为红色。直接按“Enter”键（或单击鼠标右键弹出快捷菜单，在快捷菜单中选择“移动”选项），进入移动方式。此时，在命令行上提示“指定移动点或 [基点 (B)/复制 (C)/放弃 (U)/退出 (X)]:”时，拾取四边形对称中心线交点，即完成操作。

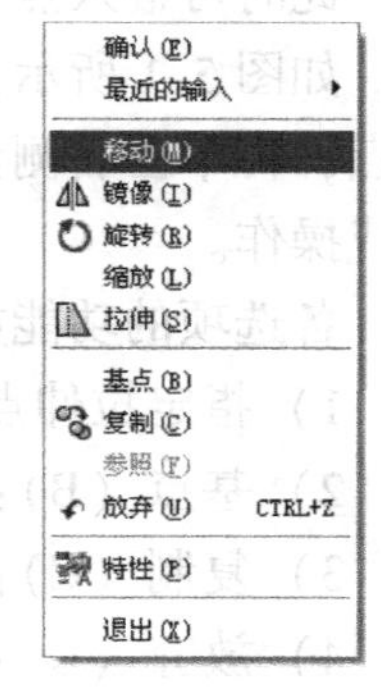

图 5-3　快捷菜单 (1)

该例中，如果将圆心处夹点变为红色可直接进行移动。

单击鼠标右键在弹出的图 5-3 快捷菜单中也可以选择移动命令。

注意：在移动对象的同时按住“Ctrl”键，可在移动时复制选择对象。

5.1.3　旋转对象

选择对象显示夹点并选择一个夹点进入默认“拉伸”夹点模式后，在单击鼠标右键弹出的菜单中选择“旋转”，或在命令行输入“RO↙”，进入“旋转”模式，命令行将提示：

```
** 旋转 **
指定旋转角度或 [基点 (B)/复制 (C)/放弃 (U)/参照 (R)/退出 (X)]:
```

其操作方法与编辑命令“旋转”完全相同。

如图 5-4 所示，利用旋转夹点编辑功能，将 a 图中的图形以圆心为参考点旋转 45°，效果如 b 图所示。其操作步骤为：

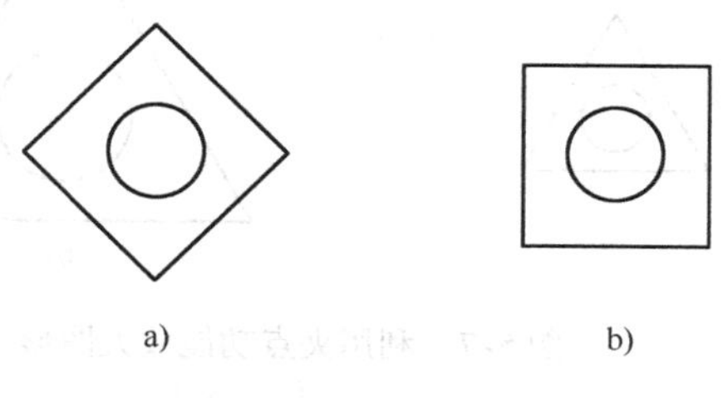

图 5-4　利用夹点功能旋转图形

选择如图 5-5 所示图形，显示蓝色夹点，再单击圆心处夹点，使其变为红色，如图 5-6 所示。单击鼠标右键弹出快捷菜单，在快捷菜单中选择“旋转”选项，进入夹点编辑功能的旋转方式。此时，在命令行上提示“指定旋转角度或 [基点 (B)/复制 (C)/放弃 (U)/参照 (R)/退出 (X)]:”，在命令行输入“B”，按“Enter”键。选择圆心为基点，命令行上接着提示“指定旋转角度或 [基点 (B)/复制 (C)/放弃 (U)/参照 (R)/退出 (X)]:”，在命令行输入“45”即完成操作。

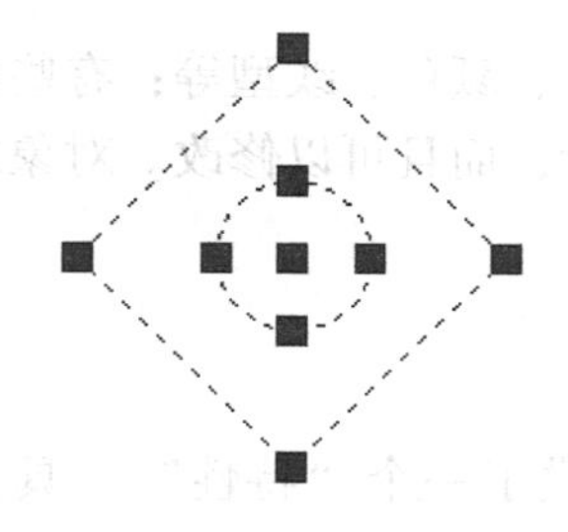
图 5-5　显示蓝色夹点

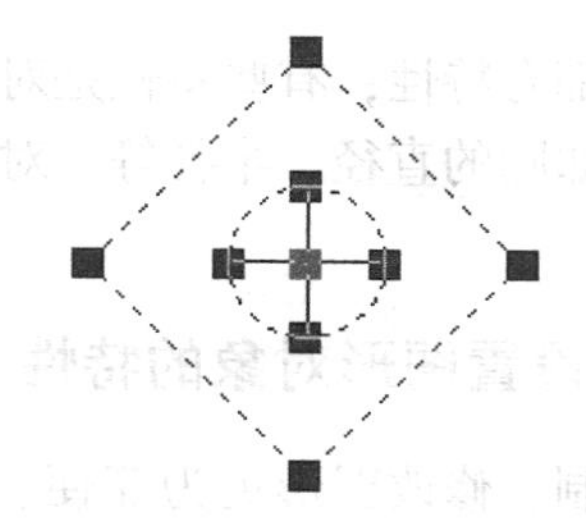
图5-6　圆心处夹点变为红色 (1)

注意：在旋转对象的同时按住“Ctrl”键，可在旋转时复制选择对象。

5.1.4　缩放对象

选择对象显示夹点并选择一个夹点进入默认“拉伸”夹点模式后，在单击鼠标右键弹出的菜单中选择“缩放”，或在命令行输入“SC↙”，即可进入“缩放”模式，命令行将提示：

```
** 比例缩放 **
指定比例因子或 [基点 (B)/复制 (C)/放弃 (U)/参照 (R)/退出 (X)]:
```

其操作方法与编辑命令“缩放”完全相同。

如图 5-7 所示，利用夹点编辑功能，将 a 图中的图形以圆心为参考点放大两倍，效果如 b 图所示。其操作步骤为：

选择图形，显示蓝色夹点，再单击圆心处夹点，使其变为红色，如图 5-8 所示。单击鼠标右键弹出快捷菜单，在快捷菜单中选择“缩放”选项，进入夹点编辑功能的缩放方式。此时，在命令行上提示“指定比例因子或［基点（B）/复制（C）/放弃（U）/参照（R）/退出（X）]:”，在命令行输入“B”，按“Enter”键。选择圆心为基点，命令行接着提示“指定比例因子或［基点（B）/复制（C）/放弃（U）/参照（R）/退出（X）]:”，在命令行输入“2”即完成操作。

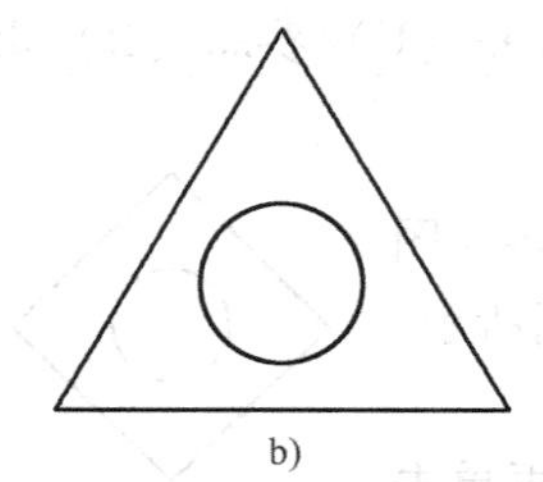

图 5-7　利用夹点功能放大图形

图 5-8　圆心处夹点变为红色（2）

注意：在缩放对象的同时按住“Ctrl”键，可在缩放时复制选择对象。

从以上可见，夹点编辑可以减少重复选择命令，在 AutoCAD 中经常用它来做定位、标注以及移动、复制等复杂操作，从而提高了工作效率。

5.2　对象特性及其修改与匹配

每个对象都有特性，有些特性是对象共有的，例如图层、颜色、线型等；有些特性是对象独有的，例如圆的直径、半径等。对象特性不仅可以查看，而且可以修改。对象之间可以复制特性。

5.2.1　重新设置图形对象的特性

为了使绘制、修改图形更为简便、快捷，AutoCAD 提供了一个“特性”工具栏，可以设置图形的颜色、线型和线宽。在如图 5-9 所示的“特性”工具栏中，图层的颜色、线型和线宽的默认设置都为随层（ByLayer），也可以不随当前图层单独设置。

图 5-9　“特性”工具栏

1. 设置当前实体的颜色

如图 5-10 所示，在“特性”工具栏的“颜色控制”下拉列表中选择某种颜色，可改变其后要绘制实体（即当前实体）的颜色，但并不改变当前图层的颜色。

“颜色控制”下拉列表中“随层”（ByLayer）选项表示图线的颜色是按图层本身的颜色来定，“随块”（ByBlock）选项表示图线的颜色按图块本身的颜色来定。如果选择以上两者之外的颜色，随后所绘制的实体颜色将是独立的，不会随图层的变化而变化。

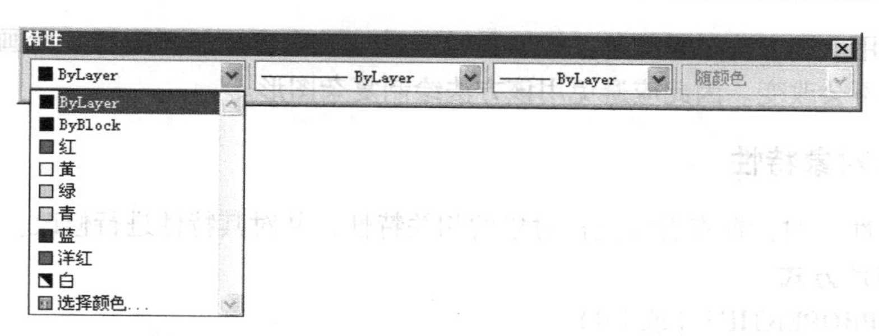

图5-10　“特性”工具栏的“颜色控制”下拉列表

选择“颜色控制”下拉列表中的“选择颜色…”选项，将弹出“选择颜色”对话框，可从中选择一种颜色作为当前实体的颜色。

2. 设置当前实体的线型

如图5-11所示，在“特性”工具栏的“线型控制”下拉列表中选择某种线型，可改变其后要绘制实体（即当前实体）的线型，但并不改变当前图层的线型。

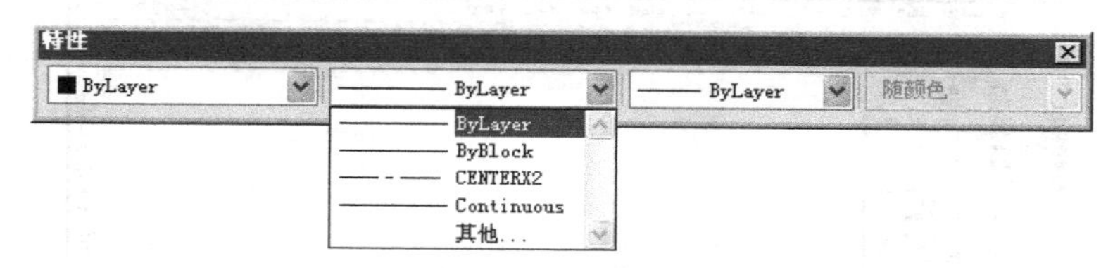

图5-11　用“特性”工具栏设置当前实体的线型

3. 设置当前实体的线宽

如图5-12所示，在“特性”工具栏的“线宽控制”下拉列表中，选择某种线宽，可改变其后要绘制实体（即当前实体）的线宽，但并不改变当前图层的线宽，最大线宽值为2.11mm。

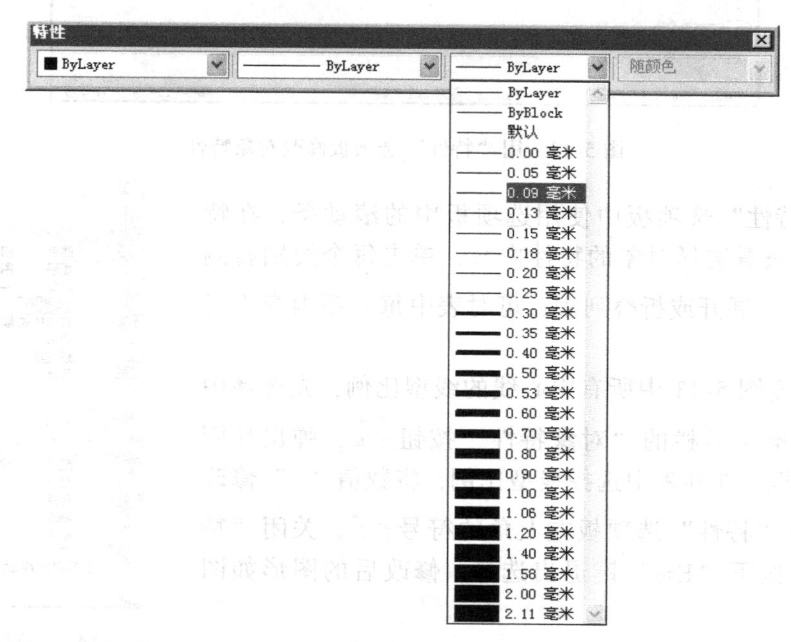

图5-12　用“特性”工具栏设置当前实体的线宽

注意：利用上述方法设置颜色、线型和线宽时，无论选择任何图层，所画图线的颜色、线型和线宽都不会改变。因此应避免用该方法绘制复杂图形。

5.2.2　修改对象特性

利用“特性”对话框查看被选择对象的相关特性，并对其特性进行修改。

1. 命令激活方式

命令行：PROPERTIES（或 PR）

菜单栏：修改→特性

工具栏：标准→“特性”按钮

2. 操作步骤

1）在绘图窗口中选择一个或多个要修改的图素，单击“特性”按钮（或单击鼠标右键，在弹出的下拉列表中选择“特性”项），打开“特性”选项板，如图 5-13 所示。

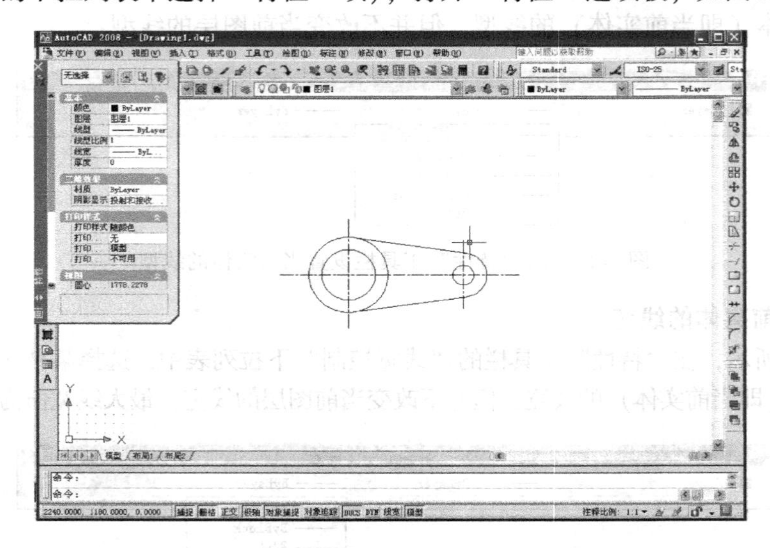

图 5-13　用“特性”选项板修改对象特性

2）在“特性”选项板中使用选项板中的滚动条，在特性列表中滚动查看选择对象的特性内容，单击每个类别右侧的符号或展开或折叠列表，可对表中每一项内容进行修改。

比如要改变图 5-13 中所有中心线的线型比例，先选择中心线，单击标准工具栏的“对象特性”按钮，弹出如图 5-14所示对话框。在列表中选择线型比例，将数值“1”修改为“2”，单击“特性”选项板左上角的符号，关闭“特性”选项板，按下“Esc”键退出选择，修改后的图形如图 5-15所示。

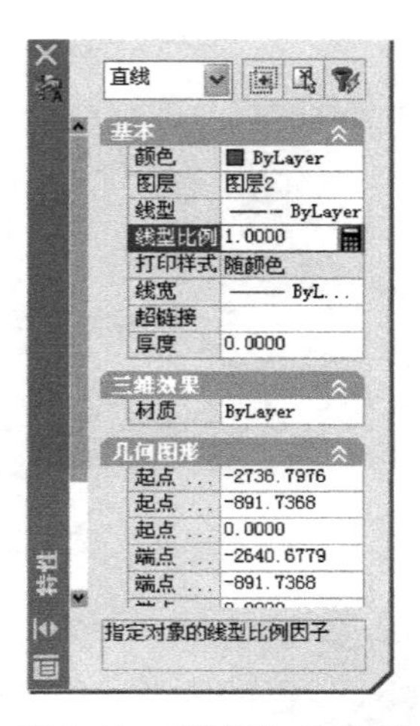

图 5-14　“特性”选项板

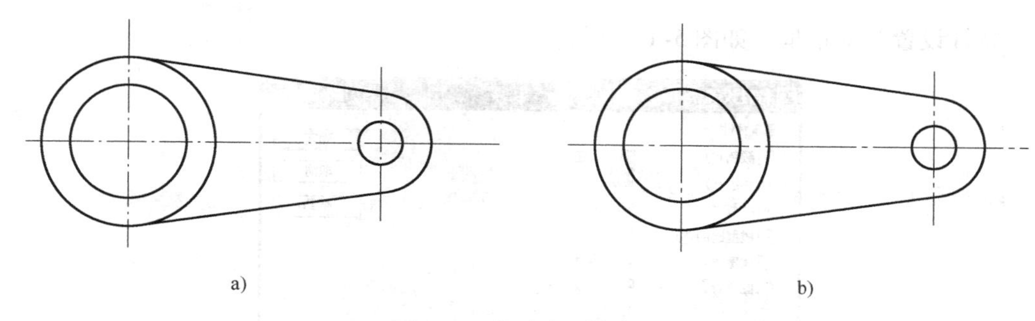

图5-15　修改中心线线型
a）线型比例为1　b）线型比例为2

5.2.3　对象特性匹配

“特性匹配”即特性刷功能，可以在不同的对象间复制共性的特性，也可以将一个对象的某些或全部特性复制到其他对象上。

1. 命令激活方式

命令行：MATCHPROP（或MA）

菜单栏：修改→特性匹配

工具栏：标准→“特性匹配”按钮

2. 操作步骤

1）激活命令后，命令行提示：“选择源对象”，这时光标变为选择框，选择如图5-16a所示的粗实线外圆作为源对象后，光标变成特性刷和选择框。

2）用选择框逐一单击图形中六个小圆的轮廓线，结束选择后的图形如图5-16b所示，此时小圆的线宽、颜色等特性与大圆相同。

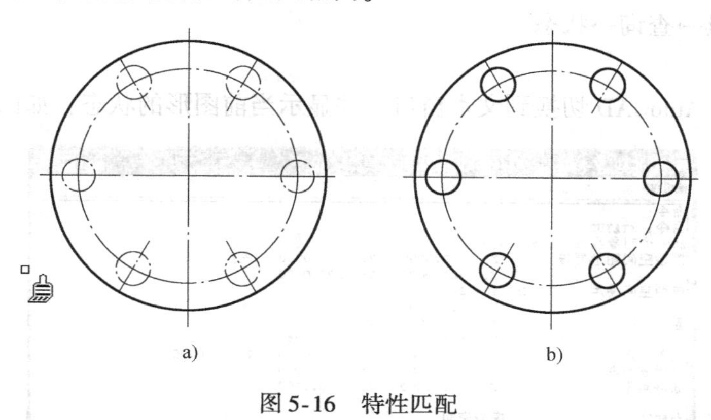

图5-16　特性匹配
a）小圆匹配前　b）小圆匹配后

3. “特性设置”对话框设置

默认情况下是将对象全部特性复制到其他对象上，若要部分复制，可打开“特性设置”对话框进行设置。

激活特性匹配命令后先选择源对象，当光标变成特性刷时，在命令行输入“S”可打开“特性设置”对话框，如图 5-17 所示。

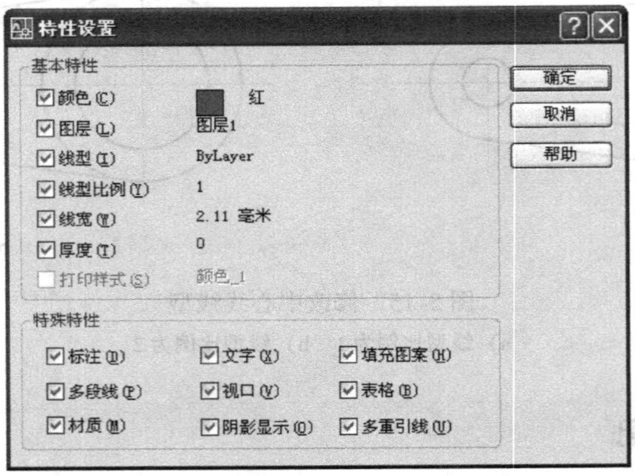

图 5-17　“特性设置”对话框

在“特性设置”对话框中，清除不希望复制的项目（默认情况下所有项目都被选中）。

5.3　查询命令

利用 AutoCAD 2008 可以查询相关的图形信息，如查询当前图形状态、图形对象信息，指定两点间的距离、区域的面积、点的坐标等。

5.3.1　查询当前图形状态

1. 命令激活方式

命令行：STATUS↙

菜单栏：工具→查询→状态

2. 操作步骤

激活命令后，AutoCAD 切换到文本窗口，并显示当前图形的状态，如图 5-18 所示。

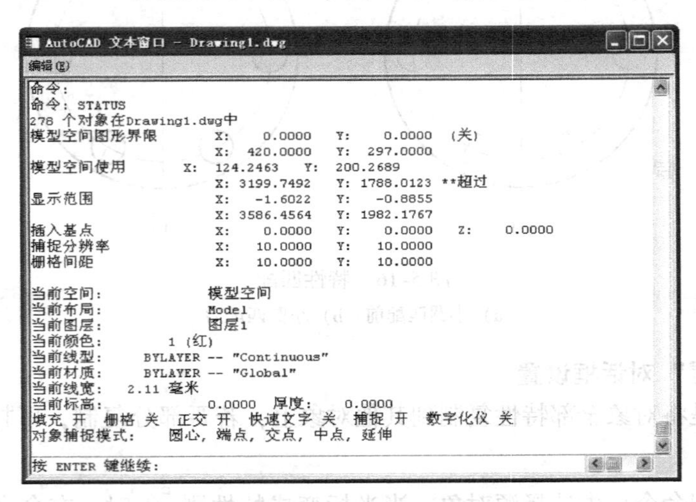

图 5-18　查询当前图形状态

5.3.2　查询时间

1. 命令激活方式

命令行：TIME↙

菜单栏：工具→查询→时间

2. 操作步骤

激活命令后，AutoCAD 切换到文本窗口并显示当前图形的时间，如图 5-19 所示。

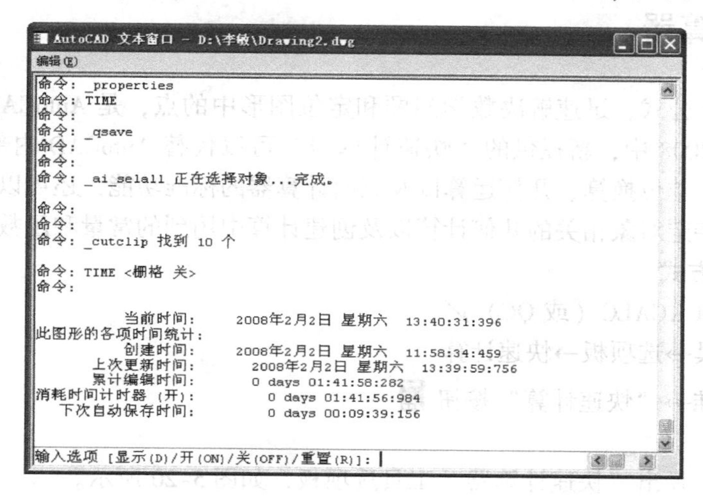

图 5-19　查询时间

5.3.3　查询面积

1. 命令激活方式

命令行：AREA↙

菜单栏：工具→查询→面积

2. 操作步骤

激活命令后，在命令提示行将显示：

```
指定第一个角点或 [对象 (O)/加 (A)/减 (S)]：↙
```

各选项功能如下：

1）指定第一个角点：计算以指定点为顶点所构成多边形区域的面积与周长，为默认项。

2）对象（O）：计算由指定对象所围成区域的面积。

3）加（A）：切换到加模式，即求多个对象的面积及它们的面积总和。

4）减（S）：进入减模式，即把新计算的面积从总面积中减掉。

5.3.4　查询点的坐标

1. 命令激活方式

命令行：ID↙

菜单栏：工具→查询→点坐标

2. 操作步骤

激活命令后，在命令提示行将显示：

```
指定点：↙
```

在该提示下拾取某点，即显示出对应点的坐标。可以通过对象捕捉的方式确定点。

5.4　快速计算器

在命令行输入公式，迅速解决数学问题和定位图形中的点，是 AutoCAD 提供的标准功能。在 AutoCAD 2008 中，新提供的“快速计算器”可以代替 AutoCAD 内部提供的 CAL 计算器。它不但提供单位换算、几何运算以及桌面计算器的标准功能，还可以访问和存储定义的变量、执行与特定对象相关的几何计算以及创建计算中用到的常量和函数等。

1. 命令激活方式

命令行：QUICKCALC（或 QC）↙

菜单栏：工具→选项板→快速计算

工具栏：标准→“快速计算”按钮

2. 操作步骤

激活命令后，弹出“快速计算器”工具选项板，如图 5-20 所示。

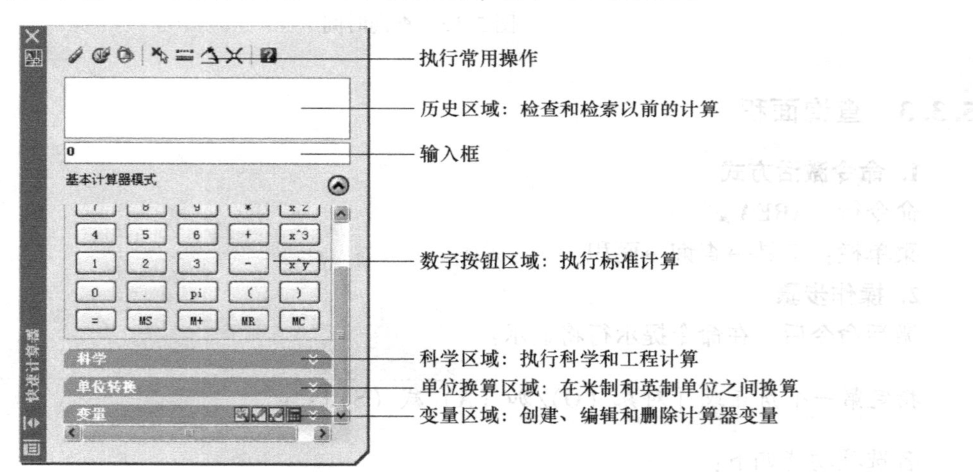

图 5-20　“快速计算器”工具选项板

使用“快速计算器”（一个外观和功能与手持计算器相似的界面），用户可以执行数学、科学和几何计算，转换测量单位以及计算表达式等。

“快速计算器”包括以下 8 个区域：执行常用操作区域、历史区域、输入框、数字按钮区域（执行标准计算）、科学区域（执行科学和工程计算）、单位换算区域（在未制和英制单位之间转换）、变量区域（创建、编辑和删除计算器变量）。

3. 快速计算器选项板说明

（1）执行常用操作区域　该区域包括清除、清除历史记录、将值粘贴到命令行等多种选项，如图5-21所示。

图5-21　执行常用操作区域

主要按钮功能如下：

1）“清除”按钮：将清除输入框中的当前值或表达式，并将值重置为0。

2）“清除历史记录”按钮：将清除历史记录。

3）“将值粘贴到命令行”按钮：输入框中的值将被粘贴到命令行中。

4）“获取坐标”按钮：计算图形中某个点的位置坐标。在图形中，单击某个点，将在输入框中显示该点的坐标值。

5）“两点之间的距离”按钮：计算在图形中的两个点之间的距离。在图形中，单击第一点，然后单击第二点，将在输入框中显示两点之间的距离值。

6）“由两点定义的直线的角度”按钮：计算图形中两个点之间的角度值。输入第一点的坐标值，然后输入第二点的坐标值，便将两点之间的角度值附加到输入框中现有的值或表达式的后面。

7）“由四点定义的两条直线的交点”按钮：获取由四点定义的直线的交点。先输入直线一的第一点的坐标值，再输入直线一的第二点的坐标值，然后输入直线二的第一点的坐标值，最后输入直线二的第二点的坐标值。快速计算器将把计算出的表达式的值附加到输入框中现有的值或表达式的后面。

（2）数字按钮区域　如图5-22所示，在该区域，用户可通过计算器的键盘输入算术式的数字和符号，单击“=”将计算表达式，并在上方的输入框显示结果。

（3）科学区域　科学和工程上经常使用的三角、对数、指数等在该区域计算，如图5-23所示。

图5-22　数字按钮区域

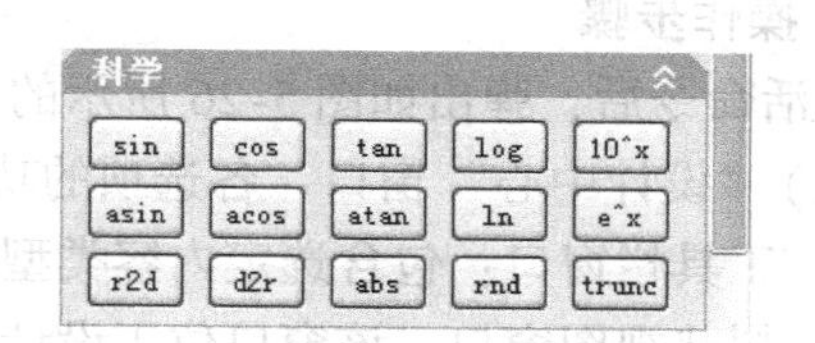

图5-23　科学区域

（4）单位转换区域　单位转换可用于长度、面积、体积和角度值。将测量单位从一种单位类型转换为另一种单位类型，如图5-24所示。

单位转换的结果将显示在“已转换的值”对应的框中。

（5）变量区域　“快速计算”的“变量”区域用于存储计算器变量，用户可以根据需要进行访问，如图5-25所示。计算器变量可以是常数或函数，可以使用“变量”区域定义、存储和检索计算器变量。在“变量”区域，用户可以单击某个计算器变量，在“变量”区域底部的“详细说明”框中显示值、类型和说明等信息。双击某个计算器变量，将其加载到“快速计算”的输入框中。

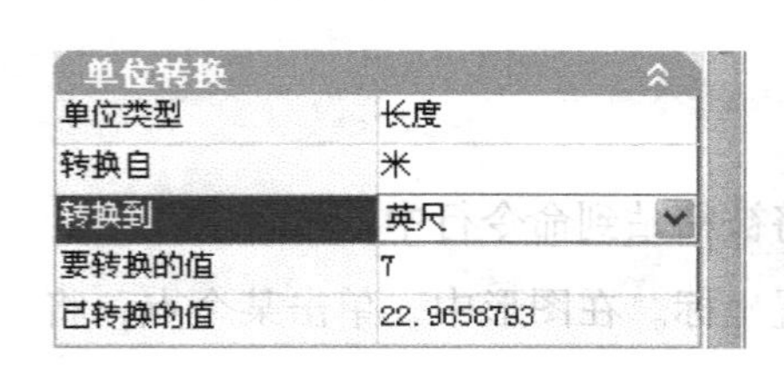

图 5-24　单位转换区域

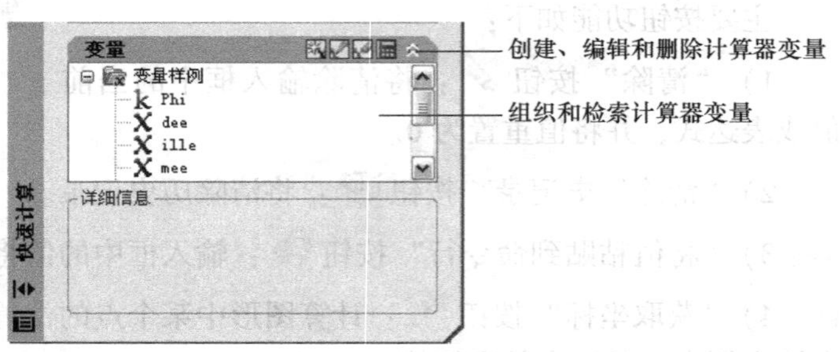

图 5-25　变量区域

5.5　设计中心

AutoCAD 设计中心与 Windows 系统中的资源管理器很类似，是一个直观、高效的管理工具。用户利用设计中心可以方便地管理 AutoCAD 的相关资源。

通过设计中心，用户不仅可以查看、参照自己的设计，而且还可以通过设计中心调用图形中的块、图层定义、尺寸和文字样式等内容，甚至可以提取硬盘驱动器、网络驱动器或 Internet 上的图形文件所包含的命名对象，而不需要重新创建它们。所以设计中心是 AutoCAD提供的图块、外部参照之外的又一数据共享手段。

5.5.1　启动 AutoCAD 设计中心

1. 命令激活方式

命令行：ADCENTER（或 ADC）

菜单栏：工具→选项板→设计中心

工具栏：标准→“设计中心”按钮

2. 操作步骤

激活命令后，弹出如图 5-26 所示的“设计中心”对话框。

(1)“设计中心”窗口　各选项的功能如下：

1）工具栏窗口：包含选定内容类型的各种按钮，各种按钮将在后文中介绍。

2）树状视图窗口：该窗口位于设计中心窗口左边，用于显示计算机或网络驱动器中文件和文件夹的层次关系，可以像 Windows 资管理器一样进行多层显示。

3）内容窗口：用于显示树状视图中当前选定内容源的内容。

4）预览窗口：单击要预览的图形文件，可以在打开和关闭预览框之间进行切换。

5）说明窗口：用于显示选定图形、图块、填充图案或外部参照的说明。

(2)“设计中心”工具栏窗口　各按钮的功能如下：

1）“加载”按钮 ：加载图形文件。单击该按钮，系统弹出“加载”对话框，利用该对话框可以把已有的图形文件加载到设计中心。

2）“上一页”按钮 ：返回到历史记录列表中最近一次的位置。

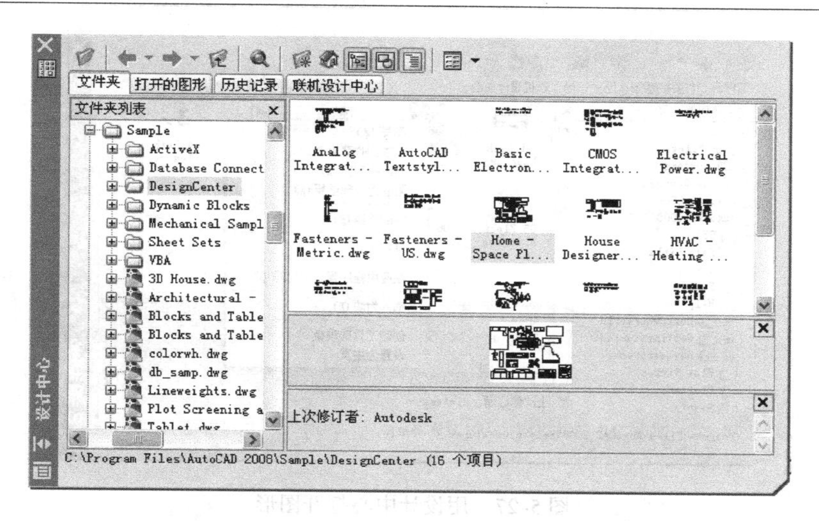

图 5-26　“设计中心”对话框

3）“下一页”按钮 ：返回到历史记录列表中下一次的位置。

4）“上一级”按钮 ：返回到上一级目录。

5）“搜索”按钮 ：单击该按钮，系统显示“搜索”对话框，用户可在该对话框中设置搜索条件，可以实现快速地查找图层、图块、标注样式和图文等信息，从而快速搜索文件。

6）“收藏夹”按钮 ：在内容区域中显示“收藏夹”文件夹的内容。“收藏夹”文件夹包含经常访问项目的快捷键。要为“收藏夹”添加项目，可以在内容区域或树状图中的项目上单击右键弹出快捷菜单，然后单击“添加到收藏夹”。

7）“主页”按钮 ：将设计中心返回到默认文件夹。

8）“树状图切换”按钮 ：显示和隐藏树状图。隐藏树状图时，设计中心窗口只显示右边窗口内容区域。

9）“预览”按钮 ：预览栏切换按钮。

10）“说明”按钮 ：说明栏切换按钮。

11）“视图”按钮 ：单击右侧的小箭头将弹出一个下拉菜单，有 5 种显示方式供用户选择，由此确定显示窗口的显示方式。

5.5.2　用设计中心打开图形

在 AutoCAD 设计中心，可以很方便地打开所选的图形文件，具体方法如下：

先选中一个图形文件，在图形文件图标上单击鼠标右键，从弹出的快捷菜单中选择“在应用程序窗口中打开”菜单项，可将所选图形文件打开并设置为当前图形，如图 5-27 所示。

也可以用拖动的方式将文件作为一个图块插入到当前的图形文件中。单击需要打开图形文件的图标，并按住左键将其拖动到 AutoCAD 主窗口中除绘图区以外的任何地方（如工具区或命令区），松开鼠标左键，可打开图形文件，并将其设置为当前图形。

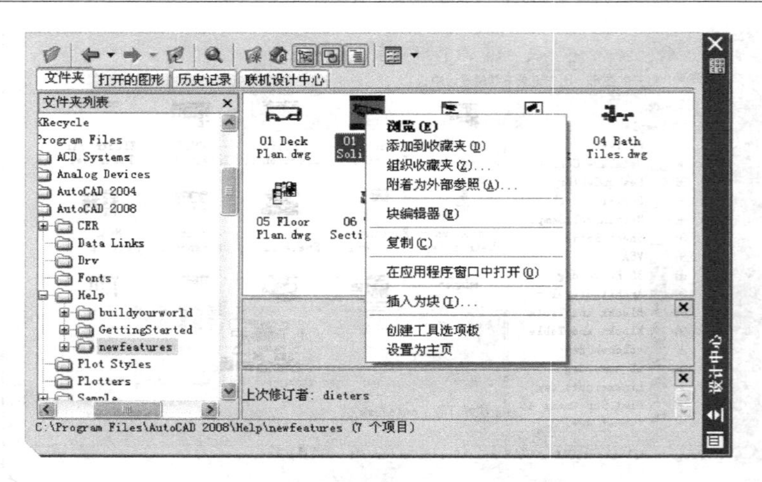

图 5-27　用设计中心打开图形

5.5.3　图形操作

利用 AutoCAD 2008 设计中心，可以方便地向当前图形中插入图块、图片等内容，还可以引用外部参照。

【例 5-1】 打开“C: \ Program Files \ AutoCAD 2008 \ Help \ buildyourworld \ 61 Hall.dwg”文件，并将外部图块插入到当前 AutoCAD 图形中（说明：如果 AutoCAD 2008 安装到 D 盘或 E 盘，请将盘符名改为 D 或 E）。

1）命令激活

命令行：ADCENTER

菜单栏：工具→选项板→设计中心

工具栏：标准→“设计中心”按钮

2）此时屏幕弹出“设计中心”对话框，在树状视图窗口中选择“C: \ Program Files \ AutoCAD 2008 \ Help \ buildyourworld”文件夹，如图 5-28 所示。

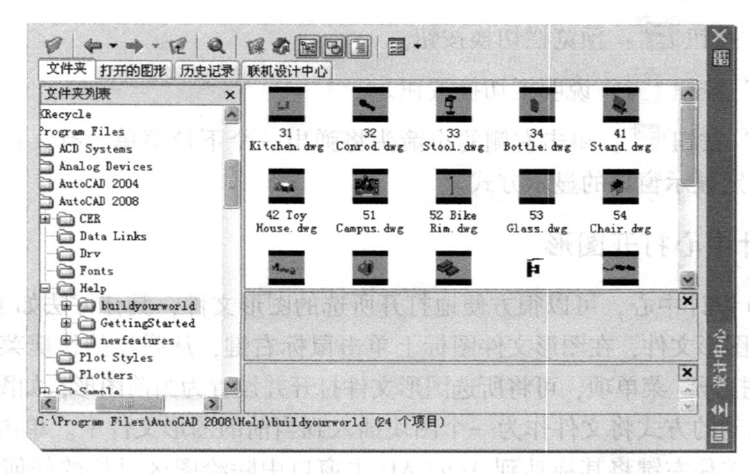

图 5-28　在树状视图窗口中选择文件夹

3）在内容窗口选中“61 Hall. dwg”图标，右键单击该文件，在弹出的快捷菜单中选择“在应用程序窗口中打开”选项，可将所选图形文件打开并设置为当前图形，如图 5-29 所示。

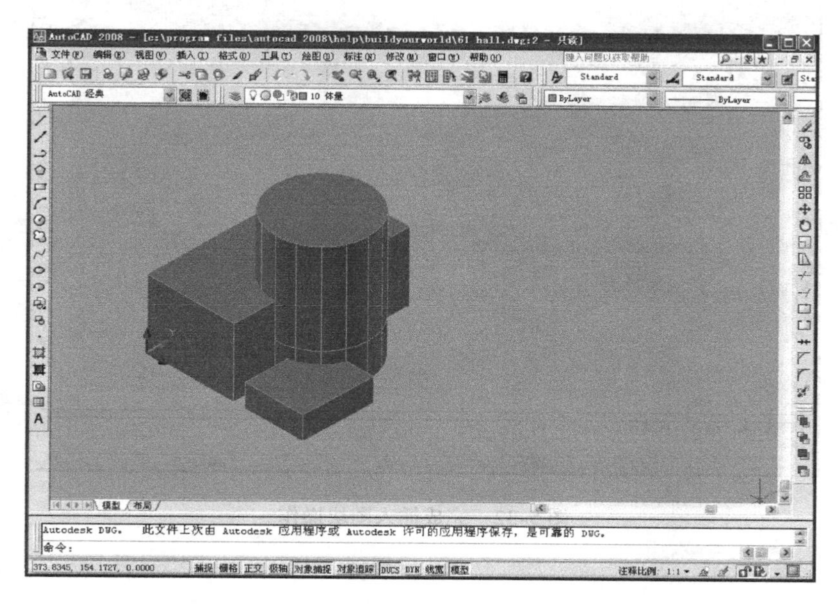

图 5-29　打开“61 Hall. dwg”文件为当前文件

4）在当前图形中打开“设计中心”对话框，在树状视图窗口和内容窗口中快速选中要插入的图块（如“D：\ 李敏 \ Drawing1. dwg”），如图 5-30 所示。

5）用鼠标右键拖拽的方法将该图块从“设计中心”对话框中向当前文件绘图区拖动，然后松开右键，系统会弹出快捷菜单，如图 5-31 所示。

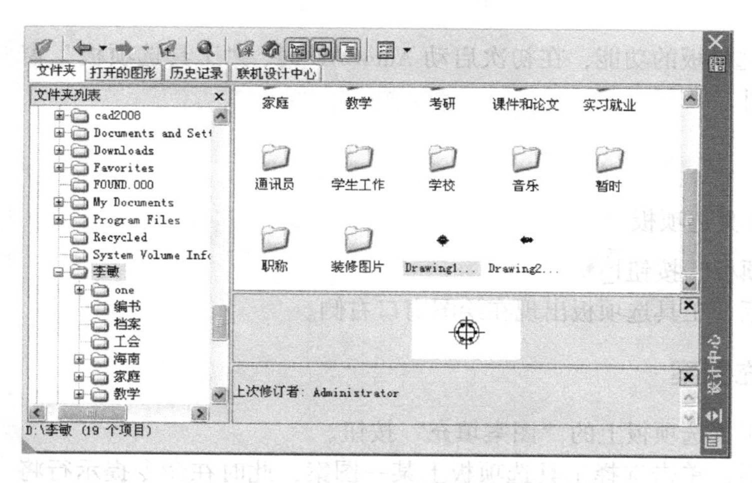

图 5-30　选中要插入的图块

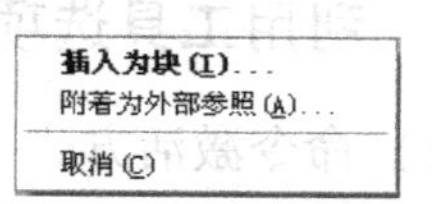

图 5-31　拖拽并弹出快捷菜单

6）在快捷菜单中选择“插入为块”选项即可完成插入图块操作，如图 5-32 所示。

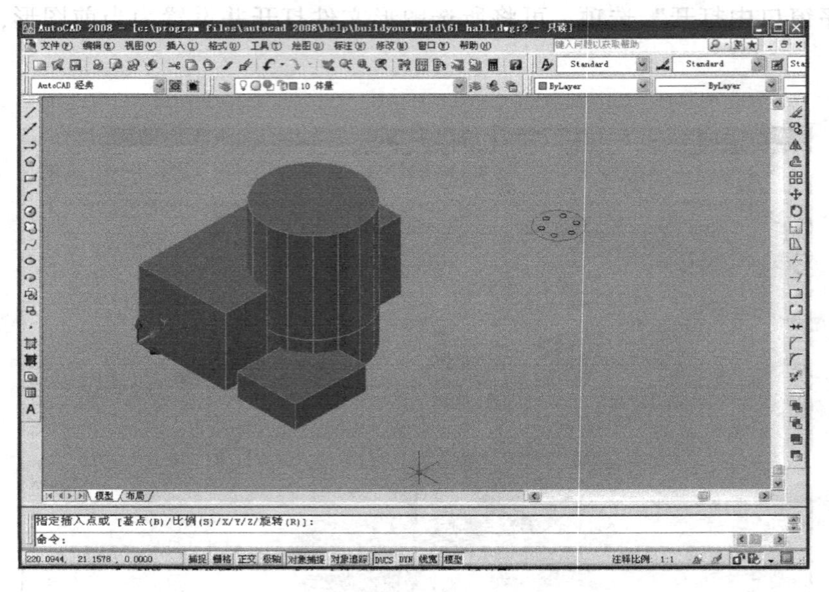

图 5-32　完成插入图块操作

5.6　工具选项板

5.6.1　工具选项板的特点

工具选项板是“工具选项板”窗口中的选项卡形式区域，它们提供了一种用来组织、共享和放置块及填充图案等的有效方法。工具选项板上还可以包含由第三方开发人员提供的自定义工具。

AutoCAD 2008 增强了工具选项板的功能，在初次启动 AutoCAD 时，“工具选项板”窗口自动打开，在绘图窗口的右侧。

（1）命令激活方式

命令行：TOOLPALETTES

菜单栏：工具→选项板→工具选项板

工具栏：标准→“工具选项板”按钮

（2）操作步骤　命令执行后，工具选项板出现在绘图窗口右侧。

5.6.2　利用工具选项板填充图案

（1）命令激活方式　单击工具选项板上的“图案填充”按钮。

（2）操作步骤　激活命令后，单击选择工具选项板上某一图案，此时在命令提示行将显示：

```
指定插入点：（在绘图区中需要填充图案的区域内任意拾取一点）
```

执行结果：实现了图案的填充。

另一种方法是通过拖动的方式填充图案，将工具选项板上的某一图案图标直接拖至绘图区需要填充的区域。

此外，利用工具选项板还可以进行插入图块、表格以及执行各种 AutoCAD 命令，只要在工具选项板上单击对应的图标，然后根据提示操作即可。

5.6.3　定制工具选项板的内容

用户可以根据自己的绘图需要新建自己的工具选项板。

1. 命令激活方式

命令行：CUSTOMIZE↙

菜单栏：工具→自定义→工具选项板

2. 操作步骤

1）激活命令后，打开如图 5-33 所示的“自定义”对话框。

2）在“选项板”显示区中单击鼠标右键，在弹出的快捷菜单中选择“新建选项板”选项，如图 5-34 所示。

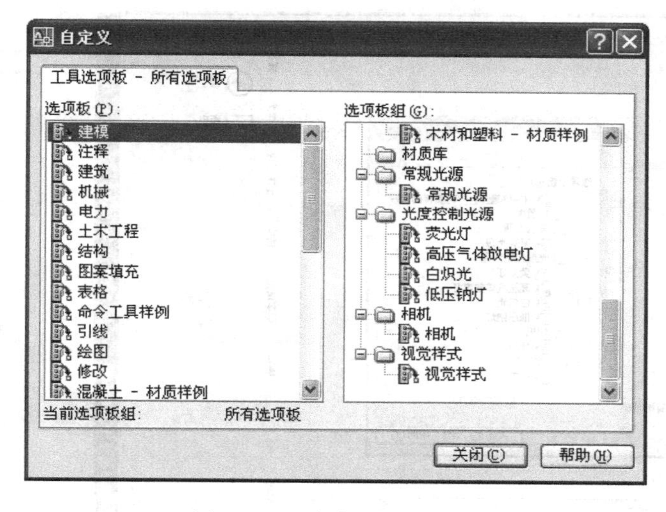

图 5-33　“自定义”对话框

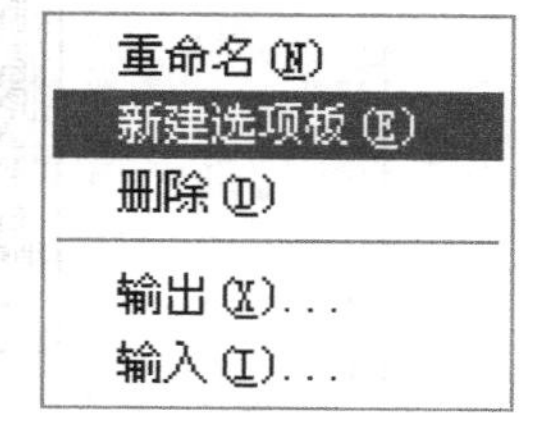

图5-34　快捷菜单（2）

3）新的选项板创建后，可以对其命名。系统打开“工具选项板”面板，在面板上可以看到增加了一个空白选项板，如图 5-35 所示。

4）新建的工具选项板是空白的，没有任何图形元素。这时，需要向新建的工具选项板添加所需要的内容，如图块、命令按钮等。也可以将经常使用的一些工具拖拽到新的选项板中，如图 5-36 所示。

5）确定添加完成后，单击“自定义”对话框中的“关闭”按钮，完成操作。在工具选项板上添加内容后，如果要启动某项功能，只需要单击相应的图标按钮即可。

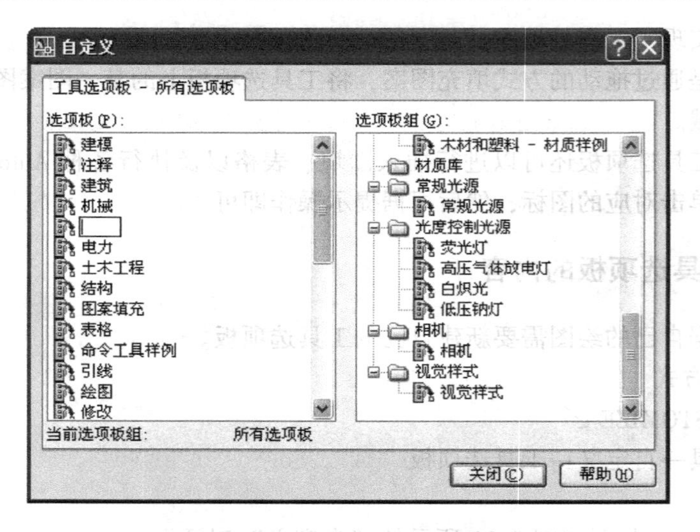

图 5-35　命名新的选项板

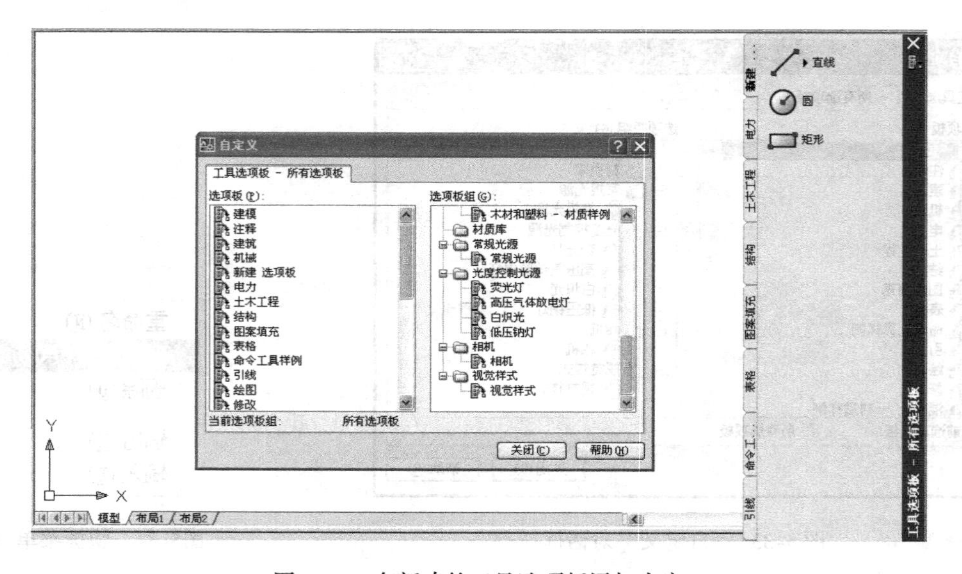

图 5-36　向新建的工具选项板添加内容

练　习　题

1. 利用夹点编辑移动命令，移动如图 5-37a 上端圆形，效果如图 5-37b 所示，并将右端图形保存为"D:\ 夹点移动练习 . dwg" 文件。

2. 试利用设计中心打开 AutoCAD 2008 提供的图形文件 32conrod. dwg（位于 AutoCAD 2008 安装目录中的"Help\ buildyourworld" 文件夹），将文件作为当前文件，并将自己绘制的一个图形文件插入到图形。

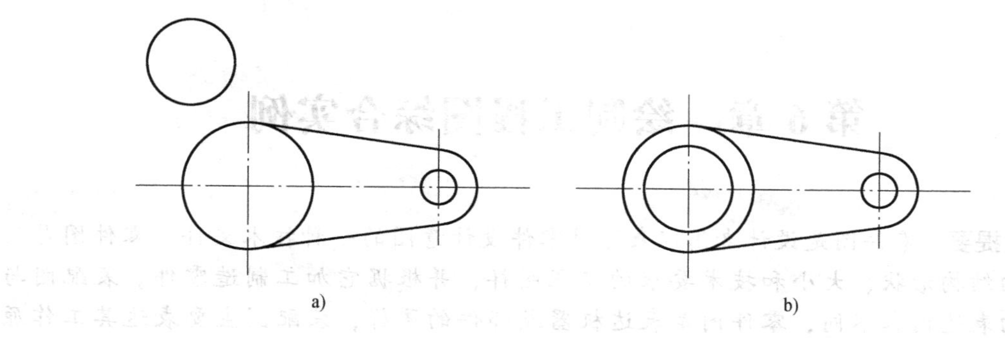

图 5-37　操作练习

第6章　绘制工程图综合实例

本章提要：零件图是设计者用以表达对零件设计意图的一种技术文件。零件图是表示零件的结构形状、大小和技术要求的工程图样，并根据它加工制造零件。装配图与零件图的表达内容不同，零件图是表达机器或部件的图样，装配图主要表达其工作原理和装配关系。

本章将介绍几种典型的零件图和装配图的绘制过程。

6.1　零件图的绘制过程

一幅完整的零件图应包括以下内容：

1）一组图形（包括视图、剖视图、剖面图等）：把零件各部分形状表达清楚。

2）尺寸标注：确定零件各部分的大小和位置。

3）技术要求：说明零件在制造和检验时应达到的一些要求。例如表面粗糙度、尺寸公差、形状及位置公差、材料及热处理等。这些内容要用符号注写在图上（比如表面粗糙度、形状及位置公差）或者在图纸的空白处统一写出。

4）标题栏：说明零件的名称、材料、数量及图号等。

因此，选取一组恰当的图形，把零件的形状表达清楚是学习绘制零件图的第一要素，也是最基本的要求。一张图纸表达得好的标准是：零件上每一部分的形状和位置表示得完全、正确、清楚，同时要符合机械制图的要求，便于看图。我们绘制零件图的时候，必须根据零件的形状、功能和加工方法，合理地选择主视图和各种视图及剖视、剖面等。

零件图的绘制过程包括草绘和绘制工作图，AutoCAD 一般用作绘制工作图，下面是绘制零件图的基本步骤：

1）设置作图环境。作图环境的设置一般包括两方面：

① 选择比例。根据零件的大小和复杂程度选择比例，尽量采用 1∶1。

② 选择图纸幅面。根据图形、标注尺寸、技术要求所需图纸幅面，选择标准幅面。

2）确定作图顺序，选择尺寸转换为坐标值的方式。

3）标注尺寸，标注技术要求，填写标题栏。标注尺寸前要关闭剖面层，以免剖面线在标注尺寸时影响端点捕捉。

4）校核与审核。

6.2　轴套类零件图的绘制

由于轴套类零件基本上是同轴回转体，因此采用一个基本视图加上一系列直径尺寸，就能表达它的主要形状。

这里我们详细讲解使用 AutoCAD 2008 绘制图 6-1 所示的泵轴零件图。为了便于加工时看图，轴线宜水平放置。对于轴上的销孔、键槽等，可以采用移出剖面。这样，既表达了它们的形状，也便于标注尺寸。

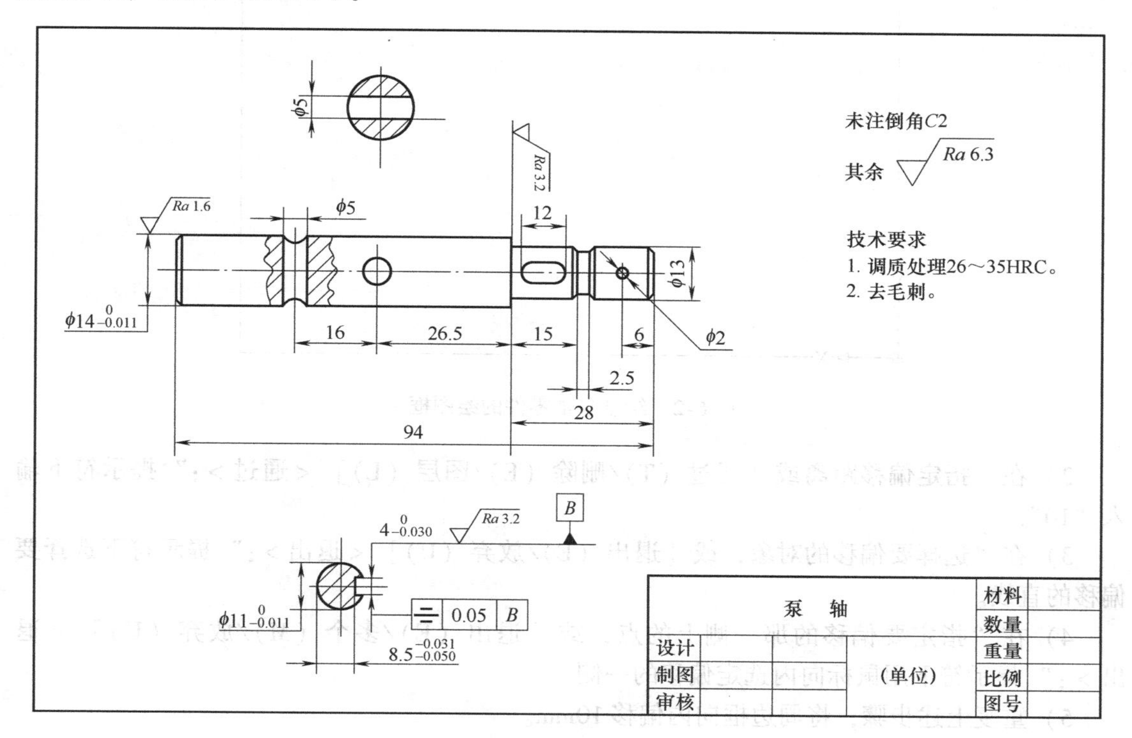

图 6-1　泵轴零件图

综上所述，在完成绘图环境的设置后，即可正式开始绘图，具体步骤如下：

1. 设置图幅和绘图比例

1）在命令行中输入“MVSETUP”并按“回车”键。

2）在“是否启用图纸空间？［否（N）/是（Y）］ <是>：”提示符下输入“N”并按“回车”键。

3）在“输入单位类型［科学（S）/小数（D）/工程（E）/建筑（A）/公制（M）］：”提示符下输入“M”并按“回车”键。

4）在“输入比例因子：”提示符下输入“1”并按“回车”键。

5）在“输入图纸宽度：”提示符下输入图纸宽度“297”并按“回车”键。

6）在“输入图纸高度：”提示符下输入图纸高度“210”并按“回车”键。

绘制结果如图 6-2 所示。

2. 用“修改/分解（X）”命令炸开图框边界

1）在命令行中输入“EXPLODE”或选择“修改”→“分解”命令。

2）在“选择对象：”提示符下选择周边框并按“回车”键。

3. 用“偏移（S）”命令绘制图框线，将边框线分别偏移 10 和 5

1）选择“修改”→“偏移”命令，或在命令行中输入“OFFSET”。

图6-2　绘制泵轴零件的绘图框

2）在“指定偏移距离或［通过（T）/删除（E）/图层（L）］<通过>:”提示符下输入“10”。

3）在“选择要偏移的对象，或［退出（E）/放弃（U）］<退出>:”提示符下选择要偏移的直线。

4）在“指定要偏移的那一侧上的点，或［退出（E）/多个（M）/放弃（U）］<退出>:”提示符下用鼠标向内选定偏移的一侧。

5）重复上述步骤，将周边框向内偏移10mm。

6）选择“修改”→“修剪”命令，修剪内边框的四角多出来的线，即可完成边框的修整。

4. 绘制标题栏

绘制一个130mm×40mm大小的标题栏。

1）命令：输入“RECTANG”并按“回车”键。

2）在“指定第一个角点或［倒角（C）/标高（E）/圆角（F）/厚度（T）/宽度（W）］:”提示符下捕捉图框右下角顶点。

3）在“指定另一个角点或　［尺寸（D）］:”提示符下输入“@-130，40”并按“回车”键。

4）用偏移和修改的命令对标题栏进行划分，参见前述章节相关内容，这里不再详细介绍。绘制结果如图6-3所示。

5. 创建图层

单击工具栏中的“图层特性管理器”按钮，创建方便编辑的图层，如图6-4所示。

6. 绘制泵轴的外形

将“中心线”层置为当前，利用线的命令，绘制泵轴中心线。将“轮廓线”层置为当前，选择“直线”命令画泵轴外形，绘制如图6-5所示的泵轴外形图，具体尺寸请参见图6-1。

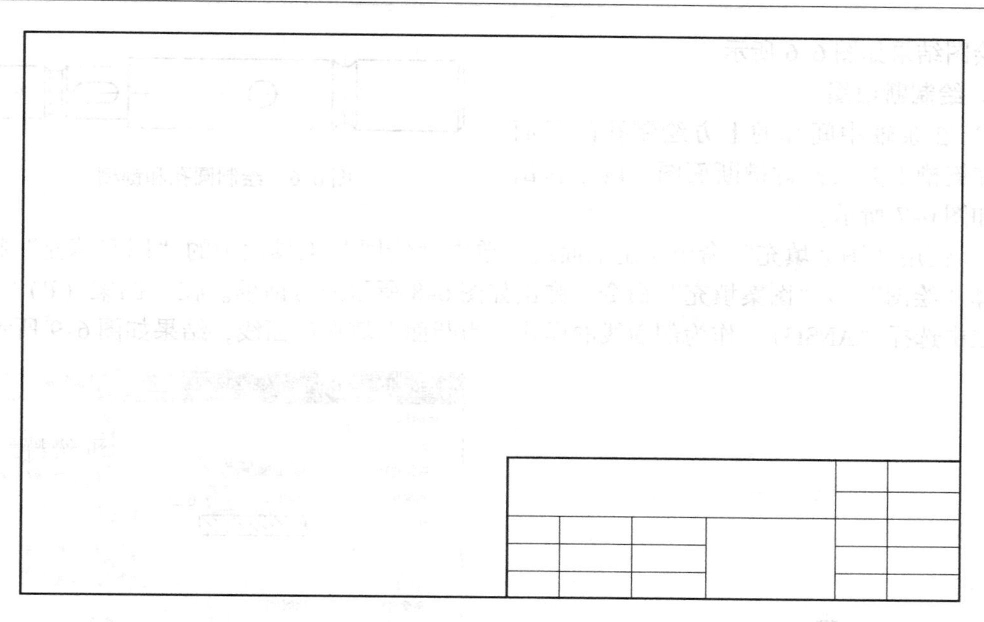

图 6-3　绘制泵轴零件的标题栏

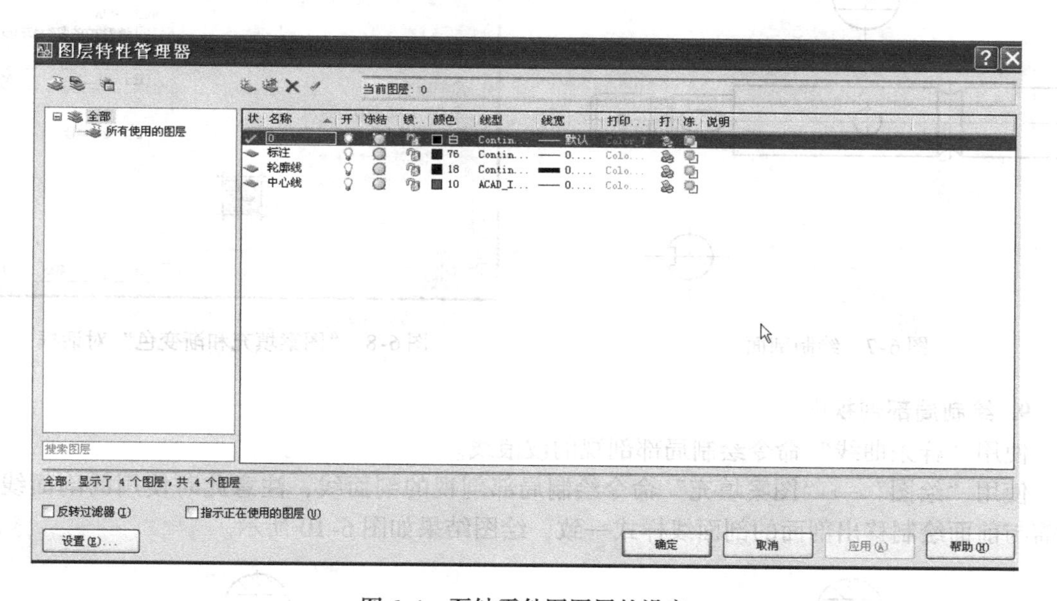

图 6-4　泵轴零件图图层的设定

7. 绘制泵轴上的孔和键槽

将“中心线”层置为当前，利用“直线”命令绘制各圆孔中心线。

将“轮廓线”层置为当前，选择“圆”命令绘制两个圆孔。

利用“直线”命令绘制左端垂直圆孔的左右素线，利用“圆弧”命令绘制上下相贯线。

分别利用“圆”、“直线”、“修剪”命令绘制键槽。

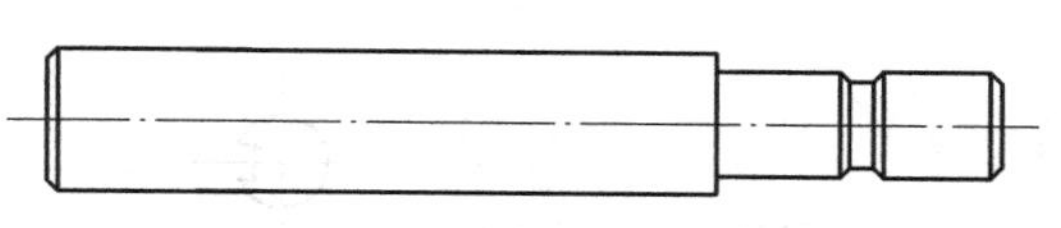

图 6-5　泵轴的外形图

绘图结果如图 6-6 所示。

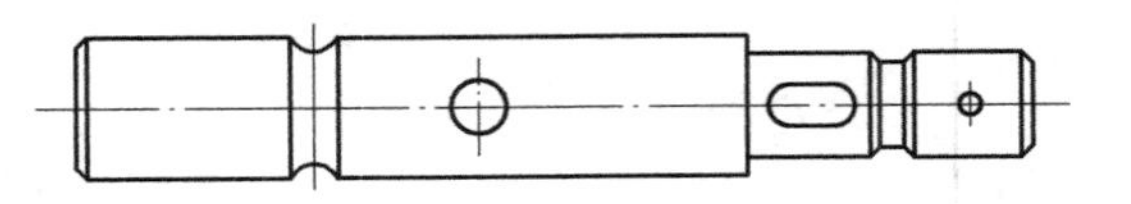

图 6-6　绘制圆孔和键槽

8. 绘制断面图

1）在泵轴中间孔的上方绘制孔的断面图，在键槽下方绘制键槽断面图，两个移出断面如图 6-7 所示。

2）使用“图案填充”命令绘制剖面线。单击“绘图”工具栏中的“图案填充”按钮，或选择“绘图”→“图案填充”命令，弹出如图 6-8 所示的对话框。在“图案（P）”下拉列表框中选择“ANSI31”作为剖面线的样式，为断面图填充剖面线，结果如图 6-9 所示。

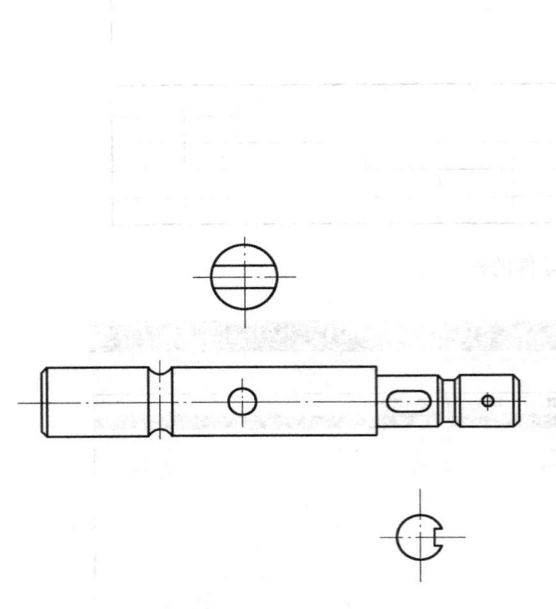

图 6-7　绘制剖面

图 6-8　“图案填充和渐变色”对话框

9. 绘制局部剖视图

使用“样条曲线”命令绘制局部剖视的波浪线。

使用“绘图”→“图案填充”命令绘制局部剖视的剖面线，注意此时使用的剖面线样式需与前面绘制移出剖面的剖面线样式一致，绘图结果如图 6-10 所示。

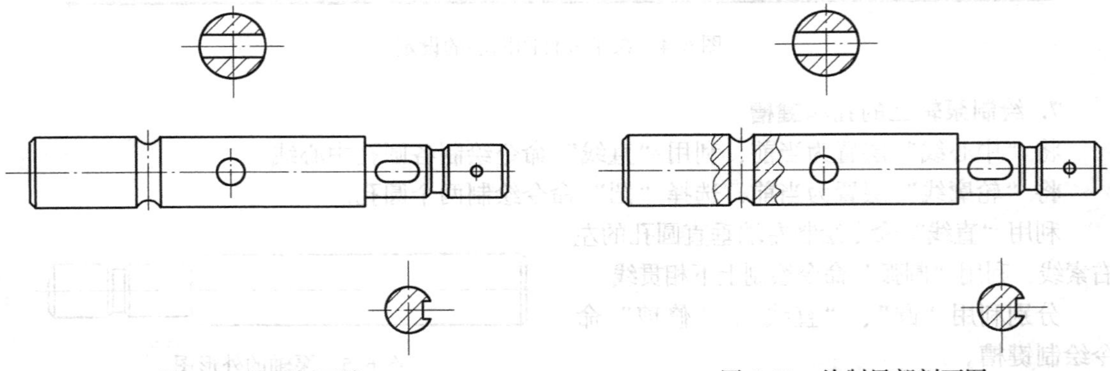

图 6-9　绘制剖面线　　　　图 6-10　绘制局部剖面图

10. 设定尺寸样式并标注尺寸

单击“标注”工具栏中的“标注样样式”图标，或选择“格式”→“标注样式”命令，在弹出的“标注样式管理器”对话框中，参照第3章第2节的内容对尺寸样式进行设置，然后对尺寸进行逐一标注。标注结果如图6-11所示。

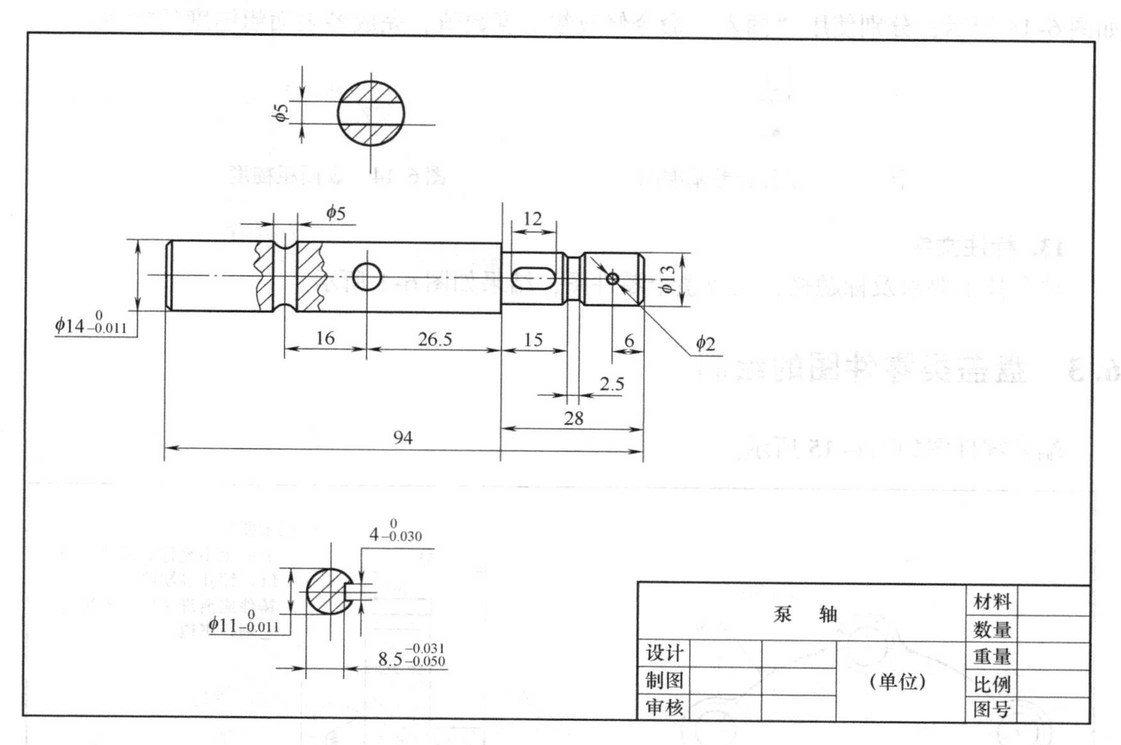

图6-11　泵轴尺寸标注结果

11. 标注几何公差

1）选择“标注”→“多重引线”命令。

2）在“指定引线箭头的位置或［引线基线优先（L）/内容优先（C）/选项（O）］<选项>：”指定引线起始位置。

3）在“指定引线基线的位置”命令下，在合适的位置单击鼠标左键确定。

4）在命令行中输入“T01”或单击“标注”工具栏中的“公差”图标弹出“形位公差”对话框。

5）单击“形位公差”对话框中“符号”下面的黑框，弹出“特征符号”对话框（见图3-57），选择对称度公差符号。

6）在“公差1”框中输入公差值0.05，在“基准1”框中输入公差基准B。

7）单击“形位公差”对话框中的“确定”按钮，即完成几何公差的标注。

其结果如图6-12所示。

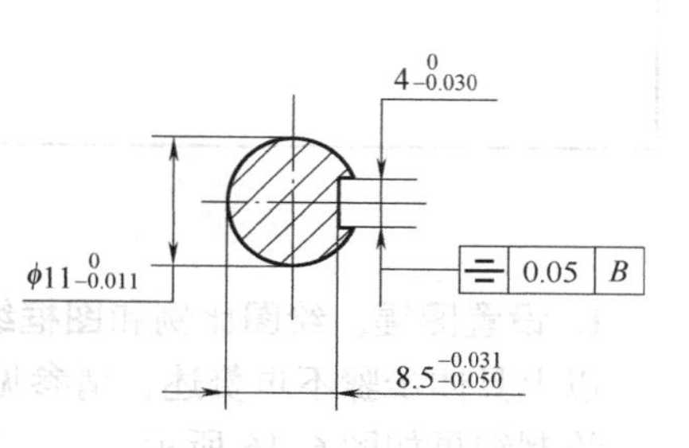

图6-12　几何公差标注后的结果

12. 标注几何公差基准和表面粗糙度

绘制一个几何公差基准的图块（见图 6-13），使用“插入”命令，完成几何公差基准的标注。

绘制一个带有属性的表面粗糙度图块，将其粗糙度数值以“定义属性”的方式绘制，如图 6-14 所示；分别使用“插入”命令修改粗糙度数值，完成各表面粗糙度的标注。

图 6-13　形位公差基准图　　　图 6-14　表面粗糙度

13. 标注文字

填写技术要求及标题栏，完成整个零件图，结果如图 6-1 所示。

6.3　盘盖类零件图的绘制

端盖零件图如图 6-15 所示。

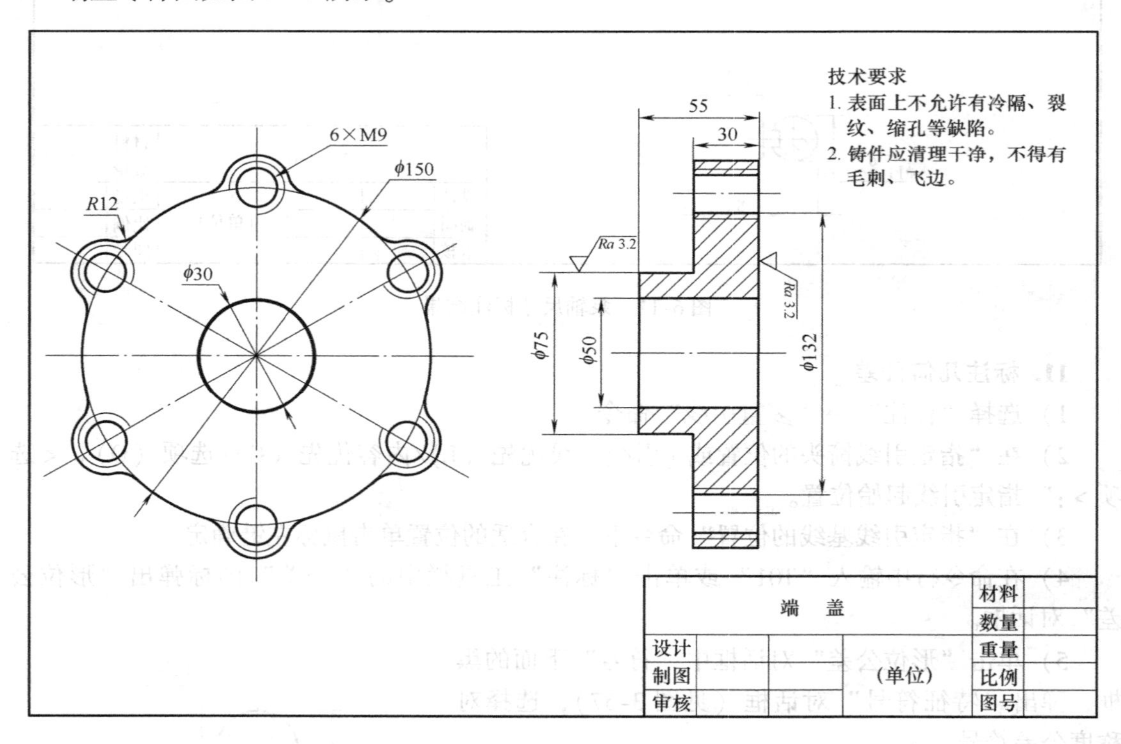

图 6-15　端盖零件图

1. 设置图幅、绘图比例和图框线

以上具体步骤不再赘述，请参见上例。

绘制结果如图 6-16 所示。

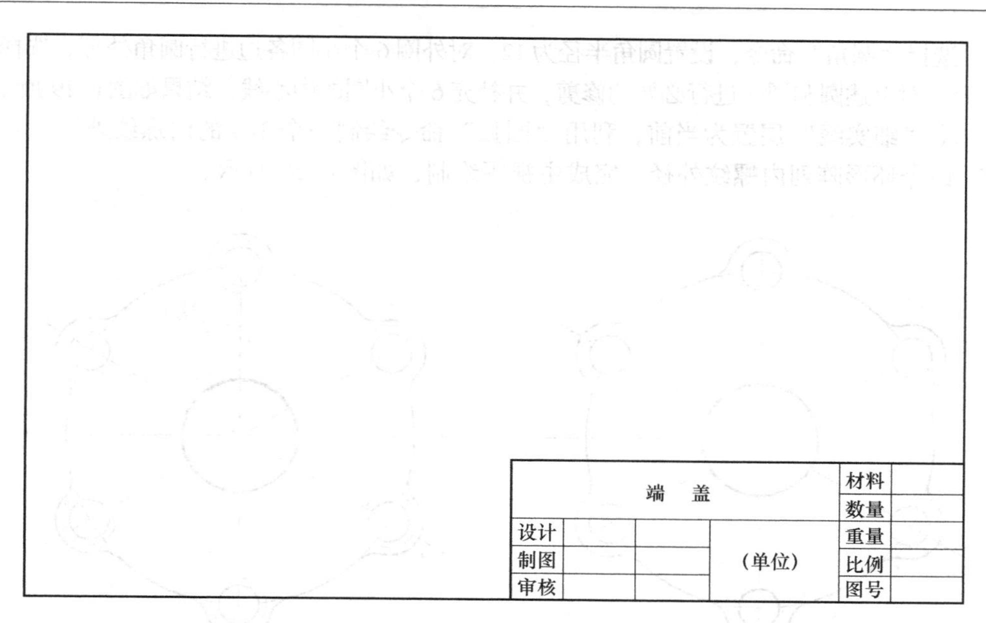

端　盖
材料
数量
设计
重量
制图
（单位）
比例
审核
图号

图 6-16　绘制标题栏

2. 绘制端盖

1）创建适当的图层，可参考轴的图层创建，这里不再赘述。

单击工具栏中的“图层特性管理器”按钮创建方便编辑的图层，并将“中心线”层置为当前。

2）选择“直线”命令，绘制两条中心线。

3）将图层切换至“轮廓层”，选择“圆”命令，绘制如图 6-17 所示圆，尺寸参见图 6-15。

4）选择“阵列”命令，将图 6-17 上端的两个小圆及竖直中心线进行环形阵列，结果如图 6-18 所示。

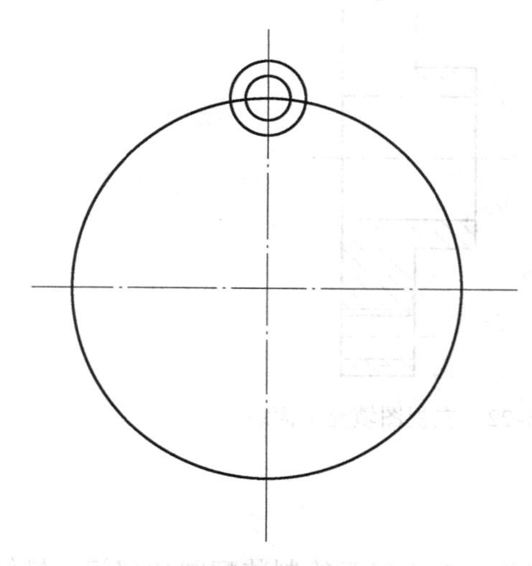

图 6-17　绘制中心线及圆

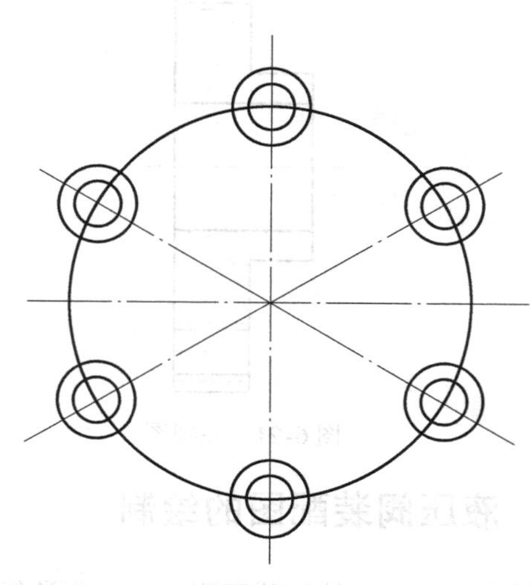

图 6-18　阵列

5）选择“圆角”命令，设置圆角半径为12，对外圈6个小圆各边进行圆角处理。选择“修剪”命令，对上述圆和圆弧进行必要的修剪，并补充6个小圆的中心线，结果如图6-19所示。

6）将“细实线”层置为当前，利用“圆弧”命令绘制一个3/4的内螺纹外径，并选择“阵列”命令环形阵列内螺纹外径，完成主视图绘制，如图6-20所示。

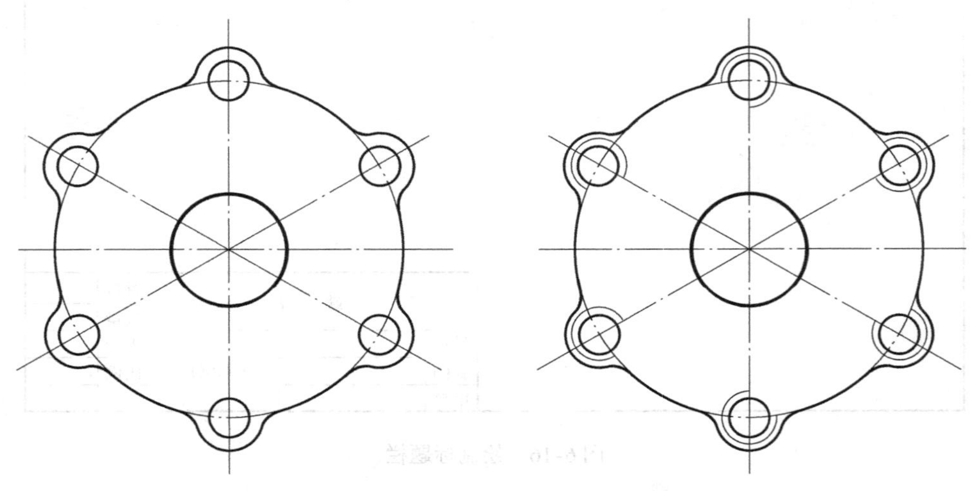

图6-19　圆角处理和修剪处理　　图6-20　绘制内螺纹外径

7）用“对象捕捉”设置捕捉交点、圆心，并开启“对象捕捉”和“对象捕捉追踪”功能，利用“对象捕捉追踪”功能实现主视图和左视图的“高平齐”绘制左视图，如图6-21所示。

8）选择“图案填充”命令填充左视图剖面线，如图6-22所示。

9）调整中心线长度并进行尺寸标注，填写标题栏和技术要求，得到最终结果如图6-15所示。

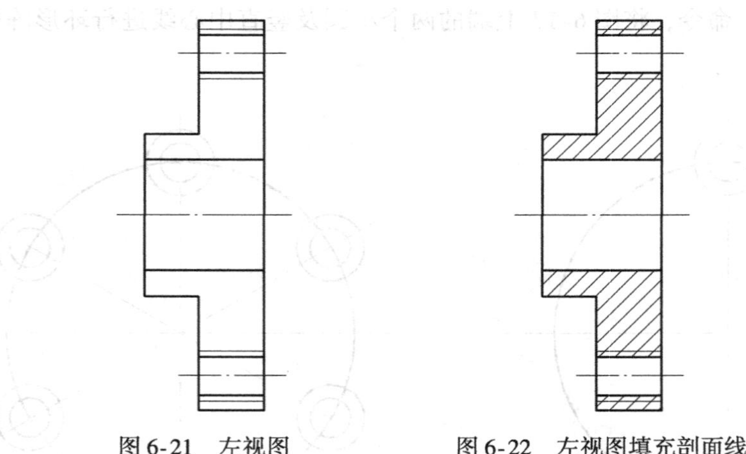

图6-21　左视图　　图6-22　左视图填充剖面线

6.4　液压阀装配图的绘制

利用AutoCAD绘制装配图是一件非常复杂的工作，对于经常绘制装配图的部门，最好将常用零件、部件、标准件和专业符号等做成图库。如将轴承、弹簧、螺钉、螺栓等制作成公用图块库，在绘制装配图时采用块插入的方法插入到装配图中，可提高绘制装配图的效率。

当机器（或部件）的零件图已由 AutoCAD 绘出时，就可以采用 AutoCAD 插入图形文件的方法拼画装配图。下面以绘制图 6-23 所示的液压阀装配图为例，介绍拼画装配图的基本方法和步骤。

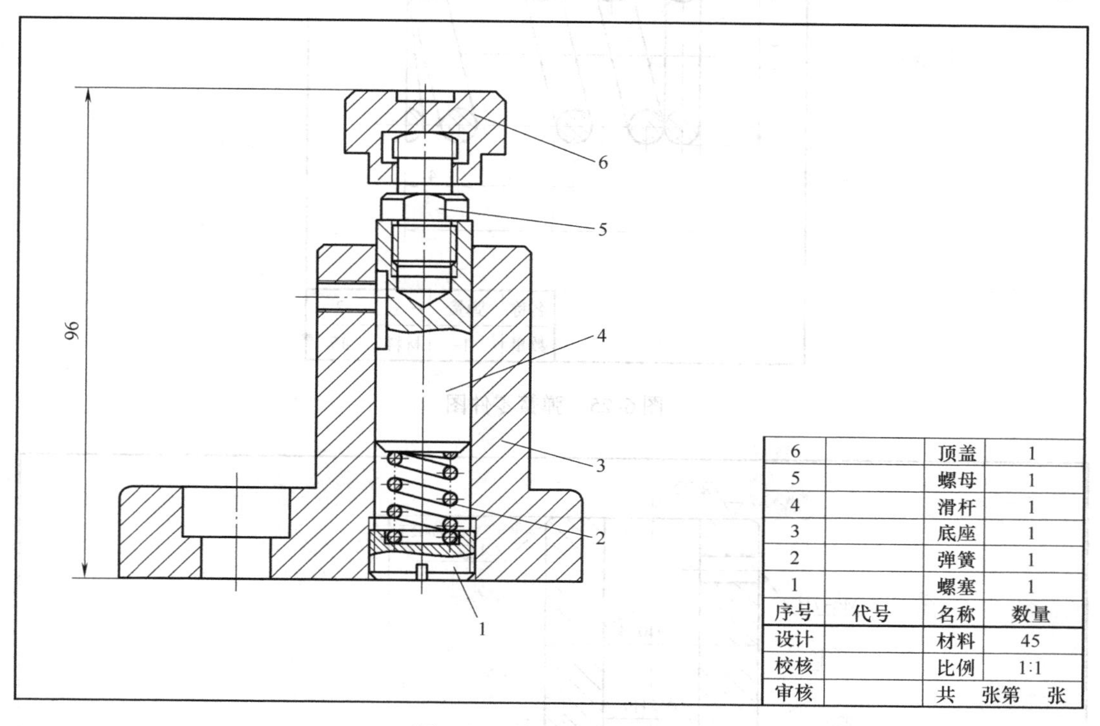

6		顶盖	1
5		螺母	1
4		滑杆	1
3		底座	1
2		弹簧	1
1		螺塞	1
序号	代号	名称	数量
设计		材料	45
校核		比例	1:1
审核		共 张第 张	

图 6-23 液压阀的装配图

1. 液压阀各零件图的绘制及图块创建

图 6-24 ~ 图 6-29 是由 AutoCAD 绘制的螺塞、弹簧、底座、螺母、滑杆、顶盖的零件图，并把这些零件做成公用图块，图块创建的具体方法详见第 2 章。

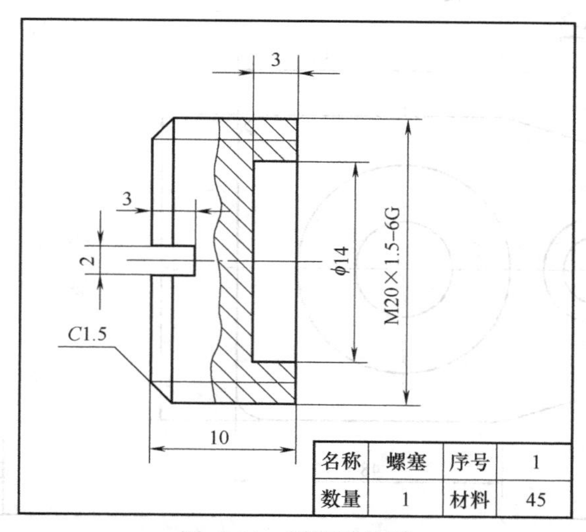

名称	螺塞	序号	1
数量	1	材料	45

图 6-24 螺塞零件图

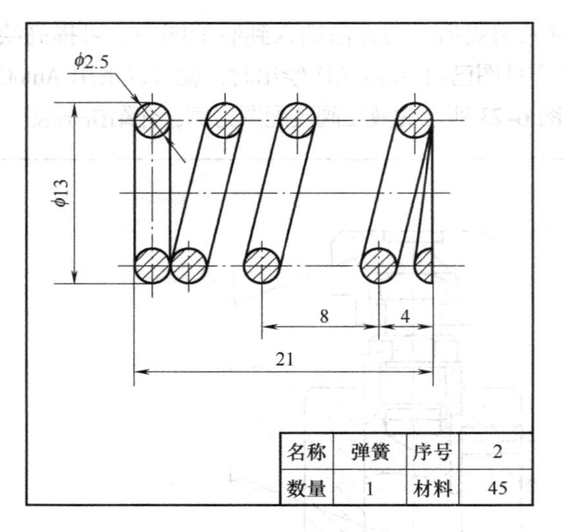

图 6-25　弹簧零件图

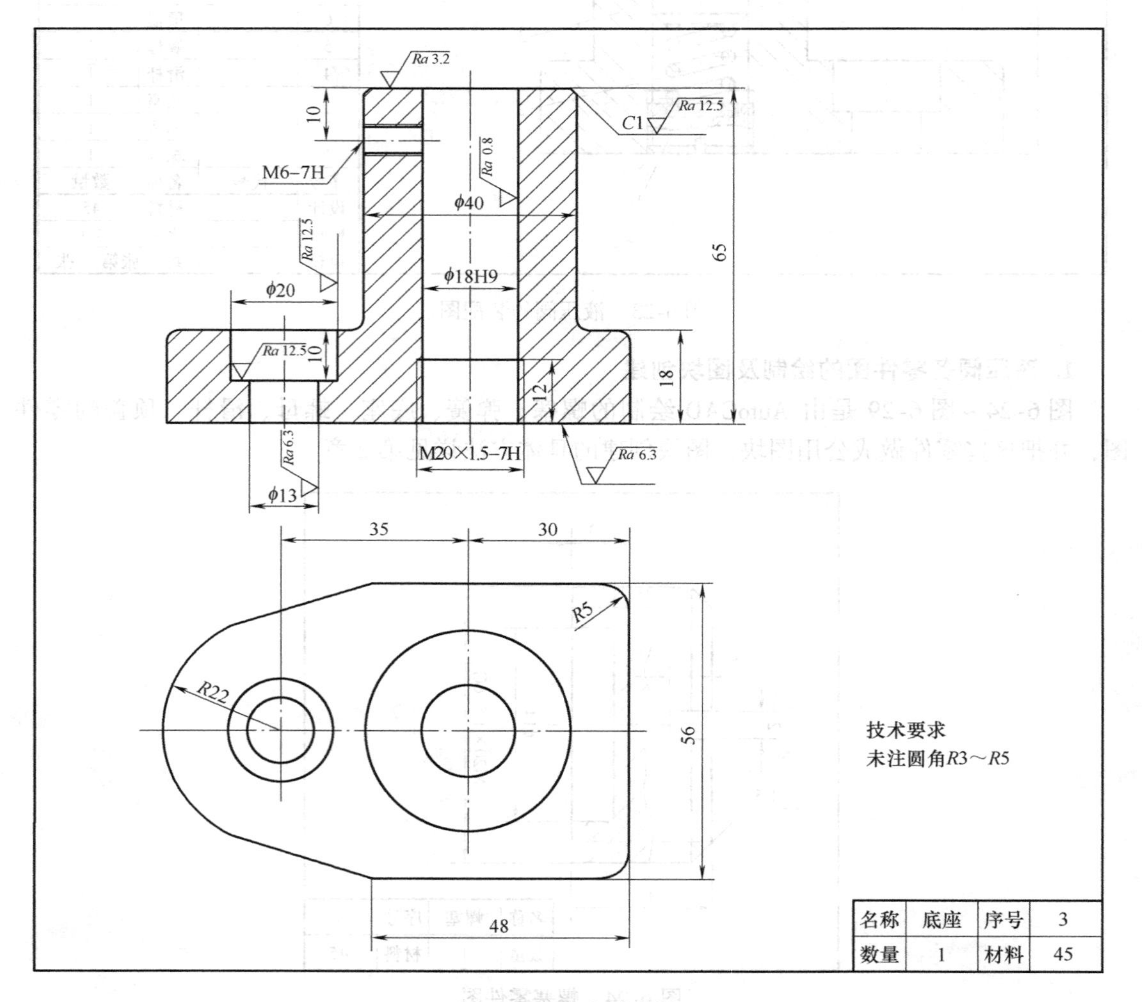

图 6-26　底座零件图

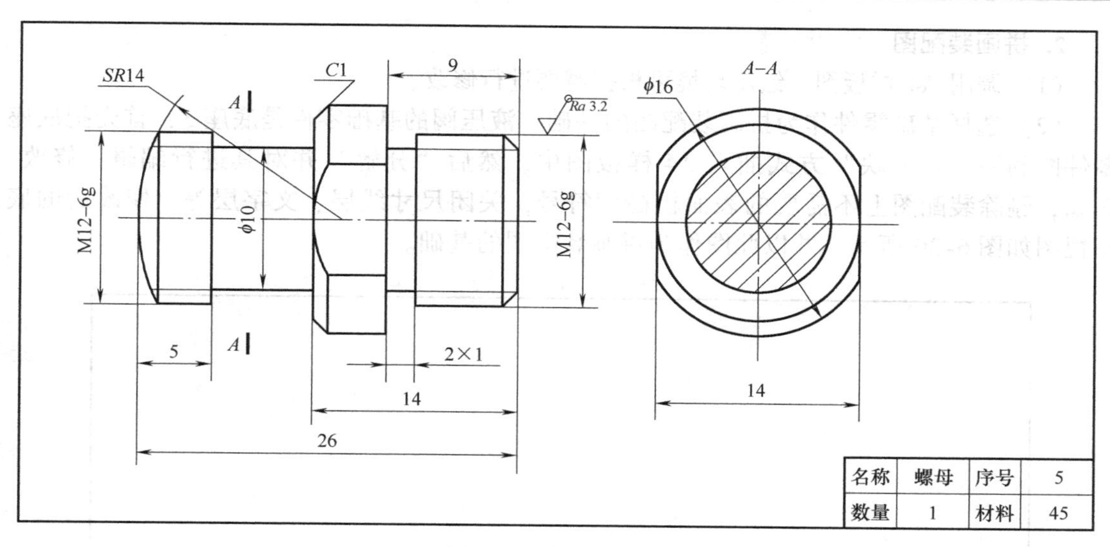

图 6-27　螺母零件图

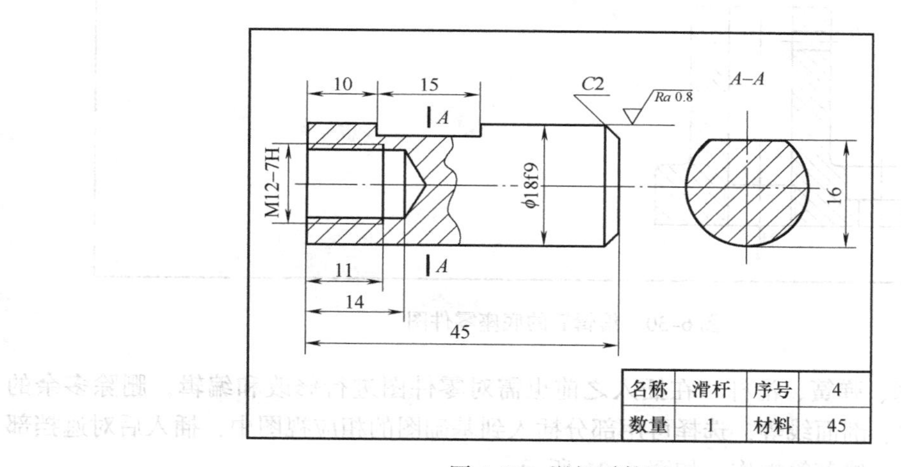

图 6-28　滑杆零件图

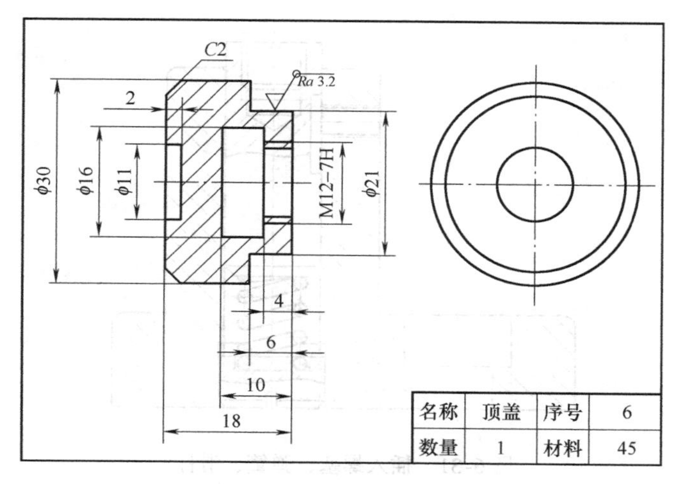

图 6-29　顶盖零件图

2. 拼画装配图

(1) 调用 A4 样板图　绘图环境可根据需要进行修改。

(2) 选择基础零件作为拼画装配图的基础　液压阀的基础零件是底座 3，首先把底座零件图利用“插入块”方式插入 A4 样板图中，然后“分解”并对其进行编辑、修改。例如，删除装配图上不需要的表面粗糙度符号，关闭尺寸线层、文字层等。修改后的底座视图如图 6-30 所示，并以此图作为拼画装配图的基础。

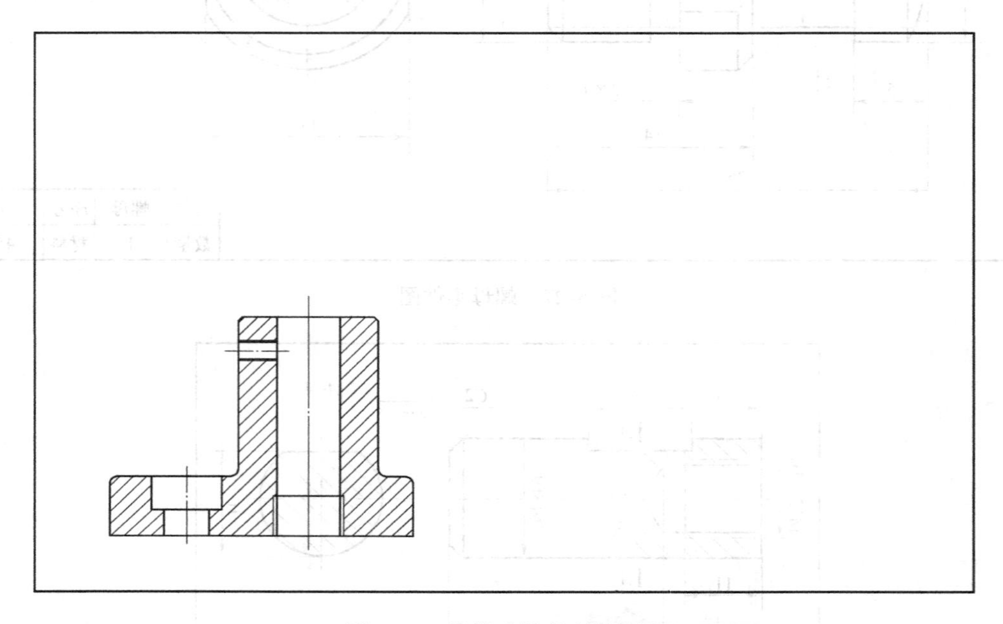

图 6-30　编辑后的底座零件图

(3) 插入螺塞、弹簧、滑杆　在插入之前也需对零件图进行修改和编辑，删除多余的尺寸、表面粗糙度、剖面线等，选择可用部分插入到基础图的相应视图中，插入后对遮挡部分进行消隐、擦除、修剪等操作，如图 6-31 所示。

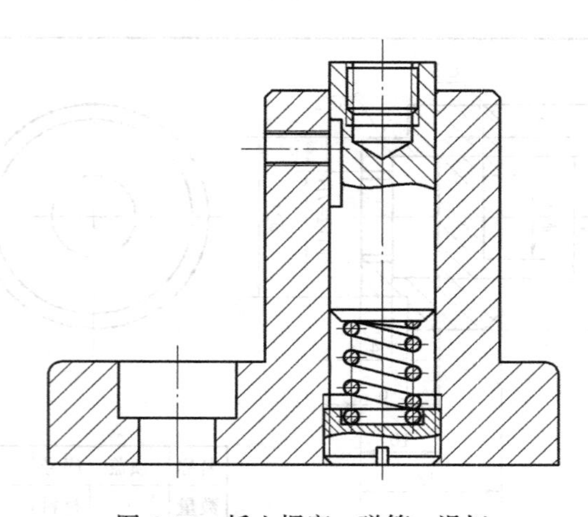

图 6-31　插入螺塞、弹簧、滑杆

（4）插入螺母、端盖　用同样的方法插入螺母、端盖，编辑后的液压阀装配图如图6-32所示。

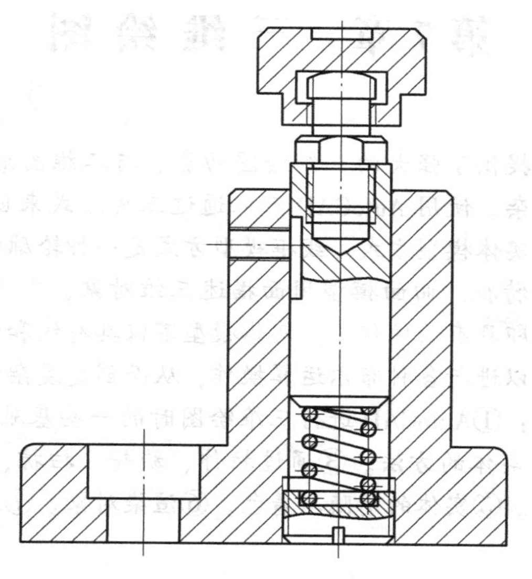

图6-32　插入螺母、顶盖

（5）整理视图、标注尺寸、对零件进行编号、绘制并填写明细栏等　整理视图时可绘制出剖面线及其他细小结构等，同时绘制标题栏和明细栏。标题栏和明细栏可以做到样板图中，这样将更便于装配图的绘制；最后检查全图并修改，保证视图正确，结果如图6-23所示。

注意：插入零件图的顺序一般与装配关系有关。同时，每插入一个零件后，都要作适当的编辑和修改，不要把所有的零件均插入后再修改，这样由于图线太多，修改将变得困难。当零件图不全时，也可采用插、画结合的方法绘制装配图。

第7章　三 维 绘 图

本章提要：AutoCAD提供了强大的三维绘图功能。与二维图形的绘制相比，三维图形更为直观形象，也更为复杂。使用AutoCAD可以通过三种方式来创建三维图形，即线框模型方式、曲面模型方式和实体模型方式。线框模型方式是一种轮廓模型，它由三维的直线和曲线组成，没有面和体的特征。曲面模型用面描述三维对象，它不仅定义了三维对象的边界，而且还定义了表面，即具有面的特征。实体模型不仅具有线和面的特征，而且还具有体的特征，各实体对象间可以进行各种布尔运算操作，从而创建复杂的三维实体图形。

本章介绍的内容包括：①AutoCAD进行三维绘图时的一些基础知识，包括用户坐标系、视口等。②创建三维基本实体的方法。③通过拉伸、旋转、扫掠、放样、布尔运算创建实体。④实体的编辑与操作。⑤实体的消隐与着色。⑥渲染对象。⑦三维造型实例。⑧正等轴测图绘制简介。

7.1　三维绘图基础知识

7.1.1　世界坐标系与用户坐标系

在二维绘图过程中，一般使用的是世界坐标系，但对于三维图形，用户就要建立自己的坐标系，即用户坐标系。了解并掌握三维坐标系，树立正确的空间概念，是创建三维模型的基础。

7.1.1.1　世界坐标系

在二维绘图中，用户一般都是在AutoCAD默认的坐标系中进行绘图工作，该坐标系是世界坐标系WCS，它包括X轴和Y轴，如果在3D空间工作则还有一个Z轴。当Z轴为零时，XY面就是我们进行绘图的平面。X轴是水平的，Y轴是垂直的，两轴的交汇点处被定为原点（0，0），并显示一“口”形标记，所有的位移都是相对于这个原点计算的。另外，世界坐标系WCS规定，沿X轴向右和沿Y轴向上位移规定为正方向。

7.1.1.2　用户坐标系

为了使用户能够更方便地在三维空间中辅助绘图，需要经常修改坐标系的原点和方向，AutoCAD允许用户建立自己专用的坐标系，也就是UCS（用户坐标系）。它是以WCS为基础，根据绘图工作的需要，经过坐标系的平移和旋转变换而得到的。UCS的X、Y、Z轴以及原点方向都可以移动或旋转，还可以依赖于图形中某个特定的对象、面或视图。若将某个UCS设置为当前的坐标系，其XY平面被称为构造平面，构造平面就是当前默认的绘图工作平面。用户坐标系工具栏有两个，如图7-1所示。

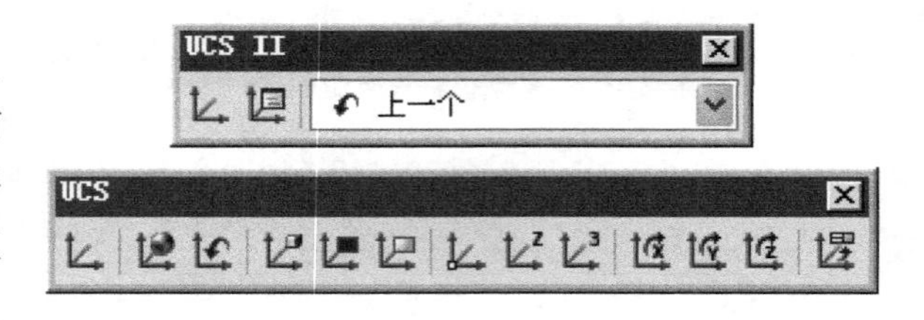

图7-1　“UCS”工具栏

1. 新建 UCS

（1）命令激活方式

工具栏：单击“UCS”工具栏上的图标

命令行：UCS↙

（2）操作步骤 激活命令后，命令行提示：

指定UCS的原点或［面（F）/命名（NA）/对象（OB）/上一个（P）/视图（V）/世界（W）/ X/Y/Z / Z轴（ZA）］<世界>：（输入选项）↙

各选项的功能如下：

1）指定UCS的原点：保持X、Y和Z轴方向不变，移动当前UCS的原点到指定位置。如图7-2所示，在该提示下，捕捉图7-2所示长方体右上角的点，坐标系的原点（0，0，0）被重新定义到该点处。

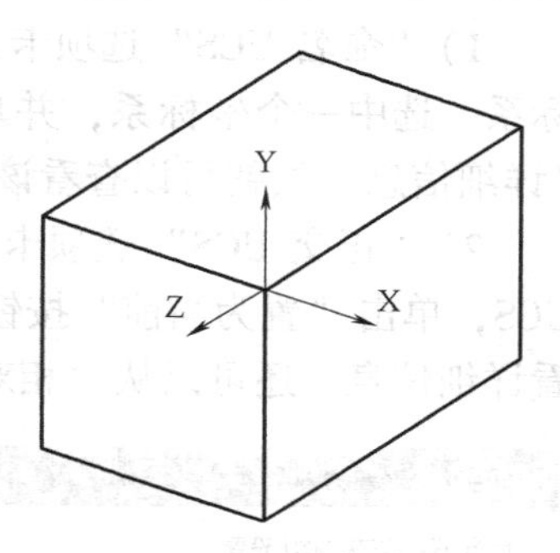

图7-2 指定UCS的原点

2）面（F）：将UCS与实体对象的选定面对齐。

3）命名（NA）：命名新的UCS。

4）对象（OB）：根据选定的三维对象定义新的坐标系。该选项使得选择的对象位于新UCS的XY平面，选择哪条线该线就为X轴。

5）上一个（P）：恢复上一个UCS。AutoCAD 2008可以保存已创建的最后10个坐标系，重复“上一个”选项可以逐步返回到以前的一个UCS。

6）视图（V）：以平行于屏幕的平面为XY平面，建立新的坐标系，UCS原点保持不变。

7）世界（W）：将当前用户坐标系设置为世界坐标系。世界坐标系是所有用户坐标系的基准，不能被重新定义。它也是UCS命令的默认选项。

8）X/Y/Z：绕指定的X、Y或Z轴旋转当前UCS。如图7-3a所示为坐标系旋转前的效果，选择“绕X轴旋转90°”，坐标系变换后如图7-3b所示。继续选择“绕Y轴旋转180°”，坐标系变换后如图7-3c所示。若继续选择“绕Z轴旋转45°”，坐标系变换后如图7-3d所示。

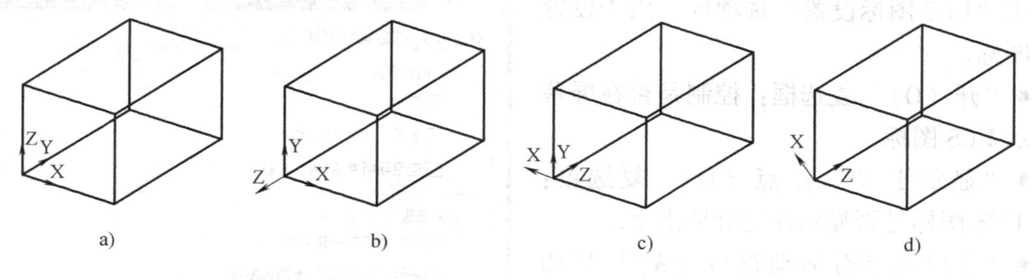

图7-3 旋转UCS执行前后的坐标系

9）Z轴（ZA）：定义Z轴正方向，从而确定XY平面。

新建UCS时，输入的坐标值和坐标的显示均是相对于当前的UCS。

2. 命名 UCS

用户可以使用 UCS 对话框进行 UCS 管理和设置。

(1) 命令激活方式

命令行：UCSMAN（或 UC）↙

菜单栏：工具→命名

工具栏：单击“UCS Ⅱ”工具栏上的图标

(2) 操作步骤　激活命令后，弹出“UCS”对话框。该对话框有“命名 UCS”、“正交 UCS”和“设置”3 个选项卡。

1)“命名 UCS”选项卡，如图 7-4 所示。该选项卡列出了 AutoCAD 2008 目前已有的坐标系。选中一个坐标系，并单击“置为当前”按钮，可以把它设置为当前坐标系。单击“详细信息”按钮可以查看该坐标系的详细信息。

2)“正交 UCS”选项卡，如图 7-5 所示。该选项卡列出了预设的正交 UCS，选中一个 UCS，单击“置为当前”按钮，可以设置为当前的 UCS。也可以单击“详细信息”按钮查看详细信息。还可以从“相对于”下拉列表框选择图形的 UCS 参考坐标系。

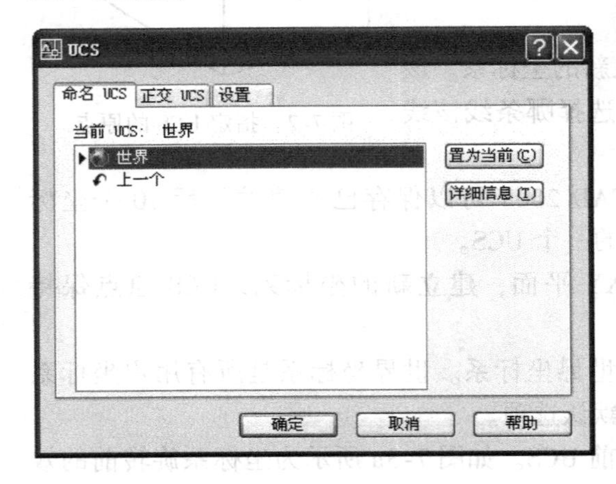

图 7-4 “命名 UCS”选项卡

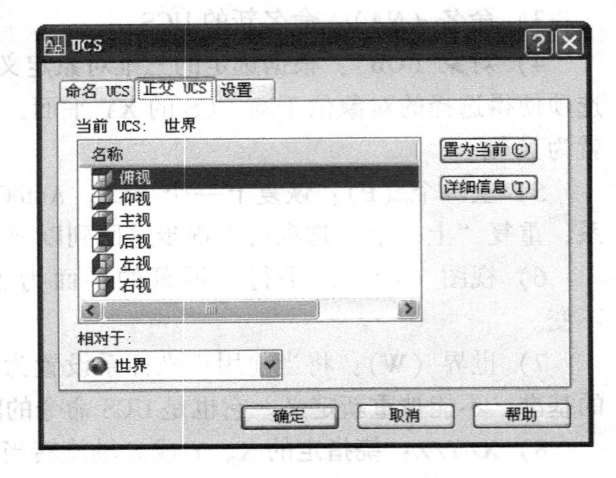

图 7-5 “正交 UCS”选项卡

3)“设置”选项卡，如图 7-6 所示。

①“UCS 图标设置”选项区：用于设置 UCS 图标。

● “开（O）”复选框：控制是否在屏幕上显示 UCS 图标。

● “显示于 UCS 原点（D）”复选框：控制 UCS 图标是否显示在坐标原点上。

● “应用到所有活动视口（A）”复选框：控制是否把当前 UCS 图标的设置应用到所有视口。

②“UCS 设置”选项区：用于设置 UCS。

● “UCS 与视口一起保存（S）”复选

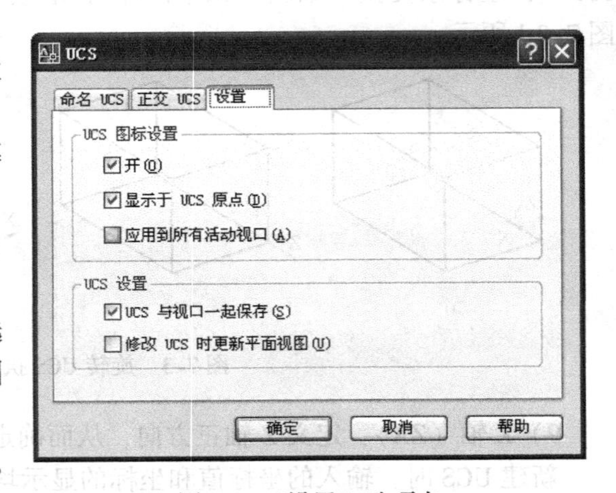

图 7-6 “设置”选项卡

框：把当前的 UCS 设置与视口一起保存。

● “修改 UCS 时更新平面视图（U）”复选框：当 UCS 改变时，是否恢复平面视图。

7.1.2　柱坐标、球坐标

在绘制三维图形时，还可以使用柱坐标和球坐标来定义点。

1. 柱坐标

柱坐标具有 3 个参数：三维点在 XY 平面的投影到坐标原点的距离（投影长度）、点在 XY 平面的投影和坐标原点的连线与 X 轴正向的夹角、点的 Z 坐标值，如图 7-7 所示。其格式如下：

投影长度 < 与 X 轴正向的夹角，Z 坐标。

若采用相对坐标，则格式为：@ 投影长度 < 与 X 轴正向的夹角，Z 坐标。

2. 球坐标

球坐标使用以下 3 个参数表示：三维点到坐标原点的距离、两者连线在 XY 平面的投影与 X 轴正向的夹角、点和坐标原点的连线与 XY 平面的夹角，如图 7-8 所示。其格式如下：

距离 < 与 X 轴正向的夹角 < 与 XY 平面的夹角。

若采用相对坐标，则格式为：@ 距离 < 与 X 轴正向的夹角 < 与 XY 平面的夹角。

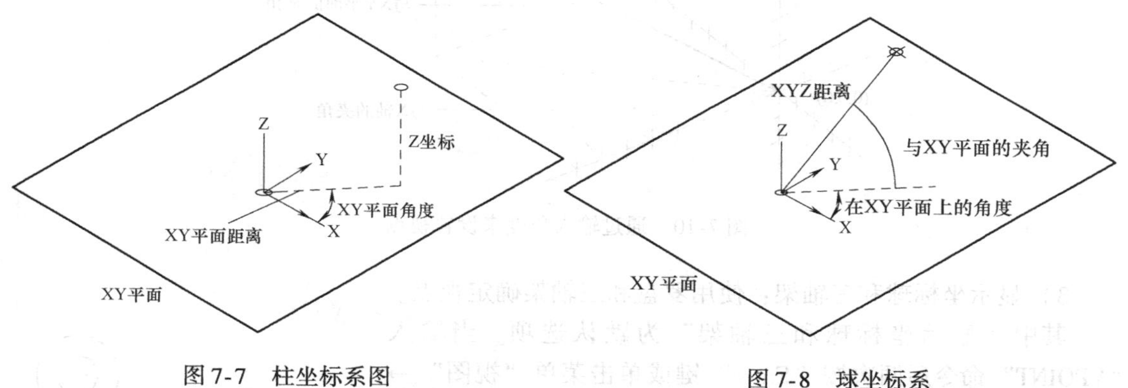

图 7-7　柱坐标系图　　图 7-8　球坐标系

7.1.3　视点

为了让用户更好地观察三维模型，AutoCAD 用视点来确定观察三维对象的方向。用 AutoCAD 创建出三维模型后，用视点命令就可以从任意方向观察它。

当用户指定视点后，AutoCAD 将该点与坐标原点的连线方向作为观察方向，并在屏幕上显示出沿此方向观看三维对象时的图形投影。

7.1.3.1　设置视点

1. 命令激活方式

命令行：VPOINT ↙

菜单栏：视图→三维视图→视点

2. 操作步骤

激活命令后，命令行提示：

指定视点或［旋转（R）］<显示坐标球和三轴架>：（输入选项、坐标值或↙）

各选项的功能如下：

1）指定视点：指定视点的坐标值，如图 7-9 所示。

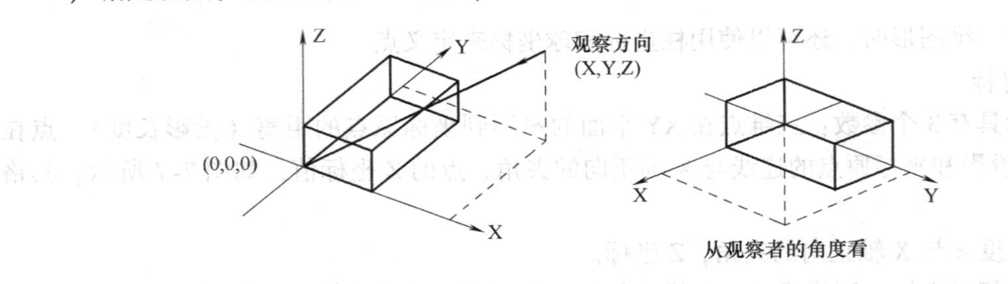

图 7-9 通过输入坐标值来设置视点

2）旋转：通过输入两个角度，通过视点与坐标原点连线在 XY 平面的投影与 X 轴的夹角以及连线与 XY 平面的夹角定义视点，如图 7-10 所示。

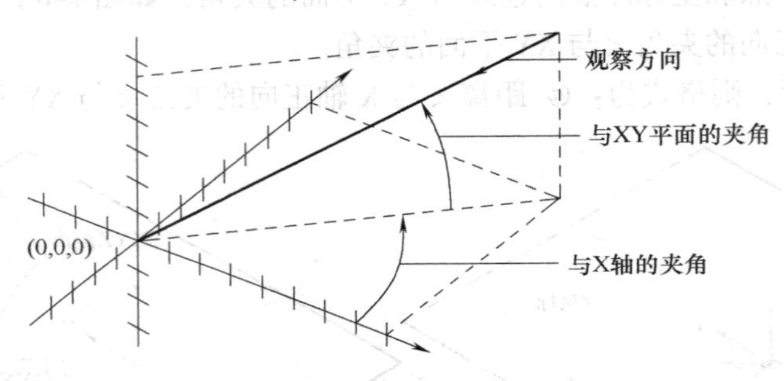

图 7-10 通过输入角度来设置视点

3）显示坐标球和三轴架：使用罗盘和三轴架确定视点。

其中“显示坐标球和三轴架”为默认选项。当输入“VPOINT”命令后两次按“Enter”键或单击菜单“视图”→“三维视图”→“视点”，屏幕会显示如图 7-11 所示的坐标球和三轴架。

在图 7-11 所示的坐标球和三轴架中，三轴架的 3 个轴分别代表 X、Y、Z 轴的正方向。当光标在坐标球范围内移动时，三维坐标系通过绕 Z 轴旋转可调整 X、Y 轴的方向。坐标球中心及两个同心圆可定义视点和目标点连线与 X、Y、Z 平面的角度。

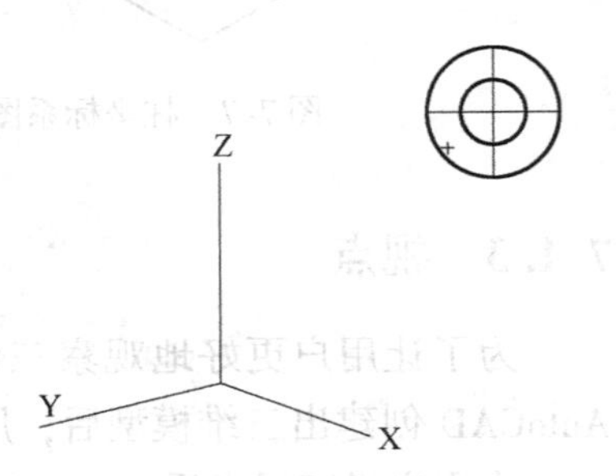

图 7-11 显示坐标球和三轴架

7.1.3.2 视点预置

1. 命令激活方式

命令行：DDVPOINT↙

菜单栏：视图→三维视图→视点预置

2. 操作步骤

激活命令后，屏幕弹出如图 7-12 所示的“视点预置”对话框，可对该对话框中相应的内容进行设置。

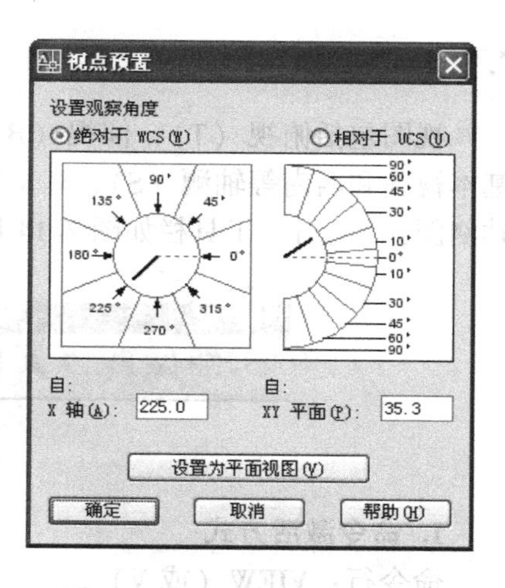

图7-12 “视点预置”对话框

1）“设置观察角度”选项区：默认设置的角度值相对于当前WCS，若选中“相对于UCS（U）”单选按钮，系统便将角度设置为相对于UCS。

2）“自X轴（A）”文本框：该文本框要求用户确定新的视点方向在XY平面的投影与X轴正方向的夹角。

3）“自XY轴（P）”文本框：该文本框要求用户确定新的视点方向在XY平面的投影与XY平面的夹角。

4）“设置为平面视图（V）”按钮：单击该按钮，系统自动切换到AutoCAD初始视点状态，即与Z轴正方向相同的视点方向。

如图7-13a所示为视点方向在XOY平面内的投影与X轴正方向的夹角为45°、与XOY平面的夹角为35.3°时三维实体对象的视图显示效果。如图7-13b所示为视点方向在XOY平面内的投影与X轴正方向的夹角为200°、与XOY平面的夹角为60°时的显示效果。如图7-13c所示为视点方向在XOY平面内的投影与X轴正方向的夹角为0°、与XOY平面的夹角为0°时的视图显示效果。

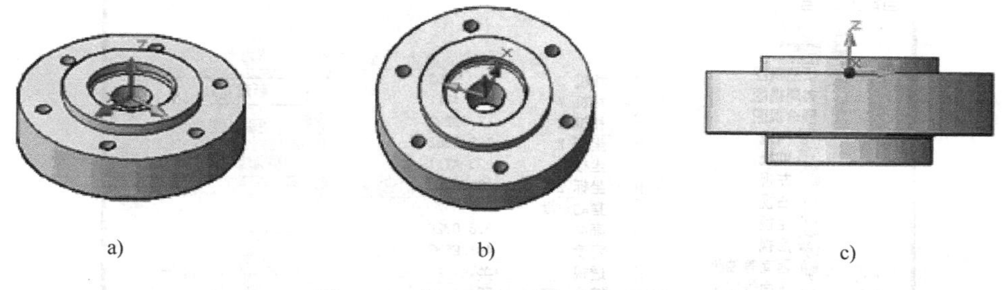

a) b) c)

图7-13 视点预设的各种显示效果

表7-1是“三维视图”子菜单中特殊视点选项所对应的视点。

表7-1 特殊视点选项所对应的视点

菜 单 项	视 点
俯 视	0，0，1
仰 视	0，0，-1
左 视	-1，0，0
右 视	1，0，0
前 视	0，-1，0
后 视	0，1，0
西南视图等轴测	-1，-1，1
东南视图等轴测	1，-1，1
东北视图等轴测	1，1，1
西北视图等轴测	-1，1，1

7.1.4　视图

视图包括俯视（T）、仰视（B）、左视（L）、右视（R）、主视（F）、后视（K）6 个基本视图和西南等轴测（S）、东南等轴测（E）、东北等轴测（N）、西北等轴测（W）4 个轴测图，“视图”工具栏如图 7-14 所示。

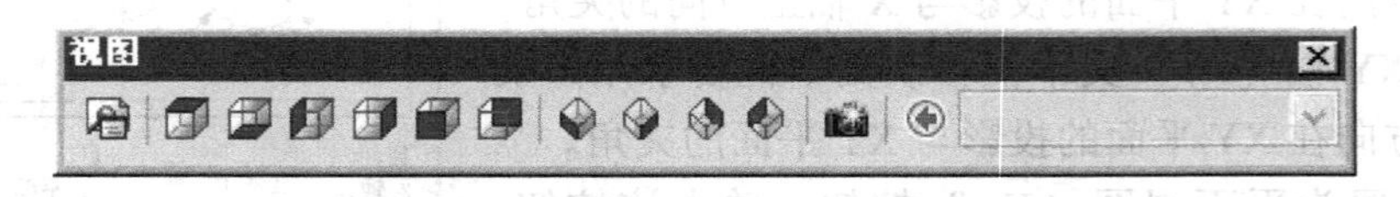

图 7-14　“视图”工具栏

1. 命令激活方式

命令行：VIEW（或 V）↙

菜单栏：视图→三维视图

2. 操作步骤

在命令行输入“VIEW”后，激活“视图管理器”对话框，如图 7-15 所示。

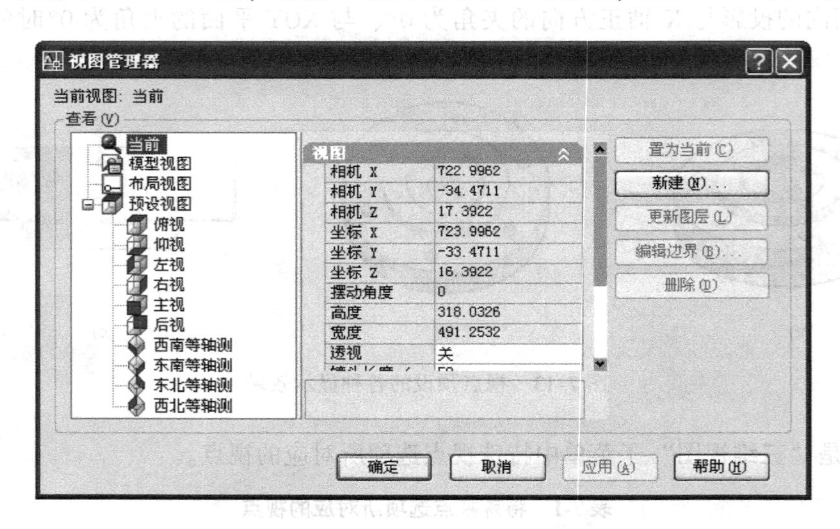

图 7-15　“视图管理器”对话框

选择预设视图，再选择要显示的视图，单击“置为当前”按钮，把它设置为当前视图。也可以在菜单栏和工具栏上直接单击，选择相应的选项。

通过将三维视图设置为“平面视图”，并将 UCS 方向设置为“世界”，可以恢复大多数图形的默认视图和坐标系。

7.1.5　视口

为了更好地观察和编辑三维图形，根据需要可以把屏幕分割成几个视口，可以分别控制各个视口的显示方式。在模型空间中可以通过对话框和命令行进行多视口设置。

1. 命令激活方式

命令行：VPORTS↙

菜单栏：视图→视口→命名视口

工具栏：单击“视口”工具栏上的图标

2. 操作步骤

激活命令后，打开“视口”对话框，如图7-16所示。

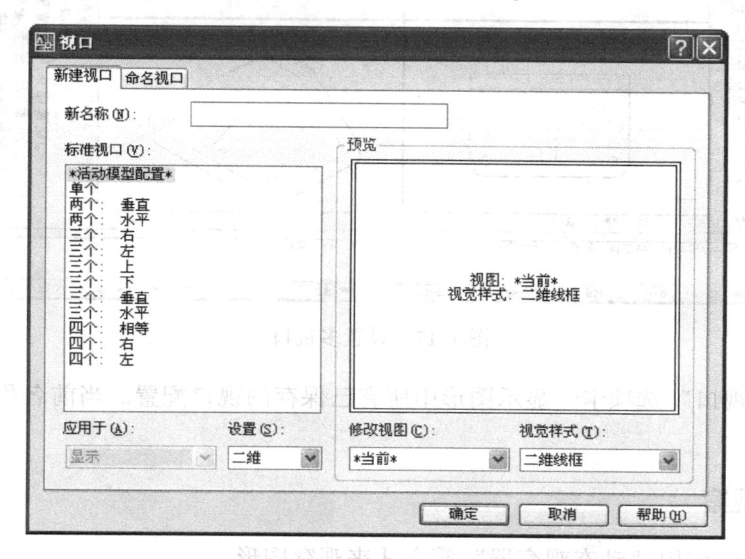

图7-16　“视口”对话框

该对话框包括“新建视口”和“命名视口”两个选项卡。

(1)“新建视口”选项卡　显示标准视口配置列表和配置平铺视口。

1)“新名称(N)”文本框：用于输入新创建的平铺视口的名称。

2)“标准视口(V)”区：列出了可用的标准视口配置，其中包括当前配置。

3)“预览”区：预览选定视口的图像，以及在配置中被分配到每个独立视口的默认视图。

4)“应用于(A)”下拉列表框：将平铺的视口配置应用到整个显示窗口或当前视口。

5)“设置(S)”下拉列表框：用来指定使用二维或三维设置。如果选择二维，则在所有视口中使用当前视图来创建新的视口配置。如果选择三维，则可以用一组标准正交三维视图配置视口。

6)“修改视图(C)”下拉列表框：选择一个视口配置来代替已选定的视口配置。

7)“视觉样式(T)”下拉列表框：用于选择需要的视觉样式。

例如在“新建视口”选项卡中的“标准视口”下拉列表中选择“四个：相等”，更改“设置”为“三维”，选中左上视口，使用“修改视图”下方列表调整它的显示方式为主视，用相同方法设右上为左视、左下为俯视和右下为西南等轴测，各视觉样式选中三维隐藏，单击“确定”按钮完成操作，屏幕显示如图7-17所示。

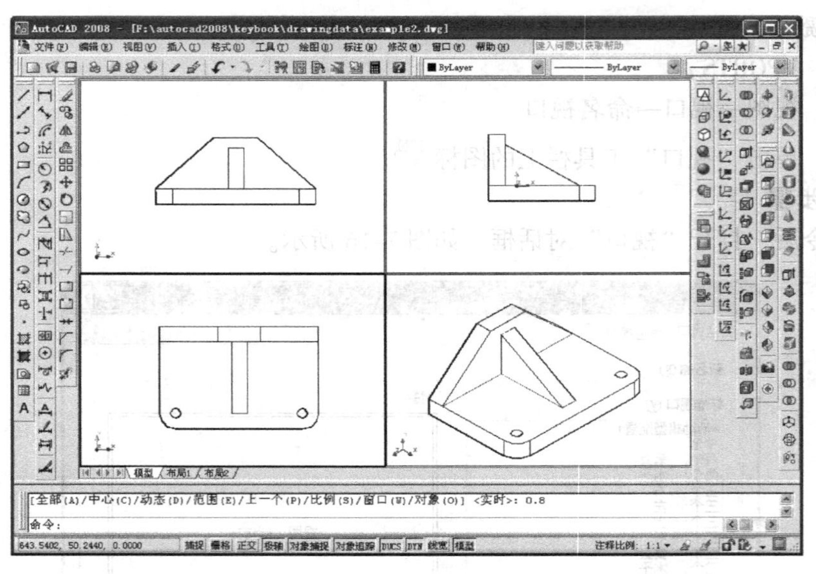

图 7-17　设置多视口

（2）“命名视口”选项卡　显示图形中所有已保存的视口配置。当前名称显示当前视口配置的名称。

7.1.6　动态观察

AutoCAD 可以使用“动态观察器”等方式来观察图形。

AutoCAD 提供了交互的动态观察器，既可以查看整个图形，也可以从不同方向查看模型中的任意对象，还可以连续观察图形。

1. 受约束的动态观察

（1）命令激活方式

命令行：3DORBIT（或 3DO、ORBIT）↙

菜单栏：视图→动态观察→受约束的动态观察

工具栏：单击“动态观察”工具栏上的图标

（2）操作步骤　激活命令后，可以在当前视口中通过拖动鼠标指针来动态观察模型。观察视图时，视图的目标位置保持不变，相机位置（或观察点）围绕该目标移动。默认情况下，观察点会约束为沿着世界坐标系的 XY 平面或 Z 轴移动。

2. 自由动态观察

（1）命令激活方式

命令行：3DFORBIT↙

菜单栏：视图→动态观察→自由动态观察

工具栏：单击“动态观察”工具栏上的图标

（2）操作步骤　激活命令后，如图 7-18 所示。

屏幕上显示一个弧线球，一个整圆被几个小圆划分成四个象限。此时在屏幕上移动光标即可旋转观察三维模型。与受约束的动态观察不同的是自由动态观察不约束沿 XY 轴 Z 方向的视图变化。

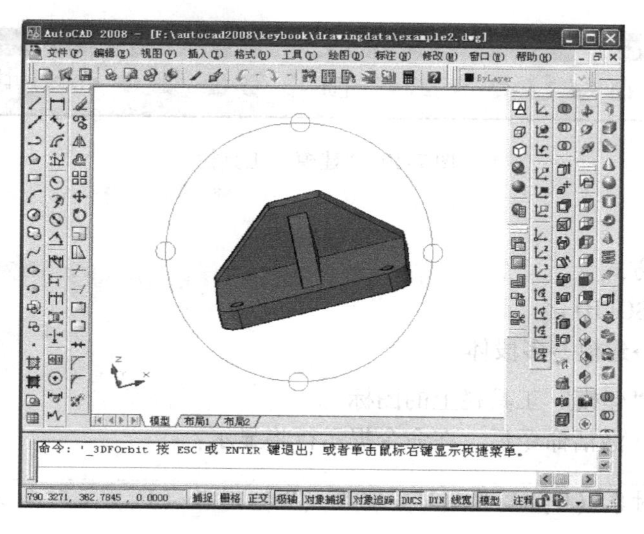

图7-18　自由动态观察

3. 连续动态观察

（1）命令激活方式

命令行：3DCORBIT↙

菜单栏：视图→动态观察→连续动态观察

工具栏：单击“动态观察”工具栏上的图标

（2）操作步骤　激活命令后，光标的形状改为两条实线环绕的球形。在绘图区单击鼠标左键，并沿任何方向拖动鼠标，可以使对象沿拖动方向开始移动。释放后，对象在指定的方向沿着轨道连续旋转。鼠标移动的速度决定了对象的旋转速度。再次单击并拖动鼠标可以改变旋转轨迹的方向。也可以在绘图区单击鼠标右键，在弹出的快捷菜单中选择一个命令来修改连续轨迹的显示。

7.2　三维实体造型

实体模型具有实体的物理特性，如体积、质量、转动惯量等。能直接创建长方体、球体、锥体等基本三维实体，还可以通过拉伸、旋转二维对象形成三维实体。三维实体之间可进行布尔运算，组合得到更复杂的实体模型。实体对象表示整个对象的体积，信息最完整，歧义最少，并且比线框和曲面模型更容易构造和编辑，是最优秀的三维模型。

创建三维实体，归纳起来有以下三种方式：

1）直接使用创建基本三维实体对象的命令，例如用“BOX”命令创建长方体、用“SPHERE”命令创建球体等。

2）将二维对象拉伸、旋转、扫掠或放样以生成新的三维实体。

3）将三维实体进行交、并、差布尔运算等实体编辑或实体操作，同样会形成新的组合实体。

7.2.1　创建三维基本实体

创建三维实体前，先打开“建模”工具栏，如图7-19所示。

图 7-19　“建模”工具栏

1. 绘制多段体

（1）命令激活方式

命令行：POLYSOLID↙

菜单栏：绘图→建模→多段体

工具栏：单击“建模”工具栏上的图标

（2）操作步骤　激活命令后，在命令提示行将显示：

指定起点或［对象（O）/高度（H）/宽度（W）/对正（J）］<对象>：(指定起点或输入选项)

选择“高度”选项，可以设置实体的高度；选择“宽度”选项，可以设置实体的宽度；选择“对正”选项，可以设置实体的对正方式，如左对正、居中和右对正，默认为居中对正。当设置了高度、宽度和对正方式后，可以通过指定点来绘制多实体，也可以选择“对象”选项将图形转换为实体。

2. 绘制长方体和楔体

（1）长方体

1）命令激活方式

命令行：BOX↙

菜单栏：绘图→建模→长方体

工具栏：单击“建模”工具栏上的图标

2）操作步骤

命令：BOX

激活命令后，在命令提示行将显示：

指定第一个角点或［中心（C）]：(在屏幕上指定一个点)
指定其他角点或［立方体（C）/长度（L）]：@200，50↙
指定高度或［两点（2P）］<50.0000>：100↙

将生成 X 方向长为 200，Y 方向宽为 50，Z 方向高为 100 的长方体，如图 7-20 所示。

生成长方体的方法有两种，一种是分别指定长方体底面两个对角点，然后指定高度。另外一种创建长方体的方法是分别指定长方体中心点和底面的一个对角点，然后指定高度。

正方体是长方体的特例，只要选取“立方体（C）”选项，输入边长即可。

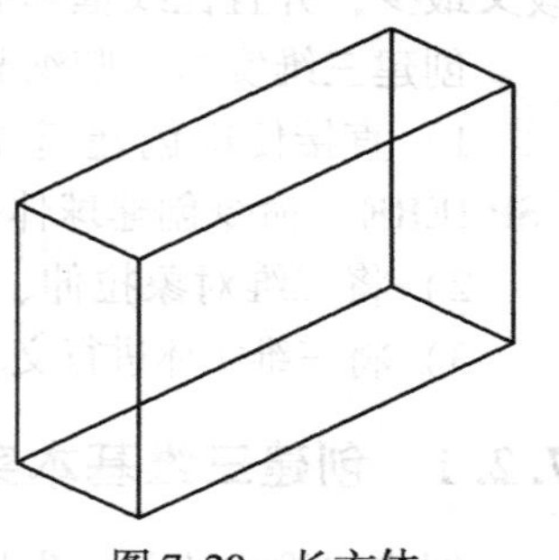

图 7-20　长方体

（2）楔体

1）命令激活方式

命令行：WEDGE（或 WE）↙

菜单栏：绘图→建模→楔体

工具栏：单击“建模”工具栏上的图标

2）操作步骤：绘制楔体方法与长方体相似，一种是指定楔体底面两对角点，然后指定高度。另一种是分别指定楔体中心点和底面的一个对角点，然后指定高度，如图 7-21 所示。

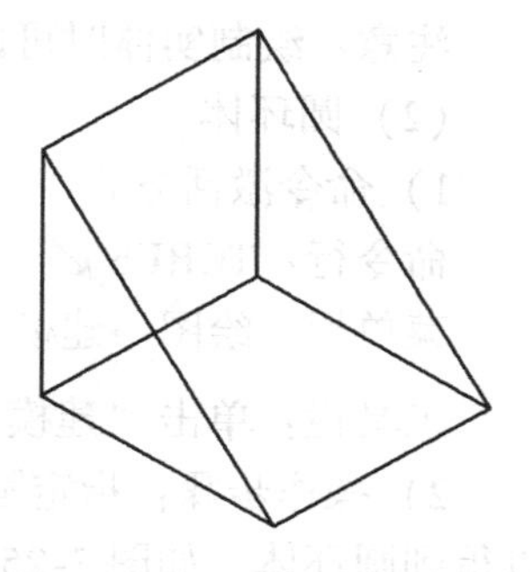

图 7-21 楔体

注意：当命令行提示输入长方体的长度、宽度和高度时，如果输入的值为正值，系统将沿着坐标系中 X、Y 和 Z 坐标轴的正方向绘制长方体；如果输入的值为负值，系统将沿着坐标系 X、Y 和 Z 轴的负方向绘制长方体。

3. 绘制圆锥和圆柱体

（1）圆锥

1）命令激活方式

命令行：CONE↙

菜单栏：绘图→建模→圆锥体

工具栏：单击“建模”工具栏上的图标

2）操作步骤：选择基面中心，输入半径和高度可得到圆锥体，如图 7-22 所示。

（2）圆柱体

1）命令激活方式

命令行：CYLINDER↙

菜单栏：绘图→建模→圆柱体

工具栏：单击“建模”工具栏上的图标

2）操作步骤：选择基面中心，输入半径和高度可得到圆柱体，如图 7-23 所示。

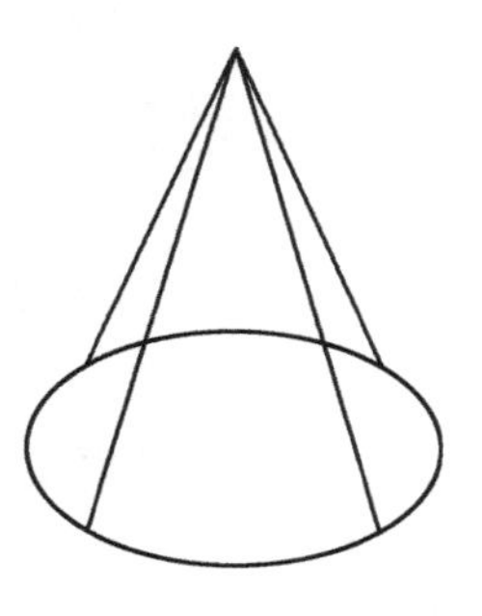

图 7-22 圆锥体

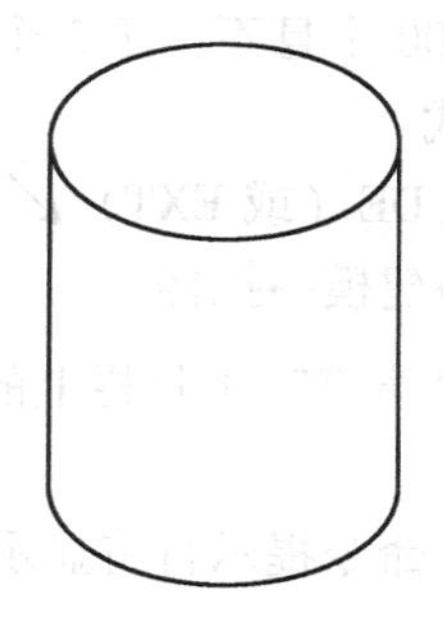

图 7-23 圆柱体

4. 绘制球体和圆环体

（1）球体

1）命令激活方式

命令行：SPHERE↙

菜单栏：绘图→建模→球体

工具栏：单击“建模”工具栏上的图标

2）操作步骤：指定球体的球心位置，输入球体的半径或直径就可以得到球体，如图 7-24 所示。

注意：绘制实体时可以通过改变 ISOLINES 变量，来确定每个面上的线框密度。

（2）圆环体

1）命令激活方式

命令行：TORUS ↙

菜单栏：绘图→建模→圆环体

工具栏：单击“建模”工具栏上的图标

2）操作步骤：指定圆环的中心位置、圆环的半径或直径，以及圆管的半径或直径就可以得到圆环体，如图 7-25 所示。

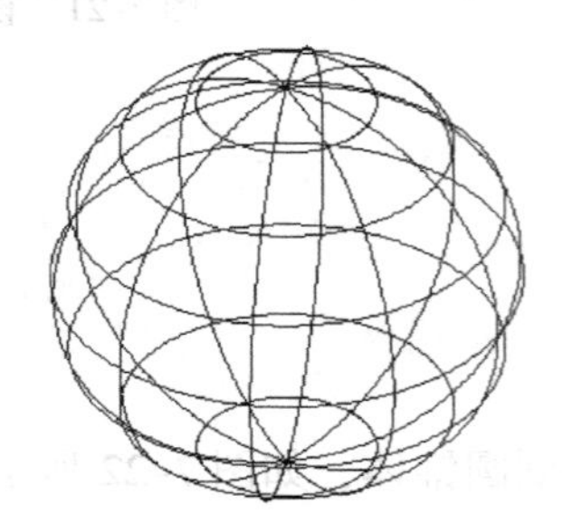

图 7-24　球体（ISOLINES = 10）

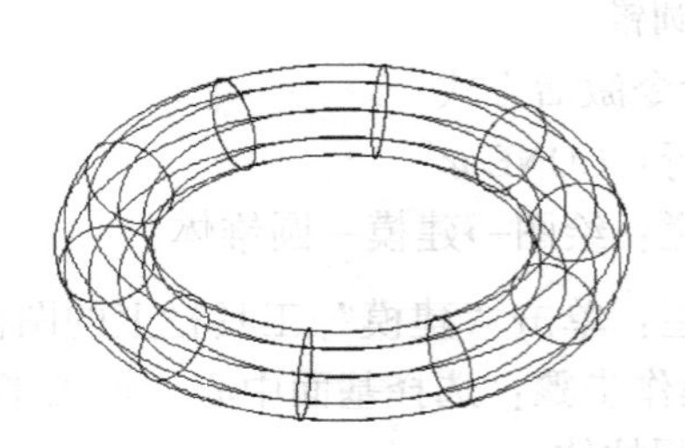

图 7-25　圆环体（ISOLINES = 10）

7.2.2　拉伸创建实体

利用拉伸命令可以将 2D 对象沿 Z 轴或某个方向拉伸成实体。拉伸对象被称为断面，可以拉伸的 2D 对象为封闭的多段线、多边形、圆、椭圆、封闭样条曲线和面域，多段线对象的顶点数不能超过 500 个且不小于 3 个。

1. 命令激活方式

命令行：EXTRUDE（或 EXT）↙

菜单栏：绘图→建模→拉伸

工具栏：单击“建模”工具栏上的图标

2. 操作步骤

激活命令后，在命令提示行将显示：

```
选择要拉伸的对象：(选择要拉伸的 2D 对象)
选择要拉伸的对象：(继续选择) ↙
指定拉伸的高度或 [方向 (D)/路径 (P)/倾斜角 (T)]：(输入拉伸高度) ↙
```

各选项功能如下：

1）拉伸高度：如果输入正值，将沿对象所在坐标系的 Z 轴正方向拉伸对象；如果输入负值，将沿Z轴负方向拉伸对象。

2）方向（D）：通过指定的两点指定拉伸的长度和方向。

3）路径（P）：指定拉伸路径，路径将移动到轮廓的质心，然后沿选定路径拉伸选定对象的轮廓以创建实体。可以作为路径的对象有直线、圆、圆弧、椭圆、椭圆弧、二维多段线、三维多段线、二维样条曲线、三维样条曲线、实体的边、曲面的边、螺旋线。

4）倾斜角（T）：指定拉伸的倾斜角度，拉伸角度也可以为正或为负，其绝对值不大于90°。倾斜角默认值为0°，表示生成的实体的侧面垂直于XY平面，没有锥度。如果为正，将产生内锥度，生成的侧面向里；如果为负，将产生外锥度，生成的侧面向外，如图7-26所示。

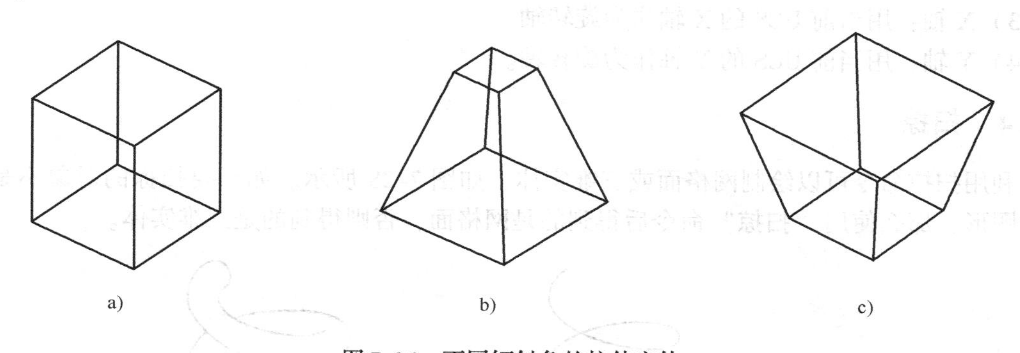

图7-26 不同倾斜角的拉伸实体

a）倾斜角0°、高度300 b）倾斜角15°、高度300 c）倾斜角-15°、高度300

7.2.3 旋转创建实体

利用旋转命令可以将二维对象绕某一轴旋转生成实体，如图7-27所示。用于旋转的二维对象可以是封闭多段线、多边形、圆、椭圆、封闭样条曲线、圆环及面域。三维对象、包含在块中的对象、有交叉或自干涉的多段线不能被旋转，而且每次只能旋转一个对象。

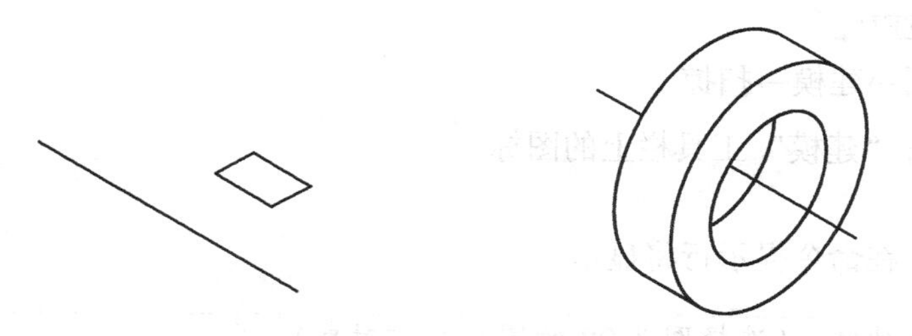

图7-27 旋转创建实体

1. 命令激活方式

命令行：REVOLVE（或REV）↙

菜单栏：绘图→建模→旋转

工具栏：单击“建模”工具栏上的图标

2. 操作步骤

激活命令后，在命令提示行将显示：

选择要旋转的对象：（选择要旋转的 2D 对象）
选择要旋转的对象：（继续选择）↙
指定轴起点或根据以下选项之一定义轴［对象（O）/X/Y/X］<对象>：（选择旋转轴）
指定旋转角度或［起点角度（ST）］<360>：（指定 2D 对象绕轴旋转的角度）↙

各选项功能如下：

1）指定轴起点：指定两点作为旋转轴。

2）对象：选择对象作为旋转轴。

3）X 轴：用当前 UCS 的 X 轴作为旋转轴。

4）Y 轴：用当前 UCS 的 Y 轴作为旋转轴。

7.2.4 扫掠

利用扫掠命令可以绘制网格面或三维实体，如图 7-28 所示。如果要扫掠的对象不是封闭的图形，那么使用“扫掠”命令后得到的是网格面，否则得到的是三维实体。

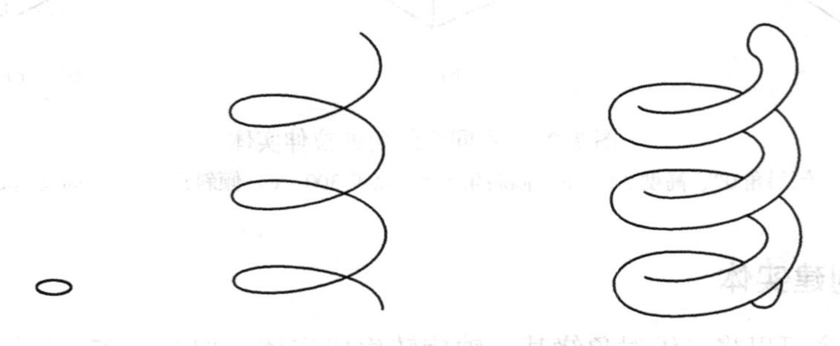

图 7-28 扫掠创建实体

1. 命令激活方式

命令行：SWEEP↙

菜单栏：绘图→建模→扫掠

工具栏：单击“建模”工具栏上的图标

2. 操作步骤

激活命令后，在命令提示行将显示：

选择要扫掠的对象：（选择图 7-28 的圆作扫掠对象）↙
选择扫掠路径或［对齐（A）/基点（B）/比例（S）/扭曲（T）］：（选择图 7-28 的螺旋线做扫掠路径或选项）↙

将生成如图 7-28 所示的弹簧。

各选项功能如下：

1）选择扫掠路径：选择二维或三维扫掠路径。

2）对齐（A）：指定是否对齐轮廓以使其作为扫掠路径切向的法向。默认情况下，轮廓是对齐的。

3）基点（B）：指定要扫掠对象的基点。如果指定的点不在选定对象所在的平面上，则该点将被投影到该平面上。

4）比例（S）：指定比例因子以进行扫掠操作。从扫掠路径的开始到结束，比例因子将统一应用到扫掠的对象。

5）扭曲（T）：设置正被扫掠的对象的扭曲角度。扭曲角度指定沿扫掠路径全部长度的旋转量。

注意：扫掠与拉伸不同，沿路径扫掠轮廓时，轮廓将被移动并与路径垂直对齐，然后沿路径扫掠该轮廓；沿路径拉伸轮廓时，如果路径未与轮廓相交，则将路径移到轮廓上，然后沿路径拉伸该轮廓。

7.2.5　放样

利用放样命令可以将二维图形放样成实体，放样用于通过指定一系列横截面来创建新的实体或曲面。用放样时必须指定至少两个横截面，它们可以是开放的（例如圆弧），也可以是闭合的（例如圆）。

1. 命令激活方式

命令行：LOFT↙

菜单栏：绘图→建模→放样

工具栏：单击“建模”工具栏上的图标

2. 操作步骤

激活命令后，在命令提示行将显示：

按放样次序选择横截面：（在该提示下选择如图7-29a所示的大正八边形横截面）
按放样次序选择横截面：（在该提示下选择如图7-29a所示的小正八边形横截面）
输入选项［引导（G）/路径（P）/仅横截面（C）］<仅横截面>：G↙
选择导向曲线：（选择八条圆弧作为导向曲线）

绘制结果如图7-29b所示。

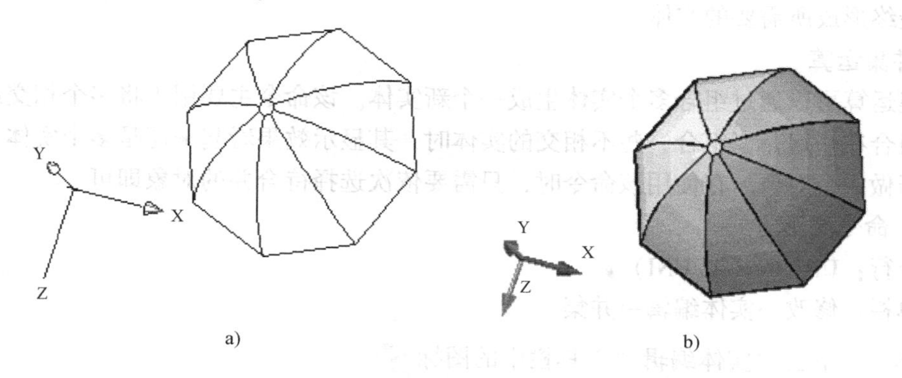

图7-29　通过截面和导向线放样三维实体

如果在“按放样次序选择横截面：”提示下依次选择如图7-30a所示的圆截面后按“回车”键，系统继续提示：

输入选项 [引导 (G)/路径 (P)/仅横截面 (C)] <仅横截面>: 输入 "P" ↙
选择路径曲线: (选择圆弧作为路径曲线)

命令结束后绘制的放样实体如图 7-30b 所示。

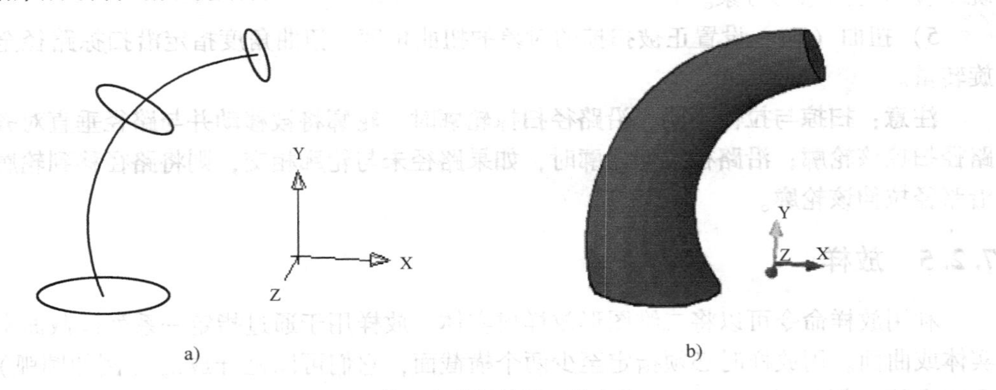

图 7-30 通过截面和路径放样三维实体

各选项功能说明如下:

1) 引导 (G): 指定控制放样实体或曲面形状的导向曲线。导向曲线是直线或曲线, 可通过将其他线框信息添加至对象来进一步定义实体或曲面的形状。

2) 路径 (P): 指定放样实体或曲面的单一路径, 路径曲线必须与横截面的所有平面相交。

3) 仅横截面 (C): 显示 "放样设置" 对话框。

7.2.6 通过布尔运算创建组合实体

在 AutoCAD 中, 用于实体的布尔运算有并集、差集和交集三种。在三维作图中, 要想直接绘制出复杂实体是相当困难的, 几乎所有的复杂实体都是由相对比较简单的实体通过布尔运算生成的。布尔运算是对各个三维实体进行求并、求差、求交的运算, 使它们共同进行组合, 最终形成所需要的实体。

1. 并集运算

并集运算可以通过组合多个实体生成一个新实体。该命令主要用于将多个相交或相接触的对象组合在一起。当组合一些不相交的实体时, 其显示效果看起来还是多个实体, 但实际上却被当做一个对象。在使用该命令时, 只需要依次选择待合并的对象即可。

(1) 命令激活方式

命令行: UNION (或 UNI) ↙

菜单栏: 修改→实体编辑→并集

工具栏: 单击 "实体编辑 "工具栏中的图标

(2) 操作步骤　激活命令后, 在命令提示行将显示:

选择对象: (选择要被合并的实体, 如选择图 7-31a 中的立方体)
选择对象: (继续选择要被合并的实体, 如选择图 7-31a 中的圆柱体) ↙

完成操作后，可得到如图 7-31b 所示实体。

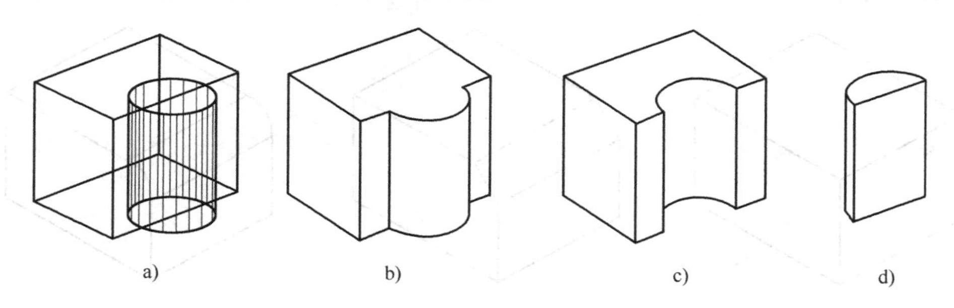

图 7-31 布尔运算
a）两布尔运算对象 b）并集运算 c）差集运算 d）交集运算

2. 差集运算

差集运算可从一些实体中去掉部分实体，从而得到一个新的实体。

（1）命令激活方式

命令行：SUBTRACT（或 SU）↙

菜单栏：修改→实体编辑→差集

工具栏：单击“实体编辑”工具栏中的图标

（2）操作步骤 激活命令后，在命令提示行将显示：

选择对象：（选择被减的实体，如选择图 7-31a 中的立方体）↙
选择对象：（选择作为减数的实体，如选择图 7-31a 中的圆柱体）↙

完成操作后，可得到如图 7-31c 所示实体。

3. 交集运算

交集运算可以利用各实体的公共部分创建新实体。

（1）命令激活方式

命令行：INTERSECT（或 IN）↙

菜单栏：修改→实体编辑→交集

工具栏：单击“实体编辑”工具栏中的图标

（2）操作步骤 激活命令后，在命令提示行将显示：

选择对象：（选择要求交的实体，如选择图 7-31a 中的立方体）
选择对象：（继续选择要求交的实体，如选择图 7-31a 中的圆柱体）↙

完成操作后，可得到如图 7-31d 所示实体。

7.2.7 实体编辑与操作

创建三维实体后，可以通过对三维实体进行移动、旋转、镜像、缩放、倒角等各种编辑操作来修改实体的形状，从而构造出所需的实体形状。

1. 倒角与圆角

（1）倒角 倒角命令可对实体进行棱边倒角，从而在相邻曲面间生成一个过渡平面，如图 7-32b 所示。

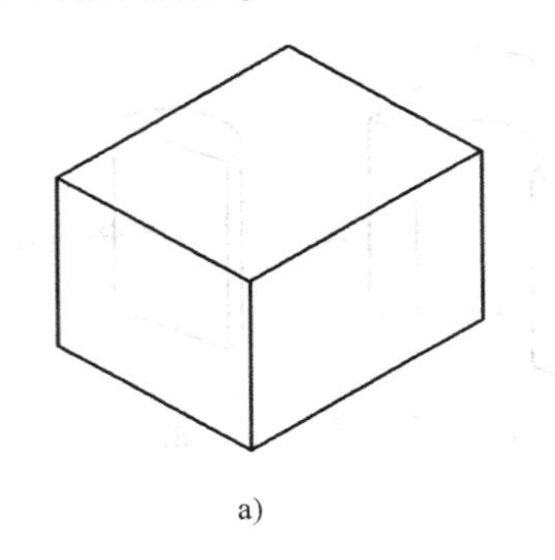
a)

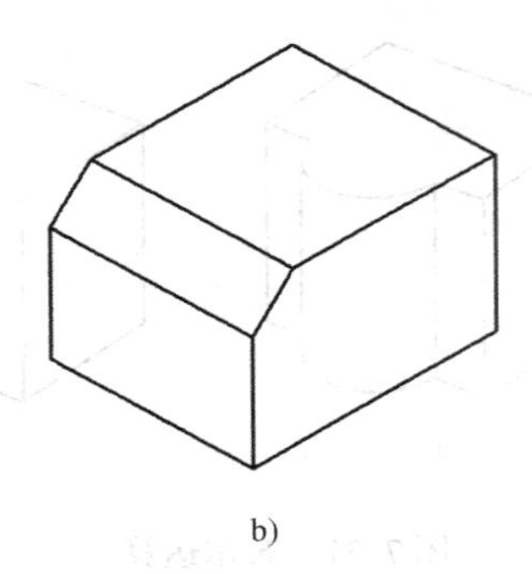
b)

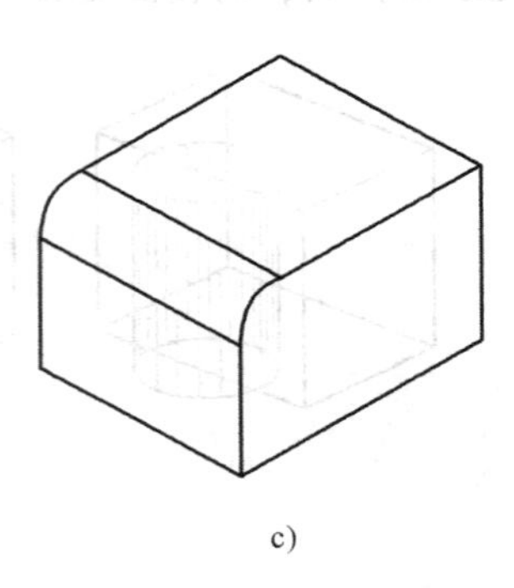
c)

图 7-32　实体的倒角与圆角
a）倒角与圆角操作前的实体　b）倒角　c）圆角

1）命令激活方式

命令行：CHAMFER（或 CHA）↙

菜单栏：修改→倒角

工具栏：单击“修改”工具栏中的图标

2）操作步骤。激活命令后，在命令提示行将显示：

选择第一条直线或［放弃（U）/多段线（P）/距离（D）/角度（A）/修剪（T）/方式（E）/多个（M）］：(选择第一条线，也就选择了该直线所在的两个面中的一个) ↙

输入曲面选择选项［下一个（N）/确定（当前）（O）］<确定>：↙

指定基面的倒角距离<当前>：(输入基面上的倒角距离，如 5) ↙

指定其他曲面的倒角距离<当前>：(输入在其他曲面的倒角距离，如 5) ↙

选择了基面和倒角距离之后，选择需倒角的基面的边。可以一次选择一条边，也可一次选择所有边。

（2）圆角　圆角命令可对实体进行棱边圆角，从而在相邻曲面间生成一个过度光滑曲面，如图 7-32c 所示。

1）命令激活方式

命令行：FILLET（或 F）↙

菜单栏：修改→圆角

工具栏：单击“修改”工具栏中的图标

2）操作步骤

激活命令后，在命令提示行将显示：

选择第一个对象或［放弃（U）/多段线（P）/半径（R）/修剪（T）/多选（M）］：(选择平面上的一个对象) ↙

输入圆角半径：(输入半径值，如 5) ↙

选择边或［链（C）/半径（R）］：(选择要圆角的边) ↙

选择边或［链（C）/半径（R）］：↙

2. 剖切实体

利用剖切实体命令可以使用平面剖切实体。剖切面可以是对象、Z 轴、视图、XY/YZ/ZX 平面或 3 点定义的面。

（1）命令激活方式

命令行：SLICE（或 SL）↙

菜单栏：修改→三维操作→剖切

（2）操作步骤　激活命令后，在命令提示行将显示：

选择要剖切的对象：（选择图 7-33 要剖切的实体对象）

指定剖切平面的起点或［平面对象（O）/曲面（S）/Z 轴（Z）/视图（V）/XY/YZ/ZX/三点（3）］<三点>：（选择一种定义剖面的方法，默认为三点定义剖切平面，在图 7-33a 中选三条棱边的中点定义剖切平面）

选择要保留的实体［保留两侧（B）］<保留两侧>：（选择实体左侧）

操作结果如图 7-33b 所示。

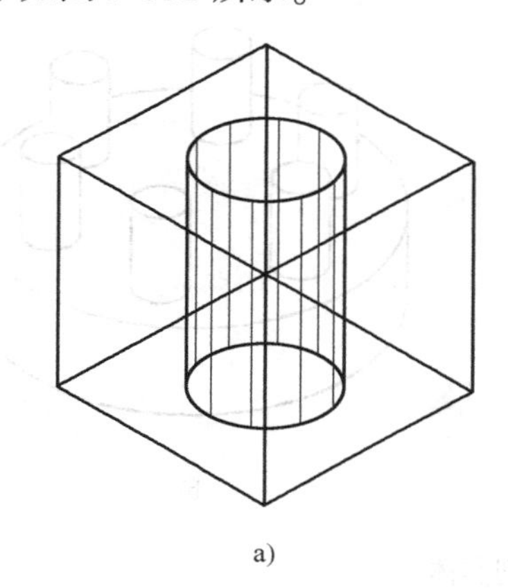

a)

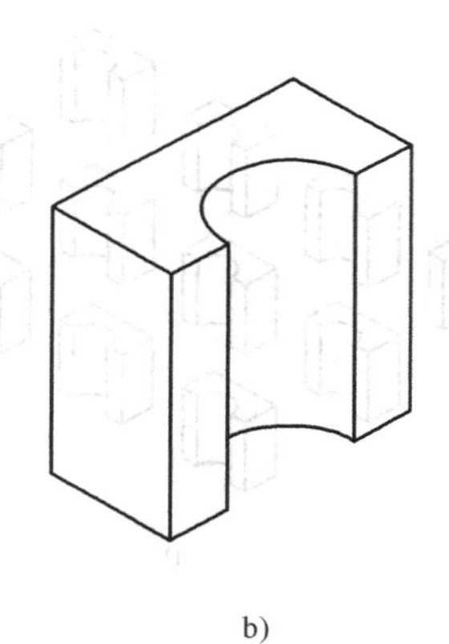

b)

图 7-33　剖切实体

a）剖切前实体　b）剖切后实体

3. 三维阵列实体

三维阵列实体命令可以在三维空间中使用环形阵列或矩形阵列方式复制对象，与二维情况下的阵列相比，除了有行数和列数外，还增加了阵列的层数（Z 方向）。

（1）命令激活方式

命令行：3DARRAY↙

菜单栏：修改→三维操作→三维阵列

（2）操作步骤　激活命令后，在命令提示行将显示：

选择对象：（选择要阵列的对象）↙

输入阵列类型［矩形（R）/极轴（P）］：↙

输入行数（—）<1>：（输入 3）↙

输入列数（|||）<1>：（输入 2）↙

输入层数（...）<1>：（输入1）↙
指定行间距（—）：（输入行间距）↙
指定列间距（|||）：（输入列间距）↙

得到的结果如图7-34a所示。

若要进行环形阵列，则操作如下：

输入阵列类型［矩形（R）/极轴（P）］：P↙
输入阵列中的项目数目：（输入6）↙
指定要填充的角度（+=逆时针，-=顺时针）<360>：（指定角度）↙
是否旋转阵列中的对象？［是（Y）/否（N）］<是>：↙
指定阵列的中心点：（指定大圆柱上表面圆心）
指定旋转轴上的第二点：（指定大圆柱下表面圆心）

得到的结果如图7-34b所示。

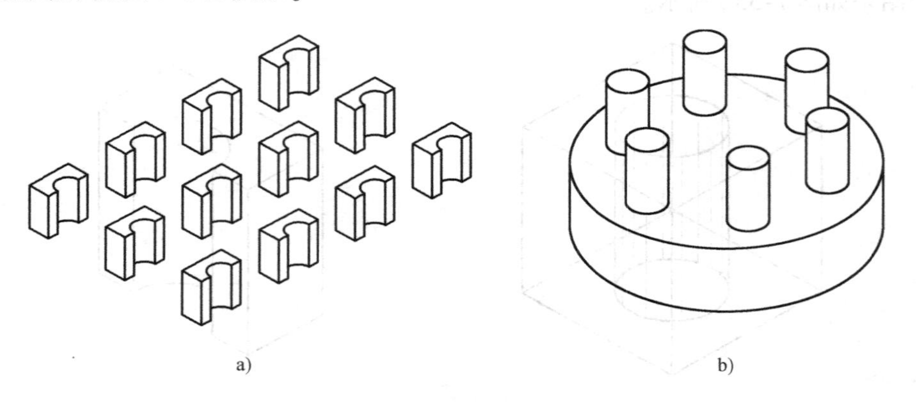

图7-34　阵列实体
a）矩形阵列　b）环形阵列

4. 三维镜像实体

三维镜像实体命令可以在三维空间中将指定对象相对于某一平面镜像。执行该命令并选择需要进行镜像的对象，然后指定镜像面。镜像面可以通过3点确定，也可以是对象、最近定义的面、Z轴、视图、XY平面、YZ平面和ZX平面。

（1）命令激活方式

命令行：MIRROR3D↙

菜单栏：修改→三维操作→三维镜像

（2）操作步骤　激活命令后，在命令提示行将显示：

选择对象：（选择图7-35a中的实体对象）↙
指定镜像平面的第一个点（三点）或［对象（O）/上一个（L）/Z轴（Z）/视图（V）/XY/YZ/ZX/三点（3）］<三点>：（选择指定镜像平面的方法，用三点确定镜像平面，指定第一点）
在镜像平面上指定第二点：（指定镜像平面上的第二点）

在镜像平面上指定第三点：(指定镜像平面上的第三点)
是否删除源对象？[是 (Y)/否 (N)] <否>：↙

得到的结果如图7-35b所示。

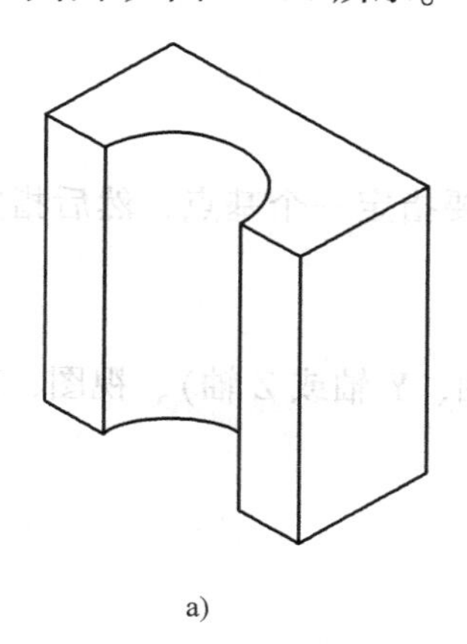
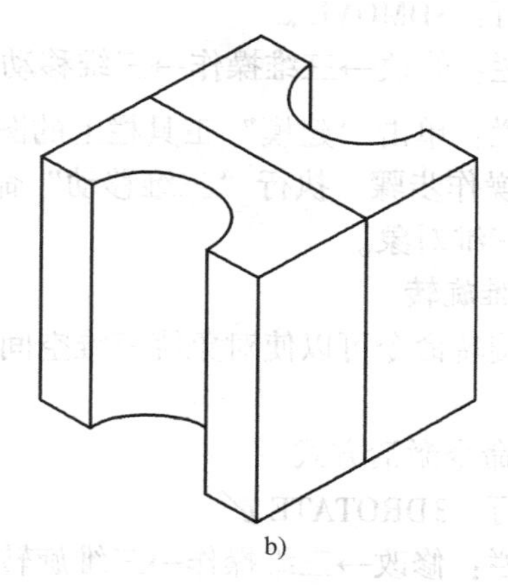

a)　b)

图7-35　镜像复制实体
a) 镜像前实体　b) 镜像后实体

5. 拉伸实体表面

拉伸实体表面命令可以对实体面进行拉伸。

(1) 命令激活方式

菜单栏：修改→实体编辑→拉伸面

工具栏：单击“实体编辑”工具栏上的图标

(2) 操作步骤　激活命令后，在命令提示行将显示：

选择面或 [放弃 (U)/删除 (R)]：(指定要拉伸的面，选择如图7-18a所示实体中前面的一个平表面) ↙
指定拉伸高度或 [路径 (P)]：(输入面要拉伸的距离，如20) ↙
指定拉伸的倾斜角度 <0>：↙

得到的结果如图7-36b所示。

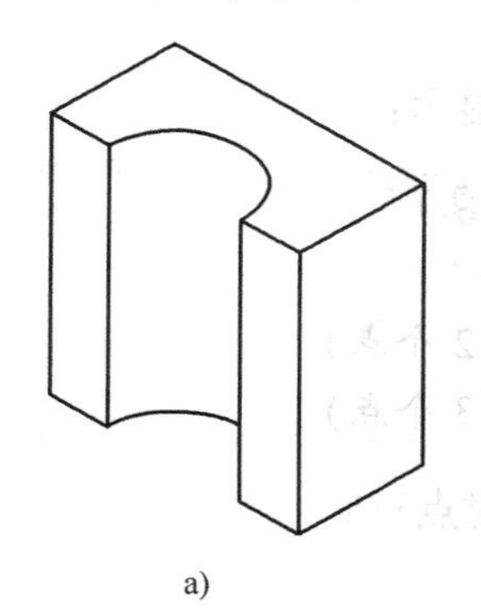
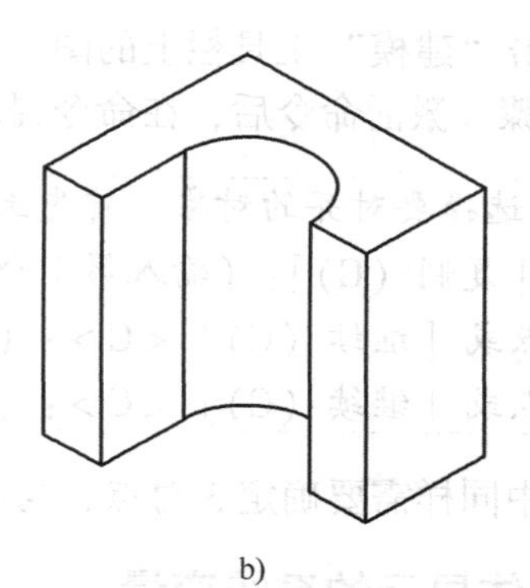

a)　b)

图7-36　实体表面的拉伸
a) 拉伸面之前实体　b) 拉伸面之后实体

6. 三维移动

三维移动命令可以移动三维对象。

（1）命令激活方式

命令行：3DMOVE ↙

菜单栏：修改→三维操作→三维移动

工具栏：单击“建模”工具栏上的图标

（2）操作步骤　执行“三维移动”命令时，首先需要指定一个基点，然后指定第二点即可移动三维对象。

7. 三维旋转

三维旋转命令可以使对象绕三维空间中任意轴（X 轴、Y 轴或 Z 轴）、视图、对象或两点旋转。

（1）命令激活方式

命令行：3DROTATE ↙

菜单栏：修改→三维操作→三维旋转

工具栏：单击“建模”工具栏上的图标

（2）操作步骤

1）选择要旋转的对象和子对象。

2）按住“Ctrl”键选择子对象（面、边和顶点）。

3）将显示附着在光标上的旋转夹点工具。

4）指定移动的基点，单击以放置旋转夹点工具。

5）将光标悬停在夹点工具上的轴控制柄上，直到轴控制柄变为黄色并显示矢量，然后单击。

6）输入旋转的角度。

8. 对齐位置

对齐位置命令可以对齐对象。

（1）命令激活方式

命令行：ALIGN（或 AL）↙

菜单栏：修改→三维操作→对齐

工具栏：单击“建模”工具栏上的图标

（2）操作步骤　激活命令后，在命令提示行将显示：

选择对象：（选择要对齐的对象，首先选择源对象）
指定基点或［复制（C）］：（输入第 1 个点）
指定第二个点或［继续（C）］<C>：（输入第 2 个点）
指定第三个点或［继续（C）］<C>：（输入第 3 个点）

在目标对象中同样需要确定 3 对点，与源对象对点对应。

7.2.8　控制实体显示的系统变量

影响实体显示的变量有三个：ISOLINES 用于控制显示线框弯曲部分的素线数量；

FACETRES 用于调整着色和消隐对象的平滑程度；DISPSILH 用于控制线框模式下实体对象轮廓曲线的显示以及实体对象隐藏时是禁止还是绘制网格。

1. ISOLINES 系统变量

ISOLINES 系统变量是一个整数型变量。它指定实体对象上每个曲面上轮廓素线的数目。它的有效取值范围为 0～2047，默认值是 4。它的值越大，线框弯曲部分的素线数目就越多，曲面的过渡就越光滑，也就越有立体感。但是增加 ISOLINES 的值，会使显示速度降低。如图 7-37 所示是 ISOLINE =4 和 ISOLINE =20 时，圆柱体显示的不同结果。

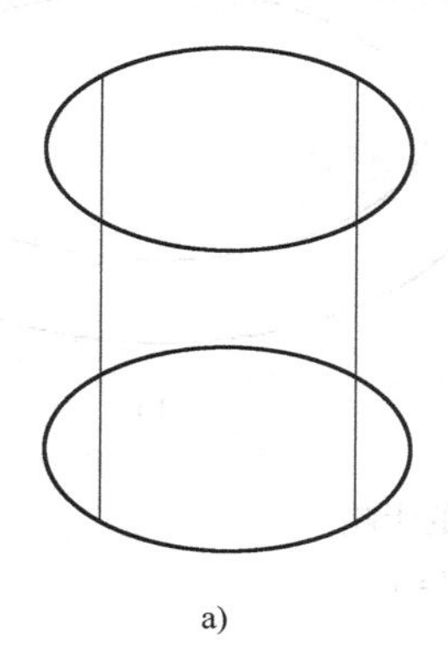

a)

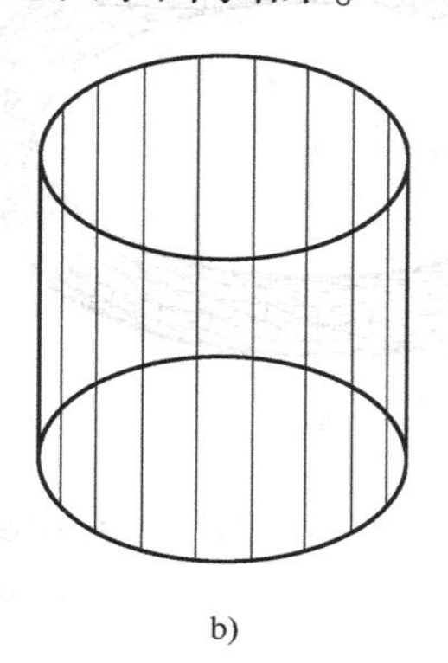

b)

图 7-37 改变 ISOLINES 变量的影响
a）ISOLINES =4 b）ISOLINES =20

2. FACETRES 系统变量

FACETRES 控制曲线实体着色和渲染的平滑度。该变量是一个实数型的系统变量。FACETRES 的默认值是 0.5，它的有效范围在 0.01～10 之间。当进行消隐、着色或渲染时，该变量就会起作用。该变量的值越大，曲面表面会越光滑；显示速度越慢，渲染时间也越长。如图 7-38 所示为改变 FACETRES 系统变量对实体显示的影响。

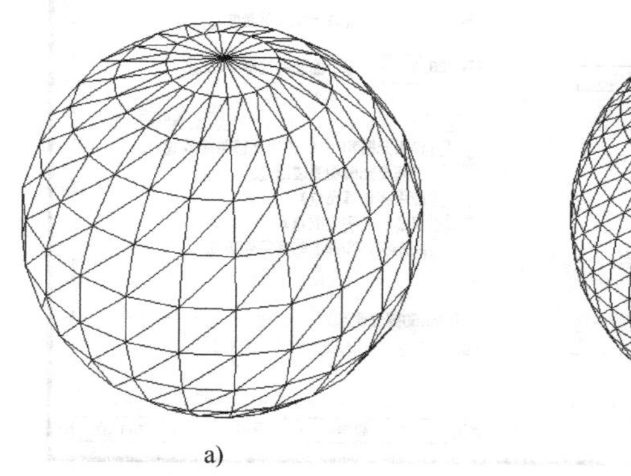

a)

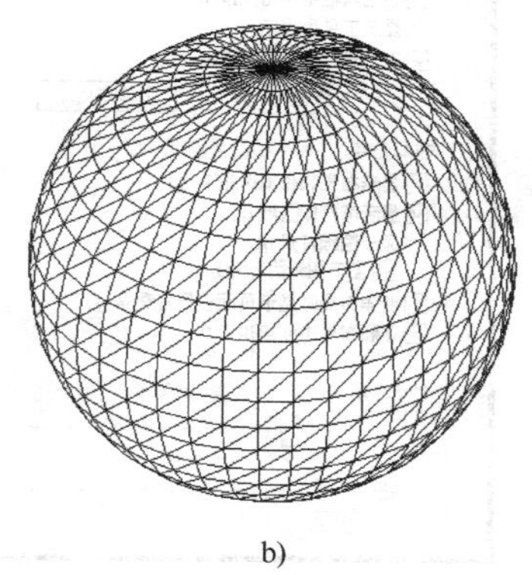

b)

图 7-38 改变 FACETRES 变量的影响
a）FACETRES =0.5 b）FACETRES =2

3. DISPSILH 系统变量

DISPSILH 系统变量控制线框模式下实体对象轮廓曲线的显示以及实体对象隐藏时是禁止

还是绘制网格。该变量是一个整形数，有 0、1 两个值，0 代表关，1 代表开，默认设置是 0。当该变量打开时（设置它的值为 1），使用 HIDE 命令消隐图形，将只显示对象的轮廓边。

当改变这个选项后，必须更新视图显示。如图 7-39 所示为改变 DISPSILH 变量对实体显示的影响，该变量值还会影响 FACETRES 变量的显示。如果要改变 FACETRES 得到比较光滑的曲面效果，必须把 DISPSILH 的值设为 0。

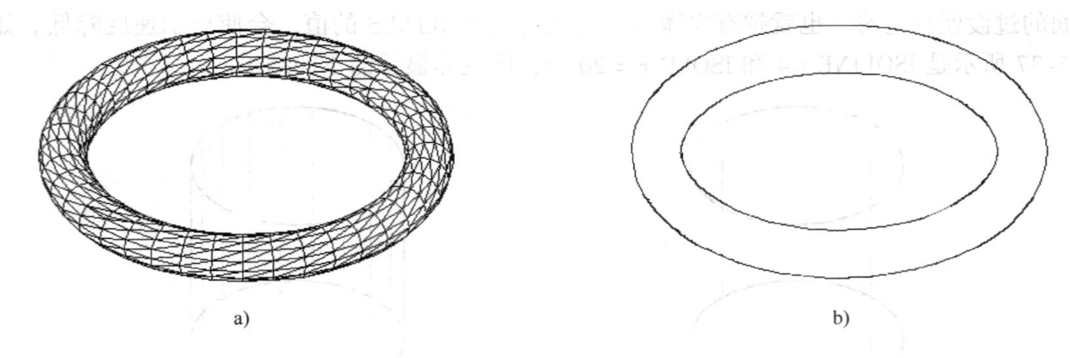

图 7-39　改变 DISPSILH 变量的影响

a）DISPSILH = 0　b）DISPSILH = 1

这三个变量也可以单击菜单“工具”→“选项”，然后在如图 7-40 所示的“选项”对话框的“显示”选项卡中更改。“渲染对象的平滑度（J）”控制 FACETRES 变量；“每个曲面的轮廓素线（O）”控制 ISOLINES 变量；“仅显示文字边框（X）”控制 DISPSILH 变量。

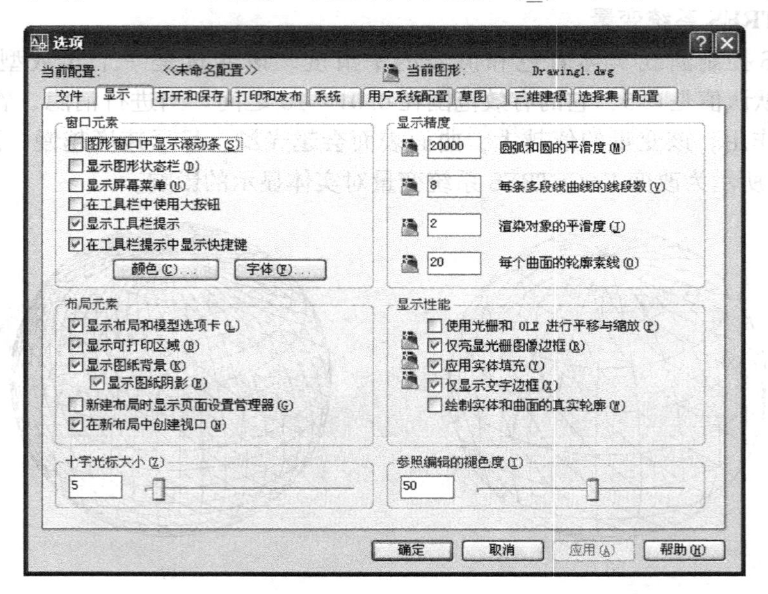

图 7-40　“显示”选项卡

7.2.9　消隐和着色

在对实体模型进行最后的渲染之前，可以先使用消隐命令和着色命令对模型进行消隐和着色，这样可以比较快速、形象地查看三维模型的整体效果。

1. 创建消隐视图

用消隐命令来创建模型对象的消隐视图，用以隐藏被前景对象遮掩的背景对象，从而使图形的显示更加清晰，设计更加简洁。

命令激活方式：

菜单栏：视图→消隐

工具栏：单击“渲染”工具栏的图标

操作完成后可得到消隐视图，如图7-41b所示；图7-41a为消隐之前的线框样式。

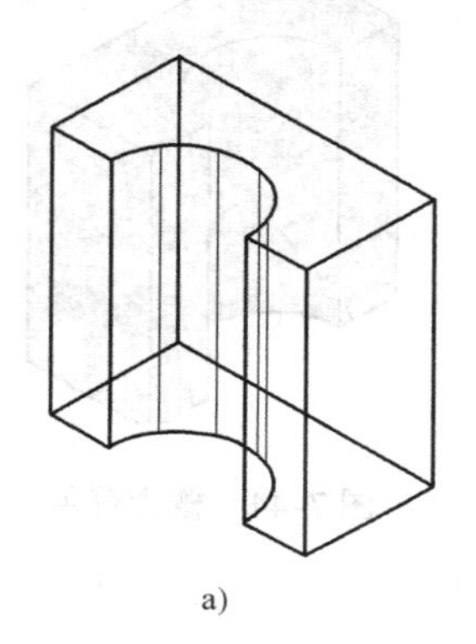

a)

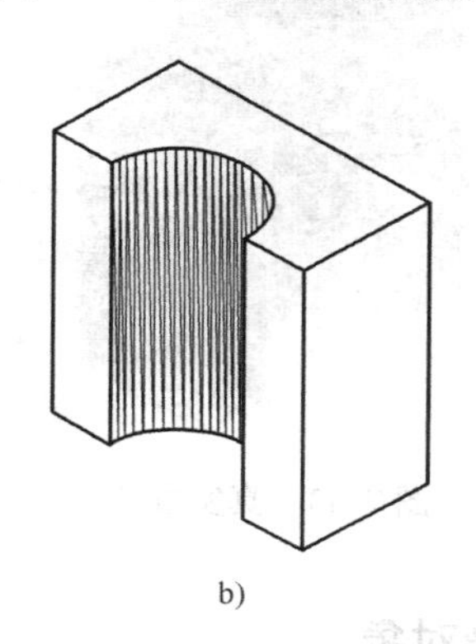

b)

图7-41　实体消隐

a）线框样式　b）消隐后效果

2. 创建着色视图

虽然创建消隐视图可以增强图形并使得模型更加清晰，但是着色可以产生出更真实的图像。着色视图的创建是在消隐视图的基础上，使用图形对象自身的颜色填充其表面以形成该图形对象的着色图形。

着色之前，先打开“视觉样式”工具栏，如图7-42所示。

图7-42　“视觉样式”工具栏

各种视觉样式的说明如下：

“二维线框”：显示用直线和曲线表示边界的对象。光栅和OLE对象、线型和线宽均可见。

“三维线框”：显示用直线和曲线表示边界的对象。

“三维隐藏”：显示用三维线框表示的对象并隐藏表示后向面的线条。

“真实”：着色多边形平面间的对象，并使对象的边平滑化，将显示已附着到对象的材质。

“概念”：着色多边形平面间的对象，并使对象的边平滑化。着色使用古氏面样式，一种冷色和暖色之间的过渡而不是从深色到浅色的过渡。效果缺乏真实感，但是可以更方便地查看模型的细节。

（1）真实着色　命令激活方式：

菜单栏：视图→视觉样式→真实

工具栏：单击“视觉样式”工具栏的图标

操作完成后可得到如图 7-43 所示效果。

(2) 概念着色　命令激活方式：

菜单栏：视图→视觉样式→概念

工具栏：单击“视觉样式”工具栏的图标

操作完成后可得到如图 7-44 所示效果。

图 7-43　真实着色

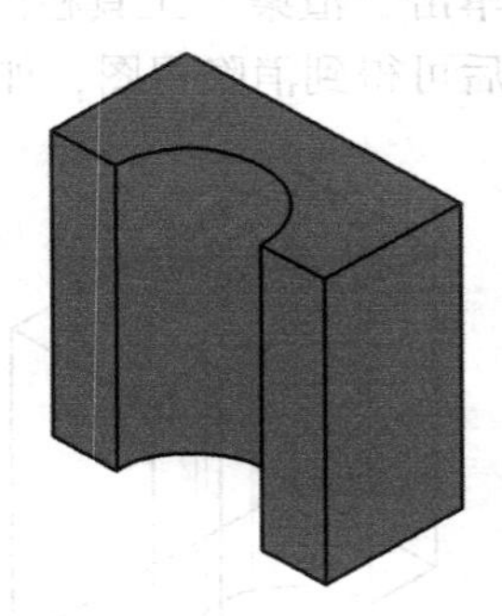

图 7-44　概念着色

7.2.10　渲染对象

使用菜单“视图”→“视觉样式”命令中的子命令为对象应用视觉样式时，并不能执行产生亮显、移动光源或添加光源的操作。要更全面地控制光源，必须使用渲染，可以使用菜单“视图”→“渲染”命令中的子命令或“渲染”工具栏实现，如图 7-45 所示。

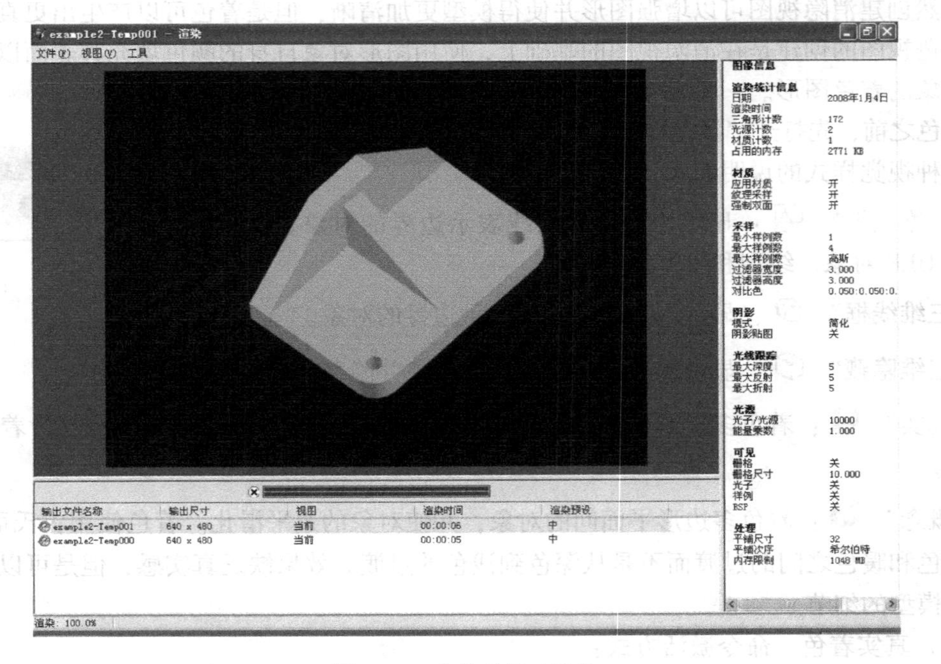

图 7-45　实体的快速渲染

1. 在渲染窗口中快速渲染对象

快速渲染对象可以在打开的渲染窗口中快速渲染当前视口中的图形，如图7-46所示。

图7-46 “渲染”工具栏

命令激活方式：

菜单栏：视图→渲染→渲染

工具栏：单击“渲染”工具栏上的图标

2. 设置光源

在渲染过程中，光源的应用非常重要，它由强度和颜色两个因素决定。在AutoCAD中，不仅可以使用自然光（环境光），也可以使用点光源、平行光源及聚光灯光源，以照亮物体的特殊区域。

命令激活方式：

菜单栏：视图→渲染→光源

工具栏：单击“渲染”工具栏上的图标

激活命令后将出现如图7-47所示子命令，可以创建和管理光源。

3. 设置渲染材质

在渲染对象时，使用材质可以增强模型的真实感。

命令激活方式：

菜单栏：视图→渲染→材质

工具栏：单击“渲染”工具栏上的图标

激活命令后将打开如图7-48所示“材质”选项板，可以为对象选择并附加材质。

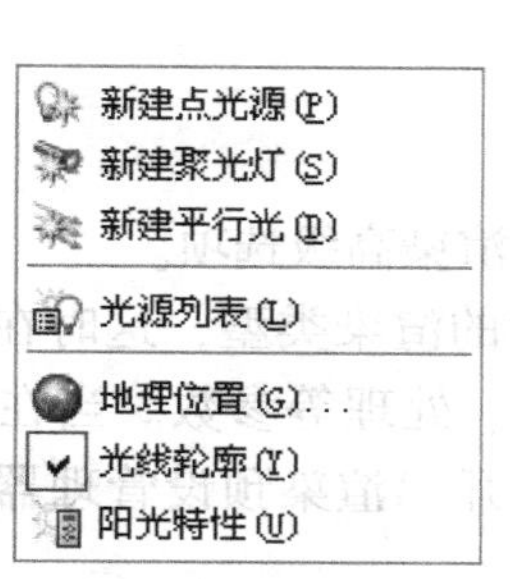

图7-47 设置光源命令子菜单

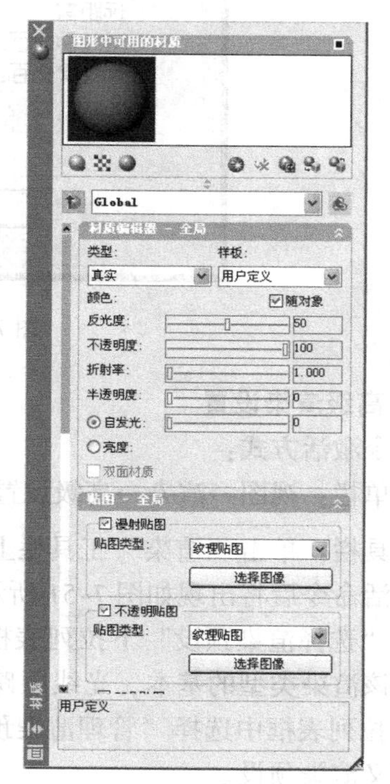

图7-48 “材质”选项板

4. 设置贴图

在渲染图形时，可以将材质映射到对象上，称为贴图。

命令激活方式：

菜单栏：视图→渲染→贴图

工具栏：单击“渲染”工具栏上的图标

激活命令后将出现如图 7-49 所示子菜单，可以创建平面贴图、长方体贴图、柱面贴图和球面贴图等。

平面贴图(P)
长方体贴图(B)
柱面贴图(C)
球面贴图(S)

图 7-49　贴图子菜单

5. 渲染环境

在渲染图形时，可以添加雾化效果。

命令激活方式：

菜单栏：视图→渲染→渲染环境

工具栏：单击“渲染”工具栏上的图标

激活命令后将出现如图 7-50 所示“渲染环境”对话框，在该对话框中可以进行雾化设置。

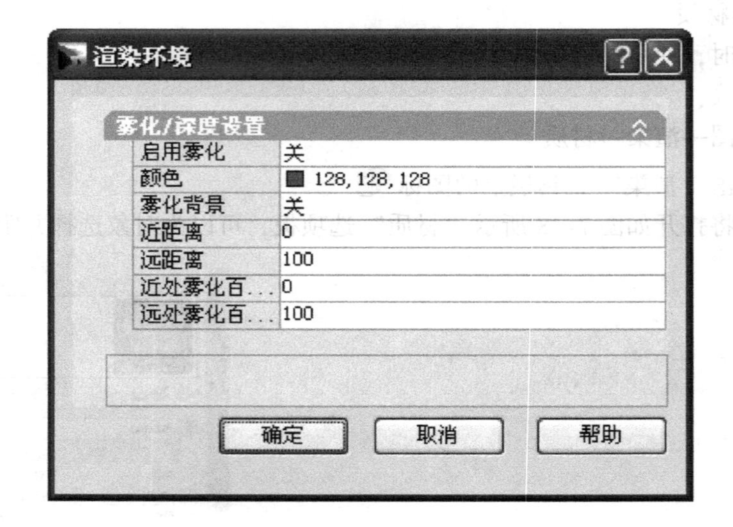

图 7-50　“渲染环境”对话框

6. 高级渲染设置

命令激活方式：

菜单栏：视图→渲染→高级设置

工具栏：单击“渲染”工具栏上的图标

激活命令后将出现如图 7-51 所示对话框，可以设置渲染高级选项。

在“选择渲染预设”下拉列表框中，可以选择预设的渲染类型，这时在参数区中，可以设置该渲染类型的基本、光线跟踪、间接发光、诊断、处理等参数。当在“选择渲染预设”下拉列表框中选择“管理渲染预设”选项时，将打开“渲染预设管理器”对话框，可以自定义渲染预设。

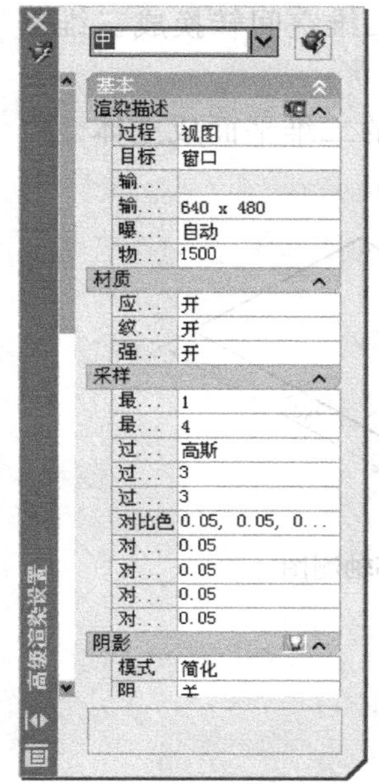

图7-51 “高级渲染设置”与“渲染预设管理器”对话框

7.2.11 实体模型创建实例

【例7-1】 按图7-52所示尺寸绘制三维图形。

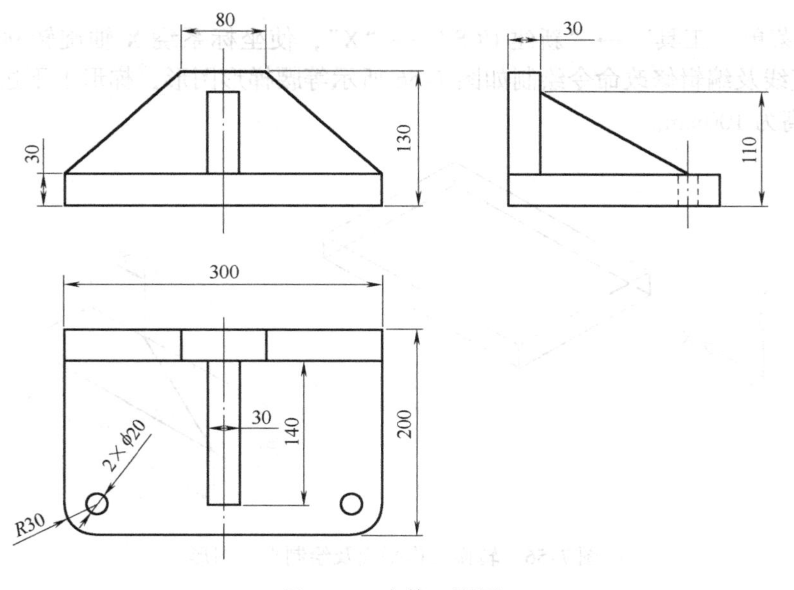

图7-52 实体三视图

操作步骤：

1）单击菜单“文件”→“新建”，以“acadiso.dwt”为样板创建一个新文件。

2）单击菜单“绘图”→“多段线”，用多段线命令绘制如图7-53所示二维图形。

3）单击菜单“视图”→“三维视图”→“西南等轴测”，使二维空间转换成三维空间，如图 7-54 所示。

4）单击菜单“绘图”→“建模”→“拉伸”，拉伸图 7-53 中的二维平面成立体，拉伸高度为 30mm，如图 7-55 所示。

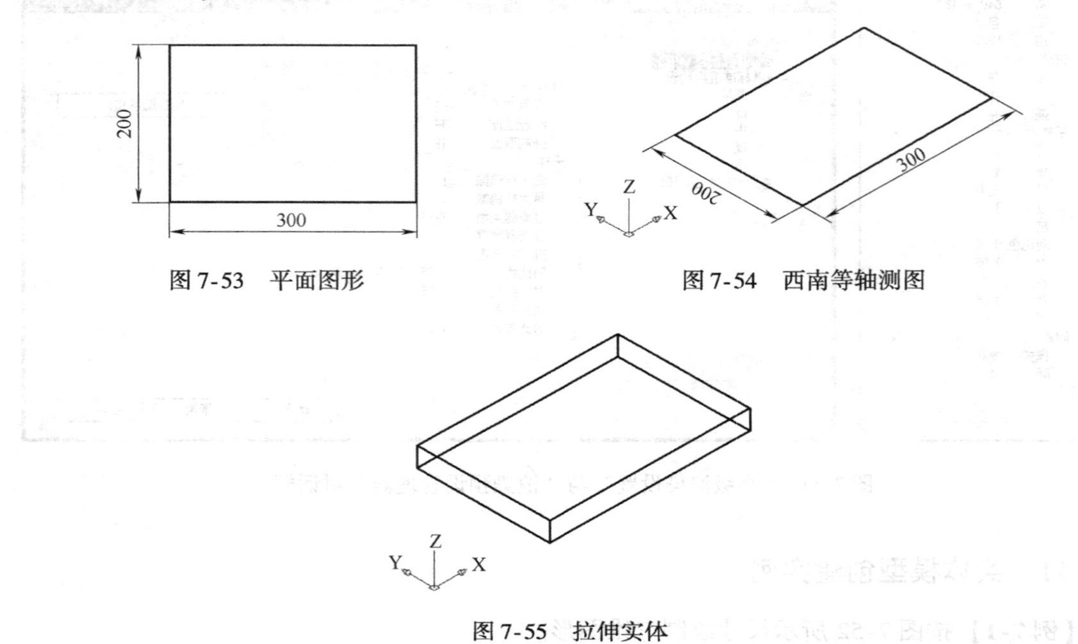

图 7-53　平面图形　　　图 7-54　西南等轴测图

图 7-55　拉伸实体

5）单击菜单“工具”→“新建 UCS”→“X”，使坐标系绕 X 轴旋转 90°。在工作平面 XY 上用直线及编辑修改命令绘制如图 7-56 所示等腰梯形图形，梯形上下边分别为 80mm 和 300mm，高为 100mm。

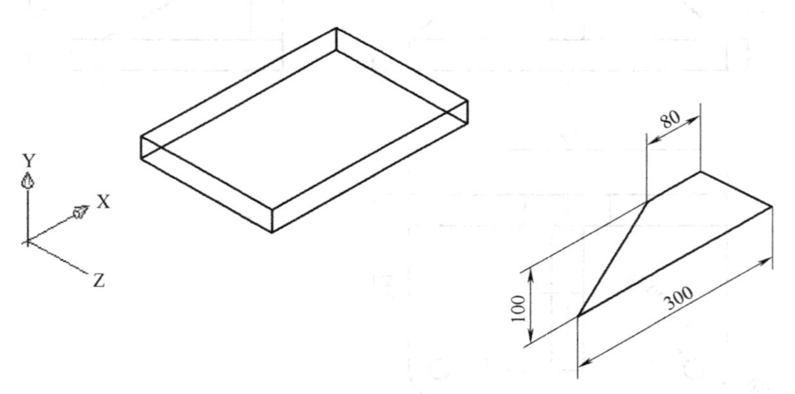

图 7-56　转换工作平面及绘制平面图形

6）单击菜单“绘图”→“面域”，选择图 7-56 中的平面图形形成一个面域，以作为拉伸的二维对象。

7）单击菜单“绘图”→“建模”→“拉伸”，将步骤 6）形成的面域作为拉伸对象，操作结果如图 7-57 所示。

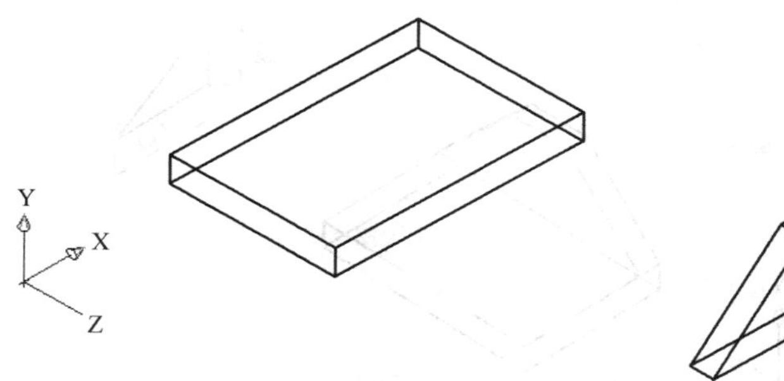

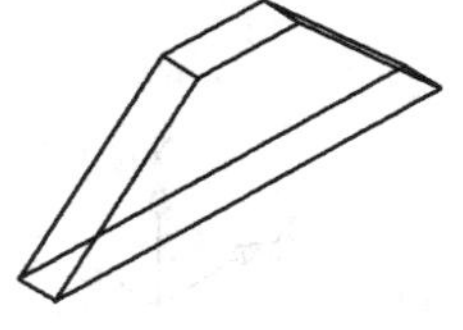

图 7-57 拉伸实体

8）单击菜单“修改”→“三维操作”→“三维移动”，移动拉伸的实体到如图 7-58 所示合适位置（注意在“对象捕捉”模式中，把“中点”捕捉选上）。

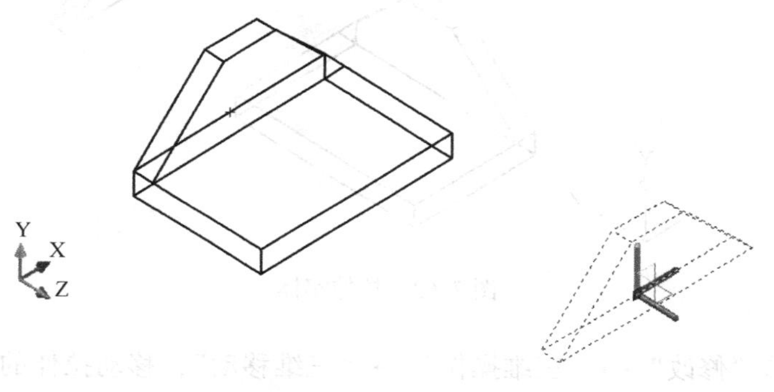

图 7-58 三维移动实体

9）单击菜单“修改”→“实体编辑”→“并集”，合并两实体得到如图 7-59 所示单一实体。

10）单击菜单“工具”→“新建 UCS”→“Y”，使坐标系绕 Y 轴旋转 90°，使工作平面 XOY 处于如图 7-60 所示位置。

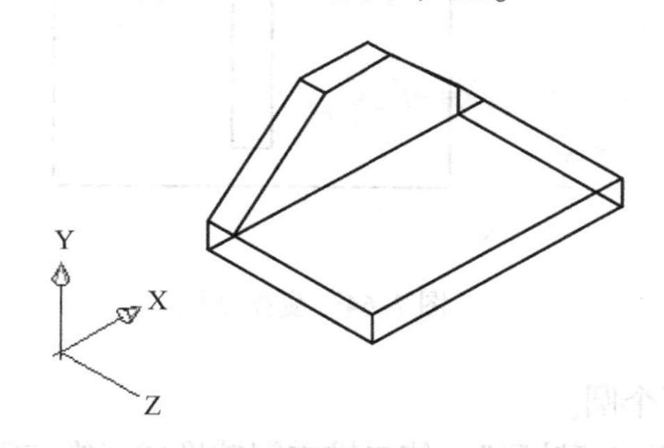

图 7-59 两实体的并集运算

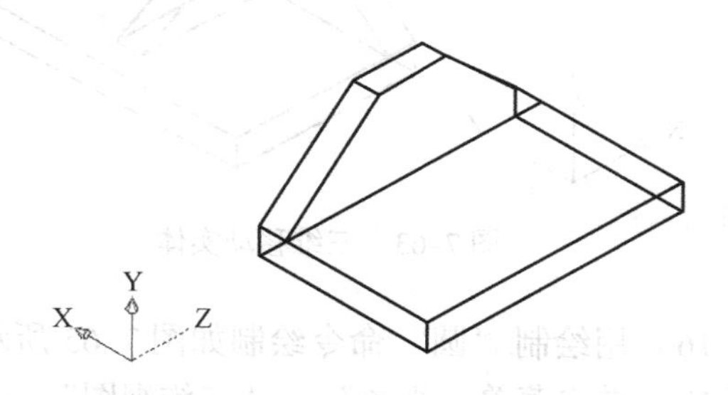

图 7-60 转换工作平面

11）单击菜单“绘图”→“多段线”，用“多段线”命令绘制如图 7-61 所示一直角边为 80mm、另一直角边为 140mm 的二维图形。

12）单击菜单“绘图”→“建模”→“拉伸”，将步骤 11）绘制的直角三角形拉伸，操作结果如图 7-62 所示。

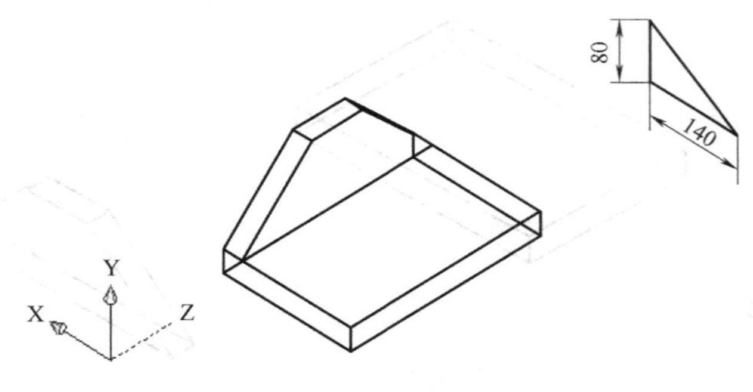

图 7-61　平面图形的绘制

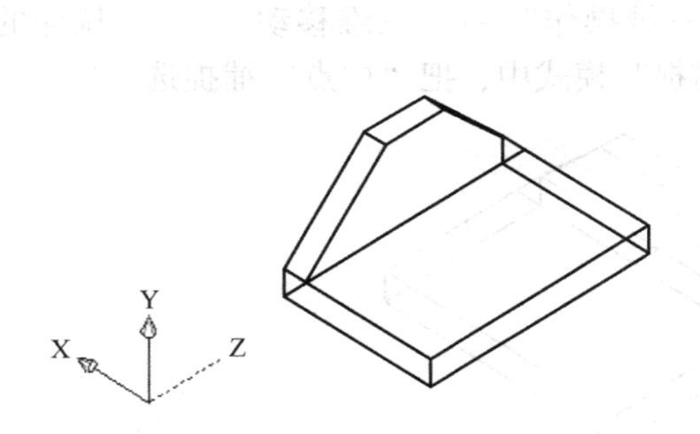

图 7-62　拉伸实体

13）单击菜单“修改”→“三维操作”→“三维移动”，移动拉伸的实体到合适位置，如图 7-63 所示（注意在“对象捕捉”模式中，把“中点”捕捉选上）。

14）单击菜单“修改”→“实体编辑”→“并集”，合并图 7-63 中两实体。

15）单击菜单“视图”→“三维视图”→“俯视”，操作结果如图 7-64 所示。

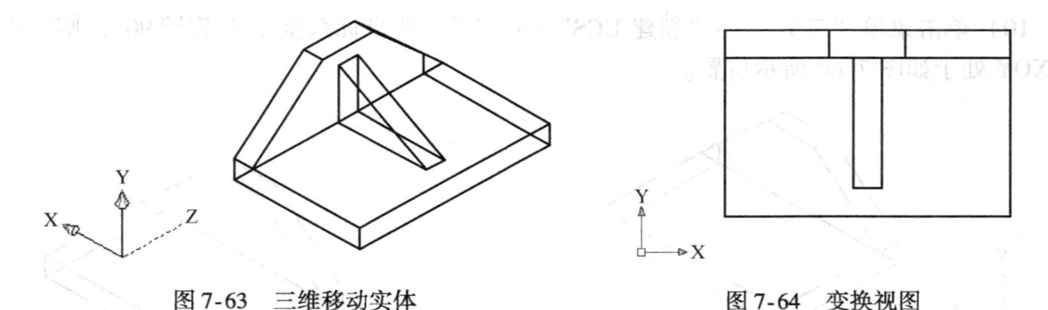

图 7-63　三维移动实体　　　　图 7-64　变换视图

16）用绘制“圆”命令绘制如图 7-65 所示两个圆。

17）单击菜单“视图”→“三维视图”→“西南等轴测”，使二维空间转换成三维空间。

18）单击菜单“绘图”→“建模”→“拉伸”，将上步绘制的两个圆拉伸，操作结果如图 7-66 所示。

19）单击菜单“修改”→“实体编辑”→“差集”，通过减去两个圆柱实体，形成底板上的两个圆孔。

20）单击菜单“修改”→“圆角”，给底板前面两条棱边倒半径为 30mm 的圆角，操作结果如图 7-67 所示。

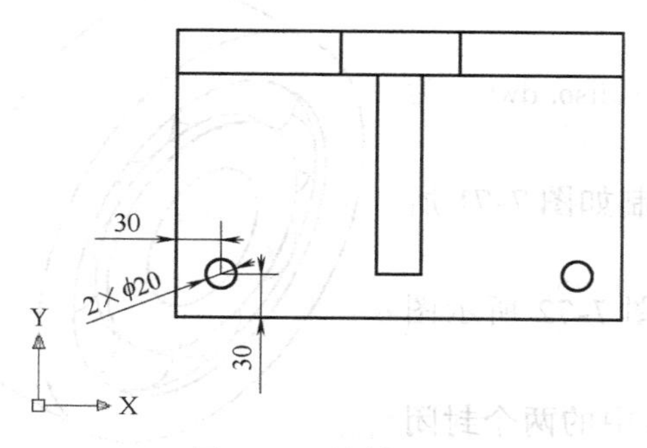

图 7-65　绘制两圆

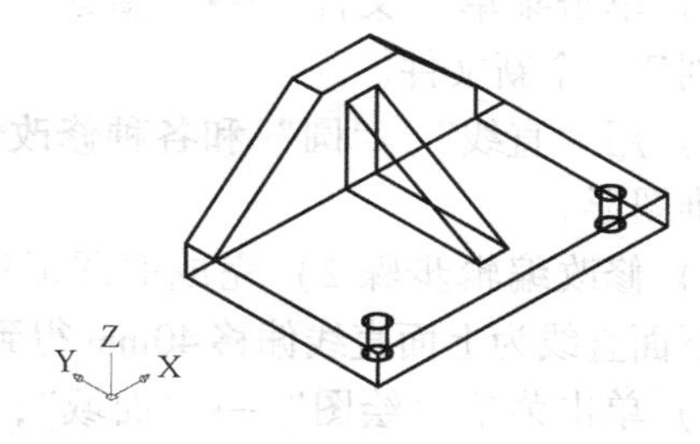

图 7-66　拉伸实体

21）单击菜单“视图”→“视觉样式”→“概念”，给完成的实体着色，操作结果如图 7-68 所示。

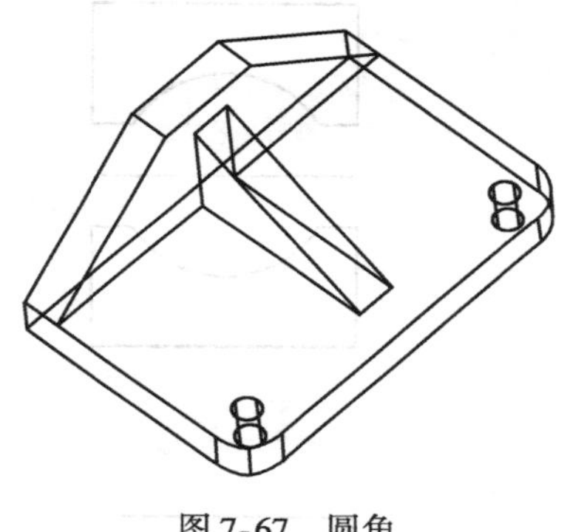

图 7-67　圆角

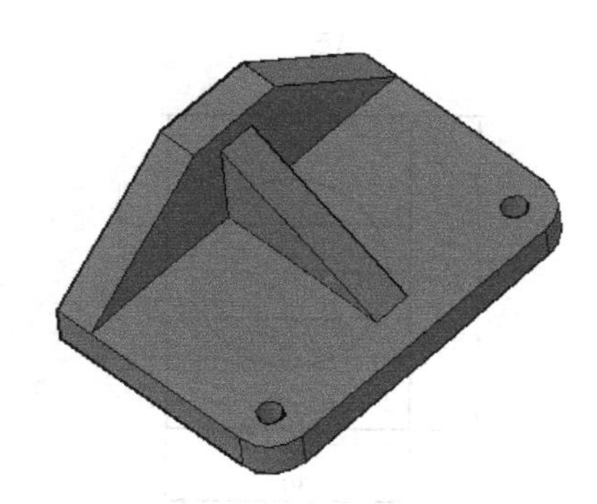

图 7-68　实体的色

说明：

快速设置视图的方法是选择预定义的三维视图。可以根据名称或说明选择预定义的标准正交视图和等轴测视图。这些视图代表常用选项：俯视、仰视、主视、左视、右视和后视。此外，可以从以下等轴测选项设置视图：SW（西南）等轴测、SE（东南）等轴测、NE（东北）等轴测和 NW（西北）等轴测。

要理解等轴测视图的表现方式，请想象正在俯视盒子的顶部。如果朝盒子的左下角移动，可以从西南等轴测视图观察盒子。如果朝盒子的右上角移动，可以从东北等轴测视图观察盒子，如图 7-69 所示。

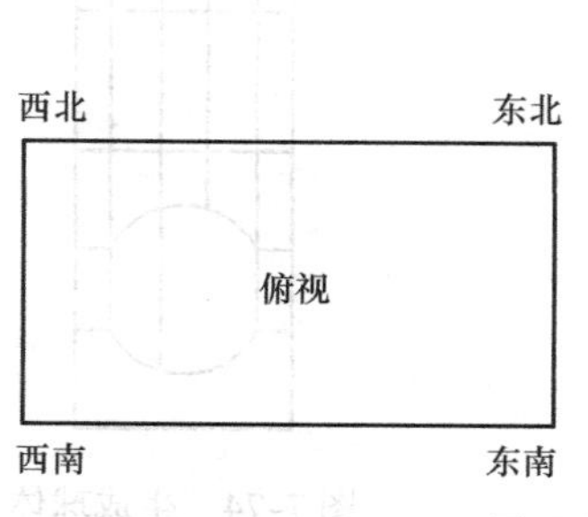

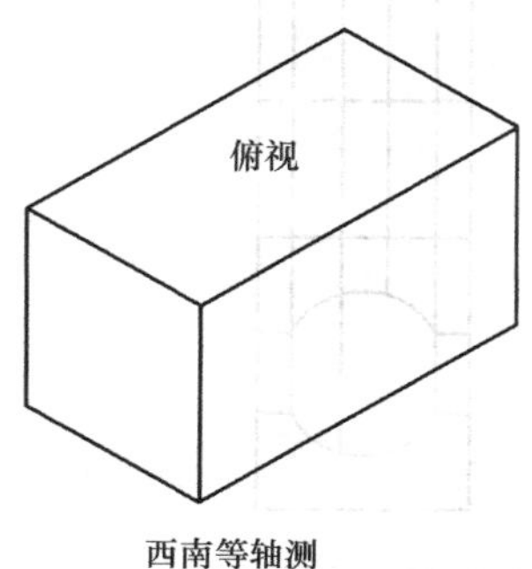

图 7-69　三维视图

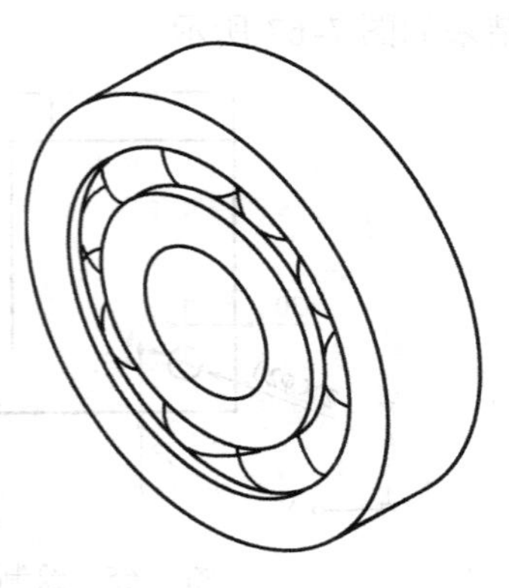

图 7-70　滚动轴承

【例 7-2】绘制如图 7-70 所示滚动轴承。

操作步骤：

1）单击菜单“文件”→“新建”，以“acadiso. dwt”为样板创建一个新文件。

2）用“直线”、“圆”和各种修改命令绘制如图 7-71 所示二维图形。

3）修改编辑步骤 2）完成的图形得到如图 7-72 所示图形，下面直线为上面直线偏移 40mm 得到。

4）单击菜单“绘图”→“面域”，使上步中的两个封闭图形转换成两个面域。

5）单击菜单“绘图”→“建模”→“旋转”，选择两个面域为对象，下面的直线为旋转轴，旋转生成实体，如图 7-73 所示。

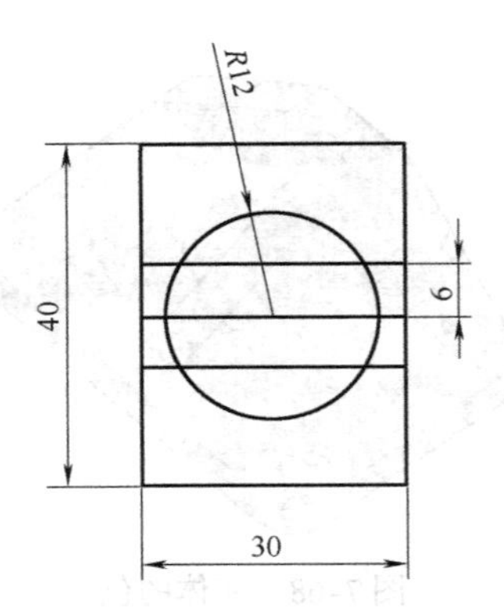

图 7-71　二维图形（1）

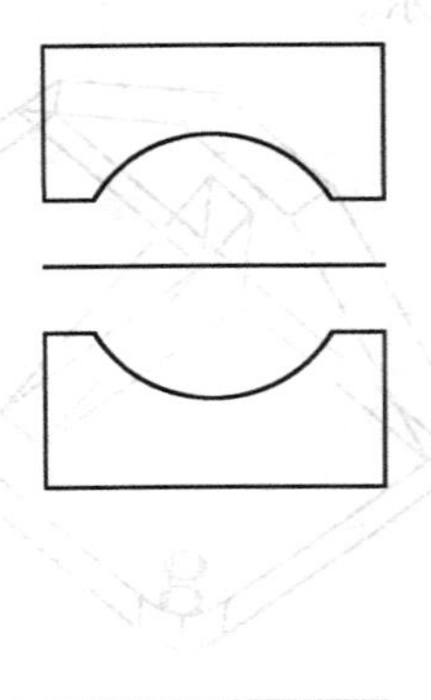

图 7-72　二维图形（2）

6）单击菜单“绘图”→“建模”→“球体”，在图 7-74 所示位置绘制半径为 12mm 的球体。

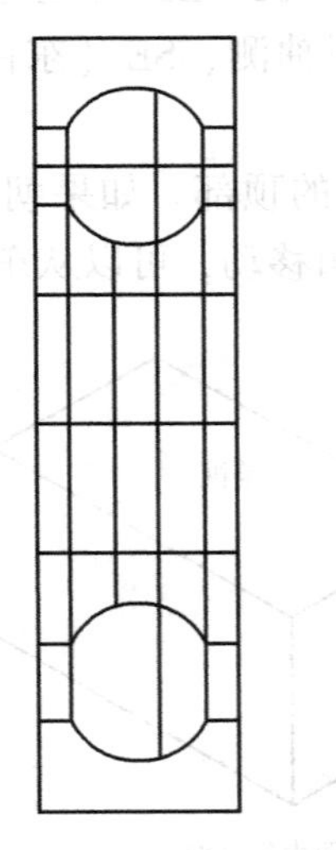

图 7-73　旋转实体

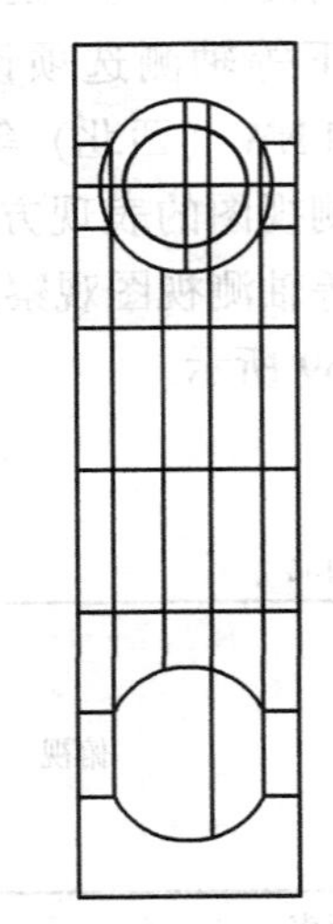

图 7-74　生成球体

7）单击菜单“视图”→“三维视图”→“左视”，转换视图，如图7-75所示。

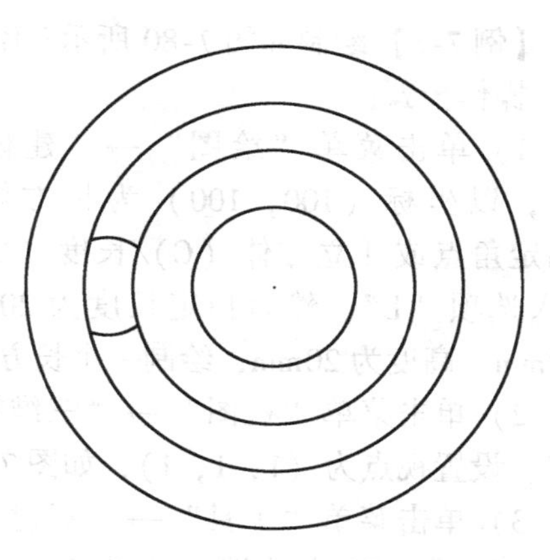

图7-75　实体左视图

8）单击菜单“修改”→“阵列”，打开“阵列”对话框，如图7-76所示。环形阵列球体的阵列个数为10，角度为360°，结果如图7-77所示。

9）单击菜单“视图”→“视觉样式”→“概念”，给生成的滚动轴承着色，如图7-78所示。

10）单击菜单“视图”→“动态观察”→“自由动态观察”，打开自由动态观察器，可以各个角度观察实体，如图7-79所示。

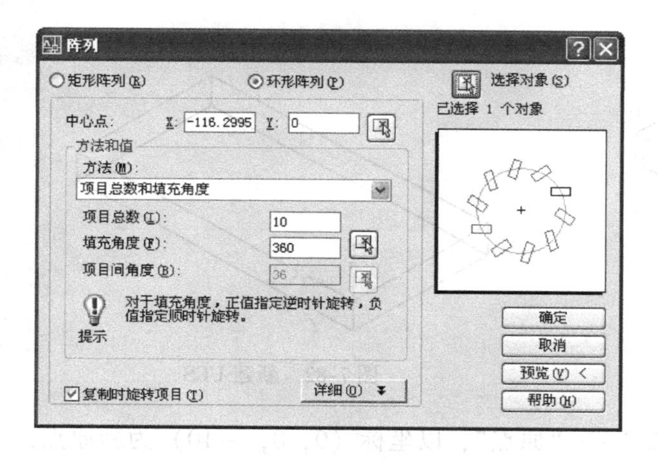

图7-76　“阵列”对话框

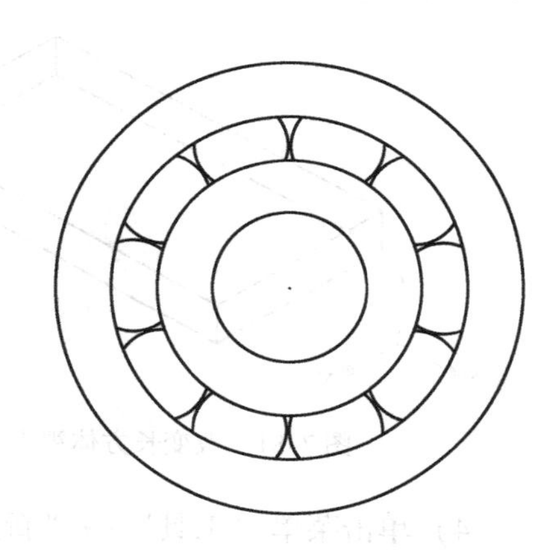

图7-77　阵列实体

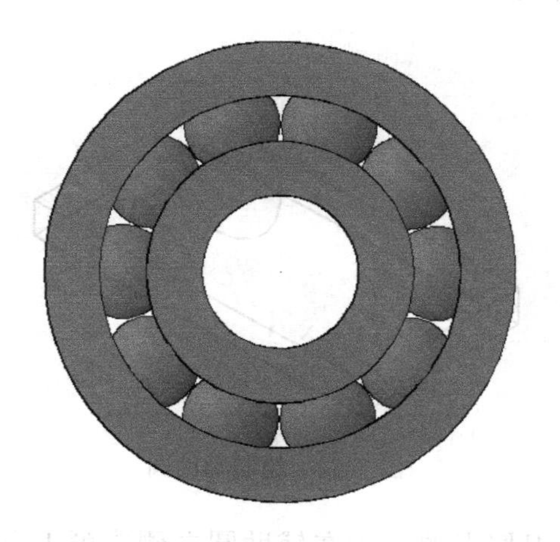

图7-78　实体着色

图7-79　动态观察实体

【例 7-3】 绘制如图 7-80 所示三维实体。

操作步骤：

1）单击菜单“绘图”→“建模”→“长方体”，以坐标（100，100）为长方体的角点，在“指定角点或［立方体（C）/长度（L）］：”提示下输入选项“L”，然后指定长度为 200mm，宽度为 100mm，高度为 20mm，绘制一个长方体。

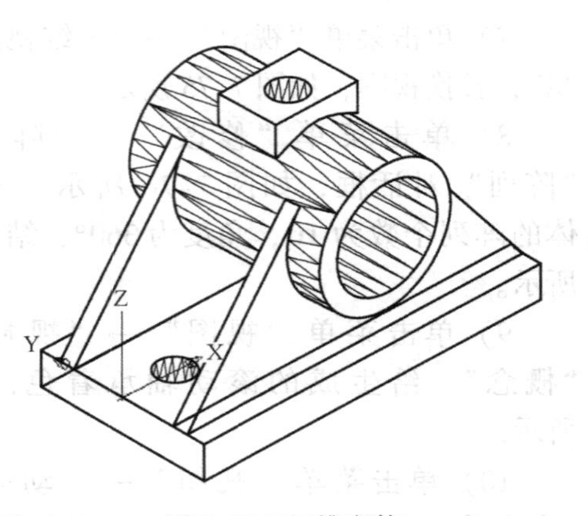

图 7-80　三维实体

2）单击菜单“视图”→“三维视图”→“视点”，设置视点为（1，1，1），如图 7-81 所示。

3）单击菜单“工具”→“新建 UCS”→“三点”，以图 7-81 中的端点 A 为新原点，以 B 点为正 X 轴范围上的指定点，在 UCS 的 XY 平面的正 Y 轴范围上指定点为（@0，0，10），如图 7-82 所示。

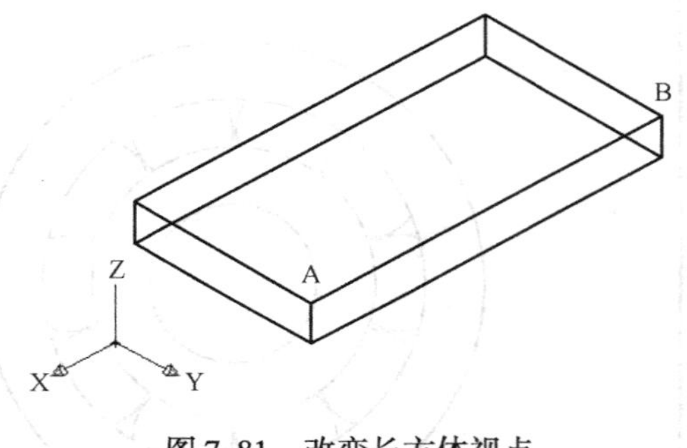

图 7-81　改变长方体视点

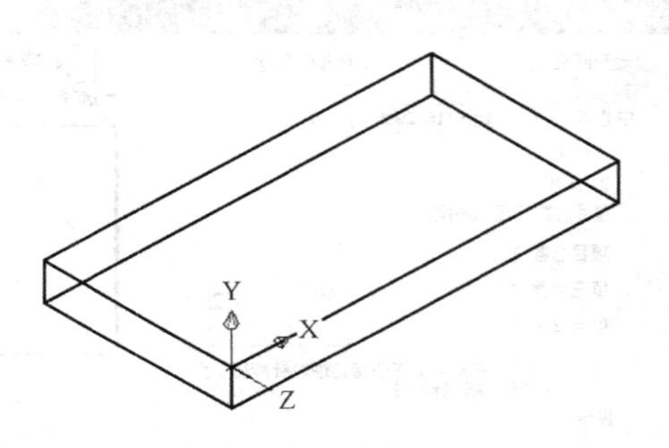

图 7-82　新建 UCS

4）单击菜单“工具”→“新建 UCS”→“原点”，以坐标（0，0，－10）为新原点，如图 7-83 所示。

5）单击菜单“绘图”→“圆”→“圆心、半径”，绘制圆心坐标为（100，70，0），半径为 40mm 的辅助圆，如图 7-84 所示。

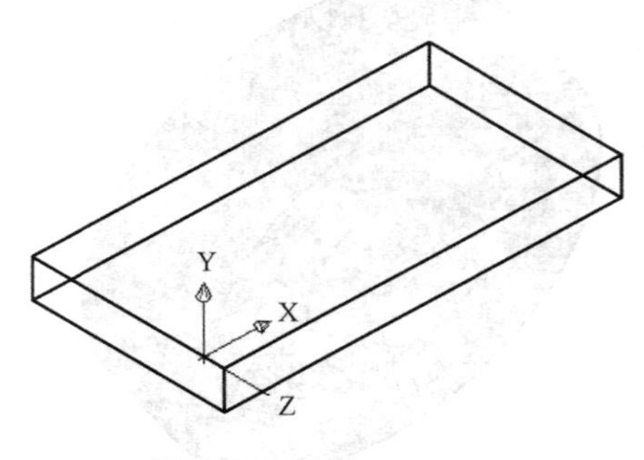

图 7-83　移动 UCS（1）

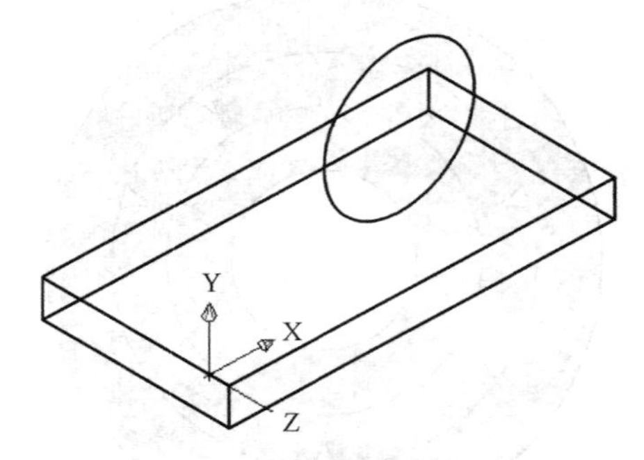

图 7-84　绘制辅助圆

6）单击菜单“绘图”→“直线”，使用捕捉切点的方式在辅助圆左侧取第 1 点，第二点为（0，0），第 3 点为（200，0），利用捕捉切点方式在辅助圆右侧拾取第 4 点，如图 7-85 所示。

7）利用修剪命令去掉多余的线条，如图7-86所示。

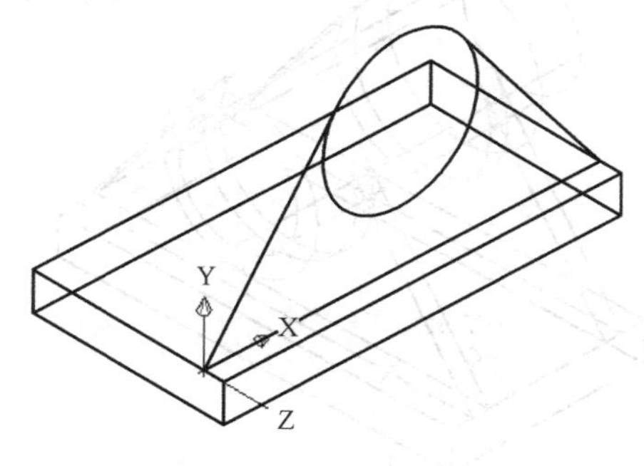

图7-85 绘制直线

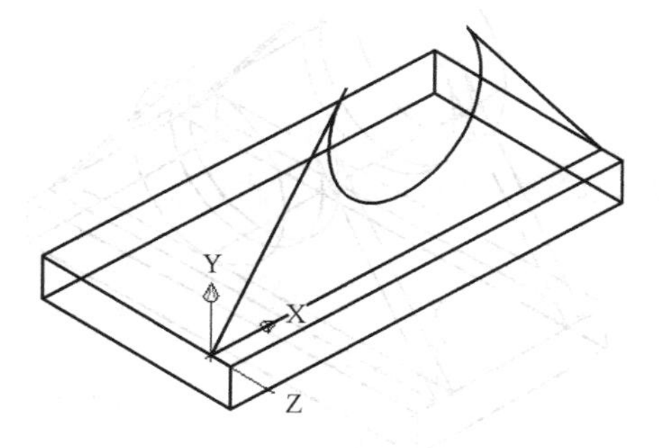

图7-86 修剪线条

8）单击菜单“修改”→“对象”→“多段线”，把三条直线和圆弧转变为一个多段线对象。

9）单击菜单“绘图”→“建模”→“拉伸”，选择刚得到的多段线，将拉伸高度设为 -10mm，拉伸的倾斜角度设为0，拉伸结果如图7-87所示。

10）单击菜单“修改”→“三维操作”→“三维镜像”，选择步骤9）拉伸的实体，在“指定镜像平面的第一个点（三点）或［对象（O)/最近（L)/Z轴（Z)/视图（V)/XY平面（XY)/YZ平（YZ)/ZX平面（ZX)/三点（3)］<三点>:”提示信息下输入XY，指定XY平面上的点的坐标为（0，0，-40），效果如图7-88所示。

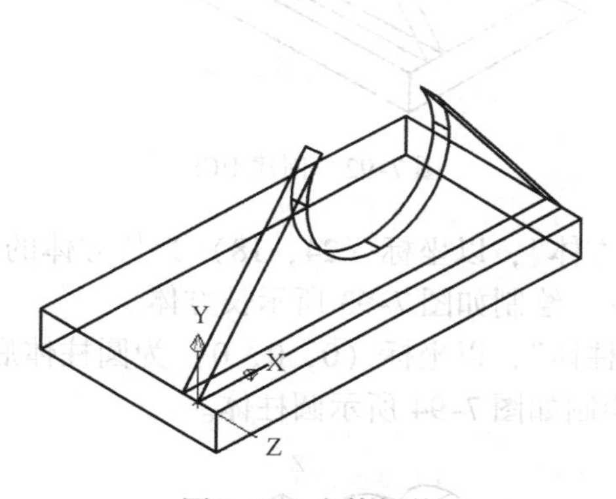

图7-87 实体拉伸

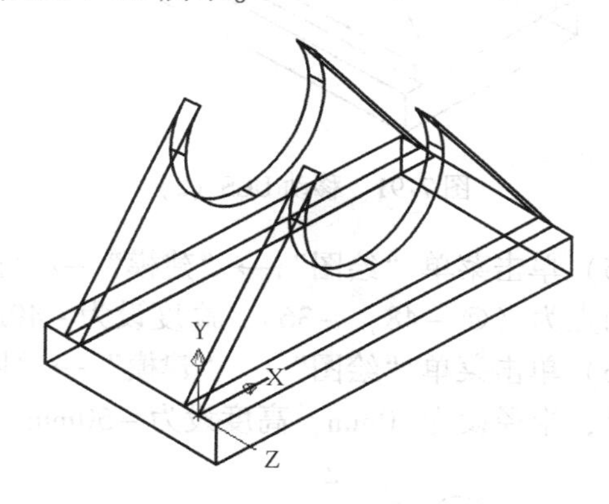

图7-88 三维镜像实体

11）单击菜单“绘图”→“建模”→“圆柱体”，以坐标（100，70，20）为圆柱体底面的中心点，绘制一个半径为40mm，高度为-120mm的圆柱体，结果如图7-89所示。

12）单击菜单“绘图”→“建模”→“圆柱体”，还是以坐标（100，70，20）为圆柱体底面的中心点，再绘制一个半径为30mm，高度为-150mm的圆柱体，如图7-90所示。

13）单击菜单“工具”→“新建UCS”→“原点”，以坐标（100，120，-40）为新原点，如图7-91所示。

14）单击菜单“工具”→“新建UCS”→“X”，将绕X轴的旋转角度设为-90°，如图7-92所示。

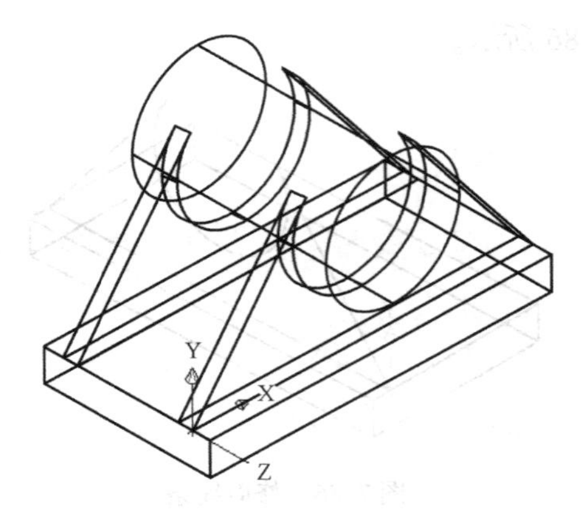

图 7-89　绘制圆柱体

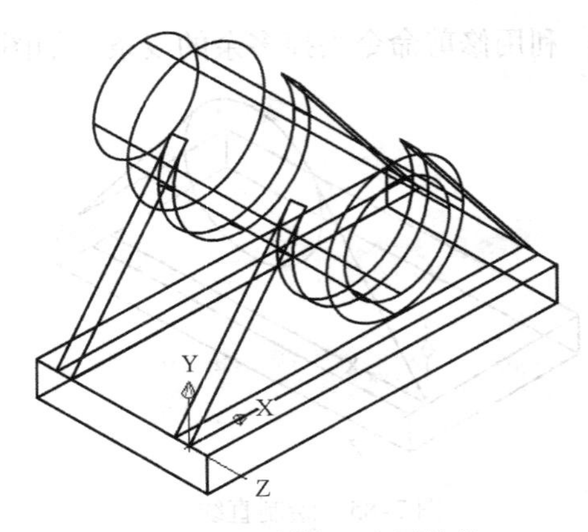

图 7-90　绘制第二个圆柱体

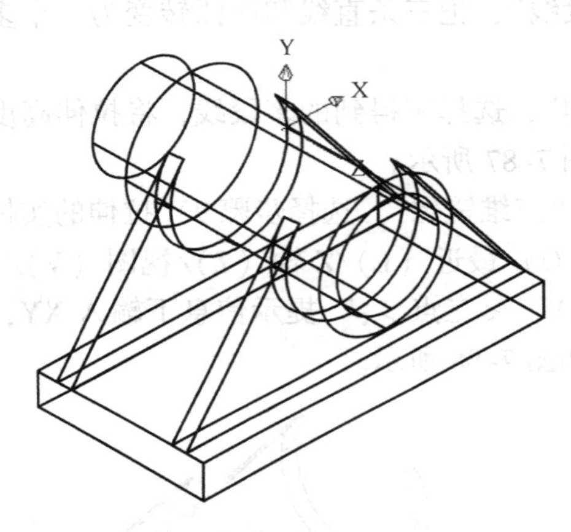

图 7-91　移动 UCS（2）

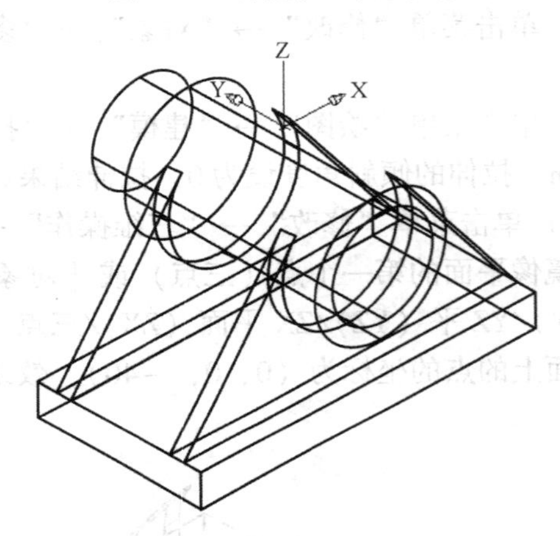

图 7-92　创建 UCS

15）单击菜单“绘图”→“建模”→“长方体”，以坐标（24，18）为长方体的角点，指定角点为（@ -48，-36），高度设为 -40mm，绘制如图 7-93 所示长方体。

16）单击菜单“绘图”→“建模”→“圆柱体”，以坐标（0，0，0）为圆柱体底面的中心点，半径设为 10mm，高度设为 -50mm，绘制如图 7-94 所示圆柱体。

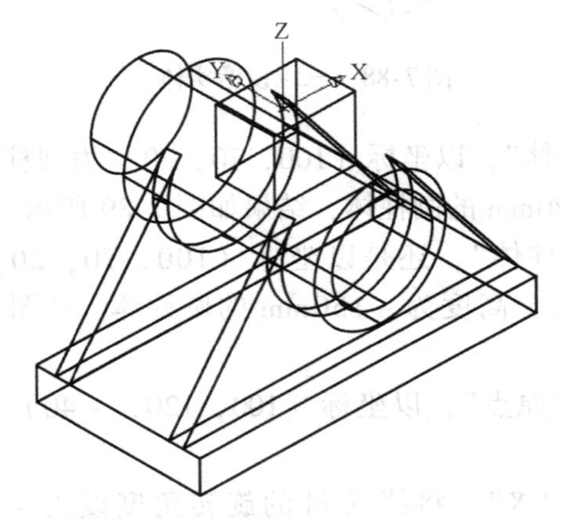

图 7-93　创建长方体

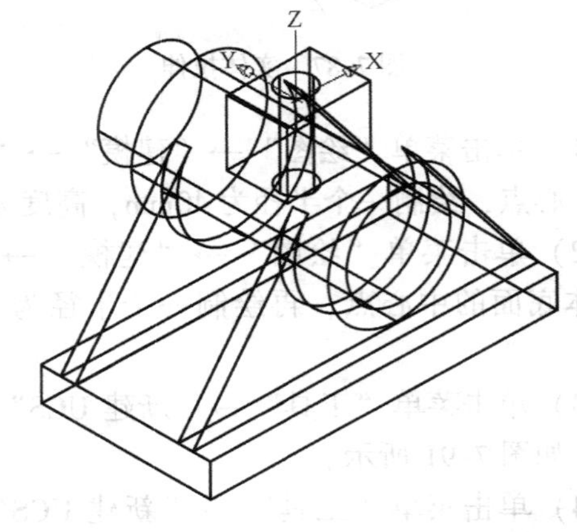

图 7-94　创建圆柱体（1）

17）单击菜单“修改”→“实体编辑”→“并集”，将直径为80mm的圆柱体和刚创建的长方体进行并集处理，如图7-95所示。

18）单击菜单“修改”→“实体编辑”→“差集”，选择在上步得到的并集对象为要从中减去的实体，选择半径为30mm的圆柱体和半径为10mm的圆柱体为要减去的实体，结果如图7-96所示。

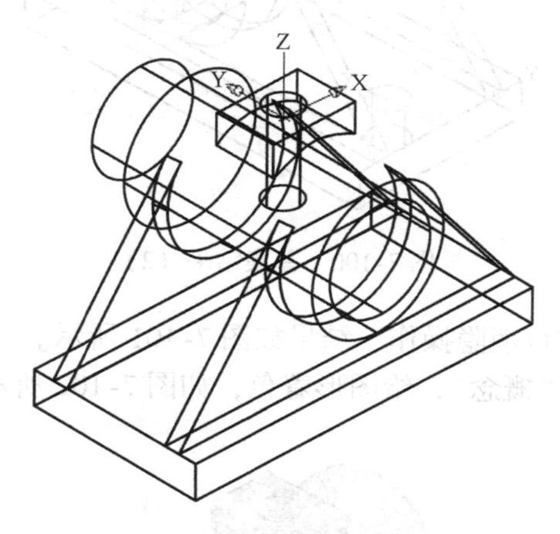

图7-95 并集结果

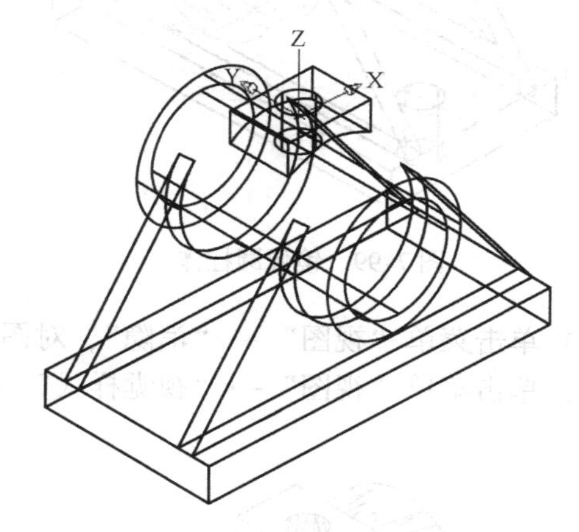

图7-96 差集结果（1）

19）单击菜单“修改”→“实体编辑”→“并集”，选择图7-96中的所有实体并对其执行并集操作。

20）单击菜单“工具”→“新建UCS”→“原点”，以坐标（-100，0，-120）为新原点坐标，结果如图7-97所示。

21）单击菜单“绘图”→“建模”→“圆柱体”，以坐标（30，0，0）为圆柱体底面的中心点，半径设为10mm，高度设为-30mm，绘制如图7-98所示圆柱体。

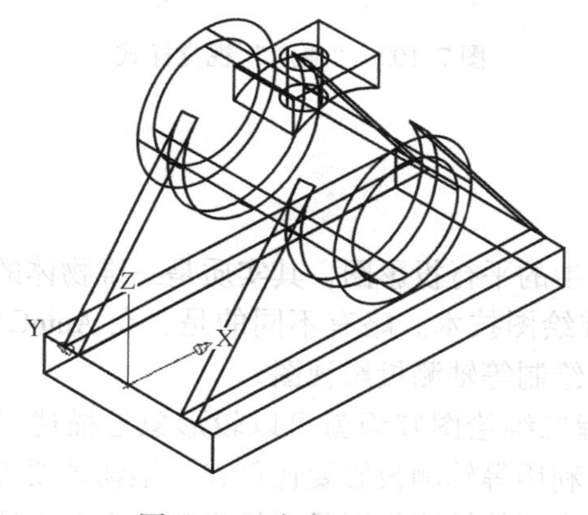

图7-97 移动UCS（3）

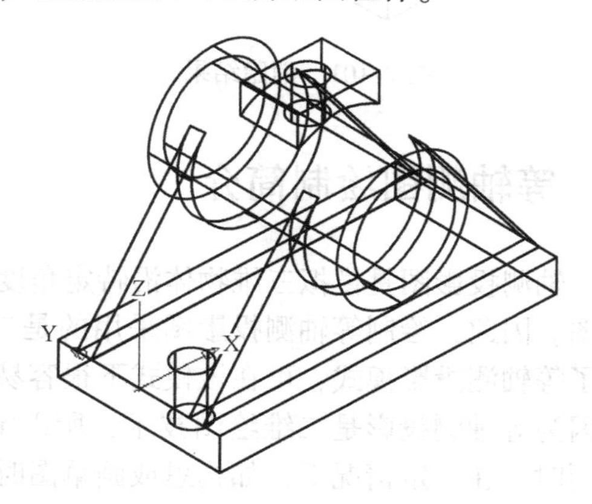

图7-98 创建圆柱体（2）

22）菜单“修改”→“镜像”，选择上步创建的圆柱体，以坐标（100，0）为镜像线的第1点，以坐标（100，10）为镜像线的第2点，结果如图7-99所示。

23）单击菜单“修改”→“实体编辑”→“差集”，选择步骤19）中的实体为要从中减去的实体，选择步骤22）中的两个圆柱体为要减去的实体，结果如图7-100所示。

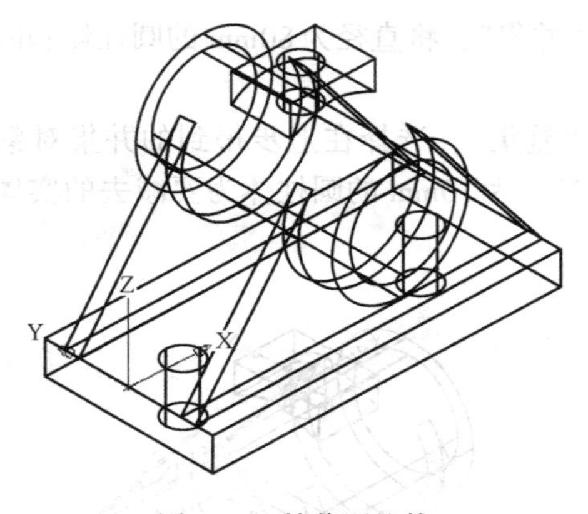

图 7-99 镜像圆柱体

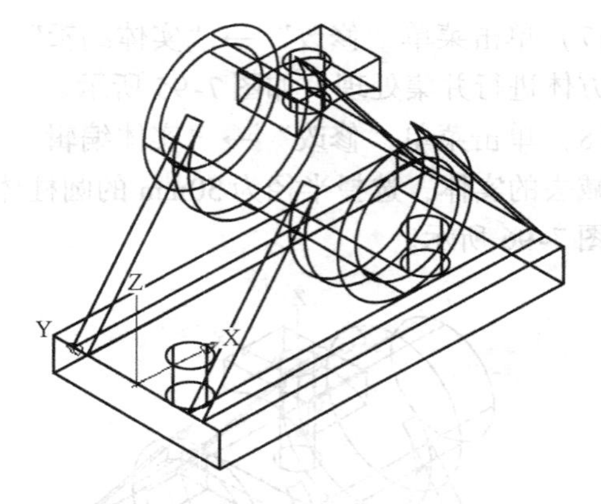

图 7-100 差集结果（2）

24）单击菜单“视图”→“消隐”，对图进行消隐操作，结果如图 7-101 所示。

25）单击菜单“视图”→“视觉样式”→“概念”，给图形着色，如图 7-102 所示。

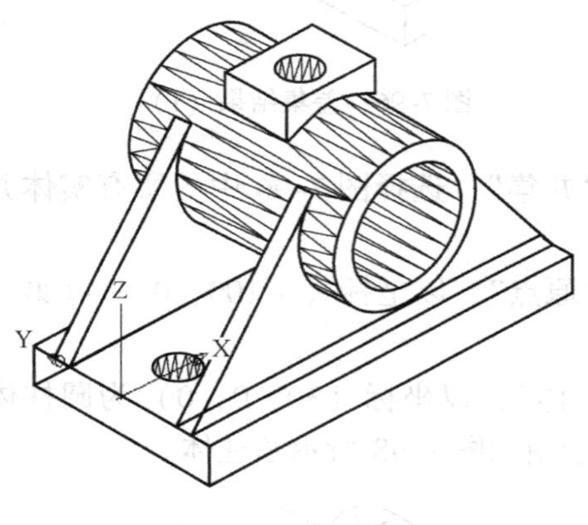

图 7-101 消隐结果

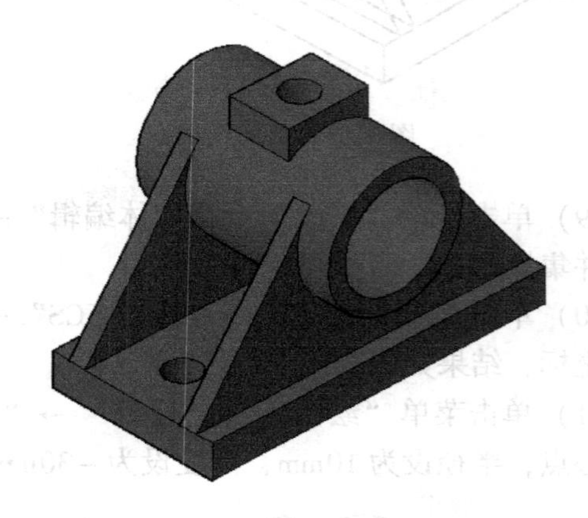

图 7-102 “概念”视觉样式

7.3 等轴测图绘制简介

等轴测投影图是模拟三维物体沿特定角度产生的平行投影图，其实质是三维物体的二维投影图。因此，绘制等轴测投影图采用的是二维绘图技术。略有不同的是，在 AutoCAD 中提供了等轴测投影模式，可在该模式下很容易地绘制等轴测投影视图。

因为等轴测投影是二维绘图技术，所以掌握二维绘图知识就可以较形象地描述三维物体。同时，在一定情况下，如构思或画草图时，利用等轴测投影要比创建三维物体要方便快捷。但是，等轴测投影也有其显而易见的缺点：由于等轴测投影是二维模型，因此无法利用它生成其他三维视图或透视图；在等轴测投影图中只有在 X、Y、Z 轴方向上的测量才是准确的，在其他任何方向上都会因为该模型的构造技术原因而产生扭曲。

7.3.1 使用等轴测投影模式

在绘制二维等轴测投影图之前，首先要在 AutoCAD 中打开并设置等轴测投影模式。

选择菜单“工具”→“草图设置”，系统弹出“草图设置”对话框，如图7-103所示。

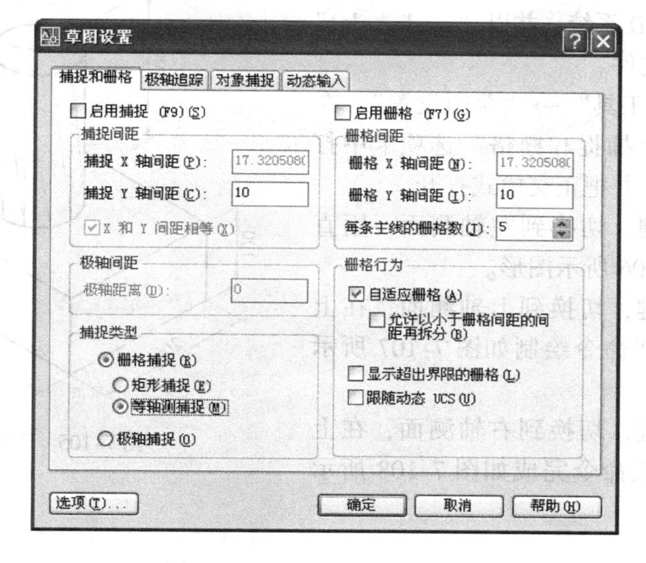

图7-103 “草图设置”对话框

在该对话框的“捕捉和栅格”选项卡中，选择“捕捉类型”栏中的“等轴测捕捉”项，则进入等轴测投影模式。

在等轴测模式下，有三个等轴测面。如果用一个正方体来表示一个三维坐标系，那么，在等轴测图中，这个正方体只有三个面可见，这三个面就是等轴测面，如图7-104所示。这三个面的平面坐标系是各不相同的，因此，在绘制二维等轴测投影图时，首先要在左、上、右三个等轴测面中选择一个设置为当前的等轴测面。

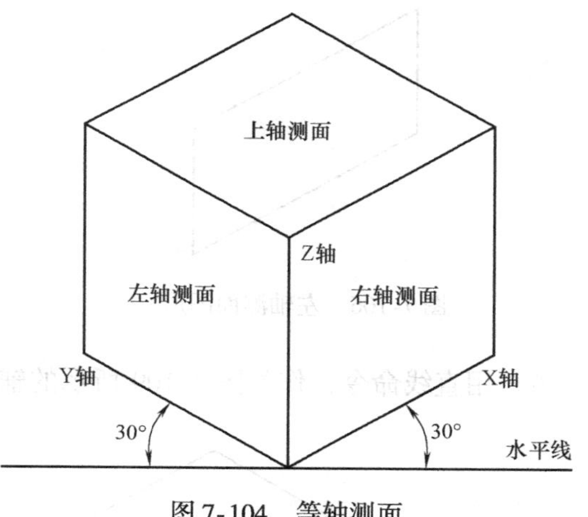

图7-104 等轴测面

用户可在命令提示行中直接调用“ISOPLANE”命令来指定当前等轴测平面，调用该命令后系统提示如下：

```
输入等轴测平面设置 [左 (L)/上 (T)/右 (R)] <上>:
```

用户可分别选择“左 (L)”、“上 (T)”和“右 (R)”等项来激活相应的等轴测面。在激活某个等轴测面后，也可使用快捷键“Ctrl + E”或“F5”在三个等轴测面间相互切换。

7.3.2 在等轴测面中绘制简单图形

【例7-4】 绘制如图7-105所示三维模型的等轴测图。

操作步骤：

1）启动 AutoCAD 系统，并以“acadiso. dwt”为样板创建新图形文件。

2）单击菜单“工具”→“草图设置”，在草图设置对话框的“捕捉和栅格”选项卡中打开等轴测捕捉模式，并把正交模式打开。

3）按“F5”键，切换到左轴测面，用直线命令绘制如图 7-106 所示图形。

4）按“F5”键，切换到上轴测面，在上一步的基础上用直线命令绘制如图 7-107 所示图形。

5）按“F5”键，切换到右轴测面，在上一步的基础上用直线命令完成如图 7-108 所示图形。

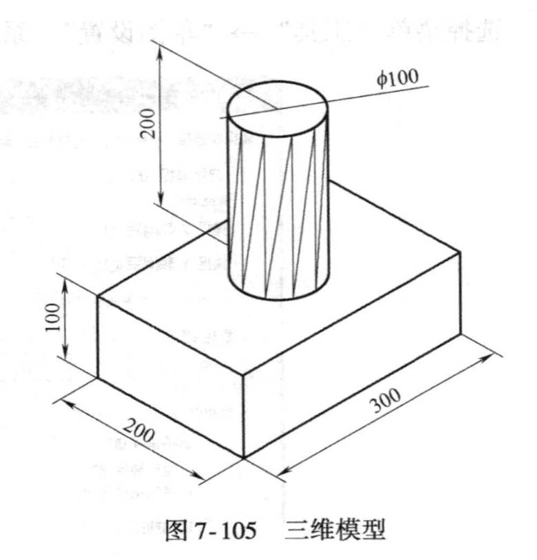

图 7-105　三维模型

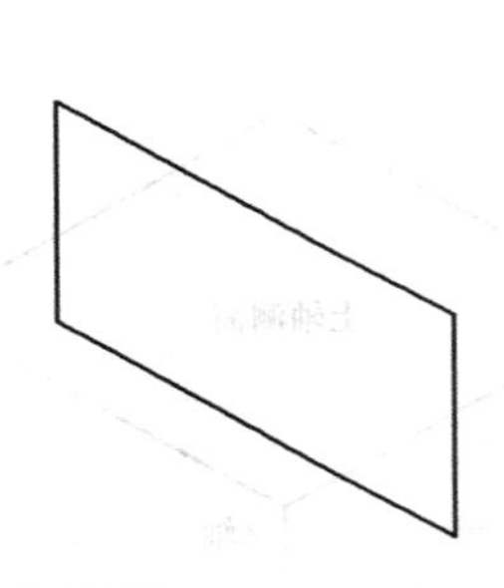

图 7-106　左轴测面图形

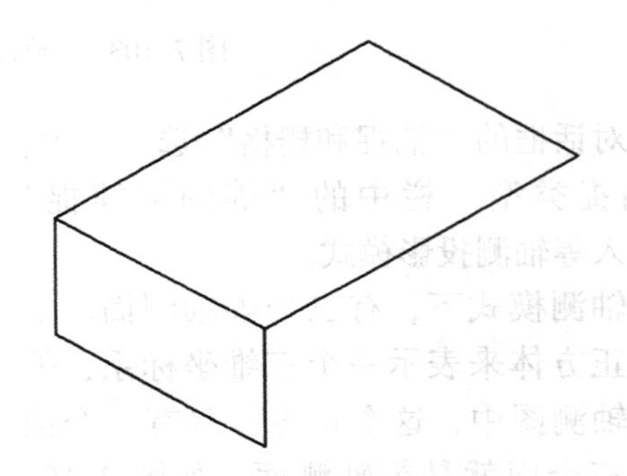

图 7-107　上轴测面图形

6）用直线命令，作如图 7-109 所示的辅助线。

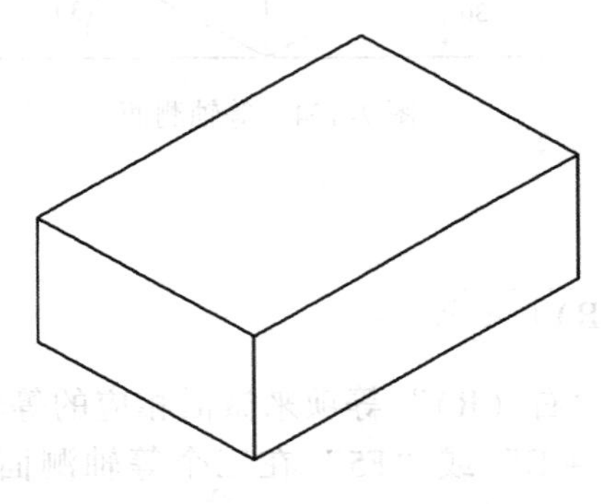

图 7-108　右轴测面图形

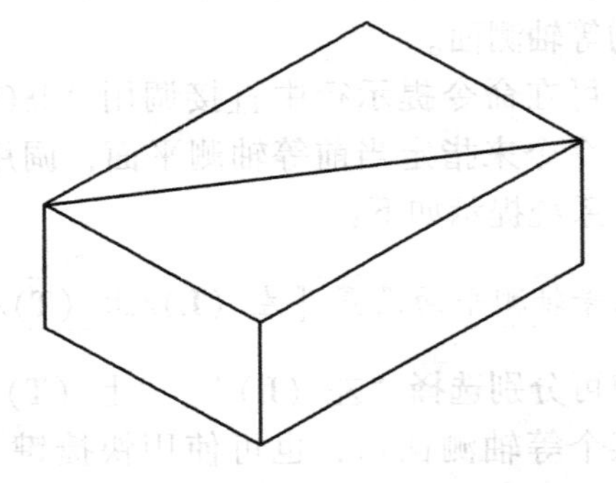

图 7-109　作辅助线

7）按“F5”键，切换到上轴测面。

8）单击菜单“绘图”→“椭圆”→“轴、端点”，激活命令后，在命令提示行将显示：

```
指定椭圆的轴端点或 [圆弧 (A)/中心 (C)/等轴测圆 (I)]：I↙
指定等轴测圆的圆心：(选择辅助线的中点)
指定等轴测圆的半径或 [直径 (D)]：50↙
```

操作结果如图7-110所示。

9）将该圆向Z轴正方向复制，距离为50mm，并使用象限点捕捉，将两个圆用直线连接，这样就完成了圆柱体的二维等轴测投影图，如图7-111所示。

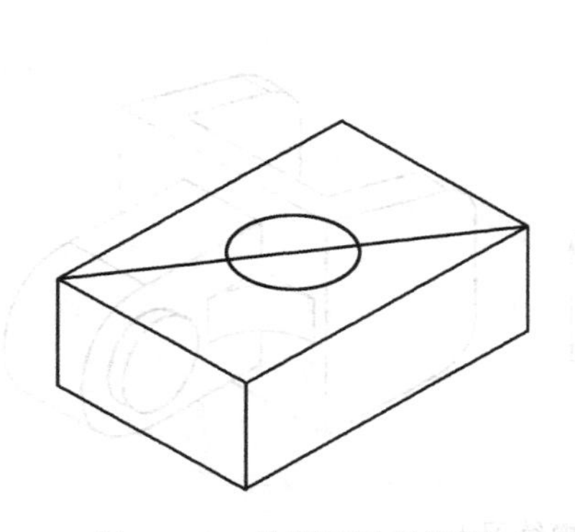

图7-110 绘制圆的轴测图

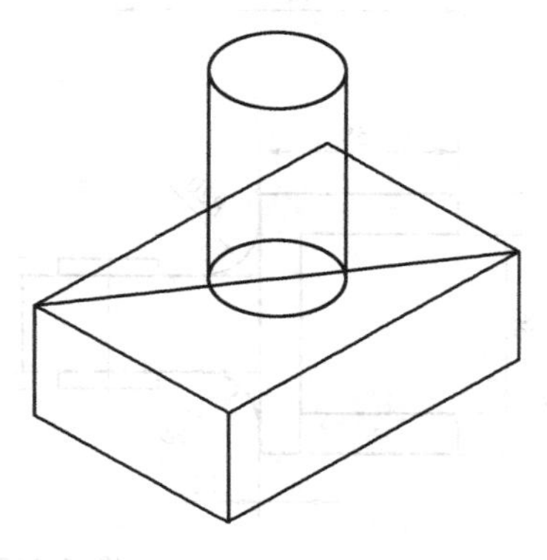

图7-111 绘制圆柱

10）为了更好地表现三维效果，把辅助线和物体背面的线去掉，此时便得到如图7-112所示的图形。

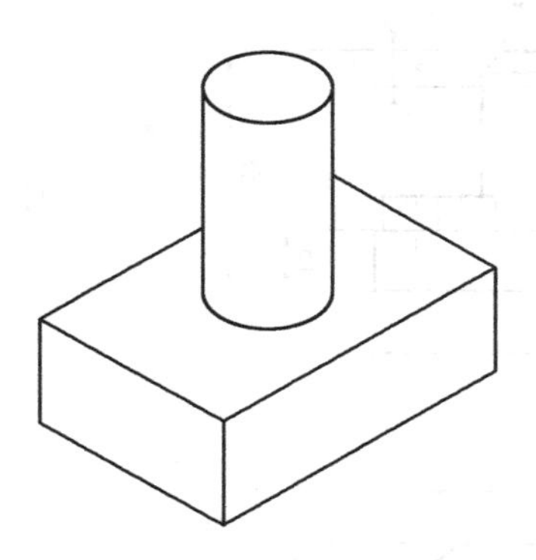

图7-112 去掉不可见线

练 习 题

一、思考题

1. 创建三维模型有哪几种方式，各有什么特点？
2. 在三维绘图中，工作平面是如何确定的？
3. 等轴测图与其他三维模型有什么区别？它的优点和缺点分别是什么？

二、操作练习

运用各种绘图与修改命令，建立如图7-113～图7-119所示零件的三维实体。

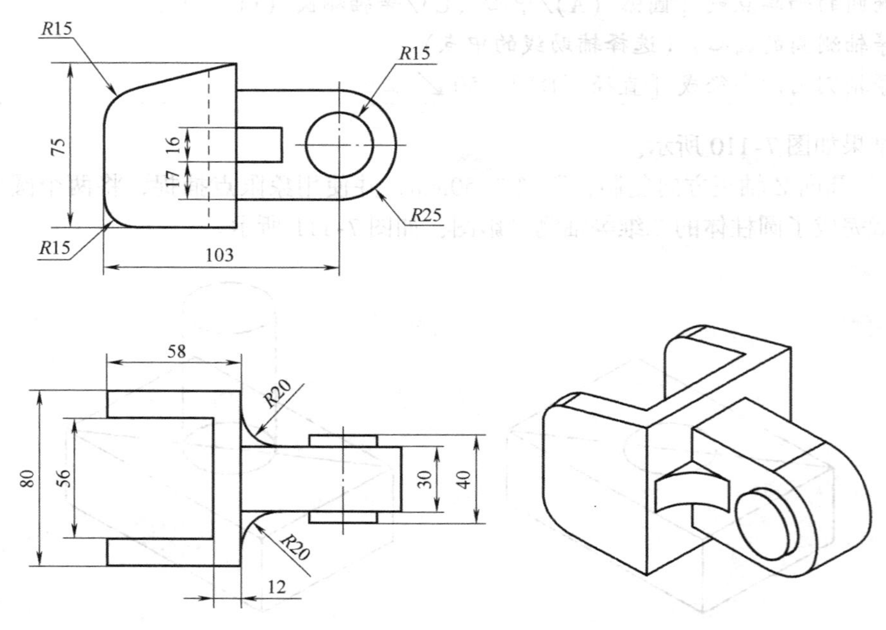

图 7-113　建模练习 1

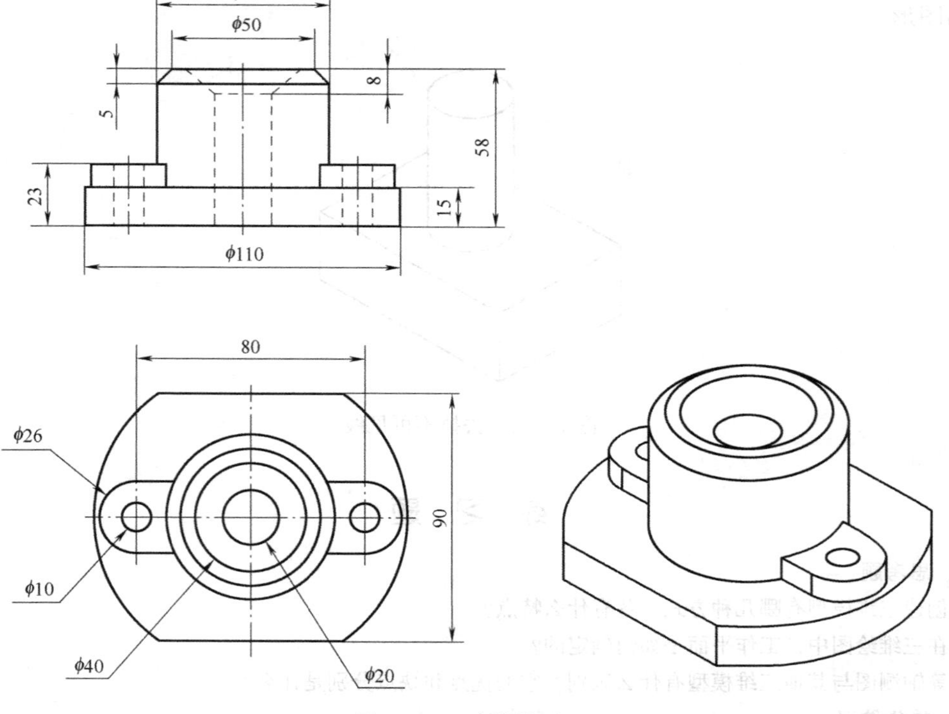

图 7-114　建模练习 2

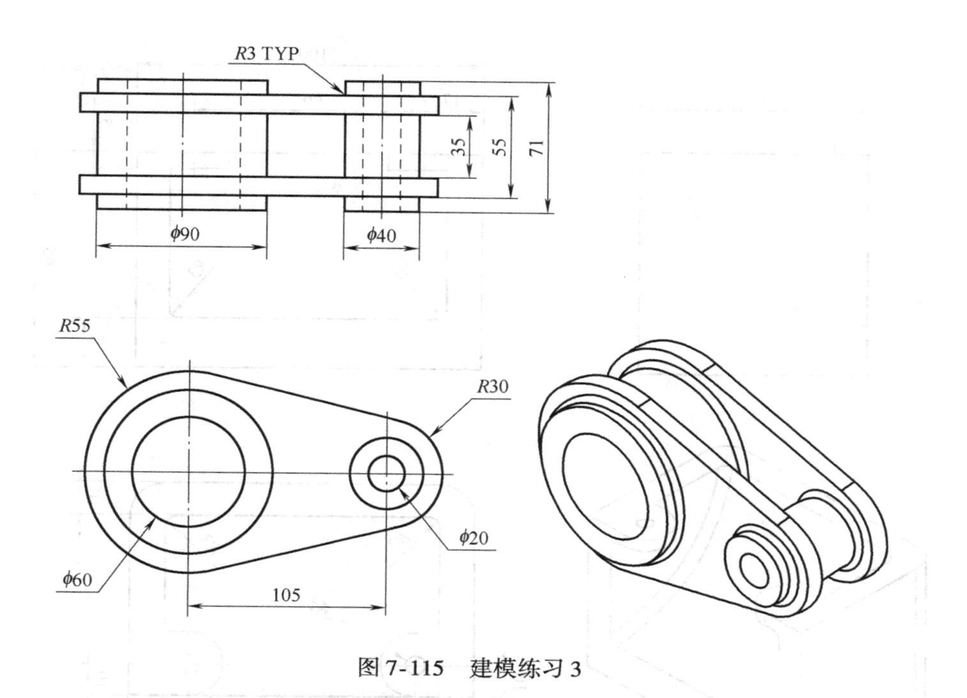

图7-115　建模练习3

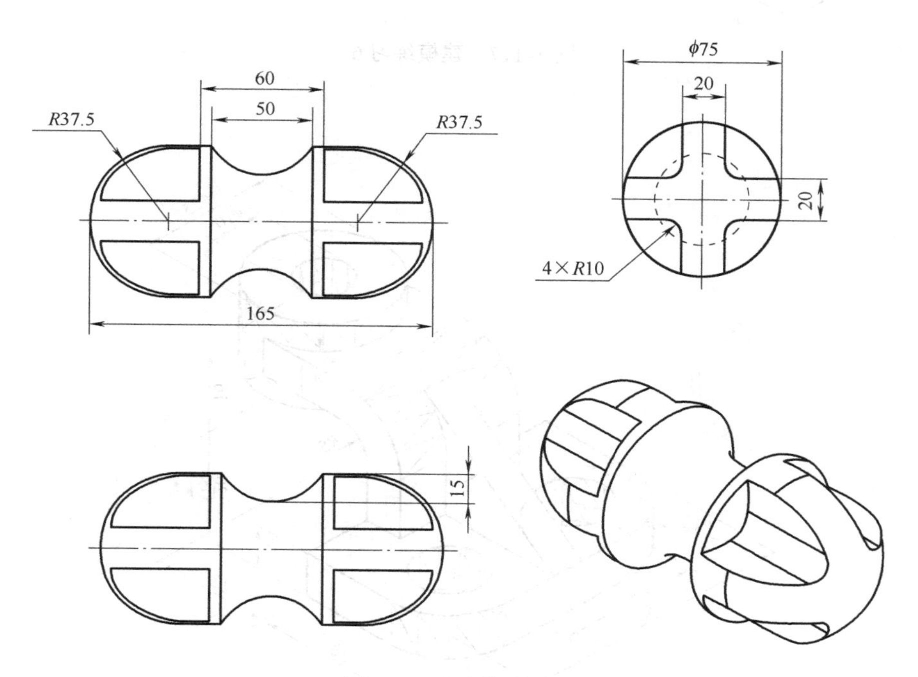

图7-116　建模练习5

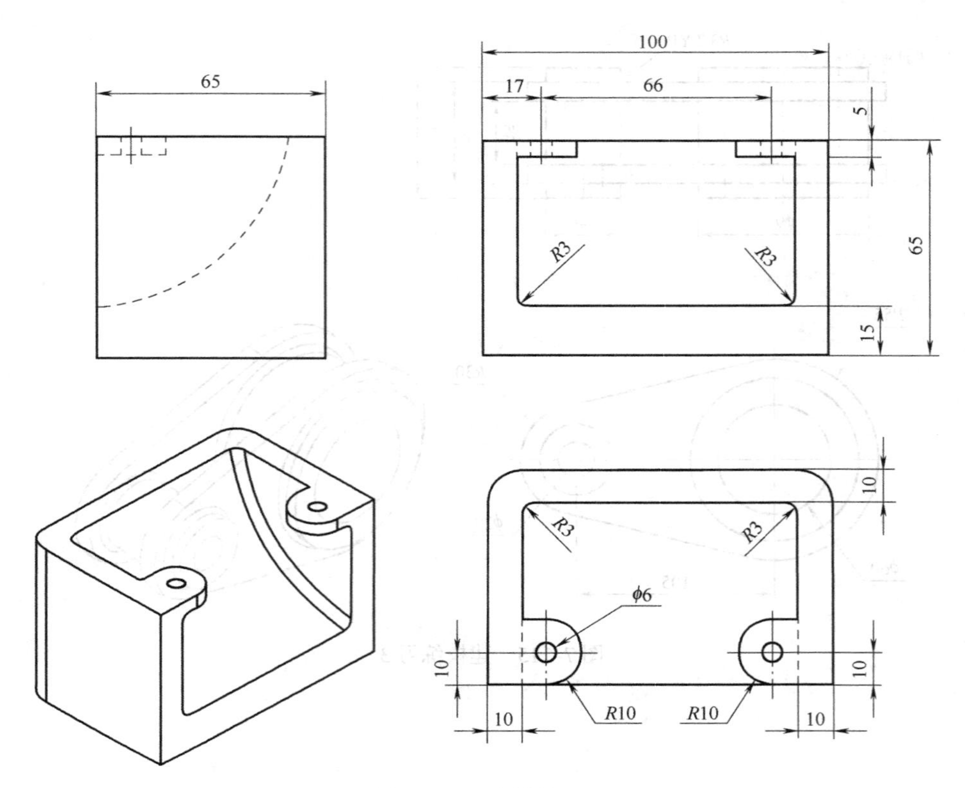

图 7-117　建模练习 6

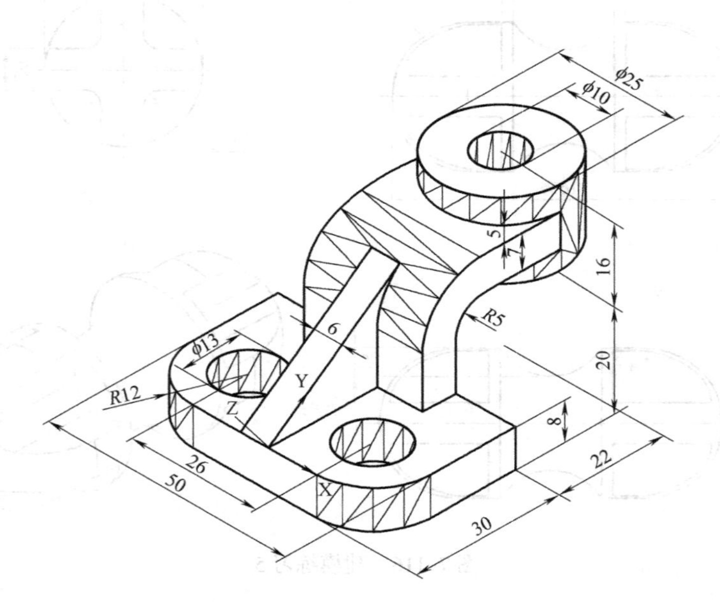

图 7-118　建模练习 7

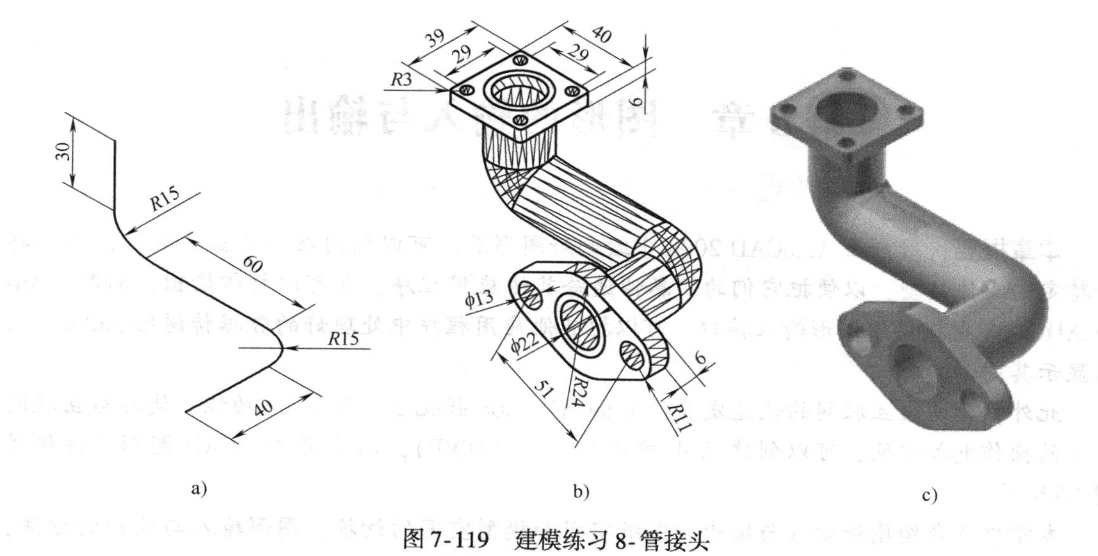

图7-119　建模练习8-管接头

第 8 章　图形的输入与输出

本章提要： 用户在 AutoCAD 2008 中绘制好图形后，可以利用数据输出功能把图形保存为特定的文件类型，以便把它们的信息传递给其他应用程序，也可以打印输出。同时，AutoCAD 2008 也提供了图形输入接口，可以把其他应用程序中处理好的数据传送给 AutoCAD，以显示其图形。

此外，为适应互联网的快速发展，AutoCAD 2008 强化了其 Internet 功能，使其与互联网相关的操作更加方便，可以创建 Web 格式的文件（DWF），以及将 AutoCAD 图形文件传送到 Web 页。

本章重点介绍图纸输入与输出时图纸空间和模型空间的切换，图形输入与输出的方法，合理打印出 AutoCAD 图纸的方法，如何创建 Web 格式的文件（DWF），以及将 AutoCAD 图形文件传送到 Web 页。

8.1　图纸空间与模型空间

在 AutoCAD 中绘图编辑和编辑图形时，系统提供了两个并行的工作环境，即在状态栏上的“模型空间”按钮 **模型** 和“布局空间”（图纸空间）按钮 布局1 。

在模型空间和图纸空间之间切换来执行某些任务具有多种优点，使用模型空间可以创建和编辑模型，使用图纸空间可以构造图纸和定义视图。在“模型”选项卡上，可以查看并编辑模型空间对象，十字光标在整个绘图区域都处于激活状态。Model（模型）空间用作草图和设计环境，创建二维图形或三维图形。Layout（布局）空间用作安排、注释和打印在模型空间中绘制的多个视图。本节对模型空间和布局空间做一个介绍。

8.1.1　模型空间

“模型”选项卡提供了一个无限的绘图区域，称为模型空间。在模型空间中，可以绘制、查看和编辑模型。模型空间是完成绘图和设计工作的工作空间。用户可以在模型空间中创建二维图形或三维模型，同时配有必要的尺寸标注和注释等来完成所需要的全部绘图工作。在模型空间中，十字光标在整个绘图区域都处于激活状态，用户可以创建多个不重叠的平铺视口，以展示图形的不同视图，根据用户需求，可以用多个二维或三维视图表示物体，如图 8-1 所示。

当在绘图过程中只涉及一个视图时，在模型空间即可完成图形的绘制、打印等操作。模型空间上创建的视口充满整个绘图区域并且相互之间不重叠，在一个视口中做出修改后，其他视口也会立即更新。

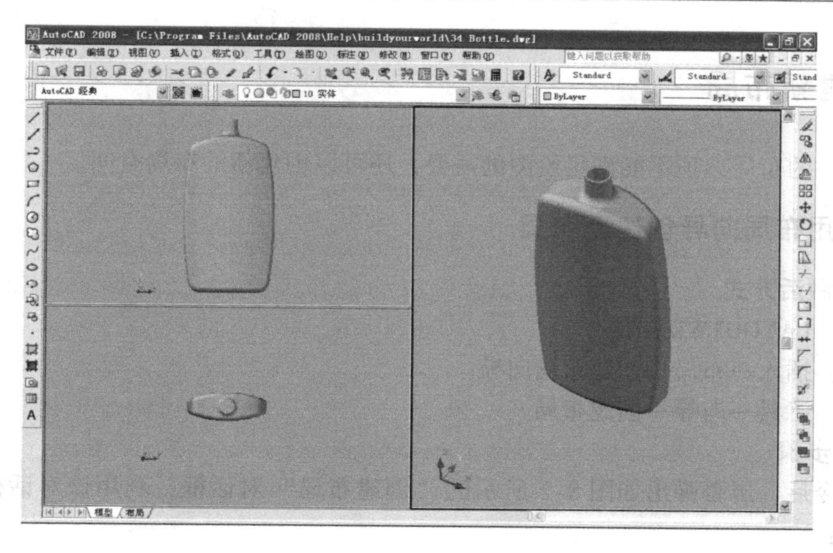

图 8-1　在模型空间显示 3 个视图

8.1.2　图纸空间

图纸空间（又称布局空间）可以认为是建立与工程图纸相对应的绘图空间，是由一张图纸构成的平面，用来创建最终供打印机或绘图仪输出图纸所用的平面图。在图纸空间中，视口被作为对象来看待，在图纸空间可以创建多个浮动视口以达到排列视图的目的，并且可以用 AutoCAD 的标准编辑命令对其进行编辑。这样就可以在同一绘图页进行不同视图的放置和绘制（在模型空间中，只能在当前活动的视口中绘制），每个视口展现模型不同部分的视图或不同视点的视图。每个视口中的视图可以独立编辑、画成不同比例、进行不同的标注和注释。用户可以通过移动或改变视口的尺寸，在图纸空间中排列视图。这样，在图纸空间中就可以更灵活更方便地编辑、安排及标注视图。

8.1.3　图纸空间和模型空间的切换

在设计绘图的过程中经常需要在模型空间与图纸空间之间切换，使用系统变量 TILEMODE 可以控制模型空间与图纸空间之间的切换。当系统变量 TILEMODE 设置为 1 时，将切换到“模型”标签，用户工作在模型空间；当系统变量 TILEMODE 设置为 0 时，将切换到“布局”标签，用户工作在图纸空间。

在打开“布局”标签后，可以按以下方式在图纸空间与模型空间之间进行切换。

1）通过状态栏上的“模型”按钮或“图纸”按钮来切换在“布局”标签中的模型空间和图纸空间。当通过此方法由图纸空间切换到模型空间时，最后活动的视口成为当前视口。

2）使用“MSPACE”命令从图纸空间切换到模型空间。

3）通过使一个视口成为当前视口工作在模型空间。要使一个视口成为当前视口，双击该视口即可。要使图纸空间成为当前状态，可双击浮动视口外布局内的任何地方。

8.2　创建新布局

如果默认的布局选项不能满足绘图的需要，还可以创建新的布局空间。

8.2.1　利用布局向导创建新布局

1. 命令激活方式

命令行：LAYOUTWIZARD

菜单栏：插入→布局→创建布局向导

工具→向导→创建布局

2. 操作步骤

激活命令后，屏幕弹出如图 8-2 所示的“创建布局”对话框，利用该对话框创建布局的步骤如下：

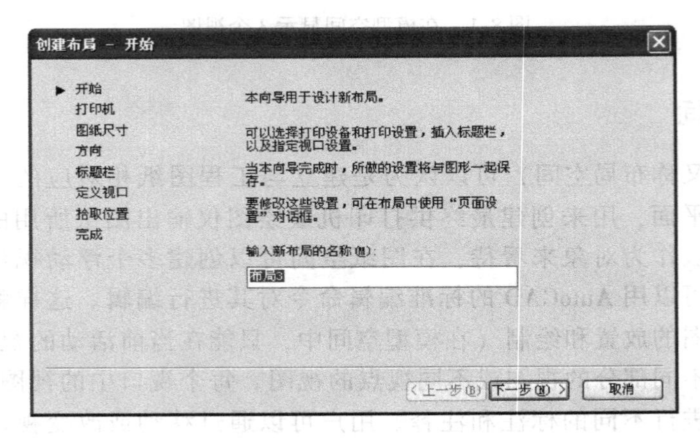

图 8-2　“创建布局”对话框

1）在“开始”对话框中，输入新布局的名称。

2）在“打印机”对话框中，选择新布局要使用的打印机。

3）在“图纸尺寸”对话框中，确定打印时使用的图纸尺寸、绘图单位。

4）在“方向”对话框中，确定打印方向为纵向还是横向。

5）在“标题栏”对话框中，选择要使用的标题栏。

6）在“定义视口”对话框中，设置布局中浮动视口的个数和视口比例。

7）在“拾取位置”对话框中，单击“选择位置”按钮，切换到绘图窗口，指定视口的大小和位置。

8）在“完成”对话框中，单击“完成”按钮，完成新布局的创建。

8.2.2　直接创建新布局

1. 命令激活方式

命令行：LAYOUT（或 LO）

菜单栏：插入→布局→新建布局

工具栏：布局→“新建布局”按钮

还可以右键单击绘图窗口下的模型或布局选项卡，弹出快捷菜单，选择“新建布局”命令。

2. 操作步骤

激活命令后，在命令提示行将显示：

输入布局选项［复制（C）/删除（D）/新建（N）/样板（T）/重命名（R）/另存为（SA）/设置（S）/?］<设置>：N

输入新布局名 <布局 3>：（输入新布局名）

这样便设置了一个名为“布局 3”新的布局。

命令行各选项功能如下：

1）复制（C）：复制布局。

2）删除（D）：删除布局。

3）新建（N）：创建一个新的布局选项卡。

4）样板（T）：基于样板（DWT）或图形文件（DWG）中现有的布局创建新样板。

5）重命名（R）：给布局重新命名。

6）另存为（SA）：保存布局。

7）设置（S）：设置当前布局。

8）?：列出图形中定义的所有布局。

右键单击绘图窗口下的模型或布局选项卡，弹出如图 8-3 所示快捷菜单，也可以删除、新建、重命名、移动或者复制布局。

如果在快捷菜单中选择“隐藏布局和模型选项卡”命令后，在状态栏里将显示模型按钮和布局按钮，单击该按钮组也可以在模型空间和布局空间切换操作。

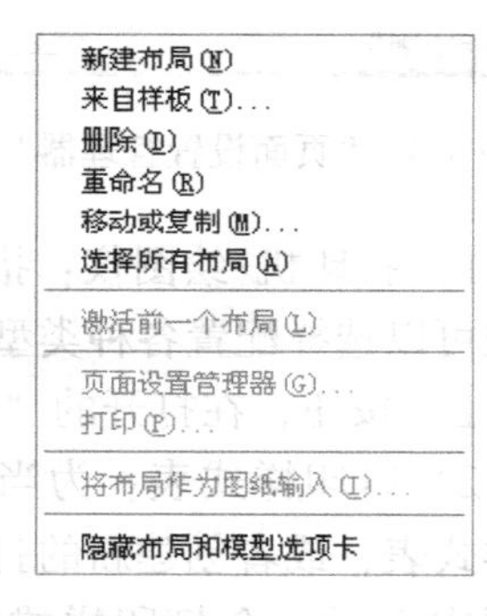

图 8-3　快捷菜单创建布局

8.3　打印输出

创建完图形之后，在打印输出图形之前，先需要进行页面设置确定输出图形的输出属性，再预览输出结果，最后在图纸空间或布局空间中打印图形，通常要打印到图纸上。打印的图形可以为包含图形的单一视图，或者更为复杂的视图排列。

8.3.1　布局的页面设置

设置完模型空间或布局空间后，用户即可以选择“文件”→“打印”命令在工作空间中直接打印图形。

在进行打印之前，用户还需要进行一些图纸布局方面的设置，也就是布局的页面设置，页面设置可以对打印设备和打印布局进行详细的设置。

1. 命令激活方式

命令行：PAGESETUP

菜单栏：文件→页面设置管理器

2. 操作步骤

激活命令后，屏幕弹出如图 8-4 所示的“页面设置管理器”对话框。

单击“页面设置管理器”对话框中的“修改”按钮，打开如图 8-5 所示的“页面设置”对话框。其主要选项的功能如下：

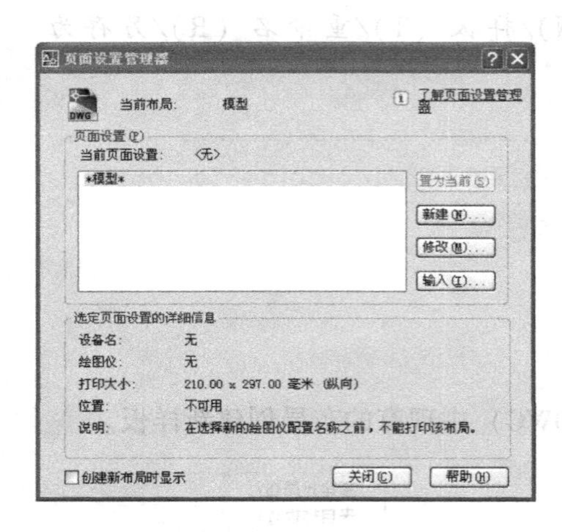

图 8-4　“页面设置管理器”对话框

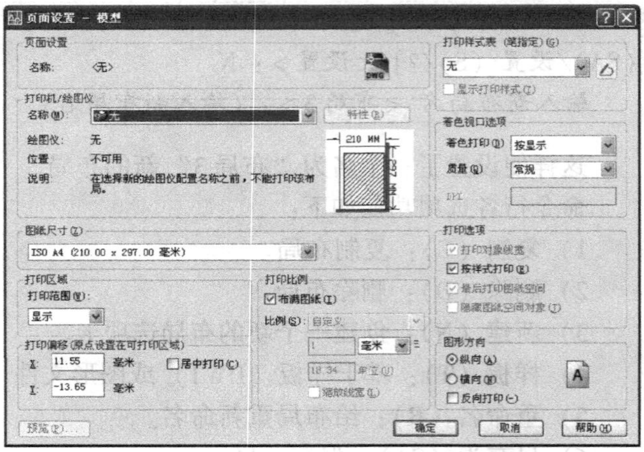

图 8-5　“页面设置”对话框

1）打印机/绘图仪：指定要使用的打印机的名称、位置和说明。单击“名称”下拉列表框可以选择配置各种类型的打印设备。如果要查看或修改打印设备的配置信息，可以单击“特性”按钮，在打开的“绘图仪配置编辑器”对话框中进行设置。

2）打印样式表：为当前的布局设置、编辑打印样式表，或者创建新的打印样式表。当在下拉列表框中选择一个打印样式后，单击“编辑”按钮，可以使用打开的如图 8-6 所示的“打印样式表编辑器”对话框，查看或修改打印样式。

图 8-6　“打印样式表编辑器”对话框

当在下拉列表框中选择“新建”选项时，将打开“添加颜色相关打印样式表”向导，用于创建新的打印样式表。另外，在“打印样式表”选项中，“显示打印样式”复选框用于确定是否在布局中显示打印样式。

3）图纸尺寸：指定图纸的尺寸大小。

4）打印区域：设置布局的打印区域。在“打印范围”下拉列表框中可以选择要打印的区域，包括布局、视图、显示和窗口。默认设置为布局，表示针对“布局”选项卡，打印图纸尺寸边界内的所有图形，或表示针对“模型”选项卡，打印绘图区中所有显示的几何图形。

5）打印偏移：显示、指定打印区域偏离图纸左下角的偏移值。在布局中，可打印区域的左下角点，由图纸的左下边距决定，用户可以在“X”和“Y”文本框中输入偏移量。如果选中“居中打印”复选框，则AutoCAD可以自动计算相应的偏移值，以便居中打印。

6）打印比例：用来设置打印时的比例。在“比例”下拉列表框中可以选择标准缩放比例，或者输入自定义值。布局空间的默认比例为1:1。模型空间的默认比例为“按图纸空间缩放”。如果要按打印比例缩放线宽，可选中“缩放线宽”复选框。布局空间的打印比例一般为1:1，如果要缩小为原尺寸的一半，则打印比例为1:2，线宽也随比例缩放。

7）着色视口选项：指定着色和渲染视口的打印方式，并确定它们的分辨率大小和DPI值。其中，在“着色打印”下拉列表框中，可以指定视图的打印方式。在“质量”下拉列表框中，可以指定着色和渲染视口的打印分辨率。在DPI文本框中，可以指定着色和渲染视图每英寸的点数，最大可为当前打印设备分辨率的最大值，该选项只有在“质量”下拉列表框中选择“自定义”选项后才可用。

8）打印选项：设置打印选项，如打印线宽、显示打印样式和打印几何图形的次序等。如果选中“打印对象线宽”复选框，可以打印对象和图层的线宽；选中“按样式打印”复选框，可以打印应用于对象和图层的打印样式；选中“最后打印图纸空间”复选框，可以先打印模型空间几何图形，通常先打印图纸空间几何图形，然后再打印模型空间几何图形；选中“隐藏图纸空间对象”复选框，可以指定“消隐”操作应用于图纸空间视口中的对象，该选项仅在“布局”选项卡中可用，并且该设置的效果反映在打印预览中，而不反映在布局中。

9）图形方向：指定打印机图纸上图形放置的方向是纵向还是横向。选中“反向打印”复选框，可以指定图形在图纸上倒置打印，相当于旋转180°打印。

8.3.2　打印样式

打印样式是一系列颜色、抖动、灰度、笔指定、淡显、线型、线宽、端点样式、连接样式的替代设置。使用打印样式能够改变图形中对象的打印效果，可以给任何对象或图层指定打印样式。

1. 打印样式表

在打印样式表中定义打印样式。

用户可以使用“工具”菜单栏中的“向导”菜单下的“添加打印样式表”命令来添加打印样式表，并使用菜单栏中“文件”的“打印样式管理器”来管理打印样式表。

打印样式表包含打印时应用到图形对象中的所有打印样式，它控制打印样式定义。AutoCAD包含命名和颜色相关两种打印样式表。用户可以添加新的命名打印样式，也可以更改命名打印样式的名称。颜色相关打印样式表包含255种打印样式，每一样式表示一种颜色。不能添加或删除颜色相关打印样式，或改变它们的名称。

2. 使用打印样式

要使用打印样式，首先要把打印样式附着到“模型”选项卡和布局的打印样式表中。在图8-5所示的“页面设置”对话框中选择“打印样式表（笔指定）”列表中的“打印样式表”，这样就可以把打印样式附着到模型或布局中。用户还可以在“工具”菜单栏的“选项”中选择“使用命名打印样式表”还是“颜色相关打印样式表”。该设置在新建文件时生效。

AutoCAD中每个对象、图层都具有打印样式特性。为图形指定了打印样式后，可以利用“对象特性”修改对象的打印样式或利用“图层特性管理器”修改图层的打印样式。

需要注意的是，如果使用的是命名打印样式，则可以随时修改对象或图层的打印样式。如果使用颜色相关打印样式，对象或图层的打印样式由它的颜色决定。因此，修改对象或图层的打印样式只能通过修改它的颜色来实现。

8.3.3 打印图形

打印的图形可以包含图形的单一视图，或者更为复杂的视图排列。根据不同的需要，可以打印一个或多个视口，也可以设置选项以决定打印的内容在图纸上的布置。

1. 打印预览

在打印输出图形之前可以预览输出结果，以检查各项设置是否正确。例如，图形是否都在有效的输出区域内等。

(1) 命令激活方式

命令行：PREVIEW（或 PRE）

菜单栏：文件→打印预览

工具栏：标准→“打印预览”按钮

(2) 操作步骤 激活该命令后，就可以在屏幕上预览输出结果。在预览窗口中，光标变成了带有加号和减号的放大镜形状，向上拖动光标可以放大图形，向下拖动光标可以缩小图形。要结束预览操作，可以直接按“Esc”键或屏幕上的“关闭预览窗口”按钮 。

2. 打印输出图形

(1) 命令激活方式

命令行：PLOT（或 PRINT）

菜单栏：文件→打印

工具栏：标准→“打印”按钮

(2) 操作步骤 激活命令后，屏幕显示如图 8-7 所示的“打印”对话框，该对话框与“页面设置”对话框中的内容基本一致。

图 8-7 “打印”对话框

8.4 图形数据的输入与输出

在 AutoCAD 中，绘制和编辑图形后，除了可将图形通过打印输出到图纸外，还可以将图形以各种形式输出到文件，进行格式转换，以便在其他应用程序中使用。同时，也可以将其他格式的图形文件输入到 AutoCAD 中。

8.4.1 图形数据的输出

在 AutoCAD 中，可以将图形以各种形式输出到文件，方便其他程序使用。AutoCAD

2008 除了可以输出 DWG 格式的图形文件外，还可以以其他格式导出图形。绘制好图形后，首先应用输出命令并选择输出的格式，再使用其他程序对输出文件进行编辑。

1. 命令激活方式

命令行：EXPORT（或 EXP）

菜单栏：文件→输出

2. 操作步骤

激活该命令后，屏幕弹出“输出数据”对话框，如图 8-8 所示。

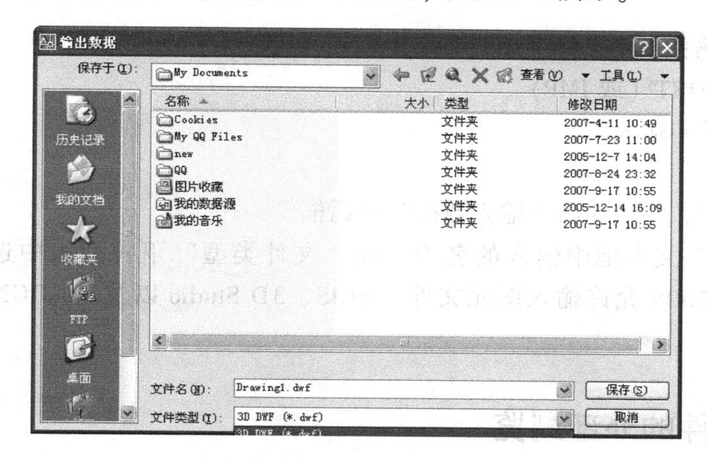

图 8-8　“输出数据”对话框

在“文件名”文本框中输入要创建文件的名称，在“文件类型”下拉列表中选择文件输出的类型。AutoCAD 2008 有以下几种图形格式可供选择，如图 8-9 所示。

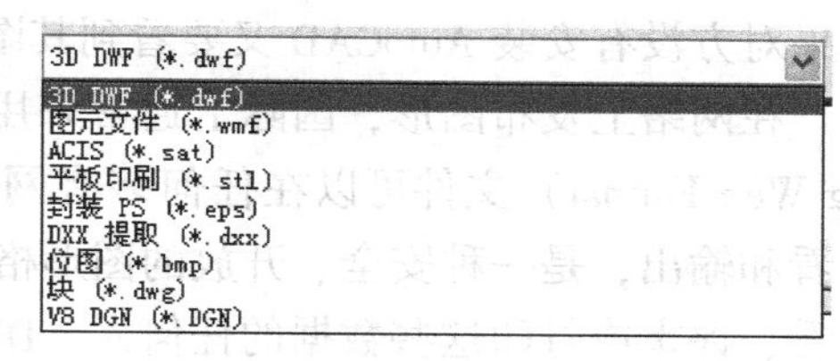

图 8-9　“文件类型”下拉列表

1）3D DWF（*.dwf）：将选定对象以 DWF 文件的格式保存，在 AutoCAD 2008 中提供了专门处理该格式的 Autodesk DWF Viewer 程序。

2）图元文件（*.wmf）：将选定对象以 Windows 图元文件的格式保存。

3）ACIS（*.sat）：ASIC 提供了 AutoCAD 能用来存储实体对象的实体建模文件格式，可以将 AutoCAD 实体、面域保存为文件。

4）平板印刷（*.stl）：将实体保存到 ASCII 或二进制文件中，其扩展名为 .stl，与平板印刷（SLA）设备兼容。

5）封装 PS（*.eps）：输出为封装的 PostScript 文件，当用 PostScript 格式将文件输出为 EPS 文件时，一些 AutoCAD 对象将被特别渲染。

6）DXX 提取（*.dxx）：属性与块是相关联的信息，将存取在属性中的数据提取到文件中。

7）位图（*.bmp）：按与设备无关的位图格式将选定的对象保存到图像文件中。

8）块（*.dwg）：将对象或块写入新的图形文件。

9）V8 DGN（*.DGN）：将文件输入到 MicroStation@ V8 DGN 图形文件格式。输出过

程将 DWG 基本数据转换成相应的 DGN 数据。

设置了文件的输出路径名称及文件类型后，单击对话框中的“保存”按钮，系统即可将 AutoCAD 图形对象保存为用户需要的文件格式和文件名。

8.4.2 图形数据的输入

为提高软件的通用性，更好地发挥各自的优势，AutoCAD 提供了与其他多种程序的接口。

1. 命令激活方式

命令行：IMPORT（或 IMP）

菜单栏：文件→输入

2. 操作步骤

激活该命令后，屏幕弹出“输入数据”对话框。

在“文件名”文本框中输入的名称，在“文件类型”下拉列表中选择文件输入的类型，AutoCAD 2008 允许输入图元文件、ACIS、3D Studio 以及 V8 DGN 等图形格式的文件。

8.5 图形文件的外部浏览

由于 Internet 使用的日益广泛，利用 Internet 进行设计和交流成为发展的趋势。但是，如果对方没有安装 AutoCAD 又要看到其图形，那就要用到 DWF 文件格式。

在网络上发布图形，国际上通常采用 DWF 图形文件格式，主要原因在于 DWF（Drawing Web Format）文件可以在任何装有网络浏览器和 Autodesk WHIP 插件的计算机中打开、查看和输出，是一种安全、开放的图形格式，它可以将丰富的设计数据高效率地分发给需要查看、评审或打印这些数据的任何人。DWF 文件高度压缩，因此比设计文件更小，传递起来更加快速，无需一般 CAD 图形相关的额外开销，而且设计数据的发布者可以按照他们希望接收方所看到的那样选择特定的设计数据和打印样式，并可以将多个 DWG 源文件中的多页图形集发布到单个 DWF 文件中。

8.5.1 发布 DWF 文件

要输出 DWF 文件，必须先创建 DWF 文件。利用 AutoCAD 2008 图形发布功能可以将图形以及打印集直接合并到图纸或发布为 DWF 格式文件。

1. 命令激活方式

命令行：PUBLISH↙

菜单栏：文件→发布

工具栏：标准→“发布”按钮

2. 操作步骤

激活命令后，屏幕弹出如图 8-10 所示的“发布”对话框。

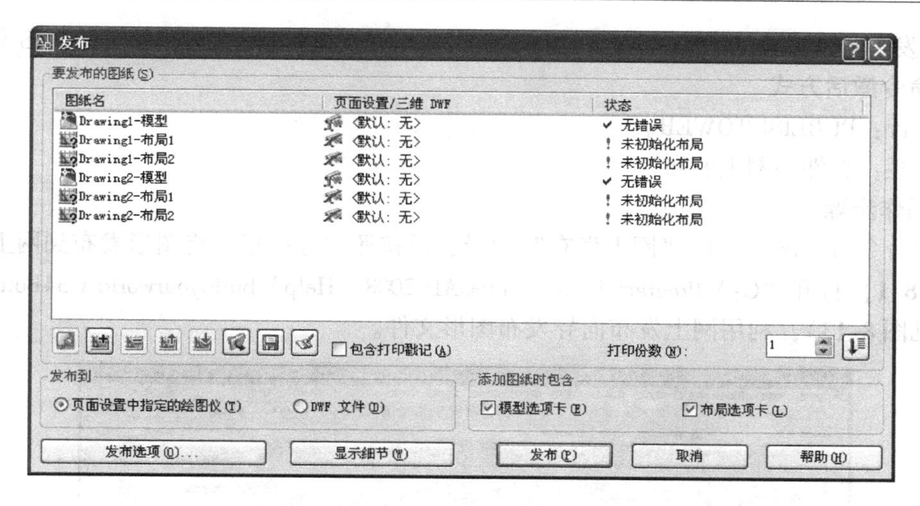

图 8-10　“发布”对话框

单击“DWF 文件（D)”选项，再单击“发布选项”按钮，弹出如图 8-11 所示的“发布选项”对话框，可以对输出各项进行设置。

单击“确定”按钮，在弹出如图 8-12 的“选择 DWF 文件”对话框中输入路径和文件名。单击“选择”按钮，在弹出的“保存图纸列表”对话框中选择“否”，完成发布 DWF 文件的操作。

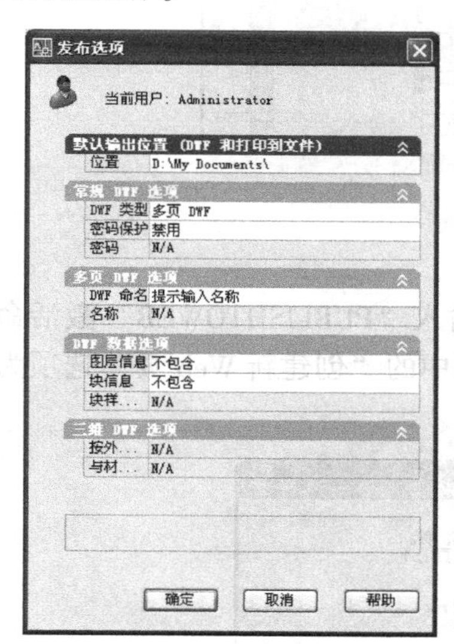

图 8-11　“发布选项”对话框

图 8-12　“选择 DWF 文件”对话框

DWF 以 Web 图形格式保存，用浏览器和 Autodesk WHIP 4.0 这类的外挂程序可以打开、查看和打印，并支持实时平移和缩放、图层、命名视图和嵌入超级链接的显示。但是 DWF 不能直接转化成可以利用的 DWG，也没有图线修改的功能。

8.5.2　网上发布图形

通过 AutoCAD 2008 提供的网上发布向导，可以将 AutoCAD 图形以 HTML 格式发布到网上。

使用网上发布向导功能，即使不熟悉 HTML 编码，也可以快捷、轻松创建出精美的 Web 页面。

1. 命令激活方式

命令行：PUBLISHTOWEB ↙

菜单栏：文件→网上发布

2. 操作步骤

激活命令后，屏幕弹出“网上发布”向导，可按照向导的指示将图形发布到网上。

【例 8-1】打开“C：\ Program Files \ AutoCAD 2008 \ Help \ buildyourworld \ 34Bottle. dwg”文件（见图 8-13），利用网上发布向导发布图形文件。

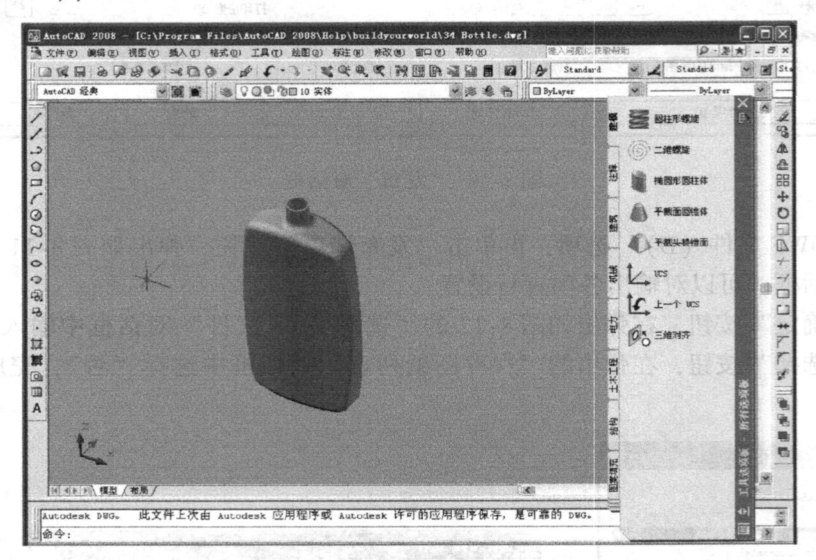

图 8-13　打开 34Bottle. dwg 文件

操作步骤：

1）使用菜单栏“文件”→“网上发布”或在命令行输入“PUBLISHTOWEB”激活命令，屏幕弹出如图 8-14 所示的“网上发布-开始”向导。其中的“创建新 Web 页”选项为默认选中状态，用于将图形发布到一个新的主页上。

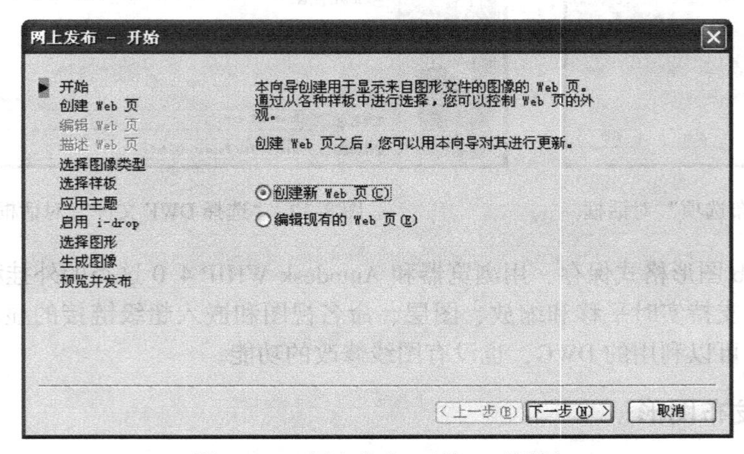

图 8-14　“网上发布-开始”对话框

2）单击“下一步”按钮，屏幕弹出如图8-15所示的“网上发布-创建Web页”对话框。

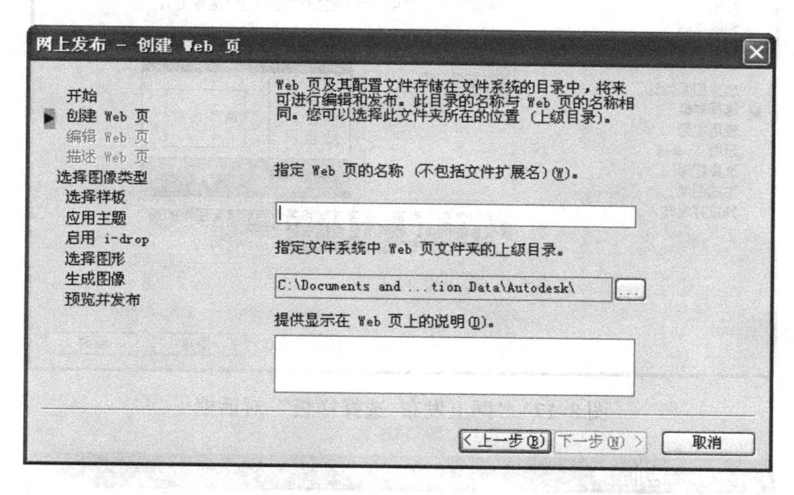

图8-15 “网上发布-创建Web页”对话框

在“指定Web页的名称”文本框中输入Web页面名称“瓶”，再指定文件系统中Web页面的位置以及页面说明文字。

3）单击“下一步”按钮，屏幕弹出如图8-16所示的“网上发布-选择图像类型”对话框。

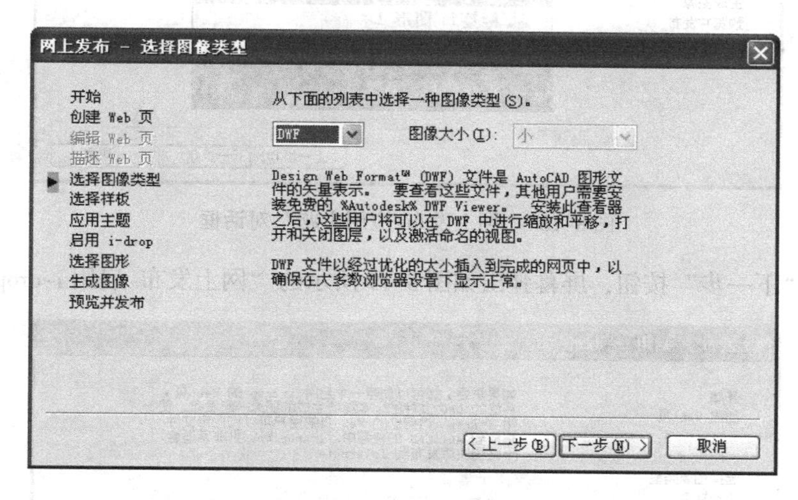

图8-16 “网上发布-选择图像类型”对话框

在对话框中，DWF文件格式为默认格式。除了DWF文件格式外，系统还提供了JPEG和PNG两种文件格式，这两种格式均为光栅图像格式。

4）单击“下一步”按钮，屏幕弹出如图8-17所示的“网上发布-选择样板”对话框。在该对话框中选择要设置的布局样板，在右侧的预览框中可以预览页面布局效果。

5）单击“下一步”按钮，屏幕弹出如图8-18所示的“网上发布-应用主题”对话框。在该对话框中选择相应的页面主题，用户可以在预览框中预览页面主题效果。

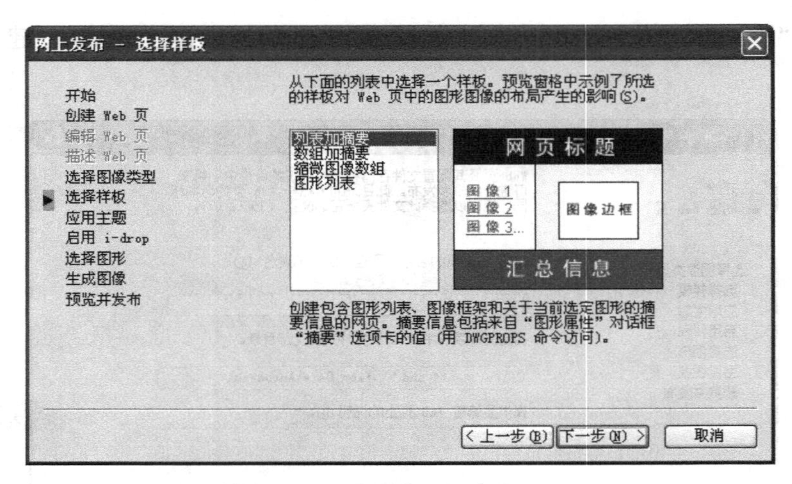

图 8-17　“网上发布-选择样板”对话框

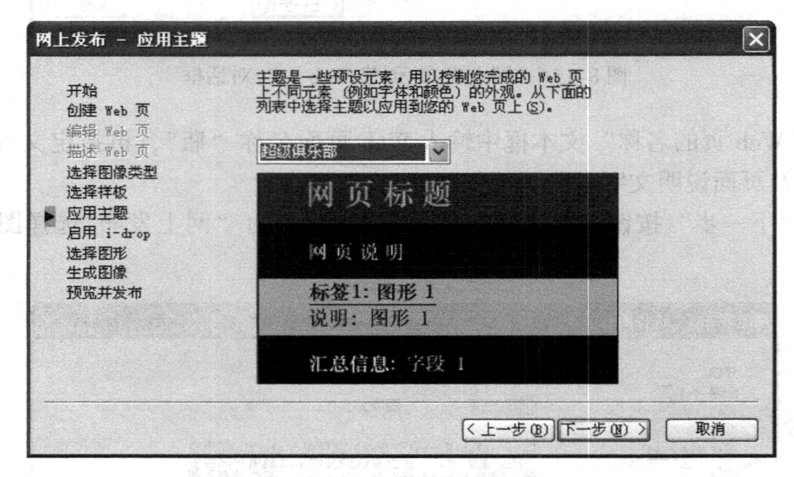

图 8-18　“网上发布-应用主题”对话框

6）单击“下一步”按钮，屏幕弹出如图 8-19 所示的“网上发布-启用 i-drop”对话框。

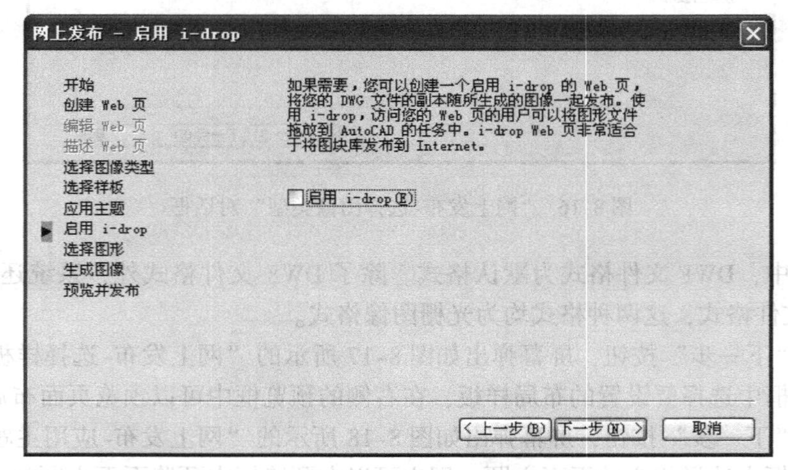

图 8-19　“网上发布-启用 i-drop”对话框

其中的“启用 i-drop（E）”复选框用于确定是否支持联机拖放。如果选中该复选框，图形文件将随发布文件一起复制到网页上，查看网页时可以将其拖放到当前 AutoCAD 中。

7）单击“下一步”按钮，屏幕弹出如图 8-20 所示的“网上发布-选择图形”对话框。

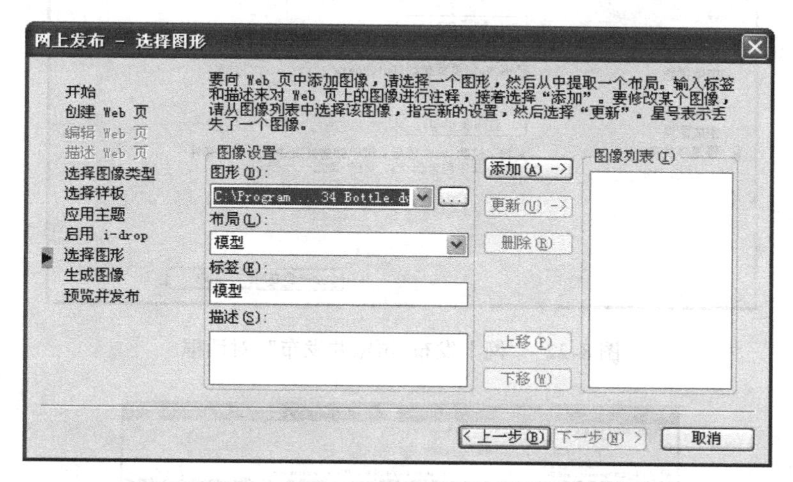

图 8-20　“网上发布-选择图形”对话框

在“图形”下拉列表框中选择要发布的图形文件“C：\ Program Files \ AutoCAD 2008 \ Help \ buildyourworld \ 34Bottle. dwg”，然后单击“添加”按钮，图形即可被添加到右边的“图像列表”中。

8）单击“下一步”按钮，屏幕弹出如图 8-21 所示的“网上发布-生成图像”对话框。

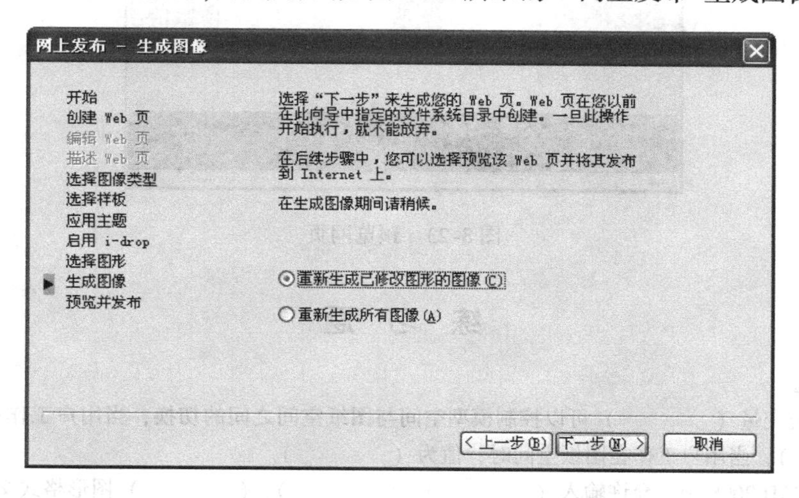

图 8-21　“网上发布-生成图像”对话框

其中，“重新生成已修改图形的图像”为默认选中状态。

9）单击“下一步”按钮，屏幕弹出如图 8-22 所示的“网上发布-预览并发布”对话框。

单击“预览”按钮可以打开浏览器预览刚才制作的网页（见图 8-23），单击“立即发布”按钮可发布网页。

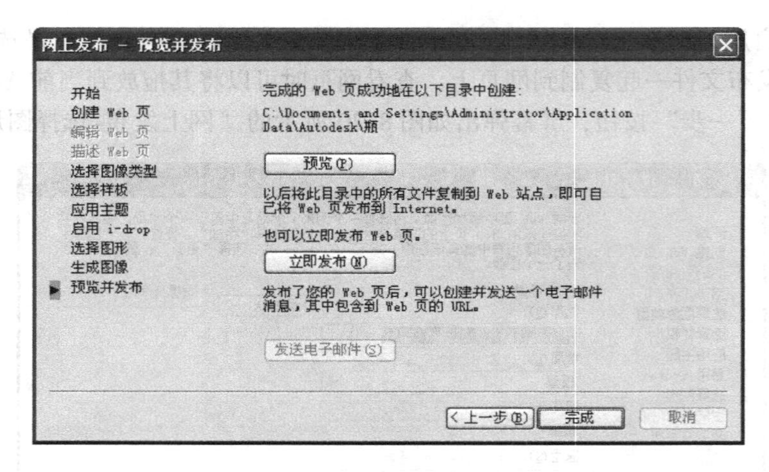

图 8-22　“网上发布-预览并发布”对话框

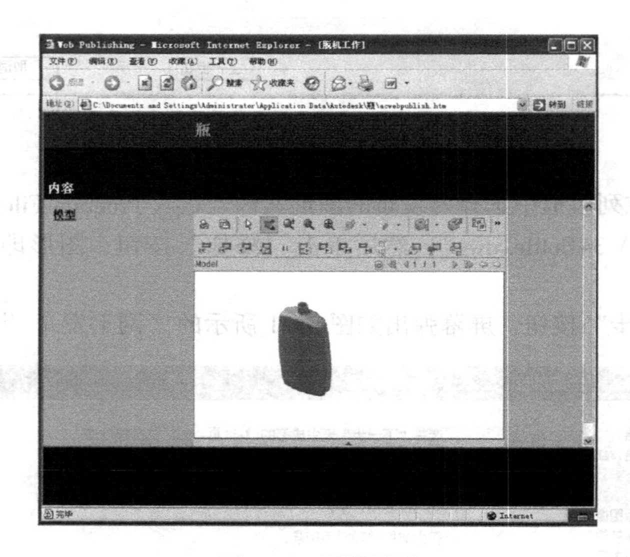

图 8-23　预览网页

练　习　题

一、填空题

1. 使用系统变量（　　　　）可以控制模型空间与图纸空间之间的切换，当用户工作在模型空间时，值为（　　　　），当用户工作在图纸空间时，值为（　　　　）。

2. 在 AutoCAD 2008 中，允许输入（　　　　）、（　　　　）、（　　　　）图形格式文件。

3. 布局的页面设置命令为（　　　　）。激活命令后，屏幕弹出（　　　　）对话框，在该对话框中单击（　　　　）按钮，打开“页面设置”对话框。

4. 发布文件的命令是（　　　　），激活命令后，屏幕弹出（　　　　）对话框。

5. 通过 AutoCAD 2008 提供的（　　　　），可以将 AutoCAD 图形以（　　　　）格式发布到网上。

二、操作练习

打开 AutoCAD 2008 提供的图形文件 3DHouse. dwg（位于 AutoCAD 2008 安装目录中的 Help 文件夹），利用网上发布向导发布图形文件到网上。

参 考 文 献

［1］黄和平．中文版 AutoCAD 2008 实用教程［M］．北京：清华大学出版社，2007.
［2］张爱梅，巩琦，等．AutoCAD 2007 计算机绘图实用教程［M］．北京：高等教育出版社，2007.
［3］瞿志强，孔祥丰．中文版 AutoCAD 2004 三维图形设计［M］．北京：清华大学出版社，2003.
［4］李建跃，雷鸣．中文 AutoCAD 2004 机械制图基础［M］．北京：科学出版社，2006.
［5］刘清云，黄嫣．AutoCAD 2008 自学手册［M］．北京：人民邮电出版社，2007.
［6］李银玉．AutoCAD 机械制图实例教程［M］．北京：人民邮电出版社，2007.
［7］崔洪斌，肖新华．AutoCAD 2008 中文版实用教程［M］．北京：人民邮电出版社，2007.
［8］张保忠．AutoCAD 机械制图基础教程［M］．北京：人民邮电出版社，2004.
［9］佘少玲．AutoCAD 2006 实训教程［M］．北京：人民邮电出版社，2007.
［10］席俊杰．AutoCAD 2008 机械设计快速入门实例教程［M］．北京：机械工业出版社，2008.
［11］陈超敏．中文 AutoCAD2007 工程制图实用教程［M］．北京：冶金工业出版社，2006.
［12］于淑芳．中文版 AutoCAD 2007 机械制图专业技能培训教程［M］．北京：航空工业出版社，2006.
［13］莫章金，周跃生．AutoCAD 2007 工程绘图与训练［M］．修订版．北京：高等教育出版社，2008.
［14］唐人科技．AutoCAD 2009 中文版从入门到精通［M］．北京：中国青年出版社，2009.
［15］周莹，卢章平．AutoCAD 2006/2007 初级工程师认证培训教程［M］．北京：化学工业出版社，2006.